国家林业和草原局职业教育"十四五"规划教材

养禽与禽病防控技术

俞 宁 主编

中国林业出版社
China Forestry Publishing House

内容简介

《养禽与禽病防控技术》是国家在线精品课程配套教材,内容基于高职院校畜牧兽医相关专业对应的家禽生产岗位所需的知识、技能、素养而设计,融入课程思政元素,突出职业能力的培养。全书共分7个学习项目,分别是养禽场规划与建设、家禽繁育、蛋鸡生产、肉鸡生产、水禽生产、家禽疾病防控、养禽场经营管理。每个项目以家禽或典型病例为载体,通过对家禽的饲养管理、疾病诊断、防控,完成一个完整的岗位工作过程。教材按项目化课程的"七步教学法"设计,每个项目均配有学习目标、思政话题、任务描述、知识准备、任务实施(含考核评价)、拓展链接、自测练习及答案,供各个学习阶段使用。

教材配套丰富的课件、视频、动画、虚拟仿真等数字资源,学习者可随时、随地"一扫直达"相关内容,既可作为高职院校畜牧兽医专业开展项目化教学的特色教材,也可作为畜牧兽医科技人员和广大养殖户的参考书。

图书在版编目(CIP)数据

养禽与禽病防控技术 / 俞宁主编. -- 北京:中国林业出版社,2025.5. -- (国家林业和草原局职业教育"十四五"规划教材). -- ISBN 978-7-5219-3288-1

Ⅰ. S83;S858.3

中国国家版本馆 CIP 数据核字第 2025XS4189 号

策划、责任编辑:李树梅
责任校对:曹 慧
封面设计:睿思视界视觉设计
_____

出版发行:中国林业出版社
      (100009,北京市西城区刘海胡同 7 号,电话 010-83143531)
电子邮箱:jiaocaipublic@163.com
网　　址:https://www.cfph.net
印　　刷:北京盛通印刷股份有限公司
版　　次:2025 年 5 月第 1 版
印　　次:2025 年 5 月第 1 次印刷
开　　本:787mm×1092mm　1/16
印　　张:19.375
字　　数:460 千字
定　　价:59.00 元

《养禽与禽病防控技术》
编写人员

主　编　俞　宁

副主编　胡　凯　黄　兴　段龙川　陈晓春　周　勇

编　者　(按姓氏笔画排序)

王　萍(玉溪农业职业技术学院)

王　勤(达州职业技术学院)

王天松(铜仁职业技术学院)

毛　建(眉山职业技术学院)

白　璐(成都农业科技职业学院)

刘成松(甘孜职业学院)

刘莹露(重庆三峡职业学院)

刘海燕(成都农业科技职业学院)

杨　琼(成都农业科技职业学院)

李　宇(成都农业科技职业学院)

李　菁(西藏职业技术学院)

吴翠蓉(成都农业科技职业学院)

陈晓春(成都农业科技职业学院)

岳双明(四川水利职业技术学院)

周　勇(四川厚全生态农业有限公司)

胡　凯(成都农业科技职业学院)

段龙川(温州科技职业学院)

俞　宁(成都农业科技职业学院)

黄　兴(成都农业科技职业学院)

黄李蓉(新希望六和科技创新有限公司)

龚星铭(巴中职业技术学院)

主　审　赵小玲(四川农业大学)

前　言

教材根据《国家职业教育改革实施方案》《中国教育现代化 2035》《职业教育提质培优行动计划(2020—2023 年)》等文件要求，立足新时代职业教育发展需求，以培养高素质技能人才为目标，紧密对接现代畜牧业转型升级需求。教材编写坚持立德树人根本任务，深入贯彻党的二十大精神，以习近平新时代中国特色社会主义思想为指导，全面落实职业教育的教师、教材、教法"三教"改革要求。在内容设计上严格遵循教育部高等职业学校畜牧兽医专业教学标准，突出产教融合、校企合作特色，注重理论与实践相结合，着力培养学生解决实际问题的能力。

教材配套职业教育国家在线精品课程《养禽与禽病防控技术》丰富的数字资源(网址 https：//www.xueyinonline.com)，在编写中充分体现了思想性、科学性、适用性和职业性。在思想性方面，全书每个项目以"思政话题"融入"课程思政"，全面推进三全育人，实现思政教育与专业技能培养融合统一；在科学性方面，充分吸收行业最新发展成果，融入智慧养殖、绿色生产等前沿技术，力求体现职业教育类型特征，为培养适应现代畜牧业发展需要的复合型技能人才提供优质教学资源；在适用性方面，适应现代畜牧业转型升级和智慧养殖，按照职业教育规律和技术技能人才成长规律，对接行业职业标准和就业岗位要求，校企协作开发教学重难点、能力结构及评价标准有机衔接的规划教材；在职业性方面，以家禽健康生产、疫病防控和禽场经营管理能力培养为核心，走访了国内多家养禽龙头企业，通过实地考察、座谈会、调查问卷、电话采访、教师实践等方式了解不同岗位员工能力需求，听取历届毕业生意见，深化校企双元合作，开发基于真实工作任务流程的项目(工作手册式)教材，积极推行理论与技能紧密结合的学习模式，每个任务设有考核评价，直观反映对学生专业技术技能、课程思政、劳动教育的考核，充分体现职业性、实践性和开放性。

本教材主要包括养禽场规划与建设、家禽繁育、蛋鸡生产、肉鸡生产、水禽生产、家禽疾病防控、养禽场经营管理 7 个项目、21 个学习任务。俞宁担任本教材主编，负责全书的编写提纲设计和统稿。编写分工：胡凯、刘成松、王勤、周勇编写项目1，俞宁、王天松编写项目2，陈晓春、岳双明、刘莹露编写项目3，黄兴、黄李蓉编写项目4，杨琼、王萍编写项目5，俞宁、刘海燕编写项目6，段龙川、李菁编写项目7，白璐、吴翠蓉、李宇、毛建、龚星铭编写所有项目的二维码内容。俞宁、胡凯、陈晓春、黄兴、杨琼、刘海燕等老师及企业技术人员共同完成了丰富的数字资源内容。全书由四川农业大学赵小玲教授审定，在此深表谢意。

在编写过程中为了保证教材的质量，除了编者的努力外，还采用了不少优秀教材和著作的成果，在此一并表示感谢。

由于编者水平有限，教材中可能存在不少缺点和疏漏，敬请广大师生、同行及教育专家批评指正。

编　者

2025 年 1 月

目　录

项目 1

养禽场规划与建设

学习目标

【知识目标】了解养禽场选址原则；掌握养禽场建筑规范布局的原则；熟悉禽舍常见类型及特点；掌握家禽健康养殖的环境标准。

【能力目标】能够对禽场规划的合理性进行科学评估；熟知养禽场常规设备和用具的使用，并能规范操作。

【素质目标】培养可持续发展观和环保意识；培养实事求是的科学精神、精益求精的工匠精神、吃苦耐劳的劳动精神、勇于开拓的创新精神。

思政话题

我国是农业大国，家禽养殖是农业的重要组成部分，随着人们生活水平的提高，对家禽产品的需求也日益增长。然而，传统的家禽养殖模式在规模化、集约化方面存在明显不足，难以满足现代养殖的需求，环境污染、疫病防控等问题日益突出，严重制约了家禽养殖业的可持续发展。为了牢固树立并践行"绿水青山就是金山银山"理念，科学合理地规划现代化家禽养殖场已成为当务之急。通过提高养殖效率、保障动物福利、减少环境污染，最终实现绿色低碳的可持续发展。

任务 1-1　禽场场址选择与规划布局

任务描述

　　禽场是家禽健康生产的场所。在我国养禽生产中，主要存在两种类型的禽场：一种是小型综合场，既做孵化、育雏，又饲养种禽、蛋禽等；另一种是专业化商品禽场，规模大小不一，但只饲养单一类型的家禽(如蛋禽、肉禽或种禽等)。由于经营方式不同，建场时的侧重点也就不同。新建禽场的场址选择是家禽健康生产的首要关键步骤，对以后的生产、经营和发展等影响十分重大，必须根据当地的自然条件、社会条件、自身经济实力及饲养规模大小选择场址。

知识准备

1. 场址选择

1) 选择原则

(1) 生态和可持续发展原则

　　在选择场址时，应该考虑处理粪便、污水和废弃物的条件和能力，确保禽场废弃物经过处理后再排放，不破坏周围的生态环境及废弃物的循环利用。同时，禽场选址和建设要有长远规划，做到可持续发展，为未来禽场的扩建留有一定空间。要注意禽场不能对周围环境造成污染，建设应符合环保要求。

(2) 生物安全原则

　　选址时要注意对当地历史疫情做详细的调查研究，分析该地是否适合建禽场。特别要注意附近的兽医站、畜牧场、屠宰场、集贸市场离拟建禽场的距离、方位及有无自然隔离条件等，尤其注意不要在旧场改建。禽场区域内的土壤土质、水源水质、空气及周围环境等应符合无公害生产标准。

(3) 节约耕地和经济性原则

　　新建禽场应尽量不占或少占用耕地，充分利用荒地、山坡等，建场时应注意节约，同时，注意环保节能降低建场成本。

2) 选择要点

　　禽场的建设首先要根据禽场的性质、任务和所要达到的目标正确选择场址。主要是对拟建场地做好自然条件和社会条件的调查研究。

(1) 自然条件

　　①地势与地形　地势是指场地的高低起伏状况。地形是指场地的形状、大小和地面设施情况。养鸡场的场地要求地势高燥，至少要高出当地历史最高洪水线，地下水位要距离地表 2 m 以上，并避开低洼潮湿和沼泽地。平原地区一般场地比较平坦、开阔，应将场址选择在比周围地段稍高的地方，以利于排水防涝。场地地形以开阔整齐为宜，避免过多的

边角和过于狭长，地面坡度以 1%~3% 为宜。山区建场应选在稍微平缓的坡面上，坡面向阳，总坡度不超过 25°，建筑区坡度应在 2.5° 以内。山区建场还要注意地质构造情况，避开断层、滑坡、塌方的地段，也要避开坡地和谷地以及风口，以免受山洪和暴风雪的袭击。有些山区的谷地或山坳，常因地形地势限制，易形成局部空气涡流现象，导致场区内污浊空气长时间滞留、潮湿、阴冷或闷热，因此应注意避免。

建设水禽场时，由于水禽有 2/3 的时间在陆地上活动，因此在水源附近要有沙质柔软、弹性大的陆上运动场。土壤要有良好的透气性和透水性，以保证场地干燥。舍内也要保持干燥，不能潮湿，更不能被水淹。因此，鸭、鹅舍场地也应稍高些，略向水面倾斜，要有 5°~10° 的小斜坡，以利于排水。

②水源与水质　养禽生产需要大量的水，水质好坏直接影响家禽的健康及产品质量。水量要求既能满足场内人、禽饮用和其他生产、生活用水的需要，又能在干燥或冻结时期满足场内全部用水需要。特别是水禽场要求有水质良好和水量丰富的水源，同时便于取用和进行防护。水质应经过化验，符合卫生要求，河水和池塘水未经过消毒处理，不宜作为养禽场的水源。没有自来水的地方，最好打深井取水，深井水水质要符合饮用水标准。

③土壤与土质　禽场的土壤应具有良好的卫生条件，要求过去未被家禽的致病细菌、病毒和寄生虫所污染，透气性和透水性良好，以便保证地面干燥。对于采用机械化装备的禽场还要求土壤压缩性小而均匀，以承担建筑物和将来使用机械的质量。总之，禽场的土壤以砂壤土为宜，这样的土壤透水性能良好，隔热，不利于病原菌的繁殖，符合禽场的卫生要求。

④气候　不仅影响建筑规划、布局和设计，而且影响禽舍朝向、防寒与遮阳设施的设置，与禽场防暑、防寒日程安排等也十分密切。因此，规划禽场时，需要收集拟建地区常年气象变化、灾害性天气情况等资料，如平均气温、最高气温、最低气温、土壤冻结深度、降水量与积雪深度、最大风力、常年主导风向与风向频率、日照情况等。在禽舍建筑的热工计算时，可参照使用国家标准《民用建筑建设热工设计规范》(GB 50176—2024)。

(2) 社会条件

①位置适宜　禽场场地应远离大城市、生活饮用水水源保护区、风景名胜区、自然保护区的核心区及缓冲区、城市和城镇中居民区、文教科研区、医疗区等人口密集地区和工业区等。场址周围 5 km 内，不能有畜禽屠宰场，也不能有排放污水或有毒气体的化工厂、农药厂等，并且必须在城乡建设区常年主导风向的下风向。水禽场选址时，应尽量利用有天然水域的地方，靠近湖泊、池塘、河流等水域。水面尽量宽阔、水深 1~1.5 m，以流动水源最为理想，岸边有一定的坡度，供水禽自由上下。周围缺水的禽舍可建人工水池或水旱圈，其宽度应与水禽舍的宽度一致。

②面积足够　禽场应有足够的面积，既能满足目前规模的饲养量需要，又有一定的发展空间，以便将来扩大生产。租用场地建造大型禽场，应考虑足够长的经营年限，以确保固定资产投入的有效使用和回报。

③排污条件良好　禽场的粪水不能直接排入河流，以免污染水源和危害人民健康。禽场的周围最好有农田、蔬菜地或果林场等，这样可把禽场的粪水与周围的农田灌溉结合起来，也可以利用禽场粪水与养鱼结合，有控制地将污水排向鱼塘。否则，要建化粪池进行

污水的无害化处理，切不可将污水任意排放。

④电源可靠　现代工厂化禽场需要有充足的水电供应，机械化程度越高的禽场对电力的依赖性越强。禽场又多建于远郊或偏远的地方。因此，电源要稳定、可靠、充足。机械化禽场或孵化厂应有双路供电或自备发电机，以便输电线发生故障或停电检修时能够保障正常供电。

⑤交通便利　禽场的产品、饲料和各种物资的进出运输所需的费用很大，建场时要选在交通方便的地方，尽量距离主要集散地近些，最好有公路、水路或铁路连接，以降低运输费用。但绝不能在车站、码头或交通要道的近旁建场，否则不利于防疫卫生，而且环境嘈杂，易引起家禽的应激反应，影响其生产和产蛋。一般要求禽场距离铁路 2 000 m 以上，距主要公路 500 m 以上，距次要公路 200~300 m 为宜。养殖场之间的距离也应不小于 1 500 m。

2. 禽场规划布局

1）禽场功能区域的划分及要求

禽场主要包括文化住宿区、生产管理区、生产区和粪污处理区等，根据卫生防疫、工作方便需求，结合场地地势和当地全年主风向，从上风向到下风向顺序安排以上各区。文化住宿区和生产管理区应设在全场的上风向和地势较高地段，依次为生产区、粪污处理区（图 1-1）。规模化养鸡场平面布局如图 1-2 所示。

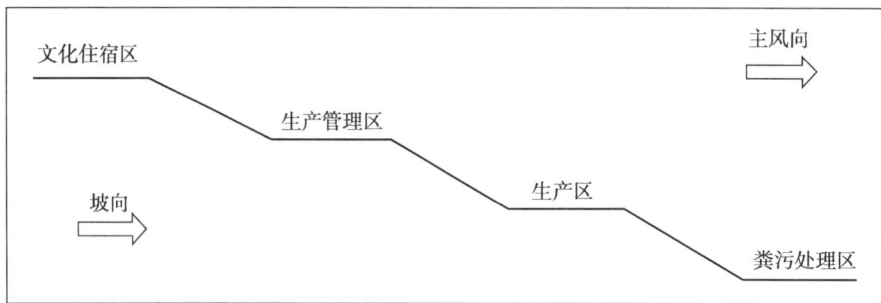

图 1-1　禽场布局按地势、风向的顺序

（1）生活区的功能与要求

生活区包括行政和技术办公室、饲料加工及料库、车库、杂品库、更衣消毒和洗澡间、配电房、水塔、职工宿舍、食堂、娱乐场所等，是担负禽场经营管理和对外联系的场区，应设在与外界联系方便的位置。

（2）生产区的功能与要求

①生产区的功能　生产区包括各种禽舍，是禽场的核心。为保证防疫安全，无论是综合性养禽场还是专业性养禽场，禽舍的布局应根据主风方向与地势，按孵化室、幼雏舍、中雏舍、后备禽舍、成禽舍顺序设置，即孵化室在上风向，成禽舍在下风向。

②生产区的要求

a. 孵化室与场外联系较多，宜建在场前区入口处的附近。大型禽场可单设孵化场，设在整个养禽场专用道路的入口处；小型禽场也应在孵化室周围设围墙或隔离绿化带。

b. 育雏区或育雏分场与成禽区应隔一定的距离防止交叉感染。综合性禽场雏禽舍功能相同、设备相同时，可在同一区域内培育，做到全进全出。因种雏与商品雏培育目的不

主风向　南

←┬→ 前门

办公室	兽医室	值班室	消毒池	引种观察隔离区（隔离舍）
饲料加工车间	饲料库房	更衣消毒室	消毒池　消毒室	消毒池
			消毒池	

污道↓

| 成鸡舍 |
| 成鸡舍 |
| 成鸡舍 |
| 成鸡舍 |
| 成鸡舍 |

净道↑↓

| 孵化室 | 育雏舍 |
| 孵化室 | 育雏舍 |
| 育成鸡舍 |
| 育成鸡舍 |
| 育成鸡舍 |

污道↓

消毒池

| 粪污处理区 | 后门 | 病死禽处理区 |

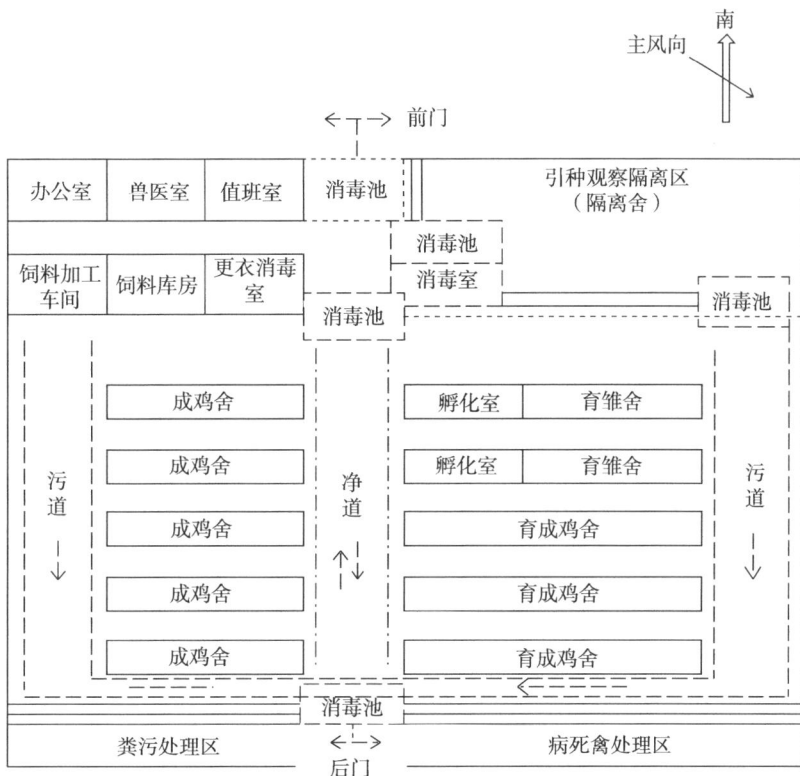

图 1-2　规模化养鸡场平面布局（引自张玲，2019）

同，必须分群饲养，以保证禽群的质量。

c. 综合性禽场，种禽群和商品禽群应分区饲养，种禽区应放在防疫上的最优位置，两个小区中的育雏舍、育成禽舍又优于成禽舍的位置，而且育雏舍、育成舍与成禽舍的间距要大于本群禽舍的间距，并设沟、渠、墙、绿化带等加以隔离。

d. 各小区内的运输车辆、设备和使用工具要标记，禁止交叉使用；饲养管理人员不允许互串饲养区。各小区间既要联系方便，又要有防疫隔离。一般情况下，育雏舍、育成舍和成禽舍三者的建设面积比例为 1∶2∶3。

（3）隔离区的功能与要求

隔离区包括病死禽隔离、剖检、化验、处理等房舍和设施，粪便污水处理及贮存设施等，应设在全场的下风向和地势最低处，且隔离区与其他区的间距不小于 50 m；病禽隔离舍及处理病死禽的尸坑或焚尸炉等设施，应距禽舍 300 m 以上，周围应有天然或人工的隔离屏障，设单独的通路与出入口，尽可能与外界隔绝；贮粪场要设在全场的最下风处和对外出口附近的污道尽头，与禽舍间距不小于 100 m，既便于禽粪由禽舍运出，又便于运到田间施用。

2）禽场的公共卫生设施

（1）消毒设施

禽场的大门口应设置消毒池，以便对进场的车辆和人员进行消毒。生活管理区进入生产区通道处设置消毒池、喷雾等立体消毒设施。每栋舍的门口也设置消毒池，用浸过消毒液的脚垫放在池内，供进出人员消毒鞋底。

（2）禽场道路

生产区的道路应设置净道和污道，利于卫生防疫。生产联系、运送饲料和产品使用净道，运送粪便污物、病死禽使用污道；净道和污道不得交汇。场前区与隔离区应分别设置与场外相通的道路。场内道路材料可根据实际情况选用柏油、混凝土、砖、石或焦渣等。通行载重汽车与场外相连的道路需 3.5～7 m，通行电瓶车、小型车、手推车等场内专用车辆与场外相连的道路需 1.5 m。

（3）禽场排水

一般可在道路一侧或两侧设排水沟，沟壁、沟底可砌砖石，也可将土夯实做成梯形或三角形断面。排水沟最深处不应超过 30 cm，沟底应有 1%～2% 的坡度，上口宽 30～60 cm。隔离区要有单独的下水道将污水排至场外的污水处理设施。

（4）场区绿化

进行禽场规划时，必须规划绿化地，其中包括防风林、隔离林、行道绿化、遮阳绿化、绿地等，以防病原微生物在场内传播，场区内除道路及建筑物之外全部铺种草坪，也可起到调节场内小气候、净化环境的作用。

3）建筑物的设计与联系

①种禽舍应设置在禽场的深处，商品禽场设置在靠近大门处。育雏舍、育成舍居于种禽舍和商品舍之间。禽舍应平行整齐排列。

②孵化厂、产品加工厂应另设分场，若在同一个场内应放在大门一侧。

③饲料的贮存、加工、调制车间应放在舍与舍之间。需饲料最多的禽舍集中在中央并靠近饲料调制车间。

④尸体解剖及焚烧处放在下风口的边沿。

⑤贮粪池可设 1～2 个，位置放在与饲料调制间相反下风口一侧。

任务实施

禽场的选址和规划布局

【材料用具】

绘图工具、绘图纸等。

【实施步骤】

（1）场址选择

根据你的家乡条件，分析禽场在场址选择方面的优点、缺点，并提出改进建议。

（2）规划布局

从禽场的性质和规模、生产工艺、环境卫生等方面综合考虑，合理布局蛋鸡场各功能区域，并绘制规划布局图示。

【考核评价】

（1）个人考核（占 50%）

根据表 1-1 所列内容，对学生的实训情况进行考核。

表 1-1 个人考核内容及标准

序号	考核项目	评分标准	分值	考核方法	考核得分	熟练程度
1	场址选择	分析所选场址的优点	10	单人操作考核		>90 分为熟练掌握；70~90 分为基本掌握；<70 分为没有掌握
		分析所选场址的缺点	10			
		提出改进建议	30			
2	规划布局	能合理布局蛋鸡场各功能区域	20			
		能正确绘制蛋鸡场规划布局图	30			
合计			100			

（2）团队考核（占 30%）

根据表 1-2 所列内容，对小组的实训情况进行考核。

表 1-2 团队考核内容及标准

序号	考核项目	评分标准	分值	考核方法	考核得分	熟练程度
1	参与情况	全员参与，团结协作	25	小组操作考核		>90 分为优秀；70~90 分为良好；<70 分为不合格
2	实训态度	出勤完整，操作积极，勤于思考，严谨务实	25			
3	实训表现	热爱劳动，爱护公物，操作认真、规范	25			
4	实训效果	完成实训任务所有内容，掌握实训技能	25			
合计			100			

（3）综合评价（占 20%）

根据表 1-3 所列内容，对学生的实训情况进行综合评价。

表 1-3 综合评价内容及标准

成员姓名	团队得分	个人得分	综合评分	成员签字	组长签字	教师签字
实训总结	>90 分为优秀，70~90 分为良好，<70 分为不合格；对于不合格的团队和个人可再给一次考核机会					

任务 1-2 禽舍建筑设计

任务描述

舍内小气候状况与禽舍的类型和结构有关。本任务通过介绍开放式、密闭式禽舍的特点，以做到正确选择禽舍类型，并设计鸡舍的外形结构和内部布局。

知识准备

1. 鸡舍的设计与建筑

1）鸡舍的基本要求

（1）保温防暑

鸡舍建筑上要考虑隔热能力和散热能力，特别是屋顶结构，要设法减少夏季太阳辐射热的进入和冬季冷风的渗透，克服昼夜温差和季节变动对舍内环境的影响。

（2）通风良好

开放式鸡舍一般靠门窗通风，如果鸡舍跨度大，可在屋顶安装通风管，管下部安装通风控制闸门。密闭式鸡舍用风机强制通风，开放式鸡舍窗户的面积与鸡舍地面面积的比一般为 1:6。

（3）保持干燥

鸡舍要保持干燥，一般雏鸡舍要求相对湿度控制在 60%~65%，育成舍及蛋鸡舍要求相对湿度 55%~65%。因此，鸡舍应建在地势较高的地方，最好是建在水泥地面上。

（4）阳光充足

阳光充足主要是对开放式鸡舍而言，鸡舍应尽量选择朝南向阳方位，并保证达到一定的有效采光面积。同时，鸡舍应设计辅助照明设备，保证光照充足。

（5）饲养密度适宜

鸡舍内如果饲养密度过大，会降低增重，减少产蛋，增加鸡群的死亡率；如果饲养密度过小，鸡舍利用率会降低。所以，应保持适宜的饲养密度。

（6）便于防疫

鸡舍必须清洗、消毒。为保证消毒效果，要求鸡舍墙面光滑，地面抹上水泥并设墙裙。鸡舍的入口处应设有消毒池，窗户应具备防兽、防鼠功能。

2）鸡舍的类型

（1）开放式鸡舍

开放式鸡舍有窗户，全部或大部分靠自然的空气流通换气；由于自然通风的换气量较小，若鸡舍不添置强制通风设备，一般饲养密度较低。鸡舍内的采光是靠窗户进行自然采光，昼夜时间的长短随季节的转换而变化，故舍内温度也是随季节的转换而升降。

开放式鸡舍按屋顶结构的不同，通常分为单坡式鸡舍、双坡式鸡舍、钟楼式鸡舍、半钟楼式鸡舍、拱式鸡舍和双坡歧面式（"人"字形）鸡舍等（图 1-3）。

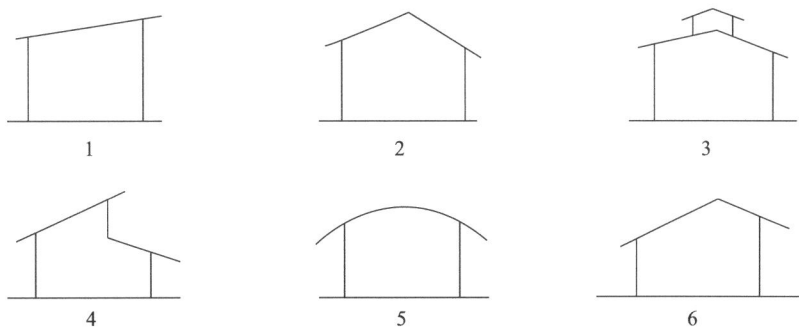

图 1-3 开放式鸡舍屋顶式样示意

1. 单坡式 2. 双坡式 3. 钟楼式 4. 半钟楼式 5. 拱式 6. 双坡歧面式

单坡式鸡舍跨度小，多带运动场，适合小规模养鸡，环境条件易受自然条件的影响；双坡式鸡舍跨度大，适宜大规模机械化养鸡，舍内采光和通风条件较差；钟楼式鸡舍和半钟楼式鸡舍通风和采光较双坡式好，但造价稍高；拱式鸡舍造价低，用材少，屋顶面积小，适宜缺乏木材、钢材的地方；双坡歧面式鸡舍采光条件好，弥补双坡式鸡舍的不足，适宜北方寒冷地带。

①开放式鸡舍的优点 造价较低，投资较少，在设有运动场和饲喂青饲料的条件下，对饲料的要求不十分严格，比较适用于气候较为暖和、全年温差不太大的地区。

②开放式鸡舍的缺点 鸡的生理状况与生产性能均受外界自然条件变化的影响，生产的季节性极为显著；同时，由于开放式管理，鸡通过昆虫、野禽、土壤、空气等各种途径感染疾病的机会较多；占地面积大，用工较多，不利于均衡生产和保证市场的正常供给。

（2）密闭式鸡舍

密闭式鸡舍的屋顶及墙壁都采用隔热材料密封，有进气孔和排风机，无窗户。舍内采光常年靠人工光照控制，安装有轴流风机，机械负压通风。通过变换通风量大小和气流速度的快慢来调控舍内的温湿度。在鸡舍的进风端设置空气冷却器等方式降温。

①密闭式鸡舍的优点 能够减弱或消除不利的自然因素，使鸡群能在较为稳定、适宜的环境下充分发挥品种潜能，稳产高产；可以有效地控制和掌握育成鸡的性成熟，较为精确地监控营养和耗料情况，提高饲料利用率；因鸡舍几乎处于密闭状态下，降低自然媒介传播疫病的风险，有利于卫生防疫控制；由于机械化程度高，饲养密度大，降低劳动力强度；同时，由于采用机械通风，鸡舍之间的间隔可以缩小，节约生产区的建筑面积。

②密闭式鸡舍的缺点 建筑标准要求较高，附属设备较多，投资费用高；鸡群由于得不到阳光的照射，且接触不到土壤，所以必须供给全价饲料，以保证鸡群获得全面的营养物质，否则鸡群会出现某些营养缺乏症；由于饲养密度高、鸡群大，隔离、消毒及投药都比较困难，鸡彼此互相感染疾病的概率大幅增加，必须采取极为严密、效果良好的消毒防疫设施，以确保鸡群健康；由于通风、照明、饲喂、饮水等全部依靠电力，必须有可靠的电源，否则遇到停电，特别是在炎热的夏季，会对养鸡造成严重的影响。

3）鸡舍的建筑要求

（1）鸡舍朝向

鸡舍朝向以坐北朝南最佳，这种朝向的鸡舍，冬季采光面积大，吸热保温好；夏季又不受太阳直晒，通风好，具有冬暖夏凉的特点，有利于鸡的产蛋和生长发育。若找不到朝南的合适场址，朝东南或朝东的也可以考虑。但是，不能在朝西或朝北的地段建造鸡舍。原因是西北朝向的鸡舍，夏季迎西晒，使舍内闷热，不但影响生长和产蛋，还会造成鸡中暑死亡。同时，冬季迎西北风，舍温低，鸡的耗料多，产蛋少。

(2)鸡舍间距

生产区内的鸡舍应根据地势、地形、风向等合理布局，各鸡舍应平行整齐排列，鸡舍与鸡舍之间留足采光、通风、消防、卫生防疫间距。若距离过大，则会占地太多、浪费土地，并会增加道路、管线等基础设施投资，管理也不便。若距离过小，则会加大各鸡舍间的干扰，对鸡舍采光和通风防疫等都不利。一般情况下，鸡舍间的距离以不小于鸡舍屋檐高度的3~5倍可满足要求。

(3)鸡舍长度

鸡舍长度取决于整批转入鸡舍的鸡数、鸡舍的跨度、机械化的水平与设备质量。机械化程度高、设备良好的鸡舍，长度可长些，但鸡舍过长则机械设备的制造和安装难度较大；鸡舍太短，则机械的利用效益比较低，房舍的利用也不经济；同时，鸡舍的长度也要便于实行定额管理，适合于饲养人员的技术水平。按建筑规模，鸡舍长度一般为66 m、90 m、120 m，中小型普通鸡舍长度为36 m、48 m、54 m。

(4)鸡舍跨度

鸡舍跨度一般要根据屋顶的形式、内部设备的布置及鸡舍类型等决定。通常双坡式、钟楼式等形式的鸡舍要比单坡式及拱式的鸡舍跨度大一些。笼养鸡舍要根据鸡笼排的列数，并留有适宜的走道后，方可决定鸡舍的跨度。开放式鸡舍，其跨度不能太大，否则会对鸡舍的通风和采光都带来不良的影响，一般以6~9 m为宜；典型的鸡舍跨度为12 m，长116 m，高2.4 m。以产蛋鸡舍为例，计算公式：

$$鸡舍跨度(m)=鸡笼宽度×鸡笼列数+通道宽度×通道数$$

(5)鸡舍高度

鸡舍高度应根据饲养方式、清粪方法、跨度与气候条件而决定。跨度不大、平养、气候不太热的地区，鸡舍不必太高，一般从地面到屋檐口的高度为2.5 m左右；而跨度大、夏季气温高的地区，又是多层笼养，可增高至3 m左右。

(6)鸡舍屋顶

屋顶是鸡舍最上层的屋盖。屋顶的形式有多种，除平养跨度不大的鸡舍用单坡式屋顶外，一般常用的是双坡式。在气温较高、雨量较多的地区，屋顶的坡度宜大些，但任何一种屋顶都要求防水、隔热和具有一定的负重能力。在南方气温较高、雨量多的自然环境下，鸡舍屋顶最好设置顶棚，在顶棚与屋面之间可用玻璃棉、聚苯乙烯泡沫塑料、聚氨酯板等填充，起到保温隔热作用。屋顶两侧的下缘留有适当的檐口，以便于遮阳挡雨。

(7)鸡舍墙壁

墙壁是鸡舍的围护结构，要求防御外界风雨侵袭、隔热性能良好，为舍内创造适宜的环境。墙壁的有无、多少或厚薄，主要取决于当地的气候条件和鸡舍的类型。在气温高的地区，可建造四面无墙壁的简易大棚式鸡舍，四周无壁，只建屋顶，但四周必须围以网眼较细的铁丝网,以防止野兽的侵入,也可建南侧敞开的三面墙鸡舍。气候温和的地区,墙壁的厚度可薄一些;气温寒冷地区,墙体适当加厚。墙外侧用水泥抹缝,内墙用水泥或白石灰盖面,以便防潮和利于冲刷。现代化鸡场均采用封闭式鸡舍,墙壁结构除满足保温隔热等要求外,还要有足够的强度,鸡舍两侧墙上留进风口并安装湿帘,一端墙上安装风机。风机和进风口的大小根据存栏鸡数的多少确定。

(8)鸡舍地面

地面要求高出舍外地面 30 cm,防潮、平坦。面积大的永久性鸡舍,一般地面与墙裙均应敷抹水泥,并设有下水道,以便冲刷和消毒。在地下水位高及比较潮湿的地区,应在地面下铺设防潮层(如石灰渣、炭渣、油毛毡等)。在北方的寒冷地区,如能在地面下铺设一层空心砖,则更为理想。对于农村简易鸡舍,如为砂质或透气性良好的土壤,也可用于自然地面养鸡,以减少投资,但在鸡群转出后,应铲除一层旧土,重新垫上新土并消毒。

(9)鸡舍门窗

鸡舍门窗大小应以所有设施和工作车辆都能顺利进出为度。一般单扇门高 2 m、宽 1 m;双扇门高 2 m、宽 1.6 m(2 m×0.8 m)。为方便车辆进出,门前可不留门槛,有条件的可安装弹簧推拉门,鸡舍的窗户要考虑鸡舍的采光系数和通风。窗户面积若过大,冬季保温困难,夏季通风性能虽良好,但受反射热也较多,加之光照度偏高,使鸡烦躁不安,容易发生啄癖。窗户面积若太小,会造成夏季通风量不足,舍内积热难散,气体难闻,鸡群极为不适。同时,窗户太小也会影响鸡群的光照。总之,必须合理地确定窗户的大小。窗户的位置,笼养宜高,平养宜低。网上或棚状地面养鸡,在南北墙的下部一般应留有通风窗,尺寸为 30 cm×30 cm,并在内侧扎以铁丝网和设有外开的小门,以防野兽入侵和便于冬季关闭。

(10)鸡舍通道

鸡舍通道的宽窄,必须考虑通行和操作方便。通道过宽会减少房舍的饲养面积,过窄则给饲养管理工作造成不便。通道的位置也与鸡舍的跨度大小有关,跨度小的平养鸡舍,常将通道设在北侧,其宽约 1 m;跨度大的鸡舍,可采用两走道,甚至四走道。

2. 水禽场的设计与建筑

1)水禽舍的设计

水禽舍普遍采用房屋式建筑,一般分为育雏舍、育成舍、种禽舍或产蛋禽舍、陆上运动场和水上运动场。

(1)育雏舍

育雏舍要求保温性能良好、干燥透气。房屋顶高 6 m、宽 10 m、长 20 m,房舍檐高 2~2.5 m,窗与地面面积之比一般为 1:8~1:10。南窗离地面 60~70 cm,设置气窗,便于空气调节,北窗面积为南窗的 1/3~1/2,离地面 100 cm 左右,窗户与下水道的出口要装上铁丝网,以防止野兽害虫的侵入。育雏舍地面最好用水泥或砖铺成,以便消毒。

(2)育成舍

育成舍要求能遮风挡雨,夏季通风、冬季保暖、屋内干燥。规模较大的鸭鹅场,育成舍可参照育雏舍建造。

（3）种禽舍或产蛋禽舍

种禽舍分为舍内和运动场两部分。成年水禽怕热不怕冷，因此，对成年水禽舍的要求不严格。水禽舍通常有单列式和双列式两种，单列式水禽舍冬暖夏凉，较少受地区和季节的限制，是一种较好的设计。种水禽舍一般屋檐高 2.6~2.8 m，窗与地面面积比要求 1：8 以上，南窗大一些，离地面 60~70 cm，北窗可小一些，离地面 100~200 cm，在水禽舍北侧设有过道。舍内地面用水泥或砖砌成，并有适当的坡度。周围设置产蛋箱，每 4 只产蛋母鸭（鹅）设置一个产蛋箱。

（4）陆上运动场

陆上运动场是鸭鹅休息和运动的场所，要求砂质壤土地面，渗透性强，排水良好。若条件允许可铺上三合土地面、红砖地或水泥地面。运动场的地面为鸭鹅舍的 1.5~2 倍，坡度以 20%~25% 为宜，既基本平坦，又不易积水。运动场面积的 1/2 应搭设凉棚或栽种葡萄等形成遮阳棚，以利于冬晒夏阴及供给饲喂之用。

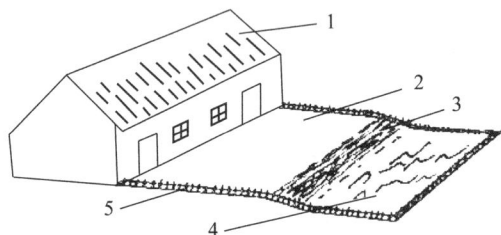

图 1-4　种鸭舍布局外观（引自张玲，2019）

1. 鸭舍　2. 陆上运动场　3. 斜坡　4. 水上运动场　5. 围篱

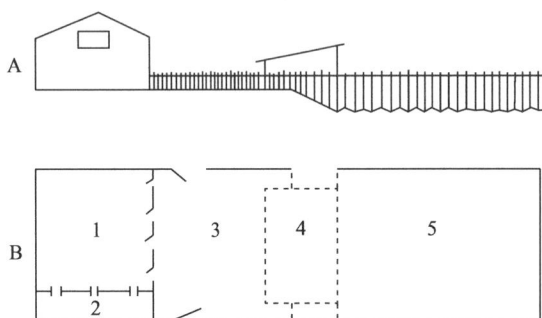

图 1-5　种鹅舍侧面和平面（引自张玲，2019）

A. 侧面　B. 平面

1. 鹅舍　2. 产蛋间　3. 陆上运动场　4. 凉棚
5. 水上运动场

（5）水上运动场

水上运动场供鸭鹅洗毛、纳凉、采食水草、饮水和配种用，可利用天然沟塘、河流、湖泊，也可利用人工浴池。周围用 1~1.2 m 高的竹篱笆或水泥、石头砌成围墙，以控制鸭鹅群的活动范围，人工浴池一般宽 2.5~3 m、深 1 m 以上，用水泥砌成。水上运动场的排水口要有沉淀井，排水时可将泥沙、粪便等沉淀下来，避免堵塞排水道。

2）水禽养殖场的建筑要求

水禽养殖场的建筑应以简单实用为原则，满足水禽的基本要求，即冬暖夏凉、空气流通、光线充足、便于饲养管理、有利于防疫卫生消毒、经济耐用。一般来说，一个完整的平养舍应包括禽舍、陆上运动场和水上运动场 3 个部分（图 1-4、图 1-5）。三者的比例一般为 1：（1.5~2）：（1.5~2）。

任务实施

中小型规模鸡场的鸡舍规划设计

【材料用具】

绘图工具、绘图纸等。

【实施步骤】

（1）鸡舍的平面设计

①确定鸡舍类型（图 1-6）

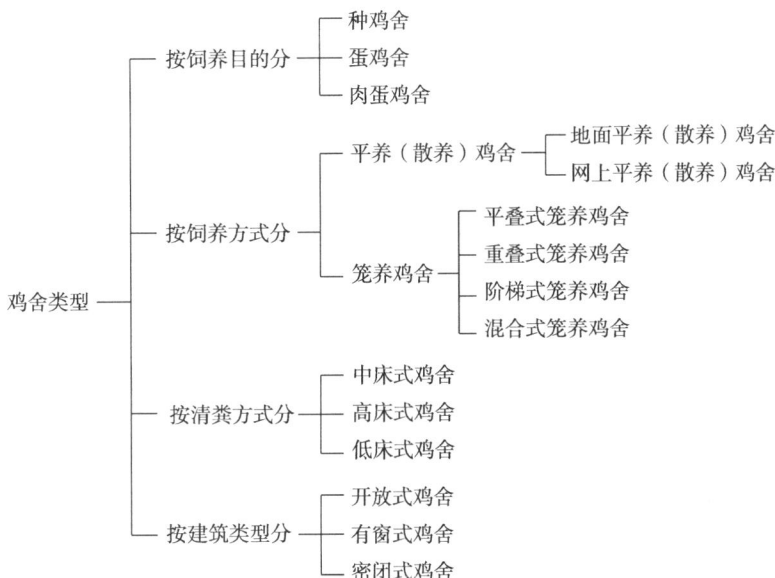

图 1-6　鸡舍类型

②确定鸡舍的总饲养面积　用逆算法进行推算。根据鸡的养育阶段、饲养规模、饲养方式、笼具规格和饲养密度先确定产蛋舍饲养面积，再根据各养育阶段的成活率推算育成舍和育雏舍的饲养面积。

$$平养鸡舍饲养区面积（m^2）= 鸡舍每批饲养量（只）/饲养密度（只/m^2）$$

$$鸡舍初拟长度（m）= 平养鸡舍饲养区面积（m^2）/初拟饲养区宽度（m）+$$
$$走道宽度（m）+工作管理间宽度（m）+墙的厚度（m）$$

③确定鸡舍的跨度和长度

$$鸡舍净跨度（m）= 鸡笼宽度（m）×鸡笼列数+通道宽度（m）×通道数$$
$$平养鸡舍的长度（m）= 鸡舍的总面积（m^2）/鸡舍的净跨度（m）$$
$$笼养鸡舍的长度（m）= 每组笼长（m）×每列笼组数+喂料机头尾长度（m）+$$
$$操作通道所需长度（m）+工作间开间（m）$$

（2）鸡舍的剖面设计

①确定鸡舍剖面形式　有单坡、双坡或其他坡面形式。

②确定剖面尺寸

$$笼养鸡舍高度（m）= 笼架高度（m）+上层笼顶到吊顶的距离（m）+粪沟深度（m）$$

决定笼养鸡舍剖面尺寸的因素主要有设备高度、清粪方式和环境要求等。三层阶梯笼养鸡笼，采用链条式喂料器。若人工拣蛋，可选用低架笼，笼架高度 1 615 mm；若机械集蛋，则选用高笼，笼架高度 1 815 mm。鸡舍无吊顶时，上层笼顶面距屋顶结构面下表面不小于 0.4 m，有吊顶时则距吊顶不小于 0.8 m。

③窗洞和通风口的形式与设置　开放式和有窗式鸡舍的窗洞口设置以满足舍内光线均匀为原则。开放舍中设置的采光带，以上下布置两条为宜；有窗舍的窗洞开口应每开间设立式窗，或采用上下层卧式窗，这样可获得较好的光照效果。鸡舍通风洞口设置应使自然气流通过鸡只的饲养层面，以利于夏季降低舍温和鸡只体感温度。平养鸡舍的进风口下标高应与网面相平或略高于网面，笼养鸡舍为 0.3~0.5 m，上标高最好高出笼架。

【考核评价】

（1）个人考核（占 50%）

根据表 1-4 所列内容，对学生的实训情况进行考核。

表 1-4　个人考核内容及标准

序号	考核项目	评分标准	分值	考核方法	考核得分	熟练程度
1	鸡舍平面	用逆算法推算平养鸡舍饲养区面积	10	单人操作考核		>90 分为熟练掌握；70~90 分为基本掌握；<70 分为没有掌握
		能正确计算鸡舍初拟长度	10			
		能正确计算鸡舍的跨度	10			
		能正确计算鸡舍的长度（平养和笼养）	20			
2	鸡舍剖面	能正确计算笼养鸡舍高度	20			
		能正确绘制窗洞和通风口的形式与设置	30			
	合计		100			

（2）团队考核（占 30%）

参照表 1-2 进行考核。

（3）综合评价（占 20%）

参照表 1-3 进行综合评价。

任务 1-3　养禽设备的选择

任务描述

根据禽场的生产规模、饲养方式、饲养阶段、饲养品种等为新建、扩建或改建的企业选择合适的禽舍设备。适宜的禽舍设备可以提升饲养管理水平、减少劳动力、提高生产率、降低生产成本，为企业带来了经济效益。

知识准备

1. 孵化设备

孵化设备包括孵化机、出雏机及其他配套装置，对于小型孵化设备也可将孵化机与出雏机合二为一。

1）孵化机

孵化机的类型有很多，虽然自动化程度和容量大小有所不同，但其构造原理基本相同。目前，大中型孵化场使用的主要是箱体式孵化机和巷道式孵化机，其中箱体式孵化机应用较多。

（1）箱体式孵化机

箱体式孵化机外观呈箱式，根据蛋架结构可分为蛋架车式孵化机（图 1-7）和蛋盘架式孵化机（图 1-8）。其中，蛋盘架式孵化机又分为滚筒式和八角式，它们的蛋盘架均固定在箱内不能移动，入孵和操作管理不方便。目前，多采用蛋架车式孵化机，蛋架车可以直接到蛋库装蛋，消毒后推入孵化机，减少了种蛋装卸次数。箱体式孵化机要求单箱整批入孵，卫生消毒彻底，多采用变温孵化。

图 1-7　蛋架车式孵化机　　　　　　　　图 1-8　蛋盘架式孵化机

（2）巷道式孵化机

巷道式孵化机（图 1-9）由多台箱体式孵化机组合连体拼装，配备有空气搅拌和导热系统，种蛋容量大，一般在 7 万枚以上，占地面积小，温度稳定，能自动实现变温孵化，自动翻蛋，喷雾消毒，但对孵化室环境要求严格，一般在 22~26℃ 才能发挥最佳潜能。

巷道式孵化机采取分批入孵，机内新鲜空气由入口顶端吸入，经加热、加温后，从上部的风道经多个高速风机吹到对面的门上，大部分气体被反射下去进入巷道，通过蛋架车后又返回入口端，形成"O"形气流，将孵化后期胚蛋生产的热量带给加热前期种蛋，从而为机内不同胚龄的种蛋提供适宜的温度条件。另外，这种独特的气流循环充分利用了胚蛋的代谢热，较其他类型的孵化机省电。

2）出雏机

出雏机（图 1-10）是与孵化机配套的设备，鸡蛋入孵 18 d 后要转到出雏机完成出壳。

图 1-9　巷道式孵化机

图 1-10　出雏机

出雏机内不需进行翻蛋，不设翻蛋机构和翻蛋系统。出雏时，进气口、排气口应全部打开。

3）其他配套装置

（1）蛋架车和蛋盘

蛋架车为全金属结构，蛋盘为塑料材质。蛋盘架固定在四根吊杆上可以活动，常有12~16层，每层间距为 12 cm。孵化盘和出雏盘多采用塑料盘，便于洗刷消毒，且坚固不易变形。出雏盘四周要有一定的高度，底面网格密集，其优点是占地面积小，劳动效率高（图 1-11）。

（2）照蛋器

照蛋器（图 1-12）用于孵化时照蛋。它采用镀锌铁皮制造，尾部有灯泡，前面有反光罩，前端为照蛋孔，孔边缘套塑料管，还可缩小尺寸，并配有 12~36 V 的电源变压器，使用时更方便、安全。

图 1-11　蛋架车和蛋盘

图 1-12　照蛋器

2. 供暖设备

(1) 煤炉

煤炉(图1-13)是地面育雏或笼育雏时的室内加温设施。保温性能较好的育雏室每 15~25 m² 放一个煤炉。煤炉内部结构因用煤不同而有一定差异,在生产中,煤炉应接排气管通到室外,以免造成煤气中毒。

(2) 火墙

火墙也称地上烟道,是地面育雏或笼育雏鸡时的室内加温设施。在舍内砌设火墙的具体做法是:将加温的地炉砌在育雏舍的外间,炉子走烟的火口与烟道直接相连。舍内烟道靠近墙壁 10 cm,距地面高 30~40 cm,由热源向烟筒方向稍有坡度,使烟道向上倾斜。烟道上方设置保温棚(如搭设塑料棚),在棚下离地面 5 cm 处悬挂温度计,测量育雏室温度。这种设备简单,取材方便,但有时会漏烟。

图1-13　煤炉

(3) 电热育雏伞

电热育雏伞(图1-14)呈圆锥塔形或方锥塔形,上窄下宽,直径分别为 30 cm、120 cm,高 70 cm。电热育雏伞内有一圈电热丝,伞壁与地面 20 cm 左右处挂温度计测量育雏温度,通过调整电热育雏伞离地面的高度控制育雏温度。每个电热育雏伞可育 300~500 只雏鸡或 300~400 只雏鸭。

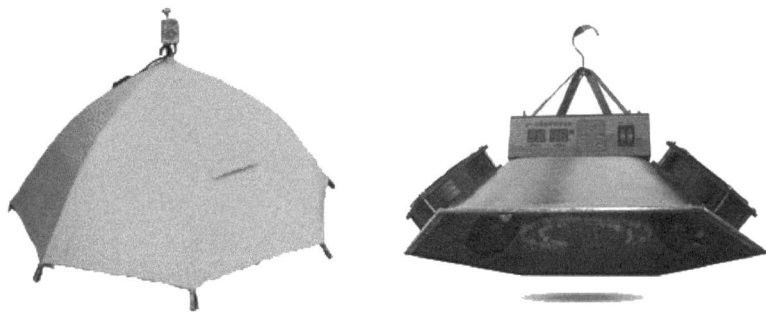

图1-14　电热育雏伞

(4) 红外线灯

红外线灯(图1-15)分亮光型和无亮光型两种。目前,生产中用的大部分是亮光型的,每盏红外线灯为 250~500 W,灯泡悬挂在离地面 40~60 cm 处。离地的高度应根据育雏需要的温度进行调节。通常 34 只雏鸡为 1 组,轮流使用,饲料槽(桶)和饮水器不宜放在灯下,每盏灯可保温雏鸡 100~150 只。

(5) 热风炉

热风炉有燃油热风炉、燃煤热风炉和燃气热

图1-15　红外线灯

图 1-16 热风炉

风炉 3 种。但热风炉主要用原煤作燃料，比普通火炉节煤 50%～70%（图 1-16）。工作过程中内燃升温，烟气自动外排，配备自动加湿器，室内升温和加湿同步运行。同时，能自动压火控温，煤燃尽时自动报警。

在生产中，育雏舍内除以上供暖设备，还有地暖、烟道、燃气加热器、电热育雏笼等。

3. 笼养设备

鸡笼因分类方法不同而有多种类型，如按其组装形式可分为全阶梯式、半阶梯式、层叠式、阶梯层叠综合式和单层平置式；按其用途可分为产蛋鸡笼、肉鸡笼、种鸡笼、育雏鸡笼、育成鸡笼。

1）按组装形式分类

（1）全阶梯式鸡笼

上下层笼体相互错开，基本上没有重叠或稍有重叠，重叠的尺寸最多不超过护蛋板的宽度。全阶梯式鸡笼的配套设备喂料多用链式喂料机或轨道车式定量喂料机，小型饲养多采用船形料槽，人工给料；饮水可采用杯式、乳头式或水槽式饮水器。如果是高床鸡舍，鸡粪用铲车在鸡群、淘汰时铲除；若是一般鸡舍，鸡笼下面应设粪槽，用刮板式清粪机清粪。

全阶梯式鸡笼（图 1-17）的优点是鸡粪可以直接落进粪槽，省去各层间承粪板；通风良好，光照幅面大。缺点是笼组占地面较宽，饲养密度较低。

图 1-17 全阶梯式蛋鸡笼

（2）半阶梯式鸡笼

上下层笼部分重叠，重叠部分有承粪板。其配套设备与全阶梯式鸡笼相同，承粪板上的鸡粪使用两翼伸出的刮板清除，刮板与粪槽内的刮板式清粪器相连。

半阶梯式鸡笼占地宽度比全阶梯式鸡笼小，舍内饲养密度高于全阶梯式鸡笼，但通风和光照不如全阶梯式鸡笼。

（3）层叠式鸡笼

上下层鸡笼完全重叠，一般为 3～4 层。喂料可采用链式喂料机；饮水可采用长槽式或乳头式饮水器；层间可用刮板式或带式清粪器，将鸡粪刮至每列鸡笼的一端或两端，再由横向螺旋刮粪机将鸡粪刮到舍外；小型的层叠式鸡笼可用抽屉式清粪器，清粪时由人工拉出，将粪倒掉。

层叠式鸡笼(图 1-18)的优点是能够充分利用鸡舍地面和空间，饲养密度大，冬季舍温高。缺点是各层鸡笼之间光照和通风状况差异较大，各层之间要有承粪板及配套的清粪设备，饲养在最上层与最下层的鸡管理不方便。

图 1-18　层叠式鸡笼

(4)阶梯层叠综合式鸡笼

最上层鸡笼与下层鸡笼形成阶梯式，而下两层鸡笼完全重叠，下层鸡笼在顶网上面设置承粪板，承粪板上的鸡粪需用手工或机械刮粪板清除，也可用鸡粪输送带代替承粪板，将鸡粪输送到鸡舍一端。阶梯层叠综合式鸡笼(图 1-19)配套的喂料、饮水设备与全阶梯式鸡笼相同。

图 1-19　阶梯层叠综合式鸡笼

2)按用途分类

(1)产蛋鸡笼

目前，我国生产的蛋鸡笼有适用于轻型蛋鸡(如海兰白鸡)的轻型鸡笼和适用于中型蛋鸡(海兰褐蛋鸡、伊莎褐蛋鸡等)的中型蛋鸡笼，多为 3 层全阶梯或半阶梯组合方式。

①笼架　是承受笼体的支架，横梁和斜撑一般用 2.0~2.5 mm 厚的角钢或槽钢制成。

②笼体　鸡笼是由冷拔钢丝经点焊成片，然后镀锌拼装而成，包括前网、顶网、底网、后网、隔网和笼门等。一般前网和顶网压制在一起，后网和底网压制在一起，隔网为单网片，笼门作为前网或顶网的一部分，有的可以取下，有的可以上翻。底网要有一定坡度（滚蛋角），一般为 6°~10°，伸出笼外 12~16 cm 形成集蛋槽。笼体的规格，一般前高 40~45 cm、深 45 cm 左右，每个笼体养产蛋母鸡 3~5 只。

③附属设备　有护蛋板、料槽及水槽等。护蛋板为一层镀锌薄铁皮，放于笼内前下方，下缘与底网间距 5.0~5.5 cm，间距过大，鸡头可伸出笼外啄食蛋槽中鸡蛋，间距过小，蛋不能滚落。

（2）肉鸡笼

肉鸡笼多采用层叠式，多用金属丝和塑料加工制成。目前，以无毒塑料为主要原料制作的鸡笼，具有使用方便、节约垫料、易消毒、耐腐蚀等优点，特别是消除了胸囊肿病，价格比同类铁丝降低 30% 左右，寿命延长 2~3 倍。

（3）种鸡笼

种鸡笼多采用两层半阶梯式或单层平置式。适用于种鸡自然交配的群体笼，前网高 720~730 mm，中间不设隔网，笼中公、母鸡按一定比例混养；适用于人工授精的种鸡笼，分为公鸡笼和母鸡笼，母鸡笼的结构与蛋鸡笼相同。公鸡笼中没有护蛋板底网，没有滚蛋角和滚蛋间隙，其余结构与蛋鸡笼相同。

（4）育雏鸡笼

育雏鸡笼适用于养育 1~60 日龄的雏鸡，生产中多采用层叠式鸡笼。一般笼架为 4 层 8 格，长 180 cm、深 45 cm、高 165 cm。每个单笼长 87 cm、高 24 cm、深 45 cm。每个单笼可养雏鸡 10~15 只。

（5）育成鸡笼

育成鸡笼也称青年鸡笼，主要用于饲养 60~140 日龄的青年母鸡，一般采用群体饲养。其笼体组合方式多采用 3~4 层半阶梯式或单层平置式。笼体由前网、顶网、后网、底网及隔网组成，每个大笼隔成 2~3 个小笼或者不分隔，笼体高 30~35 cm、深 45~50 cm，大笼长度一般不超过 2 m。

4. 饮水设备

（1）真空饮水器

真空饮水器（图 1-20）由水罐和饮水盘两部分组成。饮水盘上开个水槽，使用时将水罐倒过来装水，再将饮水盘倒覆其上，扣紧后一起翻转 180° 放置在地面上。水从出水孔流出，直到将孔淹没为止。这时外界空气不能进入水管，使管内水面上空的气压小于大气压，水就不再流出。当雏鸡从饮水盘饮去一部分水后，盘内水面下降，当水面低于出水孔时，外界空气又从出水孔进入水罐，使水罐内的气压增大，水又自动流出，直到再次将孔淹没为止。这样，饮水盘中始终能保持一定量的水。

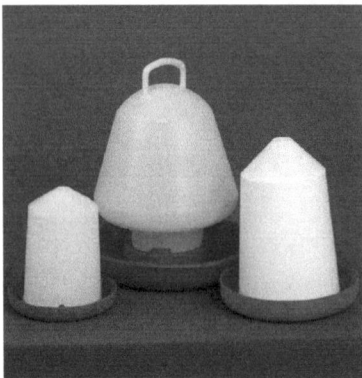

图 1-20　真空饮水器

真空饮水器如需吊挂使用，水槽与水盘需要用螺扣连接或用其他方式固定。

（2）饮水槽

①U 形长流水式饮水槽　在水槽的一端安装一个经常开着的水龙头，另一端安装一个溢流塞和出水管，用于控制液面的高低。清洗时，卸下溢流塞即可。

②浮子阀门式饮水槽　水槽一端与浮子室相连，室内安装一套浮子和阀门。当水槽内水位下降时，浮子下落将阀门打开，水流进入水槽；当水面达到一定高度后，浮子又将阀门关闭，水就停止流入。

③弹簧阀门式饮水槽　整个水槽吊挂在弹簧阀门上，利用水槽内水的质量控制阀门启闭。

（3）吊塔式饮水器

吊塔式饮水器（图 1-21）吊挂在鸡舍内，不妨碍鸡的活动，多用于平养鸡，其组成分为饮水盘和控制机构两部分。饮水盘是塔形的塑料盘，中心是空心的，边缘有环形槽供鸡饮水。控制出水的阀门体上端用软管和主水管相连，另一端用绳索吊挂在天花板上。饮水盘吊挂在阀门体的控制杆上，控制出水阀门的启闭。当饮水盘无水时，质量减轻，弹簧克服饮水盘的质量，使控制杆向上运动，将出水阀门打开，水从阀门体下端沿饮水盘表面流入环形槽。当水面

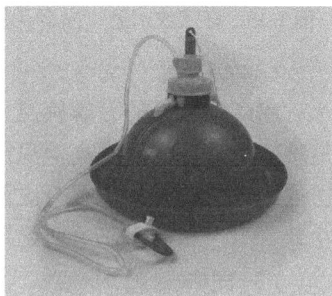

图 1-21　吊塔式饮水器

达到一定高度后，饮水盘质量增加，可加大弹簧拉力，使控制杆向下运动，将出水阀门关闭，水就停止流出。

（4）乳头式饮水器

乳头式饮水器（图 1-22）由阀芯和触杆构成，直接同水管相连。由于毛细管的作用，触杆部经常悬着一滴水，鸡需要饮水时，只要啄动触杆，水即流出。鸡饮水完毕，触杆将水路封住，水即停止外流。这种饮水器可安装在鸡头上方处，让鸡能够抬头喝水。目前，养鸡生产中使用较多。安装时要随鸡的大小变化高度，可安装在笼内，也可安装在笼外。

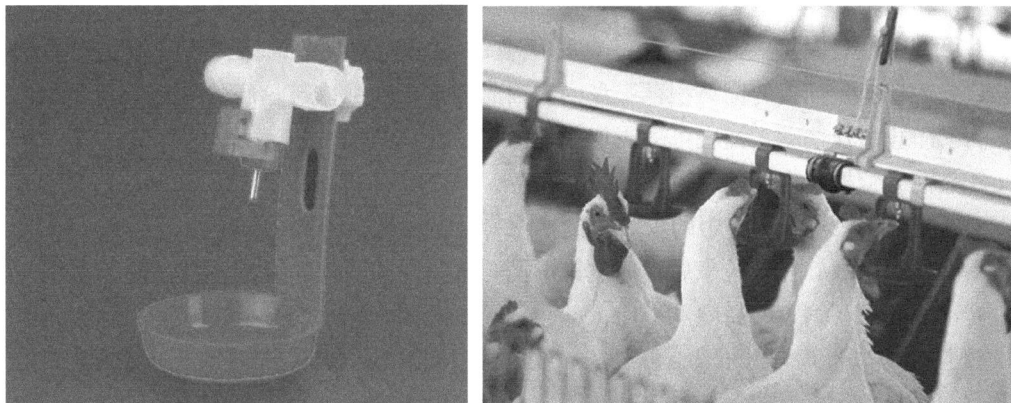

图 1-22　乳头式饮水器

图 1-23 杯式饮水器

（5）杯式饮水器

杯式饮水器（图 1-23）形状像一个小杯，与水管相连。杯内有一触板，平时触板上总是存留一些水，在鸡啄动触板时，通过联动杆将阀门打开，水流入杯内，借助于水的浮力使触板恢复原位，水就不再流出。

5. 饲喂设备

（1）贮料塔

贮料塔一般用 1.5 m 厚的镀锌薄钢板冲压组合而成，上部为圆柱形，下部为圆锥形，以利于卸料。贮料塔放在鸡舍的一端或侧面，里面装有该鸡舍 2 d 的饲料量。给鸡群喂料时，由输料机将饲料送往鸡舍内的喂料机，再由喂料机将饲料送到饲槽，供鸡自由采食。

（2）输料机

生产中常见的有螺旋搅龙式输料机和螺旋弹簧式输料机等。螺旋搅龙式输料机的叶片是整体的，生产效率高但只能做直线输送，输送距离也不能太长。因此，将饲料从贮料塔送往各喂料机时，需要分成两段，即使用两个螺旋搅龙式输料机。螺旋弹簧式输料机可以在弯管内送料，不必分成两段，可以直接将饲料从贮料塔输送到喂料机。

（3）饲槽

饲槽是养鸡生产中的一种重要设备，因鸡的大小、饲养方式不同，对不同饲槽的要求也不同，但无论哪种类型的饲槽，均要求平整光滑、采食方便、不浪费饲料、便于清洗消毒。制作材料可选用木板、镀锌铁皮及硬质塑料等。

①开食盘　用于 1 周龄前的雏鸡，大都是由塑料和镀锌铁皮制成。用塑料制成的开食盘，中间有点状乳头，使用卫生，饲料不易变质和浪费。其规格为长 54 cm、宽 35 cm、高 4.5 cm。

②船形长饲槽　这种饲槽无论是平养还是笼养均普遍采用。其形状和槽断面，根据饲养方式和鸡的大小而异。一般笼养产蛋鸡的料槽多为船形，底宽 8.5～8.8 cm、深 67 cm（用于不同鸡龄和供料系统，深度不同），长度依鸡笼而定。

③干粉料桶　其构造是由一个悬挂着的无底圆桶和一个直径比圆桶略大些的底盘相连，并可调节桶与底盘之间的距离。料桶底盘的正中有一个圆锥体，其尖端正对吊桶中心，这是为了防止桶内的饲料积存于盘内。因此，这个圆锥体与盘底的夹角一定要大。另外，为了防止料桶摆动，桶底可适当加重些。

④盘筒式饲槽　有多种形式，适用于平养，其工作原理基本相同。我国生产的 9WT-60P 型螺旋弹簧喂料机所配用的盘筒式饲槽由料筒、栅架、外圈、饲槽组成。

粉状饲料由螺旋弹簧送来后，通过锥形筒与锥盘的间隙流入饲盘。饲盘外径为 80 cm，用于转动外圈可将饲盘的高度从 60 mm 调至 96 mm。每个饲盘的容量可在 1～4 kg 调节，可供 25～35 只产蛋鸡自由采食。

（4）链式喂料机

链式喂料机（图 1-24）由驱动器通过链轮带动链片在长饲槽中循环移动，链片的一边有

图 1-24 链式喂料机

斜面可以推动饲料，把饲料均匀地送往四周饲槽，同时将饲槽中剩余的饲料和鸡毛等杂物带回，通过清洁器时，可把饲料与杂物分离，被清理后的饲料送回料箱，杂物掉落地面。链式喂料机可用于平养或笼养。

（5）螺旋弹簧式喂料机

螺旋弹簧式喂料机（图 1-25）用于平养的商品蛋鸡、种鸡和育成鸡的喂料作业，主要由料箱、螺旋弹簧、输料管、盘筒形饲槽、带料位器的饲槽和传动装置等组成。其中，螺旋弹簧是主要输送部件，具有结构简单，能做水平、垂直和倾斜输送等特点。工作时，由电机经二级皮带传动，将动力传至驱动轴，带动螺旋弹簧旋转，将料箱内的粉料沿输料管螺旋式推进，依次向每个盘筒形饲槽加料。当最末端的带料位器的饲槽被加满后，料位器自动控制电机使之停止运转，从而停止供料。当带料位器的饲槽中的饲料被鸡采食后，饲料高度下降至料位器控制的位置以下时，电路重新接通，电机开始转动，螺旋弹簧又依次向每个盘筒形饲槽补充饲料，如此周而复始地工作。

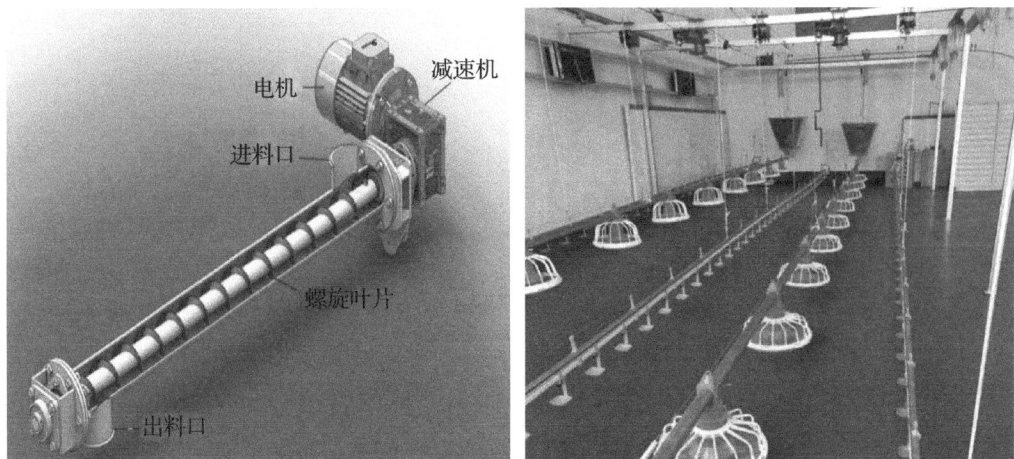

图 1-25 螺旋弹簧式喂料机

图1-26 轨道车式喂料机

（6）轨道车式喂料机

轨道车式喂料机（图1-26）多用于笼养鸡舍，是一种跨在鸡笼上的喂料车，沿鸡笼上或旁边的轨道缓慢行走，将料箱中的饲料分送到各层饲槽中，根据料箱的配置形式可分为顶料箱式和跨笼料箱式。顶料箱式喂料机只有一个料桶。料箱底部装有搅龙，当喂料机工作时搅龙也随之运转，将饲料推出料箱沿输料管均匀流入食槽。跨笼料箱喂料机根据鸡笼配置，每列食槽上都跨设一个矩形小料箱，料箱下部锥形扁口通向食槽中，当沿鸡笼移动时，饲料便沿锥面下滑落入食槽中。饲槽底部固定一条螺旋形弹簧圈，可防止鸡采食时选择饲料和将饲料抛出槽外。

6. 其他设备

（1）断喙设备

断喙器型号较多，其用法不尽相同。电热断喙器一般是采用红热烧切，既断喙又止血，断喙效果好。其主要由调温器、变压器及上刀片、下刀口组成，变压器将220 V的交流电变成低压大电流，使刀片工作温度在650℃以上，刀片红热时间不大于30 s，消耗功率70~140 W，其输出的电流可调，以适应不同日龄鸡断喙的需要。

（2）降温设备

当舍外气温高于30℃时，通过加大通风换气量已不能为禽体提供一个舒适的环境，必须采用机械降温。常用的降温设备有高、低压喷雾系统，湿帘风机系统（图1-27），由于饲养规模较大的禽舍多采用纵向通风设备，湿帘降温系统最适用。湿帘常安装在两侧墙上，采用纵向负压通风。这种设备运行费用较低，温度与风速较均匀，降温效果好。在高温高湿地区，高、低压喷雾系统不宜采用。

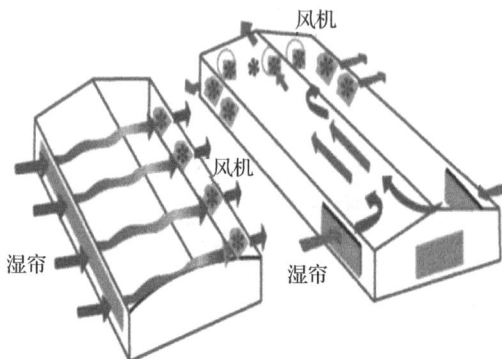

图1-27 湿帘风机系统

（3）控湿设备

由于家禽的呼吸、排粪和舍内作业用水，禽舍的相对湿度除育雏前 10 d，均超出所需要的卫生标准。因此，养禽生产中常用控湿设备来调节舍内的相对湿度。最常用的降湿设备是风机，还可以通过减少舍内作业用水、及时清粪、使用乳头式饮水器来辅助控制。在炎热的季节增湿可以降温，常用的增湿设备是湿帘。寒冷的季节用热风炉取暖，既能保证舍内温度，又能通风降湿。

（4）采光设备

实行人工控制光照或补充照明是现代养禽生产中不可缺少的重大技术措施之一。目前，禽舍人工采光的灯具比较简单，主要有白炽灯、荧光灯和节能灯 3 种。

①白炽灯　具有灯具成本低、耗损快的特点，一般 25 W、40 W、60 W 灯泡能使舍内光照度均匀，饲养场使用白炽灯较多。

②荧光灯　灯具虽然成本高，但光效率高且光线比较柔和，一般使用 40 W 的荧光灯较多。实践中，按 15 m² 面积安装一个 60 W 灯泡（或一个 40 W 荧光灯）就能得到 10 lx 的有效光照度。

③节能灯　具有节电节能的优点，一般使用 5 W、15 W、25 W 的较多。安装这些灯具时要分设电源开关，以便能调节育雏舍、育成舍和产蛋舍所需的不同光照度。

（5）通风设备

禽舍安置通风机的目的是进行强制性通风换气，即供给禽舍新鲜空气，排除舍内多余的水汽、热量和有害气体。气温高时，还可以增大舍内气体流动量，使鸡有舒适感。

通风机分轴流式和离心式两种。在采用负压通风的禽舍里，使用轴流式排风机，在正压通风的禽舍里，主要使用离心式风机。轴流式风机（图 1-28）由叶轮、外壳、电机及支座组成。叶轮由电机直接驱动。叶轮旋转时，叶片推动空气，将舍内的污浊空气不断地沿轴向排出，使舍内呈负压状态。此时，舍外气压比舍内气压高，新鲜空气在压力差的作用下，从进气口进入。

图 1-28　轴流式风机

（6）集蛋设备

鸡舍内的集蛋方式分为人工捡蛋和机械集蛋。小规模平养鸡和笼养鸡均可采取人工捡蛋，将蛋装入手推车运走。网上平养种鸡，产蛋箱靠墙安置在舍内两侧，在产蛋箱前面安装水平集蛋带，将蛋运送到鸡舍一端，由人工装箱；也可由纵向水平集蛋带将鸡蛋送到鸡舍一端，再由横向水平集蛋带将两条纵向集蛋带送来的鸡蛋汇合在一起运向集蛋台，由人工装箱。高床笼养鸡，鸡蛋可从鸡笼底网直接滚落到蛋槽，这样只需将纵向水平集蛋带放在蛋槽上即可。集蛋带宽度通常为95~110 mm，运行速度为0.8~1.0 m/min，由纵向水平集蛋带将鸡蛋送到鸡舍一端后，再由各自垂直集蛋机将几层鸡笼的蛋集中到一个集蛋台，由人工或吸蛋器装箱。自动集蛋器如图1-29所示。

图1-29　自动集蛋器

(7)清粪设备

①刮板式清粪机(图1-30)　是一种常用于畜禽养殖场的粪便清理设备，由电动机、减速器、绞盘、钢丝绳、转向滑轮、刮粪器等组成。刮粪器又由滑板和刮粪板组成。工作时，电动机驱动绞盘，通过钢丝绳牵引刮粪器。向前牵引时，刮粪器的刮粪板呈垂直状态，紧贴地面刮粪，到达终点时刮粪器碰到行程开关，使电动机反转，刮粪器也随之返回。此时刮粪器受背后的钢丝绳牵引，将刮粪板抬起越过粪堆，因而后退不刮粪。刮粪器往复走一次即完成一次清粪工作，通常，刮板式清粪机用于双列鸡笼，一台刮粪时，另一台处于返

刮板清粪机

一拖四

一拖二

图1-30　刮板式清粪机

回行程不刮粪，使鸡粪都被刮到鸡舍同一端，再由横向螺旋式清粪机送出舍外。自动刮粪机的工作速度一般为 0.17~0.2 m/s。

②带式清粪机(图 1-31)　主要由动辊、被动辊、托辊和输送带组成。每层鸡笼下面安装一条输送带，上下各层输送带的主动力可用同一动力带动。鸡粪直接落到输送带上，定期启动输送带，将鸡粪送到鸡笼的一端，由刮板将鸡粪刮下，落入横向螺旋清粪机，再排出舍外。输

图 1-31　带式清粪机

送带的速度为 5~10 m/min，一般 50 m 长的 4 层层叠式鸡笼用的带式清粪机约需功率 0.75 kW。

任务实施

禽场饲养设备的构造及使用

【材料用具】

火墙、红外线灯、组装禽舍笼、贮料塔、喷雾器、火焰消毒器等。

【实施步骤】

(1)识别环境控制设备及其使用

①火墙保温观察　用于地面育雏或笼育雏鸡时的室内加温设施，通过控制火炉的火力大小来调节室内温度，确保雏鸡处于适宜的温度范围。

②红外线灯设置　每盏红外线灯为 250~500 W，灯泡悬挂在离地面 40~60 cm 处。离地的高度应根据育雏需要的温度进行调节。

(2)识别饲养设备及其使用

①组装禽舍笼　全阶梯式鸡笼上下层笼体相互错开，没有重叠或稍有重叠，重叠的尺寸最多不超过护蛋板的宽度。

②贮料塔　由输料机将饲料送往禽舍内的喂食机，再由喂食机将饲料送到饲槽，供禽自由采食。

(3)识别消毒设备及其使用

①喷雾器　有背负式手动型喷雾器、机动喷雾器和手扶式喷雾车等。长 100 m、宽 12 m 的禽舍消毒，2 min 内即可完成。

②火焰消毒器　杀菌率高达 97%，操作方便、高效、低耗低成本，消毒后设备和栏舍干燥，无药液残留。

【考核评价】

(1)个人考核(占 50%)

根据表 1-5 所列内容，对学生的实训情况进行考核。

表 1-5　个人考核内容及标准

序号	考核项目	评分标准	分值	考核方法	考核得分	熟练程度
1	火墙保温观察	正确识别火墙，掌握保温原理	10	单人操作考核		>90 分为熟练掌握；70~90 分为基本掌握；<70 分为没有掌握
2	红外线灯设置	方法正确	15			
		动作熟练	10			
3	组装禽舍笼	组装操作正确	20			
4	喷雾器	熟练正确使用喷雾器	15			
5	火焰消毒器	熟练使用火焰消毒器	15			
6	贮料塔	正确操作贮料塔	15			
合计			100			

（2）团队考核（占 30%）

参照表 1-2 进行考核。

（3）综合评价（占 20%）

参照表 1-3 进行综合评价。

任务 1-4　禽舍环境调控

任务描述

禽舍环境调控是指对家禽生活小环境的控制，主要包括禽舍内的温度、相对湿度、通风、有害气体及光照等条件的控制。环境调控的目的在于减少或消除不利环境因素对家禽的危害和影响，保持家禽健康，预防疾病，提高生产力和降低生产成本。为家禽提供适宜的生活空间，已是现代化养禽生产中必不可少的科学管理内容之一。

知识准备

1. 温度的控制

温度的控制包括两个方面：一方面，在舍内温度过高情况下为减弱高温对家禽的危害，采取降温措施，以维持适宜的温度，缓和高温的影响；另一方面，在寒冷的情况下设法保持温暖的生活环境，避免家禽遭受寒冷。

高温环境对家禽极为不利，严重影响家禽的健康和生产力，甚至危及生命。为了减少高温的影响和危害，必须采取有效的降温措施。

（1）禽舍结构

密闭鸡舍比开放式鸡舍更能提供良好的环境。在建造鸡舍时，屋顶、墙壁要用隔热保温性能好的材料，鸡舍的内外都要防潮，地面必须经过夯实，外墙和屋顶涂成白色或覆盖其他可反射热辐射的物质,以利于降温。

(2)绿化

绿化具有缓和太阳辐射和降低气温的作用。绿化的降温作用主要在于:植物通过蒸腾作用和光合作用,吸收太阳能而降低空气温度;通过遮阳以降低太阳辐射;通过植物根部所保持的水分,可从地面吸收大量热能而降温。因此,通过绿化使禽舍周围的空气"冷却",降低地面的温度,并通过树木的遮阳,阻挡阳光透入舍内而降低舍温。

(3)低压喷雾

降温喷嘴安装在舍内,以常规压力实行喷雾。借助汽化吸热效应达到禽体散热和降温的作用。采取喷雾降温时,水温越低、空气越干燥、雾滴蒸发越快,则降温效果越好。采用此种降温方法应注意的是:喷雾能使空气湿度提高,在湿热天气不宜使用。否则,不但起不到应有的降温效果,反而会加重炎热的程度。

(4)湿帘风机系统

湿帘风机系统(图1-32)又称为湿帘或水帘通风系统。进入舍内的空气须经过湿帘,由于湿帘的蒸发吸热,使空气温度下降,是防暑降温的一种有效形式,降温效果好,在夏季高温天气,可有效降低舍内的温度,在生产上较多采用。湿帘风机系统主要由湿帘、风机、水循环系统及控制系统组成。湿帘是采用耐水性好的材料而制成的波纹多孔形状,有较大蒸发表面积。其种类主要有白杨木蒸发垫、甘蔗渣蒸发垫(涂水泥)和纸板(波纹沟槽)蒸发垫等,其中纸板(波纹沟槽)蒸发垫目前使用最广。

水循环系统包括水泵、集水池(箱)、供水管路、滤污网、泄水管、回水拦污网、浮球阀等。浮球阀自动补水并稳定控制水位。水循环系统的主要作用是保证适宜的水流量,维持湿帘的降温效果。

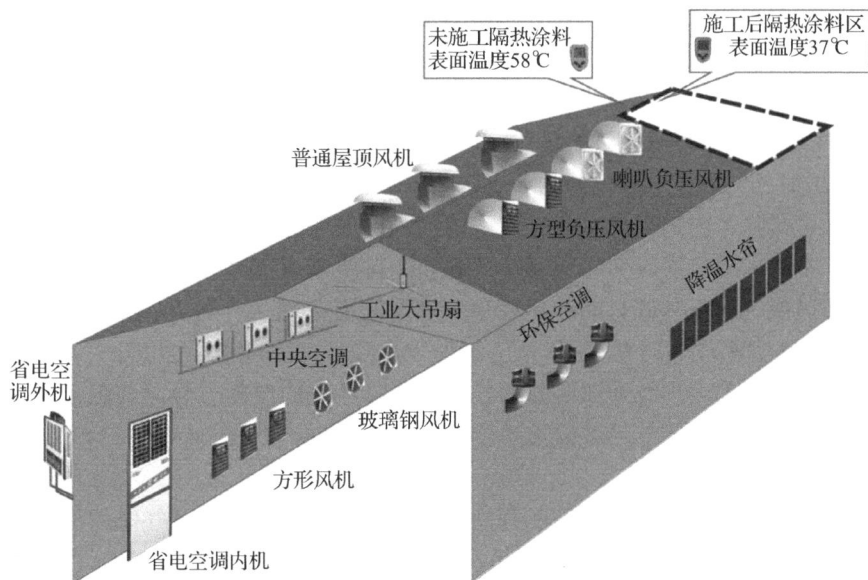

图1-32　湿帘风机系统

2. 相对湿度的控制

（1）水汽的来源

蒸发量的多少，取决于物体表面潮温度和舍内空气温度。一般来讲，封闭式禽舍中的水汽，有70%~75%来自家禽机体，10%~25%来自地面、墙壁等物体表面，10%~15%来自大气。封闭式禽舍空气中的水汽含量通常比室外大气中高出很多。因此，在饲养管理中要特别注意控制舍内的水汽，保持舍内空气的干燥。

（2）相对湿度对家禽的影响

相对湿度对家禽的影响只有在高温或低温情况下才明显，在适宜温度下无大的影响。高温时，鸡主要通过蒸发散热，如果相对湿度较大，会阻碍蒸发散热，造成高温应激。低温高湿环境下，鸡失热较多，采食量加大，饲料消耗增加，严寒时会降低生产性能。低湿容易引起雏鸡的脱水反应，羽毛生长不良。鸡适宜的相对湿度为60%~65%，但是只要环境温度适宜，相对湿度在40%~72%也能适应。

①增加湿度　在空气干燥的情况下，可向禽舍内喷雾或洒水，既可以增加相对湿度，又可以降低舍内的温度。

②降低湿度　为了防止舍内相对湿度过大，可采用的综合措施有以下几种。

a. 确定场址时应选择地势高燥、通风向阳的地方，所用材料应具有较好的保温防湿效果。

b. 在饲养管理中，应尽量控制用水，防止水槽溢水、漏水。

c. 加强通风换气，保持通风良好，排除舍内过多的水汽，以维持适宜的相对湿度。

d. 必要时可使用垫草，经常更换。垫草具有良好的吸水性，只要勤垫、勤换，保持地面干燥，并且吸收空气中水分，从而减少空气中的水汽，有利于降低舍内的相对湿度。

3. 通风的控制

通风换气是禽舍环境控制的重要措施之一，其目的有两个：一是在气温高时，通过加大气流，使家禽感到舒适，缓和高温对家禽的不良影响；二是在禽舍密闭的情况下，引入新鲜空气，排除舍内的污浊空气，以改善舍内空气环境。近年来，大规模、集约化养禽生产多采用高密度饲养，为改善其环境条件，对通风换气更加重视，在管理上应更加严格。

1）通风换气应注意的问题

（1）保持适宜相对湿度

通风换气可排除舍内过多的水汽，使舍内空气湿度保持在适宜状态，防止水汽在物体表面上凝结。在干燥地区或季节，通风换气起到的排湿作用较大，但在雨季当大气中水汽含量高时，通风换气起不到或只能起到较小的排湿作用。

（2）维持适宜温度

通过控制通风量的大小及通风时间的长短，保持适宜的温度。舍内外温差越大，通风效果越明显。但通风前后不能使舍温发生剧烈的变化。

（3）保持气流速度

通风使舍内空气加速流动，可保证舍内环境状况的均匀一致，换气作用的顺利进行要求气流均匀、无死角、避免形成贼风。

（4）保持空气清新

通风换气可起到排污作用，排除舍内空气中的微生物、灰尘以及氨、硫化氢、二氧化碳等有害气体和恶臭，使空气中有害物质浓度不致过高而对家禽造成危害。

2）通风换气的方式

鸡舍通风按通风的动力可分为自然通风、机械通风两种，机械通风又主要分为负压通风、正压通风、正负压混合通风。根据鸡舍内的气流运行方向，可分为横向通风和纵向通风。

（1）自然通风

自然通风是指不需要机械设备，借助于自然界的风压和热压，产生空气流动，通过禽舍外围护结构空隙所形成的空气交换。自然通风可分为无管道和有管道两种形式。无管道自然通风是靠门窗进行通风换气，它仅适用于温暖地区或寒冷地区的温暖季节；而在寒冷地区为了保温，须将门窗紧闭，要靠专门通风管道进行换气。

（2）机械通风

为建立良好的禽舍环境，以保证家禽健康及生产力的充分发挥，在高密度饲养的禽舍中应实行机械通风。

①负压通风　利用排风机将舍内污浊空气强行排出舍外，在舍内造成负压，新鲜空气便从进风口自行进入鸡舍。负压通风投资少，管理比较简单，进入鸡舍的气流速度较慢，鸡体感觉比较舒适，是广泛应用于封闭禽舍的通风方式。

②正压通风　风机将空气强制输入禽舍，出风口做相应调节，以便出风量稍小于进风量而使鸡舍内产生微小的正压。空气通常是通过纵向安置与禽舍等长的管子分布于禽舍内的，全重叠多层养鸡通常要使用正压通风。热风炉加热的禽舍也是正压通风，不过送入禽舍的是经过加热的空气。

③正负压混合通风　在禽舍的一面墙体上安装输风机，将新鲜空气强行输入舍内，对面墙上安装抽风机，将污浊废气、热量强行排出禽舍。高密度饲养禽舍有时需要使用此法。

（3）横向通风

横向通风的风机和进风口分别均匀布置在鸡舍两侧纵墙上，空气从进风口进入禽舍后横穿禽舍，由对侧墙上的排风扇抽出。采用横向通风方式的禽舍，舍内空气流动不够均匀，气流速度偏低，死角多，因而空气不够清新，现在较少使用。

（4）纵向通风

风机全部安装在鸡舍一端的山墙或山墙附近的两侧墙壁上，进风口在对面山墙或靠山墙的两侧墙壁上，禽舍其他部位无门窗或门窗关闭，空气沿禽舍的纵轴方向流动。封闭禽舍为防止透光，进风口设置遮光罩，排风口设置弯管或用砖砌遮光洞。进气口风速一般要求夏季 2.5~5 m/s，冬季 1.5 m/s。

在生产上，应根据实际需要而选用合适的通风方式。随着畜牧业转型升级对环境要求越来越高，为改善禽舍的空气环境，多采用纵向通风。纵向通风是一种有效的通风方式，不仅使舍内气流速度大、平稳、无死角，降温效果好，而且避免禽舍间疾病的相互交叉感染，改善生产区内的空气环境，保证空气清新。同时，采用低压大流量节能型轴流式风机，可大幅减少风机的安装数量，且运行效果更好、省电、噪声低。

4. 有害气体的控制

大气中各种气体组成的成分相当稳定，其主要成分是氮（占 78.08%）和氧（占

20.95%），二氧化碳数量很少（占 0.03%）。禽舍内由于禽群的呼吸、排尿以及粪便、饲料等有机物分解，使原有的成分比例有所变化，同时还增加了一些有害气体，如氨气、甲醛、硫醇、粪臭素等。其中，危害最大的是氨气和硫化氢。

1）氨气

氨气主要是含氮物质，如粪便与饲料、垫草等腐烂，由厌气菌分解而产生，尤其是高热、潮湿环境会促使其大量产生。管理不善，通风不良可使舍内氨气含量大幅增加。氨的溶解度很高，故常被吸附于禽的黏膜、结膜上。即使是低浓度的氨气，也对黏膜有刺激作用，从而引起结膜和上呼吸道黏膜充血、水肿，分泌物增多，甚至发生喉头水肿、坏死性支气管炎、肺出血等。禽舍内氨气最大允许量为 20 g/m^3。

2）硫化氢

禽舍中的硫化氢，是由含硫有机物分解而来。硫化氢毒性很强，与黏膜接触后，与组织中的碱化合生成硫化钠，对黏膜有强烈的刺激作用，引起眼睛发炎、流泪，角膜混浊。同时，引发鼻炎、气管炎、咽部灼伤、咳嗽，甚至肺水肿。在低浓度硫化氢的长期影响下，家禽体质变弱，抗病力下降，同时，容易发生肠胃炎、心脏衰弱等，给生产造成损失。禽舍内硫化氢浓度以不超过 10 $\mu L/L$ 为宜。

3）二氧化碳

禽舍中的二氧化碳主要由家禽呼吸道排出，舍内浓度可达 0.5%。二氧化碳本身无毒，其主要危害是造成缺氧，引起慢性毒害。禽表现为精神萎靡、食欲不振、增重迟缓、体质下降。因此，通常舍内二氧化碳含量以不超过 0.15% 为宜。

控制措施：及时清除粪便，防止粪尿滞留而腐败分解，加强禽舍的保温防潮，以防氨气和硫化氢溶于水汽中；加强通风换气，将有害气体及时排出，以保证舍内空气清新。

5. 光照的控制

光照可分为自然光照和人工光照。开放式禽舍或半开放式禽舍，充分利用自然光照是最经济的，但受很多因素的影响，不便于控制；人工光照是在禽舍内安装一些照明设施，其优点是可以人工控制，受外界因素影响小，但造价大、投资多。实行人工控制光照是现代养禽生产中不可缺少的重要技术措施之一。

1）光照的测量、控制原则

①在笼养鸡舍，测量两盏灯之间底层鸡笼料槽位置的光照度。在平养鸡舍，测量鸡头部位置最小光照度。

②保持灯泡和灯罩的清洁，防止光强度的减弱。

③防止出现因灯泡间距过大或者灯泡烧坏造成的黑暗区域。

④使用有光泽或白色的反光罩以增加光照度。

⑤根据实际情况对光照程序进行适当调整。

⑥转群时转出舍和转入舍的光照时间保持一致。

2）光照设备的安装

（1）灯的高度

为使地面获得 10 lx 的光照度，灯泡的高度可参照表1-6。

表 1-6　白炽灯安装的高度

白炽灯功率/W	安装高度/m	
	无灯罩	有灯罩
15	0.7	1.1
25	0.9	1.4
40	1.4	2.0
60	2.1	3.1
100	2.9	4.1

通常在灯高 2.0 m、灯距 3.0 m 左右，每平方米鸡舍面积 2.7 W 光照即可得到相当于 10 lx 的光照度。多层笼养的禽舍为使低层有足够的光照度，设计时，光照度应稍提高些，一般为 3.3~3.5 W/m²。

（2）灯的分布原则

为使光照均匀、尽量降低灯的功率数，增加灯的数量；灯与灯之间的距离应为灯高的 1.5 倍，两排以上，应交错排列，靠近墙的灯与墙壁的距离，应为内部灯距的 1/2。

注意：不可使用软线悬吊灯泡；最好使用灯罩；保持灯泡表面的清洁，灯泡功率不可过大；设置可调节变压器。

3）光照的控制方法

（1）有窗和开放式禽舍

应根据具体情况，充分利用自然光照和人工控制光照，在生长期以控制家禽的性腺发育，使其适时开产，在产蛋期保持较高产蛋性能。

①生长期的光照控制　可分为饲养的禽群生长期处于日照渐短和日照渐长两个时期的光照控制。

②产蛋期的光照控制　在生产实践中，产蛋期每天光照时间至少要保持 14~16 h，稳定在这一水平上，一直到产蛋期结束。在这一光照制度下，若自然光照时间不足，则需利用人工光照补足，为简便管理方法，可采用人工控制和自动控制相结合的方法。

人工控制就是根据光照制度确定的光照时间，规定每天补充光照时效，按时开关灯。采用早、晚两次补充光照，如每天 5:00 开灯至天亮关灯，傍晚开灯至 21:00 关灯，保持每天光照 16 h。自动控制就是利用自动控光仪，根据光照制度确定光照时数，设计光照和黑暗的时间程序，输入控制器，就会根据需要自动启闭电灯。此法方便、准确，适用于大型禽场。

（2）密闭式禽舍

密闭式条件下饲养家禽光照的原则：舍内必须黑暗；种禽必须至少 10 周内每天给予不超过 8 h 的光照，以便家禽对遮黑育成后期的光刺激反应有效；育成的禽群，光刺激不应早于 19 周龄进行，由密闭式禽舍转到开放式禽舍饲养时，应从 15 周龄开始补加光照与自然光照时间相同为止。

此外，对于肉仔鸡光照的控制，光照的目的是延长采食时间，促进生长。但光照度不可太强，在生产中常采用间歇光照制度，间歇光照应用于肉仔鸡的效果是肯定的，可以提高饲料利用率、节约大量电能和提高肉仔鸡饲养效果。肉仔鸡光照程序可参考表 1-7。

表 1-7   肉仔鸡光照程序

日龄/d	光照度/lx	光照时间/h	非光照时间/h
1~3	10~15	23~24	0~1
4~15	5~10	12	12
16~22	5~10	16	8
23~	5~10	18~23	1~6

为满足肉用仔鸡对光照度的要求，鸡舍内灯具安装要均匀，以灯距不超过 3 m、灯高距地面 2 m 为宜。第 1 周，3.5 W/m^2，以后至出栏，把光照度减至最低，0.75~1.3 W/m^2，每 20 m^2 将 40 W 的灯泡改换为 15 W 的灯泡。对于有条件鸡舍，最好安装光照强弱调节器，按照不同时期的要求控制光照度。

任务实施

禽舍环境条件监测

【材料用具】

温度计、湿度计、氨气监测仪、二氧化碳测定仪、多气体测定仪、光照度计或数字照度计等。

【实施步骤】

（1）温湿度测定

选用适宜的温度计和湿度计，进行育雏舍温度和相对湿度的测定，根据测定结果，对育雏舍环境做出评定，并提出相应的改进措施。

（2）有害气体测定

采用氨气监测仪、二氧化碳测定仪、多气体测定仪等进行有害气体检测并对禽舍环境做出评定。

具体的采样时间为全天检测 4 次：8:00~10:00、14:00~16:00、19:00~21:00、23:00~1:00。

测定位置：笼养鸡舍以整条过道的中央为监测原点，且距地面 1.5 m 高。其他点距该点距离不小于 8 m。每栋鸡舍测量点不得小于 3 点。

（3）采光测定

①选择测量工具   根据测量面积选择合适的光照度计。小面积使用手持光照度计，大面积使用 TDL-4A 数字照度计。

②放置和测量   手持光照度计直接放置在需要测量的位置，按下测量键等待显示结果。对于 TDL-4A 数字照度计，需固定在合适位置，设置参数后等待显示结果，并定期检查数据稳定性。

③光照度   适宜的光照度为 100~200 lx，过强或过弱的光照都会影响蛋鸡的生产和健康。定期检查光源质量和光照度，及时更换或修理。

④光照均匀度   以雏鸡高度为基准测定整个舍内的光照度，确保地板处的光照度一

致，整个舍内的光照变化不超过 20%。

【考核评价】

（1）个人考核（占 50%）

根据表 1-8 所列内容，对学生的实训情况进行考核。

表 1-8 个人考核内容及标准

序号	考核项目	评分标准	分值	考核方法	考核得分	熟练程度
1	温湿度测定	能正确选用温度计测定育雏舍温度	10	单人操作考核		>90 分为熟练掌握；70~90 分为基本掌握；<70 分为没有掌握
		能正确选用湿度计测定育雏舍湿度	10			
2	有害气体测定	能正确使用氨气监测仪检测禽舍的氨气	10			
		能正确使用二氧化碳测定仪检测禽舍二氧化碳气体	20			
3	采光测定	能正确选用照度计进行采光的测定	20			
		能正确使用照度计进行采光的测定和计算	30			
		合计	100			

（2）团队考核（占 30%）

参照表 1-2 进行考核。

（3）综合评价（占 20%）

参照表 1-3 进行综合评价。

拓展链接

项目 1 拓展链接

自测练习及答案

项目 1 自测练习　　项目 1 自测练习答案

项目2

家禽繁育

学习目标

【知识目标】熟悉主要家禽的品种名称；掌握家禽的外貌特征和生产性能；了解家禽良繁体系的结构和作用；掌握家禽人工授精技术；熟知种蛋选择标准和方法；掌握孵化操作技术和禽胚发育的主要特征。

【能力目标】会保定家禽；能够认识家禽外貌部位和羽毛名称；能够正确进行家禽人工授精操作；能够正确对种蛋进行消毒和保存，进行人工孵化操作并对初生雏禽进行处理。

【素质目标】培养逻辑思维能力和辩证唯物思维方法；培养敬佑生命、珍爱生命、生命平等观念，树立勇担使命的职业品格。

思政话题

郑丕留教授是我国家畜人工授精的开拓者。怀着"科学救国"和"实业兴邦"的理想，他在获得清华大学理学学士学位后，远赴美国深造，考入康奈尔大学动物学系，改学应用动物学，随后转入畜牧系，主修家畜育种和人工授精。此后，他又前往美国威斯康星州立大学，主修乳品加工技术和遗传学，并于1948年顺利取得博士学位。回国后，郑丕留教授在南京中央畜牧实验所组织建设了中国第一个家禽人工授精实验室，并担任家禽改良系主任。他致力于推动家畜繁殖技术的创新与应用，为中国家禽养殖业的现代化发展做出了重要贡献。此外，他还主持编写了《中国家畜家禽品种志》，为国家制定畜禽品种区划、保存和利用畜禽资源、培育高产优质的新品种奠定了良好的基础。

任务 2-1　家禽品种识别

任务描述

掌握家禽外貌特征，熟悉家禽品种类型、代表品种，了解不同品种的特点和生产性能。

知识准备

1. 家禽品种分类

1）按形成过程和特点分类

家禽品种按其形成过程和特点分为地方品种、标准品种和现代禽种三类。

（1）地方品种

没有明确的育种目标，没有经过计划的杂交和系统的选育，而在某一地区长期饲养而成的品种，称为地方品种。我国是家禽地方品种最多的国家，已报道的家禽品种有 200 多个。国家畜禽遗传资源委员会公布的《国家畜禽遗传资源品种名录（2021 年版）》，共收录畜禽地方品种、培育品种、引入品种及配套系 948 个。其中，鸡地方品种 115 个，鸭地方品种 37 个，鹅地方品种 30 个。地方品种的特点是适应性强，肉质鲜美，但生产性能较低，体型外貌不完全一致，商品竞争力差，不适宜高密度饲养。

（2）标准品种

20 世纪 50 年代前，经过有目的、有计划的系统选育，按育种组织制定的标准鉴定承认的家禽品种，称为标准品种。其特点是外形外貌特征一致性较好，遗传性能稳定，生产性能比地方品种高，但对饲养管理条件要求较高。我国列为标准品种的鸡有狼山鸡、九斤鸡、丝羽乌骨鸡。

（3）现代禽种

现代禽种是近 30 多年来家禽育种工作者采用现代育种方法，在少数几个标准品种或地方品种基础上，先培育出专门化品系，然后进行两系、三系或四系杂交，经配合力的测定，从中筛选出的杂交优势最强的杂交组合，是专门化的商品品系或配套品系，不能纯繁复制。按其经济用途分为蛋用品系和肉用品系。蛋用品系有白壳蛋系、褐壳蛋系、粉壳蛋系和绿壳蛋系；肉用品系在我国有快大型和优质型之分。现代禽种多以育种场或公司的名字与编号命名，具有整齐一致、高水平的生产性能和较强的生活力，能适应大规模集约化饲养。

2）标准品种分类法

21 世纪 50 年代前，家禽按国际上公认的标准品种分类法分为类、型、品种、品变种和品系。

（1）类

按家禽的原产地，划分为亚洲类、美洲类、地中海类和欧洲大陆类等。

（2）型

按家禽用途，分为蛋用型、肉用型、兼用型和观赏型。

（3）品种

在一定的社会经济和自然条件下，通过人类的选种选配和培育所形成的血缘相同、性状一致、性能相似、遗传稳定，有一定结构和足够数量的纯和类群，称为品种。

（4）品变种

在一个品种内，由于个别分布地区根据当地的饲养条件和经济要求进行选择，使被选择的群体在原来品种一般特征的基础上，又形成独特性状特点的群体，称为品变种。如果进一步进行系统的选育工作，品变种就会成为新品种。例如，来航鸡按羽色（白色、黄色、褐色等）和冠形（单冠、玫瑰冠）有 12 个品变种。

（5）品系

在一个品种或品变种内，有一定性状特点并能稳定遗传下去的一个群体，称为品系。在生产利用方面有突出经济价值的品系，称为专用品系，如肉用品系、蛋用品系、兼用品系和药用品系等。在一个繁育体系中配套位置固定，具有专门特点的品系，称为专门化品系。用于配套杂交的专门化品系称为配套系。现代家禽生产多采用四系配套杂交，充分利用了杂种优势。

3）现代分类法

为适应近代养禽业的发展，按经济性能分类，家禽又可分为蛋用系和肉用系（即现代蛋鸡和现代商用肉鸡）。

（1）蛋用系

蛋用系主要用于生产商品蛋。根据蛋壳颜色的不同，分为白壳蛋系、褐壳蛋系、粉壳蛋系和绿壳蛋系。其特点是一般体型较小，体躯较长，后躯发达，皮薄骨细，肌肉结实，羽毛紧密，性情活泼好动。一般年产蛋可达 180~300 枚。

（2）肉用系

肉用系主要通过肉用型鸡的杂交配套选育成肉用仔鸡。其特点是体型大、体躯宽且深而短，胸部肌肉发达，外形像一个方筒状；冠小、颈短而粗，距短骨粗；肌肉发达，性情温驯，动作迟缓，生长迅速且容易肥育，一般饲养 6~7 周龄体重即可达 2 kg 以上。

2. 鸡的品种识别

1）鸡的地方品种

我国部分著名地方品种鸡的类型、原产地、外貌特征及生产性能见表 2-1 所列。

表 2-1　我国部分著名鸡的地方品种一览表

品种	类型	原产地	外貌特征	生产性能
仙居鸡	蛋用	浙江仙居	体型轻巧紧凑，羽毛紧贴体躯，黄色居多，背部平直。喙、胫、皮肤黄色	成年体重：公鸡 1.44 kg，母鸡 1.25 kg；开产日龄 150 d 左右，年产蛋量 180~220 枚，平均蛋重 42 g，蛋壳褐色

(续)

品种	类型	原产地	外貌特征	生产性能
白耳黄鸡	兼用	江西、浙江	体型矮小，体重较轻，羽毛紧密，黄色，耳叶银白，母鸡体躯似船形；公鸡呈三角形；喙、胫、皮肤黄色	成年体重：公鸡 1.45 kg，母鸡 1.19 kg；开产日龄 151 d 左右，年产蛋量 180 枚左右，平均蛋重约 54.23 g，蛋壳深褐色
寿光鸡	兼用	山东寿光	体躯高大，体长，胸深丰满，胫高而粗，体躯近似方形，以黑羽(闪绿光)、黑腿、黑嘴"三黑"著称，皮肤白色	成年体重：公鸡 2.9~3.6 kg，母鸡 2.3~3.3 kg；开产日龄 5~9 个月，年产蛋量 120~150 枚，蛋重较大，平均蛋重 65g，蛋壳深褐色
庄河鸡	兼用	辽宁	体高颈长，胸深背长，羽色多为麻黄色，尾羽黑色，喙、胫黄色	成年体重：大型公鸡 2.9 kg，母鸡 3.3 kg；开产日龄 210 d 左右，年产蛋量 160 枚，蛋重较大，平均蛋重约 62 g，蛋壳褐色
固始鸡	兼用	河南	体躯中等，体型紧凑，头部清秀、匀称，喙短青黄色，眼大略外突，单冠为多，脸、冠、肉垂、耳叶均红色；羽毛丰满，公鸡呈深红、黄色，母鸡以黄、麻黄为主，佛手尾或直尾，胫靛青色，皮肤白色	成年体重：公鸡 2.5 kg，母鸡 1.8 kg；开产日龄 205 d，年产蛋量 141 枚，蛋形偏圆，蛋壳质量好，平均蛋重 52 g，蛋壳褐色
萧山鸡	兼用	浙江	体躯偏大近似方形，头部中等，单冠、耳叶、肉垂均红色，公鸡体格健壮，昂头翘尾，羽毛紧密，红、黄色，母鸡体格较小，羽毛黄色或麻黄色，喙、胫黄色	成年体重：公鸡 2.76 kg，母鸡 1.94 kg；开产日龄 170 d 左右，年产蛋 120 枚，蛋黄颜色深，蛋品质好，平均蛋重 56 g，蛋壳褐色
边鸡	兼用	内蒙古	体型中等，身躯宽深，前胸发达，肌肉丰满，背平而宽，胫长粗壮，全身羽毛蓬松，体躯呈元宝形；单冠为主，脸、冠、肉垂、耳叶均红色；胫部有发达的胫羽	成年体重：公鸡 1.83 kg，母鸡 1.51 kg；7 月龄左右开产，65 周龄产蛋量 150 枚左右，平均蛋重 60 g，70~80 g 也较多，蛋壳厚密，深褐色或褐色
彭县黄鸡	兼用	成都	体型中等，体态浑圆，单冠、耳叶红色，喙肉色或浅褐色，公鸡羽毛黄红色，母鸡羽毛黄色；皮肤、胫肉色或白色，极少数黑色	成年体重：公鸡 2.43 kg，鸡 1.66 kg；开产日龄 216 d 左右，年产蛋量 150~160 枚，平均蛋重 53.52 g，蛋壳浅褐色
峨眉黑鸡	兼用	四川	体型较大，体态浑圆，全身羽毛黑色，大多红色单冠，肉垂耳叶脸部红色，极少数颌下有胡须，喙、脚、趾黑色，部分有胫羽，皮肤多为白色，极少数乌色	成年体重：公鸡 3.0 kg，母鸡 2.2 kg；年产蛋量 150 枚左右，平均蛋重 53.84 g，蛋壳褐色或浅褐色
林甸鸡	兼用	黑龙江	体型中等，头部、肉垂、冠均较小，单冠为主，少数玫瑰冠，有的鸡生羽冠或胡须，喙、胫、趾黑色或褐色，胫细少数有胫羽，皮肤白色，羽毛深黄、浅黄及黑色	成年体重：公鸡 1.74 kg，母鸡 1.27 kg；开产日龄 210 d 左右，年产蛋量 150~160 枚，蛋较大，平均蛋重 60 g，蛋壳浅褐色或褐色
静原鸡	兼用	甘肃、宁夏	体型中等，公鸡头颈高举，尾羽高耸，胸部发达，背部宽长，胫粗短，羽毛红色或黑红色，母鸡头小清秀，背宽腹圆，羽毛较杂，黄色麻色较多	成年体重：公鸡 1.88 kg，母鸡 1.63 kg；开产日龄 210~240 d，年产蛋量 140~150 枚，平均蛋重 56.7~58 g，蛋壳褐色

（续）

品种	类型	原产地	外貌特征	生产性能
茶花鸡	兼用	云南	体小轻巧，羽毛紧贴，肌肉结实，骨骼细致，体躯匀称，近似船形；冠、肉垂红色，喙、胫趾黑色或略带黄色，皮肤白色居多，少数黄色	成年体重：公鸡1.07~1.47 kg，母鸡1.00~1.13 kg；7~8个月龄开产，年产蛋量100枚左右，个别高产时可达150枚，平均蛋重38.2 g，蛋壳深褐色
藏鸡	兼用	西藏	体躯呈"U"形，头昂尾翘，体型较小，紧凑，体短胸深，胸肌发达，脚矮；冠肉垂红色，耳叶白色，喙、脚多黑色；少数胫部有羽，母鸡羽色主要为麻褐色，公鸡羽色多为黑红花色	成年体重：公鸡2.76 kg，母鸡1.94 kg；晚熟鸡种，开产日龄170 d左右，年产蛋量40~80枚，平均60.9枚，平均蛋重39 g，蛋黄颜色深，蛋壳褐色或浅褐色

2) 鸡的标准品种

部分著名标准品种鸡的原产地、外貌特征及生产性能见表2-2所列。

表2-2 部分著名标准品种鸡一览表

品种	类型	原产地	外貌特征	生产性能
白来航鸡	蛋用	意大利	体小清秀、羽毛紧密、洁白、单冠，冠大鲜红，公鸡直立，母鸡偏向一侧，喙、胫、肤黄色，耳叶白色	成年体重：公鸡2.5 kg，母鸡1.75 kg；性成熟早、产蛋量高、饲料消耗少，140日龄开产，72周龄产蛋量220~300枚，蛋重56 g，蛋壳白色
洛岛红鸡	兼用	美国	羽色深红，尾羽黑色，体躯近长方形，喙、胫、肤黄色，冠、耳叶、肉垂、脸部鲜红色，背宽平	产蛋和产肉性能均好，性成熟180 d，年产蛋量160~170枚，高可达200枚以上，蛋重60~65 g，蛋壳褐色
新汉夏鸡	兼用	美国	体型外貌与洛岛红鸡相似，但羽毛颜色略浅，背部较短，且只有单冠	年产蛋量180~200枚，蛋壳褐色，蛋重56~60 g
横斑洛克鸡	兼用	美国	体型椭圆，发育好，生长快，全身羽毛为黑白相间的横斑纹，单冠，耳叶红色，喙、胫、皮肤黄色	成年体重：公鸡4.0 kg，母鸡3.0 kg；早期生长快，肉质好，易肥育；年产蛋180枚，高可达250以上，蛋重中等，褐壳
浅花苏赛斯鸡	兼用	英国	体躯长深宽，胫短、尾部高翘，单冠、肉垂、耳叶均为红色，喙、胫、趾黄色，皮肤白色	成年体重：公鸡4.0 kg，母鸡3.0 kg；肉用性能良好，肉质好，易肥育；年产蛋量150枚，蛋重56 g，蛋壳浅褐色
澳洲黑鸡	兼用	澳大利亚	单冠，胸部丰满，全身羽毛紧密呈黑色，耳叶红色，皮肤白色，喙、眼、胫均呈黑色，脚底为白色	年产蛋160枚左右，平均蛋重60~65 g，蛋壳浅褐色；近年来育成的高产品系产蛋量较高
狼山鸡	兼用	中国	体高腿长、胸部发达，背短头尾翘立呈"U"形，全身羽毛黑色或白色，单冠，耳叶红色，喙、眼、胫黑色，胫外侧有羽毛，皮肤白色	成年体重：公鸡3.5~4.0 kg，母鸡2.5~3.0 kg；7~8月龄开产，年产蛋160~170枚，最高达282枚，蛋重57~60 g，蛋壳褐色；近年来育成的产蛋量较高的高产品系
丝羽乌骨鸡	观赏	中国	体小轻巧紧凑，头小、颈短、脚矮，全身白色丝状羽，眼、脸、喙、胫、趾、皮肤、肌肉、骨膜骨质、内脏及腹脂膜均黑色；紫冠、缨头、绿耳有胡须，五趾，毛脚	成年体重：公鸡4.5~4.7 kg，母鸡3.5 kg；年产蛋80~120枚，蛋重40~45 g；抱性强

3) 鸡的现代品种

（1）现代蛋鸡

世界部分著名现代鸡品种白壳商品代蛋鸡的生产性能见表 2-3 所列，褐壳、粉壳、绿壳商品代蛋鸡的主要生产性能见表 2-4 所列。

表 2-3　白壳商品代蛋鸡的主要生产性能

鸡种	50%开产周龄/周	72周龄入舍鸡产蛋/枚	产蛋总重/kg	平均蛋重/g	料蛋比	育成期成活率/%	产蛋期存活率/%
京白 988	23	310	18.66	63	2.0∶1	96~98	94.5
滨白 584	24	270~280	16.5	60	2.5∶1~2.6∶1	92	90 以上
华都京白 A98	20~21	327~335	20.1~20.5	61~62	2.1∶1~2.2∶1	96~98	94~95
海兰 W-36	24	285~310	18~20	63	2.2∶1	97~98	96
保万斯白	21	319	18.96	59.8	2.21∶1	96~98	94.1
尼克白	22~24	260	19.8	60.1	2.25∶1	95~98	92.5
巴布考克 B-300	21~22	285	17.2	64.6	2.3∶1~2.5∶1	98	94.5
星杂 288	23~24	260~285	16.4~17.9	63	2.3∶1	98	92
迪卡白	21	295~305	18.5	61.7	2.17∶1	96	92
罗曼白	22~23	290~300	18~19	62~63	2.35∶1	96~98	95
伊丽莎白	21~22	322~334	19.8~20.5	61.5	2.15∶1~2.3∶1	95~98	95

表 2-4　褐壳、粉壳、绿壳商品代蛋鸡的主要生产性能

鸡种	50%开产周龄/周	72周龄入舍鸡产蛋/枚	产蛋总重/kg	平均蛋重/g	料蛋比	育成期成活率/%	产蛋期存活率/%
海兰褐	22~23	317	20.2	63.7	2.11∶1	96~98	94
海兰褐佳	21~22	295	19.2~20.65	65~70	2.05∶1	96~98	94
宝万斯褐	20~21	321	20.07	62.5	2.24∶1	98	94.7
罗曼褐	23~24	295~305	18.2~20.5	63.5~64.5	2.10∶1	96~98	95
海赛克斯褐	23~24	290	18.3	63.2	2.39∶1	97	95.5
依莎褐	24	285	18.2	63.5~64.5	2.4~2.5∶1	98	93
迪卡褐	22~23	305	19.8	65	2.07∶1~2.28∶1	99	95
星杂 444 粉	22~23	265~280	17.66~17.8	61~63	2.45∶1~2.7∶1	92	93
农昌 2 号粉	23~24	255	15.25	59.8	2.7∶1	90.2	93
京白 939 粉	21~22	299	17.9	60~63	2.33∶1	96~98	92~93
新杨蛋鸡绿	22	227~238	—	48.8~50	—	95~97	—
三凤蛋鸡绿	21~22	190~205	—	50~55	2.3∶1	—	—

（2）现代商用肉鸡

现代商用肉鸡是家禽育种公司根据市场需求，在原品种基础上，经过配合力测定而筛选出的最佳杂交组合。其特点是生产性能高且整齐，适于大规模集约化饲养。可分为快大

型和优质型，快大型肉鸡部分著名品种一览表见表 2-5 所列，我国部分优质肉鸡品种一览表见表 2-6 所列。

表 2-5　快大型肉鸡部分著名品种一览表

品种	培育情况	外貌特征及生产性能
艾维茵肉鸡（Avian）	最早是美国艾维茵国际家禽有限公司培育的白羽肉鸡良种，我国自 1987 年引进原种后进行选育；我国饲养数量中较多的品种	肉仔鸡增重快、饲料转化率高，成活率高，胴体美观，羽根细小，皮肤黄色，肉质细嫩。商品代公母混养49 d 体重 2.62 kg，料肉比 1.89∶1，成活率 97%以上
爱拔益加（'AA'鸡）（Arbor Acres）	美国爱拔益加公司培育，我国 1980 年首次引入祖代鸡，饲养在广东食品公司；1984 年和 1987 年在山东、上海等地直接从美国爱拔益加公司引进祖代鸡。白羽，父系为考尼什型，母系为白洛克型	此鸡在我国引入数量较多，具有生产性能稳定、增重快、胸肉产肉率高、成活率高、饲料报酬高、抗逆性强的优良特点；商品代公母混养49 d 体重 2.94 kg，成活率 95.8%，料肉比 1.90∶1
罗斯 308 肉鸡（Ross-308）	美国安伟捷种公司培育成功的优质白羽肉鸡良种	体质健壮，成活率高，增重速度快，出肉率高和饲料转化率高。商品代公母混养，42 d 平均体重为 2.4 kg，料肉比为 1.72∶1，49 d 平均体重为 3.05 kg，料肉比为 1.85∶1
罗曼肉鸡（Roman）	原西德罗曼公司培育的四系配套白羽肉用型鸡	7 周龄商品代平均体重 2 kg 左右，料肉比 2.05∶1
狄高黄肉鸡（Tegel）	澳大利亚狄高公司育成的二系配套杂交肉鸡，父本为黄羽，母本为浅褐色羽，我国已引入祖代种鸡繁育推广	仔鸡生长速度快，与地方鸡杂交效果好。一般商品代 42 d 体重 1.84~1.88 kg，料肉比 1.87∶1
红布罗肉鸡（Redbro）	加拿大雪佛公司育成的红羽快大型肉鸡，我国引进有祖代种鸡繁育推广	具有羽红、胫黄、皮肤黄等特征；适应性好、抗病力强，生长较快，肉味也好，与地方品种杂交效果良好；商品代 50 d 体重为 1.73 kg，料肉比为 1.94∶1
海佩科肉鸡（Hypeco）	荷兰海佩科家禽育种公司培育的肉鸡品种，有白羽型、红羽型及矮小型等类型	商品代肉鸡 56 d 平均体重 1.96 kg，料肉比为 2.07∶1
星布罗肉鸡（starbro）	加拿大雪弗公司培育的肉用型配套品系杂交鸡	羽毛白色，耳叶红色，喙、胫、趾和皮肤黄色；肉鸡生长快，饲料利用率高，生活力强；56 d 商品肉鸡平均体重为 2.12 kg，料肉比为 2.09∶1

表 2-6　我国部分优质肉鸡品种一览表

品种	原产地	主要外貌特征	生产性能
浦东鸡	上海市的黄浦江以东的广大地区，故名浦东鸡	体躯硕大宽阔，羽以黄色、麻褐色者居多；单冠、肉垂、耳叶和脸均为红色，胫黄色，多数无胫羽	成年体重：公鸡 4 kg，母鸡 3 kg 左右；公鸡阉割后饲养 10 个月，体重可达 5~7 kg；年产蛋量 100~130 枚，蛋重 58 g。蛋壳褐色，壳质细致，结构良好
北京油鸡	北京郊区	体躯宽短，头高颈昂，体深背阔，尾羽上翘，羽色有黄色、麻色两种	成年体重：公鸡 1.5 kg，母鸡 1.2 kg；开产日龄 7 个月，年平均产蛋 120 枚，平均蛋重 56 g，蛋壳褐色

（续）

品种	原产地	主要外貌特征	生产性能
桃园鸡	主产于湖南省桃源县中部	体型高大、呈长方形，单冠、青脚、羽色金黄或黄麻、羽毛蓬松；腿高，胫长而粗，喙、胫呈青灰色，皮肤白色	成年体重：公鸡3.3 kg，母鸡2.9 kg；肉质细嫩，肉味鲜美，开产月龄6~7个月，年平均产蛋86枚，平均蛋重54 g，蛋壳浅褐色
寿光鸡	主产于山东省寿光市	有大型和中型两种，还有少数小型；大型寿光鸡外貌雄伟，体躯高大，体型近似方形；成年鸡全身羽毛黑色，有的部位呈深黑并闪绿色光泽；单冠，公鸡冠大而直立；母鸡冠形有大小之分，颈、趾灰黑色，皮肤白色	大型成年体重公鸡为3.3 kg，母鸡2.9 kg
吐鲁番鸡	主产于新疆吐鲁番、鄯善、托克逊一带	属斗鸡型；毛色较杂，有黑、浅麻、栗褐色3种毛色；头顶宽平而长，复冠，冠矮小，冠色为深红色；耳垂、肉髯红色；胸部带有黑色或混有红色的羽毛，尾羽短，公鸡镰羽高翘，尾羽大多数为黑色并带有青绿色光泽；腿肌发达，胫长而直，呈白色，胫部外侧有羽毛	成年体重：公鸡3.7 kg，母鸡2.5 kg；240日龄开产，年产蛋60~80枚，蛋壳多为浅褐色
惠阳鸡	广东省东江地区	体型中等，头大颈粗，胸深背阔，腿短，有毛髯，羽毛、喙及脚均为黄色	成年体重：公鸡1.65~2.96 kg，母鸡1.25~2.05 kg；惠阳鸡产蛋性能低，6月龄后开产，年产蛋70~90枚，平均蛋重47 g，蛋壳分棕色、白色两种
灵昆鸡	浙江温州市灵昆岛，因而得名	体躯呈长方形，多数鸡具"三黄"特点；按外貌可分平头与蓬头（后者头顶有一小撮突起的绒毛）两种类型，多数鸡有胫羽；公鸡全身羽毛红黄色或栗黄色，有光彩，颈、翼、背颜色较深，主翼羽间有几片黑羽，单冠直立，虹彩黄色；母鸡羽毛淡黄色或栗黄色，单冠直立，有的倒向一侧；冠、髯、脸均红色；喙、胫、皮肤黄色	成年体重：公鸡2.33 kg，母鸡1.95~2.02 kg；150~180日龄开产，年产蛋130~160枚，高的可达200枚以上，平均蛋重为56.7 g，壳红褐色

3. 鸭的品种识别

鸭的品种类型按经济用途可分为蛋用型、肉用型和兼用型。我国蛋用型鸭品种资源丰富，主要以麻鸭为主，此外还有一些非麻色的品种，如莆田黑鸭、连城白鸭等；肉用型品种有北京鸭、瘤头鸭等；兼用型品种以高邮鸭和建昌鸭分布较广，四川、云南和贵州多饲养兼用型麻鸭品种，且以稻田放牧补饲饲养肉用仔鸭为主。鸭主要品种见表2-7所列。

4. 鹅的品种识别

鹅的品种类型按体型大小可分为大型、中型、小型3种。在我国，除伊犁鹅在新疆，其余鹅的品种主要分布在东部农业发达地区，长江、珠海、淮河中下游和华东、华南沿海地区饲养较多。

（1）大型鹅

大型鹅体型较大，以狮头鹅著称于世，具有长势快、填饲操作方便、肥肝性能好等优点。但成熟晚，产蛋少，就巢性强。分布数量少。

表 2-7 鸭主要品种一览表

类型	品种	外貌特征	生产性能
蛋用型	绍兴鸭	原产地位于浙江绍兴一带，可分为红毛绿翼梢鸭和带圈白翼梢鸭两个类型；带圈白翼梢鸭公鸭全身羽毛深褐色，头和颈上部羽毛墨绿色，有光泽；母鸭全身以浅褐色麻雀羽为基色，颈中间有 2~4 cm 宽的白色羽圈，主翼羽白色，腹部中下部羽毛白色；红毛绿翼梢公鸭全身羽毛以深褐色为主，胸腹部颜色较浅；头至颈部羽毛均呈墨绿色，有光泽；母鸭全身以深褐色为主，颈部无白圈，颈上部褐色，无麻点；镜羽墨绿色，有光泽	具有体型小、成熟早、产蛋多、耗料省、抗病力强、适应性广等优点；成年体重："带圈"型公鸭 1.45 kg，母鸭 1.5 kg；"红毛"型公鸭 1.5 kg，母鸭 1.6 kg；母鸭性成熟年龄为 132~135 d；在正常饲养管理条件下，平均年产蛋量 260~300 枚，最高可达 320 枚，蛋重 63~65 g，蛋壳颜色："带圈"型以白色为主，"红毛"型以青色为主
	金定鸭	因主产于福建省龙海市紫泥镇金定乡而得名；公鸭胸宽背阔，体躯较长；母鸭身体细小，匀称紧凑，腹部丰满；成年公鸭头颈部羽毛具有翠绿色光泽，前胸赤铜色，背部灰褐色，腹部灰白带深色斑纹，翼羽深褐色有镜羽，性羽黑色，并略上翘；母鸭全身羽毛呈赤褐色麻雀羽，背部羽毛从前向后逐渐加深，腹部羽毛较淡，颈部羽毛无黑斑，翼羽深褐色，有镜羽	具有产蛋量多、蛋型大、蛋壳青色、觅食能力强、饲料转化率高和耐热抗寒等特点；其体型、羽色和蛋壳颜色已基本一致，遗传性能稳定；成年体重：公鸭 1.5~2.0 kg，母鸭 1.5~1.7 kg；母鸭 110~120 d 开产，500 d 累计产蛋量 260~280 枚，蛋重 70~72 g
	咔叽·康贝尔鸭	属蛋用型品种，产于英国；体躯较高大，深长而结实；头部秀美，面部丰润，喙中等大，眼大而亮；颈细长而直，背宽广、平直、长度中等。胸部饱满，腹部发育良好而不下垂，两翼紧贴体躯，两腿中等长，站距较宽；公鸭的头、颈、尾和翼肩部羽毛青铜色，其余羽毛深褐色，喙蓝色，胫、蹼深橘红色；母鸭的羽毛为暗褐色，头颈羽毛为稍深的黄褐色，喙绿色或浅黑色，翼黄褐色，胫、蹼的颜色与体躯相似	60 日龄公鸭平均体重 1 820 g，母鸭 1 580 g；成年体重：公鸭 2 400 g，母鸭 2 300 g；其肉质鲜美，有野鸭肉的香味；母鸭平均开产日龄 130 d，72 周龄平均产蛋 280 枚，平均蛋重 70 g，蛋壳白色；公母鸭配种比例 1:15~1:20，平均种蛋受精率 85%；公鸭利用年限 1 年；母鸭第 1 年较好，第 2 年生产性能明显下降
	莆田黑鸭	全身羽毛黑色，紧贴身躯，毛密厚重，加之尾脂腺发达，海水不易浸湿内部绒毛；颈细长（公鸭较粗短），骨细而硬。体态轻盈、活泼，行动迅速。脚、爪、蹼黑色（公鸭脚黑绿色）；公鸭前躯比后躯发达，颈部羽毛黑色而有光泽，尾部有 4 根向上卷曲的性羽，雄性明显；母鸭骨盆宽大，后躯发达，呈圆形	成年体重：公鸭 1 340 g，母鸭 1 630 g；平均开产日龄为 120 d；平均年产蛋 265 枚，平均蛋重为 64 g；蛋壳白色，少数青绿色；公鸭 180 日龄性成熟，公母鸭配种比例 1:25；公鸭利用年限 2 年，母鸭 3 年
肉用型	北京鸭	原产于北京西郊玉泉山一带，现已遍布世界各地；该品种体型较大而紧凑匀称，头大颈粗，体宽、胸腹深、腿短，体躯呈长方形，前躯高昂，尾羽稍上翘；公鸭有钩状性羽，两翼紧附于体躯，羽毛纯白色略带奶油光泽；喙和皮肤橙黄色，跗蹼为橘红色	具有生长发育快、育肥性能好的特点，是闻名中外"北京烤鸭"的制作原料；性情驯顺，易肥育，对各种饲养条件均表现较强的适应性；成年体重：公鸭 3~4 kg，母鸭 2.7~3.5 kg；母鸭 5~6 月龄开始产蛋，年产蛋 180~210 枚，蛋重 90~100 g，蛋壳白色

（续）

类型	品种	外貌特征	生产性能
肉用型	天府肉鸭	四川农业大学家禽育种专家王林全教授育成的大型肉鸭商用配套品系；羽毛洁白，喙、胫、蹼呈橙黄色，母鸭随着产蛋日龄的增长，颜色逐渐变浅，甚至出现黑斑；初生雏鸭绒毛呈黄色，分为白羽和麻羽两个品系	体型硕大丰满；遗传性能稳定、适应性和抗病力强的大型肉鸭商用配套品系；母本品系成年体重：母鸭 2.7~2.8 kg、公鸭 3.0~3.1 kg；开产日龄 180~190 d，入舍母鸭年产合格种蛋 230~250 枚，蛋重 85~90 g
肉用型	樱桃谷鸭	原产于英国，是世界著名的瘦肉型鸭；体型较大，羽毛洁白，喙、胫、蹼呈橙黄色	具有生长快、瘦肉率高、净肉率高和饲料转化率高，以及抗病力强等优点；成年体重：公鸭 4.0~4.5 kg；母鸭 3.5~4.0 kg；父母代群母鸭性成熟期 26 周龄，年平均产蛋 210~220 枚
肉用型	瘤头鸭	原产于南美洲及中美洲热带地区；体型前后窄、中间宽，呈纺锤状，站立时体躯与地面呈水平状态；喙短而窄，喙基部和头部两侧有红色或黑色皮瘤，不生长羽毛，雄鸭的皮瘤肥厚展延宽，头大，颈粗稍短，头顶部有一排纵向长羽，受刺激时竖起呈刷状；腿短而粗壮，胸腿肌肉很发达；翅膀发达长达尾部，能做短距离飞翔	公鸭全净膛率 76.3%，母鸭 77%。肌肉蛋白质含量达 33%~34%；母鸭开产日龄 6~9 月龄，一般年产蛋量为 80~120 枚，高产可达 150~160 枚，蛋重 70~80 g；蛋壳玉白色；公母鸭配种比例 1∶6~1∶8；种公鸭利用年限 1~1.5 年
兼用型	高邮鸭	肉质好，觅食能力强，耐粗杂食，善潜水，生长快且易肥，产蛋大，且有较多的双黄蛋；适于放牧饲养；体躯呈长方形，胸深背阔肩宽，发育匀称，具典型的兼用型种鸭体型	成年体重：公鸭 2.8 kg 左右，母鸭体重 2.5 kg 左右；以 40~70 日龄生长最快；繁殖率较强，公鸭 70 d 后即有性行为，母鸭开产日龄 120~160 d，500 日龄产蛋 206 枚左右，蛋重 85 g 左右，蛋壳白色者居多
兼用型	建昌鸭	肉用性能优良，以生产肥肝著称的肉蛋兼用型麻鸭，素有"大肝鸭"的美称；体型中等大小，体躯宽阔，头大、颈粗	成年体重：公鸭 2.2~2.5 kg，母鸭 2~2.3 kg；年均产蛋量 150 枚左右，平均蛋重 72.9 g，蛋壳以青色居多；母鸭开产日龄 150~180 d；生长较快，7 月龄建昌鸭填肥 14 d 平均肝重 229.24 g，最大者达 455 g

（2）中型鹅

中型鹅体型介于大型鹅和小型鹅之间。具有觅食性强，肥肝性能较好，但有就巢性，产蛋量不及小型鹅高。有皖西白鹅、溆浦鹅、雁鹅、合浦鹅、马岗鹅、浙东白鹅、四川白鹅。

（3）小型鹅

小型鹅体型较小，肥肝效果差。具有成熟早，产蛋多，觅食性强、耗料少、就巢性很弱等优点。但长势慢，肥肝效果差。在我国分布最广，数量较多，如太湖鹅、豁眼鹅、乌鬃鹅和籽鹅。

四川白鹅和豁眼鹅的繁殖性能较高，近年来，全国各地都引进饲养。国外引进产肉性能较好的有朗德鹅和莱茵鹅等。鹅的优良品种见表 2-8 所列。

表 2-8　鹅品种一览表

类型	品种	外貌特征	生产性能
小型鹅	太湖鹅	体型较小，全身羽毛洁白，体质细致紧凑；体态高昂，肉瘤姜黄色、发达、圆而光滑，颈长、呈弓形，无肉垂，眼睑淡黄色，虹彩灰蓝色，喙、跖、蹼呈橘红色，爪白色；公鹅喙较短，约 6.5 cm，性情温顺，叫声低，肉瘤小	成年体重：公鹅 4 330 g，母鹅 3 230 g；成年公鹅的半净膛率和全净膛率分别为 84.9% 和 75.6%；母鹅则分别为 79.2% 和 68.8%；太湖鹅经填饲，平均肝重为 251~313 g，最大达 638 g；母鹅性成熟较早，160 日龄即可开产，一个产蛋期每只母鹅平均产蛋 60 枚，高产鹅个体达 123 枚
	豁眼鹅	体型轻小紧凑，全身羽毛洁白；喙、胫、蹼均为橘黄色，成年鹅有橘黄色肉瘤；两眼上眼睑处均有明显的豁口，此为该品种独有的特征；虹彩蓝灰色；头较小，颈细稍长。山东的豁眼鹅有咽袋，少数鹅有小的腹褶；东北三省的豁眼鹅多有咽袋和较深的腹褶	成年体重：公鹅 3 720~4 440 g，母鹅 3 120~3 820 g；屠宰活重 3 250~4 510 g 的公鹅，仔鹅填饲后，肥肝平均重 324.6 g，最大 515 g，料肝比 41.3∶1；母鹅一般在 210~240 日龄开始产蛋，年平均产蛋 80 枚，在半放牧条件下，年平均产蛋 100 枚以上；饲养条件较好时，年产蛋 120~130 枚
	乌鬃鹅	体型紧凑，头小、颈细、腿短；公鹅体型较大，呈榄核型；母鹅呈楔形；羽毛大部分呈乌棕色，从头顶部到最后颈椎有一条鬃状黑褐色羽毛带；颈部两侧的羽毛为白色，翼羽、肩羽、背羽和尾羽为黑色，羽毛末端有明显的棕褐色银边；在背部两边，有一条起自肩部直至尾根的 2 cm 宽的白色羽毛带，在尾翼间未被覆盖部分呈现白色圈带	公鹅半净膛率和全净膛率分别为 87.4% 和 77.4%，母鹅则分别为 87.5% 和 78.1%；母鹅开产日龄为 140 d 左右，一年分 4~5 个产蛋期，平均年产蛋 30 枚左右，平均蛋重 144.5 g；蛋壳浅褐色
	伊犁鹅	体型中等与灰雁非常相似，颈较短，胸宽广而突出，体躯呈水平状态，扁椭圆形，腿粗短；头部平顶，无肉瘤突起；颌下无咽袋；羽毛可分为灰、花、白 3 种颜色，翼尾较长，灰鹅头、颈、背、腰等部位羽毛灰褐色，羽端白色，最外侧两对尾羽白色；花鹅羽毛灰白相间，头、背、翼等部位灰褐色，其他部位白色，常见于颈肩部出现白色羽环；白鹅全身羽毛白色	在放牧饲养条件下，公母鹅 30 日龄体重分别为 1 380 g 和 1 230 g，半净膛率和全净膛率分别为 83.6% 和 75.5%；平均每只鹅可产羽绒 240 g；母鹅一般每年只有一个产蛋期，全年可产蛋 5~24 枚，平均年产蛋量为 10.1 枚，平均蛋重 156.9 g，蛋壳乳白色，公母鹅配种比例 1∶2~1∶4
中型鹅	皖西白鹅	体型中等，体态高昂，气质英武，颈长呈弓形，胸深广，背宽平；全身羽毛洁白，头顶肉瘤呈橘黄色，圆而光滑无皱褶，喙橘黄色，喙端色较淡，虹彩灰蓝色，胫、蹼橘红色，爪白色，约 6% 的鹅颌下带有咽袋；少数个体头颈后部有球形羽束；公鹅肉瘤大而突出，颈粗长有力，母鹅颈较细短，腹部轻微下垂	成年体重：公鹅 6 120 g，母鹅 5 560 g；8 月龄放牧饲养且不催肥的鹅，其半净膛率和全净膛率分别为 79.0% 和 72.8%；皖西白鹅羽绒质量好，尤其以绒毛的绒朵大而著称；平均每只鹅产羽毛 349 g，其中羽绒量 40~50 g；一般母鹅年产两期蛋，年产蛋量 25 枚左右，平均蛋重 142 g，蛋壳白色；公母鹅配种比例 1∶4，母鹅就巢性强；公鹅利用年限 3~4 年或更长，母鹅 4~5 年，优良者可利用 7~8 年
	四川白鹅	体型稍细长，头中等大小，躯干呈圆筒形，全身羽毛洁白，喙、胫、蹼橘红色，虹彩蓝灰色；公鹅体型较大，头颈较粗，额部有一呈半圆形的橘红色肉瘤；母鹅头清秀，颈细长，肉瘤不明显	经填肥，肥肝平均重 344 g，最大 520 g，料肝比 42∶1；母鹅开产日龄 200~240 d，年平均产蛋量 60~80 枚，平均蛋重 146 g，蛋壳白色；公鹅性成熟期为 180 d 左右，公母鹅配种比例 1∶3~1∶4，无就巢性

（续）

类型	品种	外貌特征	生产性能
中型鹅	浙东白鹅	体型中等，体躯长方形，全身羽毛洁白；额上方肉瘤高突，随年龄增长，突起变得更加明显；成年公鹅体型高大雄伟，肉瘤高突，好斗逐人；成年母鹅腹宽而下垂，肉瘤较低，性情温驯	经填肥后，肥肝平均重 392 g，最大肥肝 600 g，料肝比为 44∶1；母鹅开产日龄一般在 150 d，一般一年可产 40 枚左右；平均蛋重 149 g，蛋壳白色；公母鹅配种比例 1∶10，多的达 1∶15，公鹅利用年限 3~5 年，以第 2、3 年为最佳时期；绝大多数母鹅都有较强的就巢性
	雁鹅	体型中等，体质结实，全身羽毛紧贴；头部圆形略方，头上有黑色肉瘤，眼睑为黑色或灰黑色，颈细长，胸深广，背宽平，腹下有皱褶；成年鹅羽毛呈灰褐色和深褐色，颈的背侧有一条明显的灰褐色羽带，体躯的羽毛从上往下由深渐浅，至腹部为灰白色或白色；肉瘤的边缘和喙的基部大部分有半圈白羽	成年体重：公鹅 6 020 g，母鹅 4 775 g；成年公鹅半净膛率、全净膛率分别为 86.1% 和 72.6%，母鹅半净膛率、全净膛率分别为 83.8% 和 65.3%；一般母鹅开产在 8~9 月龄，一般母鹅年产蛋为 25~35 枚，平均蛋重 150 g；蛋壳白色，公母鹅配种比例 1∶5；就巢性强，公鹅利用年限 2 年，母鹅则为 3 年
大型鹅	狮头鹅	体型硕大，体躯呈方形；头部前额肉瘤发达，覆盖于喙上，颌下有发达的咽袋一直延伸到颈部，呈三角形；喙短，质坚实，黑色，眼皮突出，多呈黄色，虹彩褐色，胫粗蹼宽为橙红色，有黑斑，皮肤米色或乳白色，体内侧有皮肤皱褶；全身背面羽毛、前胸羽毛及翼羽为棕褐色，由头顶至颈部的背面形成如鬃状的深褐色羽带，全身腹部的羽毛白色或灰色	成年体重：公鹅 8 850 g，母鹅为 7 860 g；公鹅半净膛率 81.9% 和全净膛率 71.9%，母鹅为 84.2% 和 72.4%；平均肝重 600 g，最大肥肝可达 1 400 g，母鹅开产日龄为 160~180 d，第 1 个产蛋年产蛋量为 24 枚，平均蛋重 176 g，蛋壳乳白色，公母鹅配种比例 1∶5~1∶6；母鹅就巢性强，母鹅可连续使用 5~6 年
引进品种	朗德鹅	原产于法国西南部的朗德省，是世界著名的肥肝专用品种；毛色灰褐，在颈、背都接近黑色，在胸部毛色较浅，呈银灰色，到腹下部则呈白色；也有部分白羽个体或灰白杂色个体；通常情况下，灰羽的羽毛较松，白羽的羽毛紧贴，喙橘黄色，胫、蹼为肉色；灰羽在喙尖部有一浅色部分	成年体重：公鹅 7 000~8 000 g，母鹅 6 000~7 000 g；8 周龄仔鹅活重可达 4 500 g 左右。肉用仔鹅经填肥后，活重 10 000~11 000 g，肥肝质量达 700~800 g；对人工拔毛耐受性强，羽绒产量在每年拔毛 2 次的情况下，可达 350~450 g；性成熟期约 180 d，母鹅一般在 2~6 月龄产蛋，年平均产蛋 35~40 枚，平均蛋重 180~200 g；种蛋受精率不高，仅 65% 左右，母鹅有较强的就巢性
	莱茵鹅	原产于德国莱茵州，是欧洲产蛋量最高的鹅种，体型中等偏小；初生雏背面羽毛为灰褐色，6 周龄，逐渐转变为白色，成年时全身羽毛洁白。喙、胫、蹼呈橘黄色；头上无肉瘤，颈粗短	成年体重：公鹅 5 000~6 000 g，母鹅 4 500~5 000 g；仔鹅 8 周龄活重可达 4 200~4 300 g，料肉比为 2.5∶1~3.0∶1，能适应大群舍饲，是理想的肉用鹅种；但产肝性能较差，平均肝重为 276 g；母鹅开产日龄为 210~240 d，年产蛋量为 50~60 枚，平均蛋重 150~190 g；公母鹅配种比例 1∶3~1∶4，种蛋平均受精率 74.9%，受精蛋孵化率 80%~85%

任务实施

家禽外貌部位识别和年龄鉴定

【材料用具】

家禽骨骼标本、禽体外貌部位名称图、鸡的冠型图、翼羽图谱，公母禽若干只、家禽鉴别笼等。

【实施步骤】

(1)家禽的保定

以鸡为例，用左手大拇指与食指夹住鸡的右腿，无名指与小指夹住鸡的左腿，使鸡胸腹部置于左掌中，并使鸡的头部朝向鉴定者，如图2-1所示。

图2-1　鸡的保定

(2)禽体外貌部位识别

家禽的外貌部位分为头部、颈部、体躯部和四肢。按头、颈、肩、翼、背、胸、腹、臀、腿、胫、趾和爪的顺序，熟悉各部位的名称。在观察过程中，需注意各部位特征与家禽健康的关系及禽体在生长发育上有无缺陷。下面以鸡为例进行介绍。

①头部　其形态能表现出鸡的健康、生产性能、性别等情况。

喙：由表皮衍生而来，是采食器官，呈锥体形，其颜色与胫部颜色一致。健壮的鸡喙粗短，稍弯曲，利于采食。

脸：蛋用鸡脸清秀，脸毛细小，大部分脸皮裸露，呈鲜红色。

眼：位于脸的中央，生活力强的鸡，眼圆大有神，向外突出，反应敏锐。

耳叶：在耳孔下部，椭圆形或圆形。耳叶的颜色常见的有红色和白色。

肉垂：又称肉髯，为皮肤衍生物。位于下颌的下方，左右成对，颜色鲜红。

冠：为皮肤衍生物，位于头顶，能表示性征。公鸡冠比母鸡冠大而厚，健壮鸡冠鲜红、肥润、柔软、光滑。冠的种类很多，是品种的重要特征，可分为单冠、玫瑰冠、豆冠、草莓冠。但大多数品种的冠为单冠。

②颈部　以颈椎为基础，长而灵活，但长度随品种而不同，肉用鸡一般较粗短，蛋用鸡一般较细长。

③体躯部　由胸部、腹部、背部、鞍部和尾部组成。蛋鸡的体躯部紧凑、美观。

胸部：心脏与肺、肝脏等所在位置，也是重要的载肉部位。健壮的鸡，胸向前突出，胸围大，胸骨长而直。

背部：颈部延续为背部，背较长、宽而直。

腹部：是消化器官、生殖器官所在位置。蛋鸡腹部大小适中，母鸡比公鸡发达，容积较大。老母鸡腹部容积大，两耻骨末端柔软，耻骨间距大；耻骨与胸骨末端之间的距离也较大。未开产的青年母鸡腹部容积小，两耻骨之间距离小，耻骨与胸骨末端之间距离小。

腰部：又称鞍部，以荐骨为基础。母鸡鞍部的羽毛短而钝圆，羽毛紧贴身躯；公鸡鞍部的羽毛长，尖端呈锐形，性成熟时羽毛有光泽，羽毛明亮，深色羽的公鸡鞍部羽毛呈现墨绿色光泽。由于公鸡鞍部羽毛长而有光彩，因此将公鸡的鞍羽称为蓑羽。

盆腔：位于背腹的后方，产蛋多的母鸡盆腔丰满开阔。

尾部：以尾椎为基础。尾部的羽毛分为主尾羽和覆尾羽两种。公鸡的覆尾羽很发达，形似镰刀，又称镰羽。覆盖第 1 对主尾羽的覆尾羽称为大镰羽。

④四肢 包括翼部（又称翅膀）和腿部两部分。

翼部：翼部基础称为肩。翼部的羽毛分为主翼羽、覆主翼羽、副翼羽、覆副翼羽、覆翼羽和轴羽。平时折叠成"Z"字形，紧贴胸廓，不下垂。

腿部：由大腿、小腿（胫）、趾爪组成。小腿表面有角质化的鳞片，鳞片的大小和软硬是鉴定鸡年龄的依据之一。公鸡的胫部有向后的突起称为距，母鸡没有距。小腿下部称为趾，趾端的角质物称为爪。

（3）禽体皮肤及各部位羽毛的识别

①皮肤 鸡的皮肤较薄，由表皮、真皮和皮下组织构成。除了位于尾综骨背侧的尾脂腺，皮肤没有汗腺和皮脂腺，所以不能耐高温。尾脂腺分泌脂性物质，可润泽羽毛，涂擦在羽毛上可以被皮肤吸收。

②羽毛 按不同部位，羽毛可分为颈羽、翼羽、鞍羽、尾羽。

颈羽着生在颈部。公鸡颈羽长而尖，色彩鲜艳，母鸡颈羽短而圆，无光泽，以此可判断性别。

翅膀外侧 10 根长硬羽毛为主翼羽，内侧 17~18 根硬羽为副翼羽，覆盖着每根主翼羽及副翼羽的为覆主翼羽及覆副翼羽。在主、副翼羽中间有 1 根较短的为轴羽。现代蛋鸡品种，可根据初生雏羽毛生长快慢，即主翼羽和覆主翼羽的相对长度来鉴别雌雄。初生雏如果只有覆主翼羽而无主翼羽，或覆主翼羽较主翼羽长，或两者等长，称为慢羽。如果初生雏的主翼羽长过覆主翼羽称为快羽，慢羽和快羽是一对伴性性状，可以用作鉴别雌雄使用。同时，主翼羽的脱换与产蛋量的高低也有密切的关系。成年鸡的羽毛每年要更换一次，母鸡更换羽毛时要停产，主翼羽脱落早迟和更换速度可以估计换羽开始时间，因而可以鉴定产蛋能力。鸭的翼羽较小，在副翼羽上比较光亮的为镜羽，公鸭尾基部有 1~2 根向上卷羽或性羽。

鞍羽是鸡背腰部上面的羽毛。公鸡的鞍羽长而尖，母鸡的鞍羽短而圆，以此可判断性别。

尾羽附着在尾部，分为主尾羽和覆尾羽。公鸡的覆尾羽特别发达，形如镰刀，又称镰羽。健康的鸡尾羽上翘，病鸡尾羽常下垂。

（4）家禽的龄期鉴定

家禽的龄期，可凭它的外形来估计。青年鸡的羽毛结实光润，胸骨直，其末端柔软，胫部鳞片光滑细致，老鸡在换羽前的羽枯涩凋萎，胸骨硬，有的弯曲，胫部鳞片粗糙，坚硬。

小母鸡的耻骨薄而有弹性，两趾骨间的距离较窄，泄殖腔较紧而干燥。老母鸡两耻骨间的距离较宽，泄殖腔肌肉松弛。小小公鸡的距尚未发育完全，老公鸡的距相对长。

【考核评价】

（1）个人考核（占 50%）

根据表 2-9 所列的内容，对学生的实训情况进行考核。

表2-9　个人考核内容及标准

序号	考核项目	评分标准	分值	考核方法	考核得分	熟练程度
1	家禽的保定	保定方法正确	20	单人操作考核		>90分为熟练掌握；70~90分为基本掌握；<70分为没有掌握
2	禽体外貌部位识别	正确识别禽各部位名称	20			
		说出外貌和生产性能的关系	20			
3	禽体皮肤及各部位羽毛的识别	正确识别翼羽的组成	20			
4	家禽的龄期鉴定	正确判断鸡的龄期	20			
合计			100			

（2）团队考核（占30%）

参照表1-2进行考核。

（3）综合评价（占20%）

参照表1-3进行综合评价。

任务 2-2　家禽的繁育

任务描述

了解现代家禽良种繁育体系的结构和作用；了解家禽的主要经济性状，获得生产性能高的优良禽种；学会家禽的配种方法，掌握家禽人工授精技术。

知识准备

1. 现代家禽良种繁育体系

良种繁育体系是培育现代禽种的基本组织形式，包括保种、育种和制种3个基本环节，由品种场、育种场、原种场、祖代场、父母代场、商品代场组成。这些鸡场具有不同的作用。

①品种场　是收集、保存品种资源，包括引进品种、品系和国内地方良种的场所，为育种场提供育种素材。

②育种场　利用品种场提供的育种素材，培育专门化、高产品系，供原种场使用。育种场是良种繁育体系的核心。

③原种场　也称纯系场或曾祖代场。将育种场提供的专门化高产品系进行饲养观察和品系间杂交配合力试验，根据试验结果，拟定杂交配套方案，为一级繁殖场提供祖代鸡。如果是四系配套，即提供A公B母和C公D母。

④祖代场　也称一级繁殖场，饲养配套祖代鸡，按繁育要求进行第1次制种，向父母代场提供配套父母代种苗、种蛋。

⑤父母代场　也称二级繁殖场，接受一级繁殖场提供的父母代配套系进行双杂交，为商品鸡场提供商品雏鸡。

⑥商品代场　饲养由父母代场提供的双杂交商品禽，进行生产，为市场提供商品禽蛋或禽肉。

2. 家禽的主要经济性状

1）蛋用性能

（1）产蛋量

产蛋量是指母鸡在统计期内的产蛋数量。通常统计开产后 60 d 产蛋量、300 日龄产蛋量和 500 日龄产蛋量。在育种场需要测定个体产蛋量，而在繁殖场和商品场，只测定鸡群平均产蛋量，可用饲养日产蛋量和入舍母鸡产蛋量表示。计算公式：

$$饲养日产蛋量（枚）= \frac{统计期内总产蛋量 \times 统计日数}{统计期内总饲养日}$$

$$入舍母鸡产蛋量（枚）= \frac{统计期内产蛋总数}{入舍母鸡数}$$

1 只母鸡饲养 1 d 为一个饲养日。从饲养日产蛋量的计算公式得知：饲养日产蛋量不受死亡率、淘汰率的影响，反映实际存栏鸡的平均产蛋能力。入舍母鸡产蛋量则综合体现了鸡群的产蛋能力及存活率和淘汰率的高低。目前，普遍使用 500 日龄（72 周龄）入舍母鸡产蛋量来表示鸡的产蛋数量，不仅客观准确地反映了鸡群的实际产蛋水平和生存能力，还进一步反映了鸡群的早熟性。计算公式：

$$500 日龄（72 周龄）入舍母鸡产蛋量（枚）= \frac{500 日龄（72 周龄）总产蛋量}{入舍母鸡数}$$

影响产蛋量的因素主要有开产日龄、产蛋强度（产蛋率）、产蛋持久性、就巢性和冬休性。

（2）蛋重

蛋重是指蛋的质量大小，单位为 g。家禽的产蛋性能不仅取决于产蛋数，还取决于蛋重的大小，因此，蛋重也是衡量现代家禽产蛋能力的一个重要指标。蛋重用平均蛋重和总蛋重表示。

①平均蛋重　从 300 日龄开始计算，单位为 g。种鸡场称测个体蛋重，通常称测初产蛋重、300 日龄蛋重和 500 日龄蛋重，在上述时间连续称测 3 枚以上的蛋，求其平均值；群体记录时，则应按照日产蛋量的 5% 抽测，连续称取 3 d 总产蛋量，求其平均值。

②总蛋重　是指个体或群体在一定时间范围内产蛋的总质量。计算公式：

$$总蛋重（kg）= \frac{平均蛋重（g）\times 产蛋量}{1\ 000}$$

（3）蛋的品质

蛋的品质是现代养禽业中很重要的性状，测定蛋品质时，数量应不少于 50 枚，测定时间应在其产出后 24 h 内进行。通常用蛋形指数、蛋壳强度、蛋壳厚度、蛋的相对密度、蛋壳颜色、蛋白浓度、蛋黄色泽、血斑、肉斑等指标来衡量蛋的品质。

①蛋形指数　即蛋的长径与短径的比值。蛋的正常形状为椭圆形，蛋形指数为 1.30 ~

1.35，大于 1.35 的为长形蛋，小于 1.30 的为圆形蛋。如果鸡蛋的蛋形指数偏离标准太大，不但影响种蛋的孵化率和商品蛋的等级，而且也不利于机械集蛋、分级和包装。

②蛋壳强度　是指蛋壳耐受压力的大小。一般用蛋壳强度测定仪进行测定。蛋壳结构致密，则耐受压力大，蛋不易破碎。禽蛋的纵轴比横轴耐压力大，装运时以竖放为好。

③蛋壳厚度　是蛋品质重要的质量和经济指标，对蛋的破损率有很大影响。蛋壳厚度用蛋壳厚度测量仪或千分尺测定，分别取蛋的钝端、中间和锐端的蛋壳碎片测量，用清水冲洗干净，用滤纸吸干，剔除蛋壳膜，取其平均厚度值，精确至 0.01 mm。蛋壳的厚度一般应保持在 0.35 mm 以上，耐压性好，可长途运输，便于贮存。

④蛋的相对密度　是区分鸡蛋新鲜程度的重要标准，也是一种间接测定蛋壳厚度的方法。蛋的相对密度用盐水漂浮法来测定。

⑤蛋壳颜色　是品种的重要特征，蛋壳颜色有白、粉、褐、浅褐和绿色等。一般色素越多蛋壳越厚，耐压强度也就越高。同比蛋壳颜色较深的鸡蛋经济价值较高。

⑥蛋白浓度　表示蛋的新鲜度的高低，国际上用哈氏单位表示蛋白浓度。哈氏单位越大，表示蛋白黏稠度越大，蛋白品质越好。蛋白浓度的表示方法：

$$哈氏单位 = 100\lg(H-1.7W^{0.37}+7.57)$$

式中，H 为浓蛋白高度（mm）；W 为蛋重（g）。

⑦蛋黄色泽　国际上按罗氏比色扇的 15 个等级进行比色分级。蛋黄色泽越浓，表示蛋的品质越好。蛋黄色泽与饲料所含叶黄素有关，如饲喂胡萝卜、黄玉米等含叶黄素较多的饲料。蛋黄的色泽更浓艳。

⑧血斑和肉斑　会影响鸡蛋品质，而且还会影响孵化率。血斑蛋和肉斑蛋占总蛋数的百分比，分别称为血斑蛋率和肉斑蛋率。血斑蛋率和肉斑蛋率越高，蛋品质越差。褐壳蛋鸡的血斑、肉斑比例高于白壳蛋鸡，人工授精的鸡群血斑、肉斑比例高于非人工授精鸡群。

（4）料蛋比

料蛋比即每生产 1 kg 蛋所消耗饲料的千克数。计算公式：

$$料蛋比 = \frac{产蛋期内总耗料量}{产蛋期内总产蛋量}$$

2）肉用性能

评定家禽肉用性能的指标主要有生长速度、体重、屠宰率和屠体品质等。

（1）生长速度

生产肉用仔禽主要是利用早期生长快的特点，生长速度快可缩短饲养时间，减少饲料消耗，节省人工，提高设备利用率，减少感染疾病的概率，加速资金周转，提高经济效益。生长速度与家禽的种类、品种、初生重、年龄、性别及饲养管理条件等因素有关。

（2）体重

一般情况下，鸡体重大，屠宰率高，肉质也比较好，所以肉用家禽要求有较大的体重。但体重越大，饲料消耗越多，生产成本也就越高。因此，在生产中，为了提高经济效益，应把体重与饲料报酬二者结合起来考虑。体重与品种、年龄、性别、饲养条件等有关。在日常饲养管理中，需要经常抽测体重，以检查饲养效果，决定喂料量。

（3）屠宰率

屠宰率反映肌肉丰满和肥育程度，是肉禽的重要性状。屠宰率越高，产肉越多，肉用家禽要求有较高的屠宰率。

①屠宰率　即屠体重与活重的比值。其中，屠体重是指放血、去羽毛、剥去脚皮、爪壳、喙壳后的质量；活重指在屠宰前停食 12 h 后的质量。计算公式：

$$屠宰率（\%）= \frac{屠体重}{活重} \times 100$$

②半净膛率　即半净膛重与活重的比值。其中，半净膛重指屠体重除去气管、食道（含食管膨大部）、肠、脾、胰和生殖器官，留心、肺、肝（去胆）、肾、腺胃和肌胃（除去内容物及角质膜）以及腹脂（包括腹部板油及肌胃周围的脂肪）的质量。计算公式：

$$半净膛率（\%）= \frac{半净膛重}{活重} \times 100$$

③全净膛率　即全净膛重与活重的比值。其中，全净膛重是去掉所有内脏（只保留肺、肾）、腹脂及头脚（鸭鹅保留头和脚）的质量。计算公式：

$$全净膛率（\%）= \frac{全净膛重}{活重} \times 100$$

（4）屠体品质

屠体品质直接影响肉禽屠宰等级和禽肉生产的经济效益，评定指标主要有胸部肌肉、肉质嫩度及屠体美观等。胸部肌肉是肉用仔禽的重要经济指标，关系市场的需求。肉质嫩度是通过测量肌纤维的粗细和拉力来判断肉质的细嫩程度，如肌纤维拉力小则说明肉质细嫩。屠体美观方面要求外观丰满、光泽、洁净、无伤痕及无胸囊肿，屠体皮肤以肉白色或黄色为佳。

3）繁殖性能

评定家禽繁殖性能的指标有种蛋合格率、受精率、孵化率、健雏率等。

（1）种蛋合格率

种蛋合格率是指剔除过大过小、过长过圆、沙皮、过薄、皱纹、钢壳等不合格种蛋的蛋数占总蛋数的百分比。种蛋合格率一般应达到90%以上。计算公式：

$$种蛋合格率（\%）= \frac{合格种蛋数}{产蛋总数} \times 100$$

（2）受精率

受精率是指受精蛋数与入孵蛋数的百分比。受精率是反映繁殖力的直接指标，与家禽的品种、生理状态和饲养管理水平有关，同时与公母禽的配比也有关系。计算公式：

$$受精率（\%）= \frac{受精蛋数}{入孵蛋数} \times 100$$

（3）孵化率

孵化率又称出雏率。孵化率有两种计算方法：一种是出雏数与受精蛋数的百分比，称为受精蛋孵化率。一般养禽场多采用这种方法计算受精蛋的实际孵化率，应达到90%以上。计算公式：

$$受精蛋孵化率(\%) = \frac{出雏数}{受精蛋数} \times 100$$

另一种是出雏数与入孵蛋数的百分比，称为入孵蛋孵化率。大型孵化场计算成本时常采用这种方法。计算公式：

$$入孵蛋孵化率(\%) = \frac{出雏数}{入孵蛋数} \times 100$$

（4）健雏率

健雏率是指健雏数与出雏数的百分比。健雏是指在正常孵化期内脱壳而出的雏禽，精神状态良好，活泼好动，结实，反应灵敏，叫声响亮；羽毛整洁；脐部愈合良好，干燥；大小均匀，抓握时挣扎有力，放开后能迅速跑动。计算公式：

$$健雏率(\%) = \frac{健雏数}{出雏数} \times 100$$

4）生活力性状

生活力性状是家禽的一个重要经济性状。在育种中，注意生活力性状的选择和禽群疫病净化以及杂种优势的利用，可以大幅提高育雏和育成期的成活率。

（1）育雏率

育雏率是指育雏期末成活雏禽数占入舍雏禽数的百分比。一般要求育雏率达到90%以上。计算公式：

$$育雏率(\%) = \frac{育雏期末成活雏禽数}{入舍雏禽数} \times 100$$

（2）育成禽成活率

育成禽成活率是指育成期末成活育成禽数占育雏期末入舍雏禽数的百分比。育成禽成活率反映家禽的生活力、饲养管理水平。计算公式：

$$育成禽成活率(\%) = \frac{育成期末成活育成禽数}{育雏期末入舍雏禽数} \times 100$$

（3）产蛋期母禽成活率

产蛋期母禽成活率是指产蛋期末母禽存栏数占入舍母禽数的百分比。一般要求达到88%以上。计算公式：

$$母禽成活率(\%) = \frac{入舍母禽数 - (死亡数 + 淘汰数)}{入舍母禽数} \times 100$$

5）饲料转化率

饲料在现代化养禽业中占总支出的70%~80%，饲料转化率高，可降低成本，提高经济效益。

（1）产蛋期料蛋比

产蛋期料蛋比是指产蛋期消耗的饲料量与总产蛋量的比值，即每产1 kg蛋所消耗的饲料量。计算公式：

$$产蛋期料蛋比 = \frac{产蛋期消耗的饲料量(kg)}{总产蛋量(kg)}$$

（2）肉用禽料肉比

肉用禽料肉比通常用每增加 1 kg 活重所消耗的饲料量来表示。计算公式：

$$肉用禽料肉比 = \frac{全程耗料量（kg）}{总活重（kg）}$$

3. 家禽的配种技术

1）自然交配

自然交配是指公母禽到了适配年龄，采用公母禽混群饲养完成交配的传统繁殖方式。此种配种方法适合平养种鸡的繁殖，公母鸡混群饲养的比例为 1：10~1：12。

在实际生产中，公禽和母禽均应按生产性能、体质、外貌、发育情况、遗传性能、品种特征进行选择。种公禽的质量对种蛋的受精率有很大的影响，因此，必须加强对种公禽的选择，一般分为 3 次进行。第 1 次选择鸡在 6~8 周龄时进行，选留以公母比例 1：7~1：8 为宜；鸭在 8~10 周龄时进行，选留生长发育状况良好者；鹅在育雏结束后进行，选留公母比例小型鹅 1：4~1：5，中型鹅 1：3~1：4，大型鹅 1：2。第 2 次选择鸡在 17~18 周龄结合转群进行；鸭在 24~28 周龄进行，公鸭经过第 2 次选择后即可留作种用；鹅在 10~12 周龄进行。第 3 次选择鸡在 28 周龄左右进行选留；鹅应在开产前进行。

①大群配种　指对于较大的禽群，在母禽群中放入一定比例的公禽，使每一只公禽随机与母禽交配的方法。大群配种的受精率较高，但不能准确知道雏禽的血缘，因此，只适于繁殖。此种配种方法广泛应用于祖代场和父母代场。配种禽群的大小通常在 100~1 000 只。若配种公禽是年青公禽，由于性功能旺盛，则可多配一些母禽。年老公禽，由于性活动能力差、竞争能力低，不适于大群配种。在采用大群配种的时候，由于公母禽早期生长发育不同而分群饲养，应该在性成熟后及时混群。

②小群配种　又称单间配种，即在一小群母禽中放入一只公禽与其配种。这种方法适用于育种场。小群配种，要有单独的禽舍，自闭产蛋箱。公禽和母禽均需佩戴脚号。禽群的大小因品种而异，蛋用型鸡 10~15 只，肉用型鸡 8~10 只。小群配种由于公禽存在对某些母禽偏爱的癖性，种蛋受精率低于大群配种。所以，许多育种场已不采用，改为人工授精。

无论采用何种自然交配方法，公禽混入母禽群 48 h 后即可采集种蛋，但要获得高受精率种蛋需 5~7 d，所以，应提前 5~7 d 将公鸡放入母鸡群。为了降低应激，宜在夜间将公禽放入母禽群中，这样可以减少公禽造成争斗和群序等级的混乱。公母禽配种年龄不宜过早，宜在性成熟后，开产日龄之前。公禽配种过早，不仅影响自身的体成熟发育，出现早衰，还影响精液的品质，进而影响种蛋的受精率。

③公母比例　在自然交配中，经常是一只公禽与数只母禽交配。但要注意公母比例，公禽过多引起相互间争斗干扰交配，降低受精率，浪费饲料。相反，公禽过少，配种负担太重，导致精液品质下降，受精率降低。在自然交配时，公母禽适宜配比见表 2-10 所列。

2）人工授精

人工授精是指人工采取公禽的精液，同时人工输入母禽体内，完成种蛋的受精过程。目前，人工授精技术已广泛应用于笼养种鸡的配种，不仅扩大了公母禽配种比例，公母禽比例可达 1：30~1：50，还能充分利用优秀种源，便于疾病控制，受精率高。

表 2-10　公母禽自然交配的比例

品种	公母配比	品种	公母配比
轻型鸡	1：12～1：15	中型鸭	1：10～1：15
中型鸡	1：10～1：12	肉用种鸭	1：8～1：10
肉用种鸡	1：8～1：10	鹅	1：4～1：6
轻型鸭	1：15～1：20	火鸡	1：10～1：12

（1）采精技术

①采精前的准备

a. 公禽的选择：在配种前 2～3 周内，选留健康，第二性征明显，体重符合标准，发育良好，腹部柔软，按摩时性反射强的公禽，并结合采精训练，对精液品质进行检查。

b. 隔离与训练：公禽在使用前 1～2 周，转入单笼饲养，便于熟悉环境和管理人员。

在配种前 1～2 周开始训练公禽采精，以鸡为例：早晨用手向尾部按摩公鸡腰荐部数次，每天 1 次，或隔天 1 次，以建立条件反射。一旦训练成功，则应坚持隔天采精。公鸡经 3～4 次训练，大部分公鸡都能采到精液，如训练多次仍不能建立条件反射，则应淘汰。正常情况下，淘汰 3%～5%。为了减少应激反应，从采精训练开始到后期的饲养管理，一直要固定操作者，以提高采精量。

c. 预防污染精液：公鸡开始训练之前，将泄殖腔外周 1 cm 左右的羽毛剪除，公鸡须于采精前 3～4 h 禁食，以防止排粪污染集精杯中精液。所有人工授精用具，应清洗、消毒、烘干。如无烘干设备，清洗干净后，先用蒸馏水煮沸消毒，再用生理盐水冲洗 2～3 次方可使用。

②采精方法　目前，生产中采精的基本方法是按摩法，一般采用背腹式按摩法。

a. 双人采精法：又称立式采精法。两人配合，一人保定，另一人采精。操作程序见任务实施。

b. 单人采精法：又称坐式采精。操作程序见任务实施。

③精液品质检查　主要是肉眼检查和显微镜检查。

a. 肉眼检查：正常精液为乳白色，不透明液体。混入血液时为粉红色；被粪便污染时为黄褐色；尿酸盐混入时，呈粉白色棉絮状块；过量的透明液混入时，精液稀薄，则见有水渍状。凡受污染的精液，品质均急剧下降，受精率不高，不适合人工授精使用。正常精液稍带有腥味。正常精液浓稠度很大。一般公鸡的精液量为 0.2～0.7 mL，鹅为 0.1～1.38 mL，鸭为 0.29～0.38 mL。用具有刻度的吸管、结核菌素注射器或其他度量器，将精液吸入，读取精液量。鸡精液的 pH 值呈中性，一般在 6.8～7.6，过酸或过碱，精液品质都有问题，输精受精率低。使用精密 pH 试纸测定精液酸碱度。

b. 显微镜检查：通常根据直线前进运动的精子所占比例多少评为 0.1～0.9 级。品质好的精液密度大，而品质差的精液密度小。一般在显微镜下用平板压片法进行密度检查，按其稠密程度划分为密、中、稀 3 级。密即每毫升精子数在 40 亿个以上；中即每毫升精子数在 20 亿～40 亿个；稀即每毫升精子数在 20 亿个以下。

c. 畸形率检查：取 1 滴原精液进行处理，于显微镜下数 300～500 个精子中有多少个畸形精子，然后计算畸形率。

④精液的稀释 鸡精液量少，密度大，稀释后可增加输精母鸡数，提高公鸡的利用率。精液经稀释可使精子均匀分布，保证每个输精剂量有足够精子数。精液稀释扩量后，便于输精量的把握。稀释液主要是给精子提供能量，保障精细胞的渗透平衡和离子平衡，提供缓冲剂，防止 pH 值变化，延长精子寿命。

稀释方法：采精后应尽快稀释，将精液和稀释液分别装于试管中，并同时放入 30℃ 保温瓶或恒温箱内，使精液和稀释液的温度相等或接近，避免两者温度过大，造成突然降温，影响精子活力。稀释时，稀释液应沿装有精液的试管壁缓慢加入，轻轻转动，均匀混合。鸡的精液稀释通常用灭菌的 0.9% 生理盐水作为稀释液，稀释比例为 1∶1。

家禽的精液难于保存，采集后或稀释须立即输精。鸡的精液不耐冷冻，冷冻精液再溶解后使用，受精率大幅降低。

（2）输精技术

①输精前的准备 输精器为带胶头的玻璃吸管、移液管或鸡输精枪等，生产中鸡输精枪的应用，保证了受精率，还大幅提高了工作效率。

母禽的准备：输精母鸡必须先进行白痢检疫，凡阳性者一律淘汰，同时还须选择无泄殖腔炎症、中等营养体况的母鸡。产蛋率达 70% 时开始输精，更为理想。

②输精操作 见任务实施。

③输精时间 应避免在产蛋前 4 h 和产蛋后 1 h 进行输精。如果子宫内已有一个硬壳蛋，这个蛋就会阻碍精子的运动。生产中，最好在每天 15∶00 以后、大部分母鸡产蛋结束后输精，此时母鸡子宫内无硬壳蛋。

④输精部位和深度 根据输精部位深浅分为浅阴道输精（1~2 cm）、中阴道输精（4~5 cm）和深阴道输精（6~8 cm）3 种。生产中常采用浅阴道输精法，轻型蛋鸡以 1~2 cm、中型蛋鸡以 2~3 cm 为宜。但在母鸡产蛋率下降，精液品质较差的情况下，可用中阴道输精。

⑤输精量与输精次数 正常情况下，将 0.025~0.03 mL 新鲜精液注入输卵管内约 2.5 cm 深处，每 5~7 d 应输精一次，以维持最高受精率。一只良好公鸡所产的精液可以用于 100 只母鸡，如果稀释精液，一只公鸡的精液可用于更多的母鸡。

4. 种禽利用年限

母鸡第 1 个产蛋年产蛋量和受精率最高，以后逐年下降，产蛋量每年以 15%~20% 水平下降。因此，除育种场的优秀禽群，可利用 2~4 年，一般商品场和繁殖场种禽利用年限为一年。由于特殊原因需要利用第 2 个产蛋年，就必须采用强制换羽。

母鸭第 1 年的产蛋性能最好，2~3 年后逐渐下降，所以种母鸭的利用年限一般为 2~3 年。为了保证种禽群的整体均衡性，由母鸭组成年龄的比例为一岁母鸭为 60%、二岁母鸭为 38%、三岁母鸭为 2%。

鹅的生长期长，性成熟较晚，第 1 年的产蛋性能较低，在开产后 2~3 年产蛋量逐渐上升，第 4 年开始逐渐下降。产蛋母鹅和公鹅的利用年限为 3~4 年。鹅群比较科学的构成比例为：一岁母鹅为 30%，二岁母鹅为 25%，三岁母鹅为 20%，四岁母鹅为 15%，五岁母鹅为 10%。

任务实施

<h1 style="text-align:center">种鸡人工授精</h1>

【材料用具】

种公鸡、种母鸡若干只、集精杯、储精管、输精管、毛剪、显微镜、载玻片、保温桶、温度计、棉花、烘干箱、水浴锅、蒸馏水、显微镜、保温箱、95%乙醇、0.5%龙胆紫、生理盐水。

【实施步骤】

(1)器材准备

鸡人工授精器材简单易行,如图2-2所示。采精器材有集精杯、保温瓶、胶球头、细头玻璃吸管、药棉等;输精器材有1 mL的注射器,或带胶头的玻璃吸管。在使用前,将采精、输精器械用蒸馏水冲刷干净,在干燥箱中烘干备用。

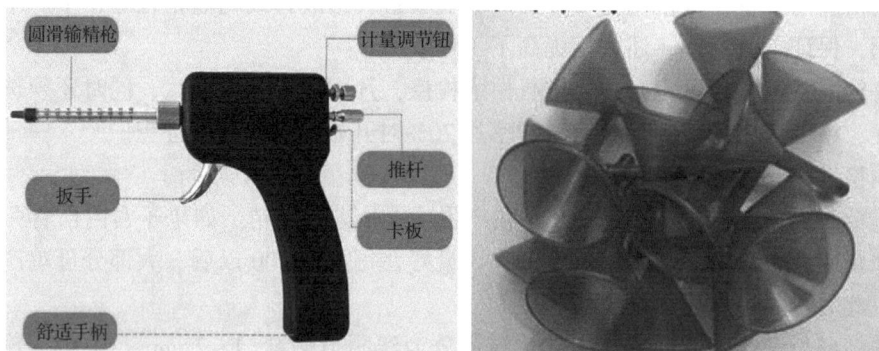

图2-2 鸡用连续输精枪和集精杯

(2)公鸡采精

①采精前的准备

a. 选鸡:应选择体质结实、发育良好、雄性强的公鸡;注意选留健康、第二性征明显、体重符合标准、腹部柔软、按摩时有肛门外翻、交媾器勃起等性反射强的公禽,并结合采精训练,对精液品质进行检查。

b. 剪尾毛:为防止污染精液,应将公鸡的泄殖腔周围约1 cm宽的羽毛减掉。

c. 隔离与调教:公鸡在配种前3~4周,应转入单笼饲养,便于熟悉环境和管理人员。配种前2~3周,开始进行采精训练,每天早晨用手按摩公鸡腰荐部(向尾的方向)数次,以建立条件反射。过3~4 d后试采,采不出精液的应予淘汰。一旦训练成功,则应坚持隔天采精。

d. 停料:采精前3~4 h停止喂料,防止采精时排粪尿而影响精液品质。

②采精方法 目前,在生产中应用较多的是按摩采精法,具体有以下两种方法。

a. 双人采精:两人配合,一人保定,另一人采精。

保定:保定员用双手各握住公鸡一只腿,自然分开,拇指拉住鸡翅,使公鸡头部向后,尾部朝向采精员,并轻轻夹于腋下。

固定采精杯：采精员右手中指与无名指夹住集精杯，杯口朝下，右手掌分开贴于鸡的腹部。

按摩：采精者以左手自公鸡的背鞍部向尾部方向抚摩数次，到尾综骨处稍加力，以引起公鸡的性感。接着以左手将尾羽翻向背侧，并将拇指和食指置于耻骨下泄殖腔两侧的柔软部，抖动按摩若干次，当泄殖腔外翻时，用左手拇指与食指在泄殖腔两侧适当挤压，乳白色精液便可顺利排出。挤压可连续几次，直至无精液流出为止。

集精：当肛门有乳白色液体流出时，右手掌翻转使集精杯杯口向上贴向肛门，接收精液。保定员将公鸡放回笼中。

b. 单人采精：采精人员坐在约 35 cm 高的小凳上，左腿放在右腿上，将公鸡双腿夹于两腿之间，使其头向左，尾向右。右手夹集精杯，放于公鸡后腹部柔软处，左手由背部向尾根按摩 3~5 次，即可翻尾、挤肛、收集精液，如图 2-3 所示。

注意事项：采精时间一般安排在大部分鸡产完蛋后的 14:30~15:30 进行为宜；采精前要停食，以免污染精液品质；采精人员要相对固定；每只公鸡隔 1 d 采 1 次精；采集期间满足饲料中蛋白质水平，可每 3 只公鸡补充一个熟鸡蛋；采精时

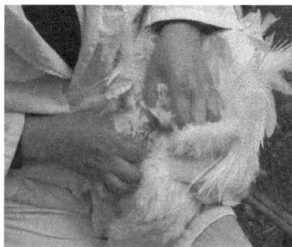

图 2-3 单人采精

间最好控制在 30 min 左右为宜，冬季放在 30℃的保温杯中避光保存。

（3）精液品质检查和稀释

①肉眼观测

图 2-4 鸡的精液

a. 颜色：正常为乳白色，如图 2-4 所示。被粪便污染的为黄褐色，尿酸盐污染的为白色絮状物，血液污染的为粉红色，透明液过多为水渍状。

b. 气味：稍带有腥味。

c. 射精量：是指鸡一次采精时所射出的精液容积。鸡射精量的多少，因品种、年龄、营养、运动、季节、采精次数及采精技术而异。正常情况下鸡的射精量为 0.2~0.5 mL。

d. 浓稠度：很大。

e. pH 值：鸡精液 pH 6.8~7.6。

②镜检观测

a. 精子活力：采精后 30 min 内进行，取精液和生理盐水各 1 滴，置于载玻片一端混匀，放置盖玻片。精液不宜过多，以布满载玻片不溢出为宜。用平板压片法在 37℃条件下，在 400 倍显微镜下检查。直线前进运动的精子有受精能力，活力高，而转圈运动或原地摆动的精子，均没有受精能力。精子密度大的精液，精子呈漩涡翻滚状态。

b. 精子密度：是指单位容积中精子数量的多少。正常情况下公鸡的精液密度为 5 亿~100 亿/mL，每毫升在 30 亿以上则可正常输精。

c. 畸形率：取 1 滴原精液在载玻片上，抹片自然阴干，干后用 95%乙醇固定 1~2 min，水洗，再用 0.5%龙胆紫（或红、蓝墨水）染色 3 min，水洗阴干，在 400~600 倍下

镜检。畸形精子有以下几种：尾部盘绕、断尾、无尾、盘绕头、钩状头、小头、破裂头、钝头、膨胀头、气球头、丝状中段等。精子形态如图2-5和图2-6所示。

③精液的保存　对于代谢旺盛，未经稀释的新鲜精液在20~25℃条件下，30 min 就会使受精率下降。因此，刚采到的精液要立即置于30~35℃环境保存，并应在25~30 min 用完。输精速度越快，精子在外界停留的时间越短，受精率越高。

图2-5　正常精子　　　　　　　　图2-6　畸形精子

（4）母鸡输精

①输精前的准备　挑健康、无病、开产的母鸡，产蛋率达70%以上开始输精最为理想。

②输精时间　采精后应尽快输精。以每天15:00以后，母鸡子宫内无硬壳蛋时最好。

③输精方法　生产中广泛应用阴道输精法。一般两人一组，一人翻肛，另一人输精。翻肛人员打开笼门，左手抓住鸡的双腿，稍向上提，将鸡尾部提到笼口，鸡腹贴于笼上，右手大拇指与食指分开呈"八"字形紧贴母鸡肛门上下方，使劲向外张开肛门并用拇指挤压腹部，使位于泄殖腔左侧的输卵管口外翻，输精人员立即将吸有精液的输精器插入输卵管开口中1~2 cm，推动活塞将精液输入输卵管口内，然后将母鸡放回笼内，操作方法如图2-7和图2-8所示。

图2-7　输精操作　　　　　　　　图2-8　输精部位

④操作要点　主要有输精深度、输精次数、输精时间和输精量。

a. 输精深度：一般采用浅部阴道输精（2~3 cm），而在母鸡产蛋率下降、精液品质较差的情况下，可采用中部阴道输精（4~5 cm）。

b. 输精次数：母鸡首次输精精液量应加倍或连输2次，以确保所需的精子数，提高受精率。在输精后48 h可收集种蛋，之后每隔4~5 d输精一次。

c. 输精时间：每次输精最好在大部分母鸡产蛋结束后进行，即在15:00~16:00、母鸡子宫内无硬壳蛋为宜。

d. 输精量：用原精液输精，中型蛋鸡每次输精0.025~0.03 mL，产蛋中、后期输精量为0.05 mL，夏季输精量应加倍。首次输精加倍，母鸡产蛋后期应适当增加输精量，保证每只鸡每次输入的有效精子数不少于1亿个。

⑤输精注意事项　翻肛人员给母鸡腹部加压力时，一定要着力于腹部左侧，因输卵管开口在泄殖腔的左上方，右侧为直肠开口，如果着力相反便会引起母鸡排粪。

翻肛人员与输精人员在操作上要密切配合，当输精器插入的瞬间，翻肛人员应迅速解除对母鸡腹部的压力，才能有效地将精液全部输入输卵管内。

输精时不要将空气泡输入输卵管内，否则会使精液外溢，影响受精率。

要严格执行灭菌、消毒制度，操作中也应做到小心谨慎，防止因污染而引起母鸡生殖器官的感染。

【考核评价】

(1)个人考核(占50%)

根据表2-11所列的内容，对学生的实训情况进行考核。

表2-11　个人考核内容及标准

序号	考核项目	评分标准	分值	考核方法	考核得分	熟练程度
1	采精操作	采精前的准备工作正确	10	单人操作考核		>90分为熟练掌握；70~90分为基本掌握；<70分为没有掌握
		采精保定动作正确	10			
		采精操作手法正确、熟练，能采出精液	10			
		能说出采精应注意的事项	10			
2	输精操作	输精保定动作正确，能翻出阴道口	10			
		输精操作方法正确，动作熟练，输精深度及输精量掌握准确	20			
		能说出输精过程中的注意事项	10			
3	精液的常规检查	通过外观检查，能判断精液的质量	5			
		操作方法正确，检查结果正确	10			
		口述回答问题正确无误	5			
	合计		100			

(2)团队考核(占30%)

参照表1-2进行考核。

(3)综合评价(占20%)

参照表1-3进行综合评价。

任务 2-3 家禽的孵化

任务描述

认识孵化设备的构造并熟悉其使用方法；掌握种蛋的选择标准和方法，能正确进行种蛋的消毒和保存；学会人工孵化的基本操作技术，掌握孵化条件，掌握家禽各胚龄胚胎发育的主要特征；理解雌雄鉴别和初生雏禽分级的意义并掌握其常用方法；能根据给定的孵化成绩进行孵化效益分析。请以班级为单位制订并完成一次鸡的孵化计划。

知识准备

1. 种蛋的形成与管理

1) 蛋的形成与构造

(1) 蛋的形成

禽蛋是在母禽的左侧卵巢和输卵管里形成的。母禽性成熟后，卵巢上成熟卵泡破裂，排出卵子，进入输卵管，称为排卵。卵子立即被输卵管喇叭部接纳（完全接纳需要13 min），并在此受精，形成受精卵（种蛋）。通过喇叭部还需18 min，之后进入膨大部，在此卵黄被包上一层层的蛋白（约需3 h）。然后靠膨大部的蠕动作用进入峡部，在此形成内外壳膜（约74 min），然后进入子宫部。子宫液进入蛋内，蛋重成倍增加，壳膜鼓起形成蛋形。随后在外壳膜上沉积钙质形成蛋壳。蛋在离开子宫前，有色蛋的色素分泌并覆盖于蛋壳上，蛋上的胶护膜也形成（在子宫内停留18~20 h）。卵子在子宫内已形成完整的蛋，到达阴道部只等待产出（约停留0.5 h），在神经和激素的作用下将蛋产出。母鸡的生殖器官如图2-9所示。

畸形蛋的形成：双黄蛋是由于母鸡受惊或遭受压迫使两个卵黄同时成熟排出，或一个未成熟的卵黄与另一已成熟卵黄一起排出而形成的，也与遗传有一定关系。无黄蛋特别小，无卵黄，是产蛋初期由于蛋白分泌部功能旺盛所致。软壳蛋则是饲料缺乏维生素D、子宫分泌蛋壳机能因病失常、母鸡输卵管炎或受惊、接种疫苗产生强烈反应阻碍蛋壳形成等原因所致。血斑和肉斑蛋的形成是因为卵巢出血或脱落卵泡膜随卵黄进入输卵管。异形蛋是由于峡部失调，蛋壳膜分泌失常，或峡部收缩对蛋产生挤压，或疾病引起异形，如过大、皱皮、沙皮等。蛋包蛋特别大，破壳后内有一正常蛋，是在蛋形成

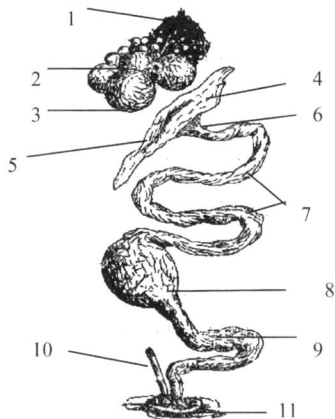

图2-9 母禽的生殖器官

1. 卵巢基部 2. 发育中的卵泡 3. 成熟的卵泡
4. 喇叭部 5. 喇叭部的入口 6. 喇叭部的颈部 7. 蛋白分泌部 8. 峡部 9. 子宫部
10. 退化的右侧输卵管 11. 泄殖腔

后，母鸡由于受惊，输卵管发生逆蠕动，将形成的蛋推移到输卵管上部，然后向下移行，又包上蛋白、蛋壳膜和蛋壳而形成。

（2）蛋的构造

蛋的构造包括卵壳、壳膜（外壳膜、内壳膜）、蛋白（浓蛋白、稀蛋白）、卵黄、胚盘或胚珠 5 个部分，如图 2-10 所示。

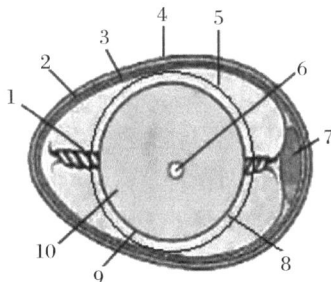

图 2-10　蛋的构造
1. 系带　2. 外壳膜　3. 内壳膜　4. 卵壳
5. 稀蛋白　6. 胚盘　7. 气室　8. 浓蛋白
9. 卵黄膜　10. 卵黄

①卵壳　完整的卵壳呈椭圆形，主要成分为碳酸钙，占全蛋体积的 11.1%～11.5%。

②壳膜　包裹在蛋白之外的纤维质膜，是由坚韧的角蛋白所构成的有机纤维网。壳膜分为两层：外壳膜较厚，即在蛋壳外面，一层不透明、无结构的膜，作用是避免蛋品水分蒸发；内壳膜约为前者厚度的 1/3，为在蛋壳里面的薄膜，空气能自由通过此膜。内壳膜与外壳膜大多紧密接合，仅在蛋的钝端二者分离构成气室。气室是待蛋产出之后才出现的，是体内外温差所导致的收缩而在壳膜间形成空隙。若蛋内水分遗失，气室会不断地增大，待受精卵孵化时，随胚胎的发育而增大。

③蛋白　半流动的胶状物质，体积占全蛋的 57%～58.5%。蛋白中约含蛋白质 12%，主要是卵白蛋白。蛋白中还含有一定量的核黄素、烟酸、生物素和钙、磷、铁等物质。蛋白又分浓蛋白和稀蛋白。浓蛋白为靠近蛋黄的部分蛋白，浓度较高。稀蛋白为靠近蛋壳的部分蛋白，浓度较稀。

④蛋黄　多居于蛋白的中央，由系带悬于两极。蛋黄体积占全蛋的 30%～32%，主要组成物质为卵黄磷蛋白，另外脂肪含量为 28.2%，脂肪多属于卵磷脂。蛋黄含有丰富的维生素 A 和维生素 D，且含有较高的铁、磷、硫和钙等矿物质。

⑤胚盘或胚珠　蛋黄表面有一小白点，受精蛋称为胚盘，直径约 3 mm；未受精蛋称为胚珠，直径更小。

2）种蛋的选择

（1）选择标准

①种蛋来源　种禽质量会影响种蛋质量，进而影响孵化效果。种蛋应来源高产、健康的种禽群，种蛋受精率应在 85% 以上。

②种蛋新鲜度　一般以产后 7 d 为宜，以 3～5 d 最好，超过 14 d 孵化率下降，雏鸡软弱。

③种蛋形状　卵圆形的蛋孵化率最好，过大、过小、过长、过圆的蛋应剔除。

④种蛋大小　一批种蛋中，太大的蛋和太小的蛋孵化率都不如正常大小的蛋。白壳鸡蛋应大于 50 g，褐壳鸡蛋应大于 52 g。

⑤蛋壳质量　蛋壳厚度和清洁度影响孵化率和出雏率，钢皮、腰箍、沙皮、软皮蛋、破损蛋、裂纹蛋应剔除，被粪便等脏物污染的蛋不可作种用，蛋壳颜色要符合品种特征。

⑥气室　有些蛋产下时气室是歪斜的，有些蛋是在产出后由于震动后处理不当而造成气室歪斜，这种气室是影响孵化率最大的因素之一。

（2）选择方法

收集种蛋时饲养员在鸡舍进行第 1 次选择，送至蛋库内进行第 2 次选择，种蛋送至孵化化车间后进行第 3 次选择。

①外观选择法　生产中多按照种蛋标准进行选择。

②摩擦听音选择法　两手各拿 3 枚蛋，转动五指，使蛋与蛋互相轻碰，听其声音。完整无损的蛋声音清脆，破损蛋可听到破裂声。

③照蛋透视法　用照蛋器进行。合格种蛋蛋壳应厚薄一致，气室小，气室在大头。若是破损蛋可见裂纹，沙皮蛋可见一点一点的亮点；若蛋黄上浮多是保存过久，或运输时受震至系带折断；若气室大则蛋比较陈旧；若蛋内变黑，多为保存过久，微生物侵入，蛋白分解腐败的臭蛋。

④视抽剖验法　将蛋打开倒入衬有黑色物的平皿中观察，新鲜蛋的蛋白浓厚，蛋黄隆起高；陈蛋的蛋白稀薄，蛋黄扁平甚至散黄。

3) 种蛋的保存

种蛋产下后，一般保存 1 d 或数天才能入孵，种蛋保存的环境条件对种蛋内部质量有很大影响。

(1) 蛋库环境

蛋库应清洁、整齐、无灰尘，隔热性能好，通风防潮，避免日光直射和穿堂风，无蚊、蝇和老鼠。大型现代化孵化场应设有专用的蛋库，并备有空调机，可自动控温。

(2) 种蛋保存温度

鸡胚发育的阈值温度是 23.9℃，保存时的温度超过此温度，胚胎就会发育，容易导致胚胎早期死亡；如果长期处于低温保存环境，胚胎会冻死。生产中，当种蛋保存 7 d 以内，温度为 15~17℃，保存 7 d 以上为 12~14℃。刚产出的种蛋应该逐渐降低至保存温度，这样才能保存胚胎的活力。

(3) 种蛋保存湿度

种蛋保存期间，蛋内水分通过蛋壳不断蒸发，使种蛋失重。因此，应通过增加蛋库的相对湿度而尽量减少蛋内水分的蒸发，保持相对湿度在 70%~80%。湿度高可通过通风降低湿度，湿度低可在地面放置水盘。

(4) 种蛋保存时间

种蛋越新鲜，孵化率越高。一般以保存 7 d 以内为好，以后每多放 1 d，孵化率下降 2%。夏季保存 1~3 d 为宜，最长不超过 14 d。

(5) 种蛋保存方法

种蛋保存 7 d 内，大头向上，可不翻蛋，蛋托叠放，盖上一层塑料膜；若保存期超过 7 d，则小头向上，每天翻蛋 1~2 次，防止胚胎与蛋壳发生粘连。种蛋入库后，要按来源、产蛋日期分别放置，先入库的种蛋要先出库孵化，并做好记录。

4) 种蛋的消毒

(1) 消毒时间

蛋产出后，通过泄殖腔，蛋壳即已被泌尿和消化道的排泄物所污染。有些细菌透过蛋壳上的细孔进入蛋内，严重影响孵化率和雏鸡质量，因此，必须对种蛋进行严格消毒。防止细菌穿过蛋壳的唯一办法是在蛋产下后，蛋内容物开始收缩之前，立即杀死细菌，即应在蛋产出后 30 min 内进行消毒。

（2）消毒方法

种蛋消毒方法有福尔马林熏蒸消毒法、三氧化氯泡沫消毒剂消毒法、新洁尔灭喷雾消毒法、过氧乙酸熏蒸消毒法、紫外线照射法等。无论采用哪种方法，最好不要洗蛋，因为洗蛋会除去部分胶护膜，使较多的细菌和其他微生物进入蛋内，也绝不可用湿布去擦种蛋。若要洗蛋，必须注意保持清洗液的清洁，否则只会增加致病微生物之间的传播。生产中常用福尔马林熏蒸消毒法，现具体介绍此消毒方法。

①药品混合方法　应使用容量大的陶瓷器具，先放入高锰酸钾，再加入40%福尔马林溶液，消毒室温度要控制在25~28℃，相对湿度为70%~80%，密闭熏蒸，消毒结束后立即通风。

②药品浓度　不同情况下，熏蒸所需福尔马林用量是不同的（表2-12）。

表 2-12　种蛋的福尔马林熏蒸消毒方法

序号	场地	每立方米体积用量		消毒时间/ min	环境条件	
		福尔马林/mL	高锰酸钾/g		温度/℃	相对湿度/%
1	种蛋消毒间	28	14	20	25	60~65
2	码盘后在孵化器	28	14	30	30	60~65
3	落盘后在出雏器	14	7	30	出雏条件	
4	出雏器	14	7	3		

③注意事项　绝不可将高锰酸钾加到福尔马林中去，二者结合时反应剧烈，瞬间能产生大量有毒的气体，操作时动作要迅速，防止操作人员吸入有毒气体；对"冒汗"的蛋应先让水珠蒸发后再消毒；福尔马林对早期胚胎和正在啄壳的雏禽发育不利，应避免对入孵24~96 h的胚胎进行熏蒸，一般不提倡对雏禽进行熏蒸消毒，除非有"蛋爆裂"发生；福尔马林挥发性强，要随用随取。

5）种蛋的包装与运输

种鸡场和孵化场通常相隔一定的距离，同时，种蛋的装运也是良种引进和推广过程中不可缺少的一个重要环节。

（1）种蛋包装

最好的种蛋包装用具是专用的种蛋箱（长60 cm×宽30 cm×高40 cm，250个）或塑料蛋托盘。尽量使大头向上或平放，排列整齐，以减少蛋的破损。

（2）种蛋运输

运蛋过程要求快速、平稳、安全，防雨、防晒、防震。运输时间过长及环境温度超出正常限度，都会影响孵化率。种蛋运到后，应立即开箱检查，剔除破损种蛋重新消毒尽快入孵。

2. 人工孵化技术

1）孵化器的分类

（1）平面孵化器

平面孵化器有单层和多层之分。一般孵化与出雏在同一地方，也有上部孵化，下部出雏的。平面孵化器孵化量少，容量一般在150~4 200枚，主要用于孵化珍禽和教学科研

图 2-11 平面孵化器

（图 2-11）。

（2）立体孵化器

立体孵化器根据箱体结构分为箱体式孵化器和巷道式孵化器两大类。大型孵化厂多使用立体孵化器。

①箱体式孵化器（图 2-12） 蛋盘架式和蛋架车式两种，容蛋量从几千枚到 2 万枚，适用于每年多批次孵化的孵化厂。蛋盘架式因蛋盘、蛋架固定在箱内不能移动，入孵和操作管理不便。蛋架车可以直接到蛋库装蛋，消毒后推入孵化机，减少了种蛋装卸次数，目前采用较多。

②巷道式孵化器（图 2-13） 专为大型孵化厂而设计。由多台箱体式孵化器组合连体拼装，配备有空气搅拌和导热系统，容蛋量达 8 万~16 万枚，甚至更大；巷道式孵化器分入孵器和出雏器，出雏器容蛋量达 1.3 万~2.7 万枚，两机分别放置在孵化室和出雏室。使用时将种蛋码盘放在蛋架车上，经消毒、预热后按一定轨道逐一推进巷道内，18 d 后鸡胚转入出雏机。机内新鲜空气由进气口吸入，经加热加湿后从上部的风道由多个高速风机吹到对面的门上，大部分气体被反射下去进入巷道，通过蛋架车后又返回进气室。这种循环模式利用胚蛋的代谢热，箱内温度均匀，较其他类型的孵化机省电，并且孵化效果好。

图 2-12 箱体式孵化器

图 2-13 巷道式孵化器

2）孵化器的构造

（1）主体结构

孵化器主体是由箱体、蛋架车、种蛋盘和活动翻蛋架等组成。

①箱体 由内外板、框架和中间夹层组成，壁厚约 50 mm。金属结构箱体框架一般为薄形钢结构，外层用涂塑钢板或彩板，也有用 PVC 板的。内板多采用铝合金板，夹层中填充聚氨酯或聚苯乙烯保温材料，整体坚固美观。

②蛋架车和种蛋盘 蛋架车是全金属结构，蛋盘架固定在四根吊杆上但是可以自由活动。通常使用的蛋架车每层间距 120 mm，一般为 12~16 层。蛋架车式电孵箱的孵化盘和出雏盘多采用塑料蛋盘，既坚固不易变形，又便于洗刷消毒。蛋盘架式孵化机除采用孔式

种蛋盘或塑料栅式，还可采用铁丝木栅式孵化盘，即用木条钉成框，中间栅条用数目相等的上下两层铁丝制成。

③活动翻蛋架　按照蛋架形式分为八角式、架车式和圆桶式 3 种，都是以横中轴或者纵轴为中心，用金属或木材制蛋盘托架，将蛋盘插入并固定，以扳闸或手动蜗杆使蛋盘架翻转。翻蛋时以蛋盘托中心为支点，向右、向左各倾斜 45°~55°。

（2）自动控制系统

①微电脑控制系统　在孵化机正面控制箱门上安装有微电脑控制系统，可设置和显示孵化所需的温度、相对湿度、翻蛋次数、风门控制、自动控制反应、报警蛋架位置、照明系统及安全装置等信息。

②控温系统　由温度调节器和电热管（或红外线棒）两部分组成。

③控湿系统　由加湿盘、加湿盆和加湿电机组成。

④翻蛋系统　有手动翻蛋、电动翻蛋、气动翻蛋。

⑤通风换气系统　由进出气孔、电机、风扇叶组成，电机带动风扇叶进行通风换气和调节温度。

⑥报警系统　由温度调节器、警铃和指示灯组成。

3）控制孵化条件

家禽的胚胎发育依靠蛋内的营养物质和适合的外界条件。孵化就是为胚胎创造合适的外在条件，包括温度、相对湿度、通风换气、翻蛋、凉蛋等。掌握孵化条件是获得理想孵化效果的关键所在。

（1）温度

温度是胚胎发育的首要条件，只有在适宜的温度条件下，才能保证家禽胚胎正常的物质代谢和生长发育，获得高的孵化率和优质雏鸡。

①最适宜孵化温度　家禽胚胎的发育对温度有一定的适应能力，温度在 35~40.5℃，都能孵出雏禽，但孵化率低，雏禽品质差。一般最适宜孵化温度范围是 37.5~38.2℃，出雏温度为 37.3℃，表明胚胎最佳发育所允许的温度变化范围极为狭窄，故所有的孵化器温度都必须调节在极小范围内波动。

a. 变温孵化：胚胎发育初期，处于细胞分化和组织形成阶段，代谢低、产热少，因而需要较高的孵化温度；随着胚胎的增长，物质代谢增强，产热量随之增加，尤其是后期，产热量大增，对符合温度相符较低。因此，种蛋整批入孵时，孵化温度采用"前高、中平、后低"变温孵化方法控制温度，见表 2-13 所列。

表 2-13　鸡、鸭、鹅的变温孵化温度

鸡胚龄/d	室温/℃		鸭胚龄/d	室温/℃		鹅胚龄/d	室温/℃	
	15~22	22~28		15~22	22~28		15~22	22~28
1~6	38.6	38.1	1~7	38.1	37.8	1~9	38	37.8
7~12	38.3	37.8	8~15	37.8	37.5	10~18	37.8	37.5
12~18	38.1	37.5	16~24	37.5	37.2	19~26	37.5	37.2
19~21	37.2	37.2	25~28	37.2	36.8	27~31	36.8	36.5

　　b. 恒温孵化：当种蛋分批入孵时，孵化器的温度为 37.8℃，出雏器的温度为 37.3℃，因孵化器和出雏器的温度是恒定不变，故称为恒温孵化。每隔 5~7 d 进一批种蛋，新蛋和老蛋交错放置，相互调节温度，使整个孵化期温度保持恒定。

　　②温度对胚胎发育的影响　当孵化温度偏离最适温度时，孵化率就降低，雏禽畸形的发生率就会升高，严重时可造成胚胎死亡。适宜的孵化条件下，鸡的孵化期为 20 d 18 h，鸭为 28 d，鹅为 30.5~31 d，若提前出雏则孵化温度偏高，否则偏低。

　　a. 高温影响：当温度过高时，胚胎发育快，孵化期缩短，胚胎死亡率增加，雏鸡质量下降。蛋的温度不能过高，尤其在 2~3 日龄时，温度过高，易使心脏紧张，血管过劳，而导致血管破裂，造成死胚。孵化温度超过 42℃，经过 2~3 h 则造成胚胎死亡。当停电时，风扇停止转动，热空气就会上升至孵化器顶部，而下部的蛋温不足，顶部胚胎或雏禽容易闷死。

　　b. 低温影响：低温下胚胎的生长发育迟缓，孵化期延长，死亡率增加。如温度低于 24℃经 30 h 便全部死亡。较小偏离最适温度的高低限，对孵化 10 d 后的胚胎发育抑制作用要小些，因为此时胚蛋自身的温度可起适当调节作用。

　　③孵化温度的调节　无论采用何种孵化制度，都应遵守"看胎施温"的原则。生产中应抓住两个典型时期的蛋相，即"合拢"时间和"封门"时间。孵化至 10~11 d 时，正常发育下胚胎尿囊血管两端应在小头合拢。10 d 末若照蛋有 70% 合拢，少数种蛋发育较快或较慢，说明胚胎发育正常，此情况不必调温。如果 11 d 末有 90% 以上胚蛋合拢或发育更快，说明用温偏高，胚胎发育过快，需适当降温 0.2℃。若有 30%~65% 胚蛋合拢，可能用温偏低，则需适当升温 0.1~0.3℃。"封门"时间为鸡胚发育 17 d，即照蛋时蛋小头暗不透明，若透光部分面积较大则升温 0.2℃，若有 20% 以上胚蛋向一方倾斜（斜口），说明胚蛋发育偏快，应降温 0.2~0.5℃。

　　(2)相对湿度

　　为使胚胎正常发育，并成长为大小正常的雏禽，蛋内水分蒸发应保持一定的速度。

　　①适宜的孵化湿度　相对湿度也是禽蛋孵化的重要条件之一，但它不如对温度要求那样严格。在孵化过程中，胚胎对相对湿度的要求是"两头高，中间低"。

　　种蛋整批入孵时，孵化初期相对湿度为 60%~70%，孵化中期为 50%~55%，后期为 65%~70%。分批入孵时为照顾不同日龄的胚胎要求，孵化期相对湿度为 50%~60%，出雏期为 70%~75%。

　　②相对湿度对胚胎发育的影响　在孵化初期适当的相对湿度可使胚胎受热良好，孵化后期散热加强，又可促进胚胎发育，出雏时提高相对湿度有利于雏鸡啄壳。孵化期要特别注意，不同日龄的胚胎，都不能同时既耐受高温度又耐受高湿度。可用干湿球温度计测定相对湿度是否正常。

　　一般来说，孵化的最初 19 d 期间相对湿度太高，会影响蛋内水分正常蒸发，会使雏禽提前出壳、腹大、脐部愈合不良。相对湿度太低则作用相反，并引起雏鸡脱水。孵化器内相对湿度的调节，可通过放置水盘的多少、控制水温和水位的高低来实现。

　　(3)通风换气

　　①空气中的氧气　空气约含 21% 的氧。在孵化器中的氧含量改变不大，但出雏器中新

出壳的雏禽呼出大量的二氧化碳，氧含量发生较大变化，如空气中氧含量每下降 1%，则孵化率下降 5%。孵化机内空气越新鲜，越有利于胚胎正常发育，出雏率也越高。

②通风控制　孵化初期，可关闭进、排气孔，随胚龄的增加逐渐打开，至孵化后期全部打开，使通风换气量加大。在保证正常温、湿度的前提下，要尽量通风换气，尤其是在出雏期。一般孵化器内风扇转数要求 $150 \sim 250$ r/min。

（4）翻蛋

①翻蛋作用　翻蛋可改变胚胎方位，防止胚胎与壳膜粘连；可促进胚胎运动，保持胎位正常；还可使胚胎受热均匀。尤其在第 1 周翻蛋更为重要。

②翻蛋次数　种蛋在孵化器中是大头在上，每隔 2 h 翻蛋 1 次。种蛋移至出雏器中停止翻蛋，以水平位置放置种蛋。为达到最高孵化率，蛋应翻成 45° 角的位置，然后又反向翻至对侧的同一位置。翻蛋时要轻、稳、慢。

（5）凉蛋

①凉蛋作用　凉蛋是指孵化到一定时间，关闭孵化器加热电源甚至将孵化器门打开，让胚蛋温度下降的一种孵化操作程序。其目的是驱散孵化器内余热，防止胚胎自烧至死，同时让胚蛋得到更多的新鲜空气。

鸭、鹅蛋胚胎发育到中后期（$16 \sim 17$ d 后），物质代谢产生大量热能，需要及时凉蛋。否则，易引起胚胎自烧至死。若孵化器有冷却装置则不必凉蛋。

②凉蛋方法　一般每天凉蛋 $1 \sim 3$ 次，每次凉蛋 $15 \sim 30$ min，以蛋温不低于 $30 \sim 32℃$ 为限（眼皮感温）。如胚胎发育好时，凉蛋时间长达 1 h 才能将蛋温降下去。可采用打开机门、关闭电源、风扇转动甚至抽出孵化盘、喷冷水等措施进行降温。

4）家禽胚胎发育特征

家禽的胚胎发育是依赖蛋中贮存的营养物质，而不是靠从母体血液中获取养分，这一点同哺乳动物的胚胎发育不同。另外，胚胎发育绝大部分是发生在母体之外，并且发育速度也比哺乳动物快。

（1）蛋形成过程中的胚胎发育

卵子在输卵管伞部受精形成合子后，胚胎即开始发育，大约经过 24 h 的有丝分裂，形成一个多细胞的胚盘。胚盘较轻，浮于卵黄膜下面的小白点，胚胎在胚盘的明区发育形成外胚层和内胚层，然后受精蛋就产出体外。若蛋产出后处于 23.9℃ 以上的温度之中，细胞分裂会继续进行，否则细胞会停止分裂。

生产实践中，种蛋从产出直至人工孵化开始前，种蛋都应保持在低于 18.3℃ 的温度中，以保证细胞分裂完全停止。

（2）孵化期中胚胎的发育

种蛋置于孵化器中维持 37.7℃ 左右的温度，可以保证胚胎第 2 阶段的发育。

①家禽孵化期　即胚胎在孵化过程中发育的时期。各种家禽有较固定的孵化期，见表 2-14 所列。

表 2-14　各种家禽的孵化期 　　　　　　　　　　　　　　　　　　　　　　　　　d

家禽种类	鸡	鸭	鹅	火鸡	鸽子	珍珠鸡	鹌鹑	瘤头鸭
孵化期	21	28	31	28	18	26	$17 \sim 18$	$33 \sim 35$

影响孵化期因素：种蛋保存时间越长，孵化期越长；孵化温度提高孵化期越短，反之，延长；蛋用禽孵化期比肉用禽长，蛋越大的孵化期越长。胚胎在体外必须完成特定的发育才出壳，孵化期过长或过短对孵化率、健雏率、雏禽的生活力都有较大的影响。

②胚胎发育的外部形态变化　受精卵如果获得适宜的外界条件，胚胎将继续发育，很快在内、外胚层中间形成中胚层。以后继续发育，内、中、外 3 个胚层分别发育成新个体的所有组织和器官。胚胎发育的外部形态变化大致可分为 4 个阶段。

a. 内部器官发育阶段（鸡 1~4 d，鸭 1~5 d，鹅 1~6 d）：首先形成中胚层，再由 3 个胚层形成雏禽的各种组织和器官。

b. 外部器官发育阶段（鸡 5~14 d，鸭 6~16 d，鹅 7~18 d）：脖颈伸长，翼、喙明显，四肢形成，腹部愈合，全身被覆绒羽，胫出现鳞片。

c. 禽胚生长阶段（鸡 15~20 d，鸭 17~27 d，鹅 19~29 d）：胚胎逐渐长大，肺血管形成，卵黄收入腹腔内，开始利用肺呼吸，在壳内鸣叫、啄壳。

d. 出壳阶段（鸡 21 d，鸭 28 d，鹅 30~31 d）：雏禽长成，破壳而出。

家禽胚胎发育不同日龄的外形特征见表 2-15 所列，鸡胚孵化期的发育情况如图 2-14 所示。

表 2-15　家禽胚胎发育不同日龄的外形特征

胚胎发育特征	照蛋特征（俗称）	胚龄/d		
		鸡	鸭	鹅
器官原基出现	鱼眼珠	1	1~1.5	1~2
出现血管，羊膜覆盖头部，心脏开始跳动	樱桃珠	2	2.5~3	3~3.5
开始眼的色素沉着，出现四肢原基	蚊虫珠	3	4~4.5	4.5~5
肉眼可明显看出尿囊，胚胎头部与胚蛋分离	小蜘蛛	3	5	5.5~6
眼球内黑色素大量沉着，四肢开始发育	单珠	5	6~6.5	7~7.5
胚胎躯干增大，活动力增强	双珠	6	7~7.5	8~8.5
出现鸟类特征，可区分雌雄性腺	沉	7	8~8.5	9~9.5
四肢成形，出现羽毛原基，胚胎在羊水中浮游	浮	8	9~9.5	10~10.5
羽毛突起明显，软骨开始骨化	发边	9	10.5~11	11.5~12
脚部鳞片和趾开始形成，尿囊在蛋的锐端合拢	合拢	10.5	13~14	15~16
尿囊合拢结束	—	11	15	15
蛋白部分被吸收，血管加粗，颜色变深	—	12	16	18
胚胎全身覆盖绒毛，胚胎迅速增长	—	13	17	19
胚胎转动与蛋的长轴平行，头向气室	—	14	18	20
体内外器官基本形成，喙接近气室	—	15	19	22
冠和肉髯明显，绝大部分蛋白进入羊膜腔；蛋白基本用完	—	16	20	23
躯干增大，两腿紧抱头部，蛋白全部进入羊膜腔	封门	17	21	24
羊水、尿囊液明显减少，气室倾斜，头弯曲，喙朝气室	斜口	18	13	26
喙进入气室，开始肺呼吸，颈、翅突入气室，两腿弯曲朝头部，呈抱头姿势	闪毛	19	25	28

（续）

胚胎发育特征	照蛋特征(俗称)	胚龄/d		
		鸡	鸭	鹅
大批啄壳，开始出雏	起嘴	20	27	30
大量出壳	出壳	21	28	31
出雏完结	—	20 d18 h	27.5	31

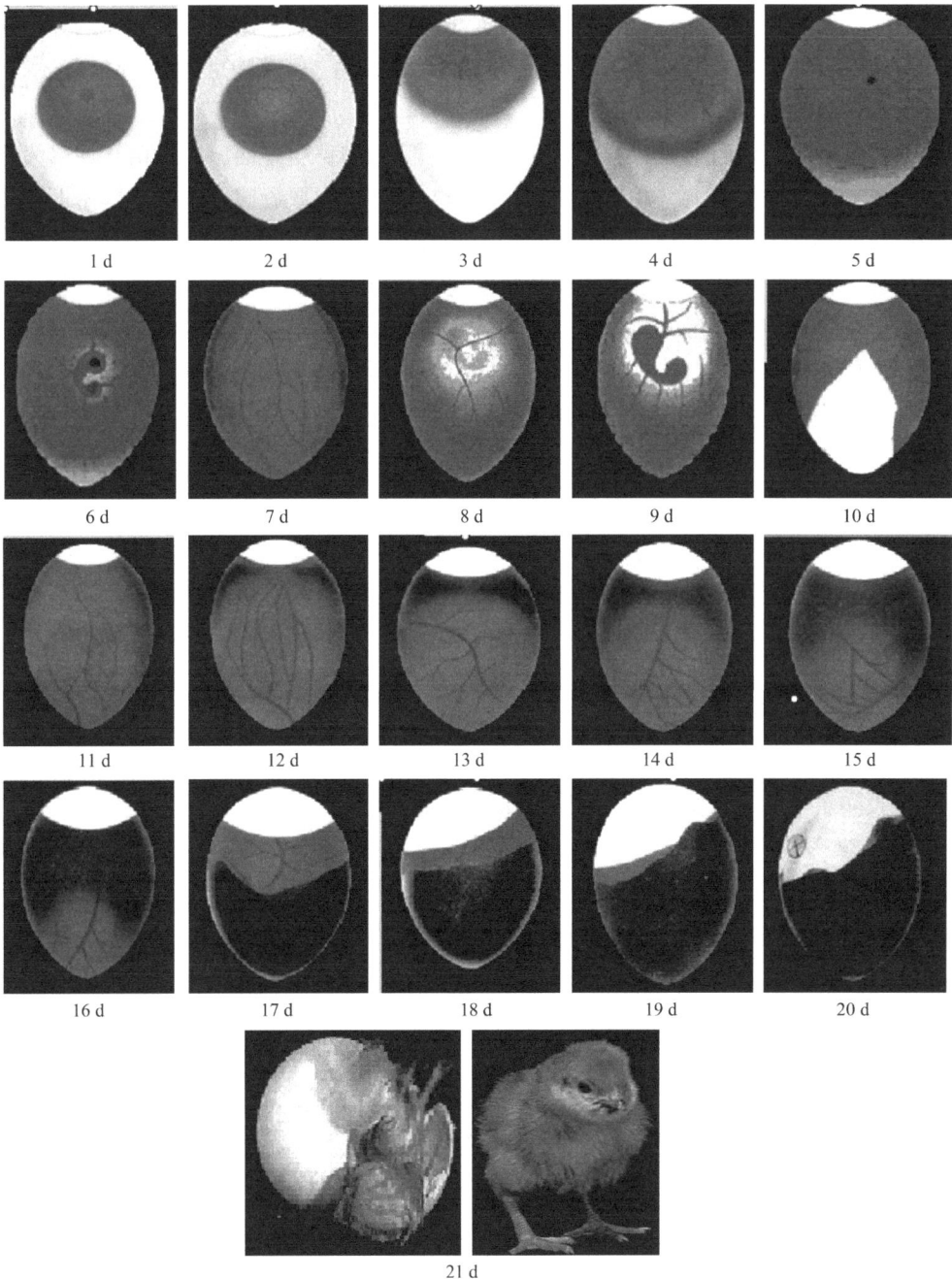

图 2-14 鸡胚胎孵化期的发育情况

（3）胎膜的形成及功能

家禽的胚胎与母体没有解剖学联系，胎膜能使胚胎利用蛋中所含的营养物质，家禽胚胎的胎膜有以下 4 种。

①卵黄囊 是形成最早的胚膜，在孵化第 2 天开始形成，其中含有蛋黄，蛋黄可被输送给发育中的胚胎。在雏鸡出壳前（孵化第 19 天），卵黄囊及剩余的蛋黄物质绝大部分进入腹腔；第 20 天，完全被吸入腹腔，作为出壳后暂时的营养来源。

②羊膜 在孵化的第 2 天即覆盖胚胎的头部，并逐渐包围胚胎全身。羊膜内充满透明的液体（羊水），胚胎就漂浮在羊水中，有利于胚胎的发育，可保护胚胎，促使胚胎运动，防止胚胎和羊膜粘连。

③浆膜 与羊膜同时形成，孵化第 6 天紧贴羊膜和卵黄囊外面，以后由于尿囊发育而与羊膜分离，贴到内壳膜上，并与尿囊外层结合起来，形成尿囊膜。由于浆膜透明而无血管，因此打开孵化中的胚胎看不到单独的浆膜。

④尿囊 在孵化第 2 天末至第 3 天开始出现，至 10~11 d 包围整个胚胎内容物，并在蛋的小头合拢，包围整个蛋的内容物，到孵化后期，尿囊逐渐干枯。尿囊上有血管，构成尿囊循环。尿囊是胚胎蛋白质代谢产生废物的贮存场所，具有呼吸、排泄和营养功能，帮助消化蛋白，并从蛋壳中吸收钙；为胚胎提供外界氧气，排出血液中的二氧化碳。

（4）胚胎的代谢

发育中的胚胎需要蛋白质、碳水化合物、脂肪、矿物质、维生素、水和氧气等作为营养物质，才能完成其正常发育。孵化前 2 d，无血液循环，物质代谢极为简单，胚胎以渗透方式从卵黄取得养分。2 d 后，卵黄囊循环形成，胚胎主要吸收卵黄中的营养物质和氧气。孵化 5~6 d 后，尿囊血液循环形成，这时既可吸收卵黄中的营养物质，又可利用蛋白和蛋壳中的营养物质，还可通过尿囊循环吸收外界氧气。当尿囊合拢后，胚胎物质代谢和气体代谢大幅增加，大量利用脂肪并在胚胎体内贮存，蛋温升高，同时大量吸收蛋壳中的钙、磷形成骨骼。孵化 18 d 后，蛋白用尽，尿囊枯萎，开始由血液呼吸转为肺呼吸，靠卵黄囊吸收卵黄中的营养物质，脂肪代谢加强，呼吸量大增。

5）孵化操作技术

（1）孵化前的准备

①制订孵化计划 在孵化前，根据孵化和出雏能力、种蛋的数量以及雏鸡的销售等具体情况，订出孵化计划，填入孵化工作日程计划表（表 2-16），并准备好孵化记录表（表 2-17）。

表 2-16　孵化工作日程计划

批次	入孵时间	入孵蛋数	出雏器消毒	移盘日期	雏鸡消毒	出雏日期	出雏结束时间	雌雄鉴别	接种疫苗	接雏

批次	上蛋日期	上蛋数	无精蛋			中死蛋			死胎	碎蛋	出雏			受精蛋数	受精率/%	受精蛋孵化率/%	入孵蛋孵化率/%
			一照	二照	合计	一照	二照	合计			健雏	弱雏	合计				

②孵化机检修和试机

a. 温度计的校正:孵化用的温度计和水银导电温度计,要用标准温度计校正,并测试机内不同部位的温差。

b. 机器检修:在孵化前一周试机运转,观察记录温度、翻蛋位置间隔、加湿系统、自动报警系统、通风系统等是否按照设置运行。

c. 试机运转:打开电源开关,分别启动各系统,试机运转 1~2 d,一切正常方可正式入孵。

③孵化室消毒　为了保证雏鸡不感染疾病,孵化室的地面、墙壁、天棚均应彻底清洗消毒。每批孵化前孵化器、蛋盘、用具必须清洗,并用福尔马林进行熏蒸消毒。

④准备孵化用品　孵化前一周一切用品应准备齐全,包括照蛋灯、温度计、消毒药品、防疫注射器材、记录表格、电动机等。

（2）孵化操作

①入孵前种蛋预热　能使胚胎发育从静止状态中逐渐"苏醒"过来,减少孵化器里温度下降的幅度,除去蛋表凝水,以便入孵后能立刻消毒种蛋。

种蛋预热方法:入孵前,将种蛋在 22~25℃环境中,放置 4~9 h 或 12~18 h。

②码盘　是指将种蛋大头向上码在孵化蛋盘上。国外采用真空吸蛋器码盘。

③入孵　一般整批孵化,每周入孵两批,工作效率较高。整批孵化时,将装有种蛋的孵化盘插入孵化架车推入孵化器中。分批孵化时,3~5 d 入孵一批,入孵时间在 16:00~17:00,这样可白天大量出雏(视升至孵化温度的时间长短而定)。若分批入孵,新蛋孵化盘与老蛋孵化盘应交错插放。

种蛋在孵化器内,需进行第 2 次消毒。消毒之后,将孵化机调整好孵化条件,接通电源,通电加热升温。

（3）孵化机的管理

①温度的管理　温度经过调整固定后不要轻易变动。待蛋温、盘温与孵化器里的温度相同时,孵化器温度就会恢复正常。密切注意温度变化情况,每隔 0.5 h 通过观察窗里面的温度计观察一次温度,每 2 h 记录 1 次温度,孵化机内温度偏高或偏低 0.5℃以上时应调整。

有经验的孵化人员,可用手触摸胚蛋或将胚蛋放在眼皮上测温,必要时,还可照蛋,以了解胚胎发育情况和孵化给温是否合适。孵化温度是指孵化给温,在生产上又大多以"门表"所示温度为准。在生产实践中,存在着 3 种温度要加以区别,即孵化给温、胚蛋温度和门表温度。

②相对湿度的管理　孵化器观察窗内挂干湿球温度计,每 2 h 观察记录 1 次,并换算出孵化机内的相对湿度。要注意包裹湿度计棉纱的清洁,并加蒸馏水。

孵化期间往往出现相对湿度偏低现象，要靠增加水盘数量，向地面洒水，提高水温和降低水位来增湿。

③通风系统的管理　整批孵化的前3 d(尤其是冬季)，进出气孔可不打开，随着胚龄的增加逐渐打开进出气孔，出雏期间进出气孔全部打开。分批入孵，进出气孔可打开1/3~2/3。

要定期检查进出风口的防尘纱窗，及时清理灰尘；经常检查风扇转动情况，电机和传动皮带工作是否正常，以确保通气和均温正常。

④翻蛋系统的管理　注意每次翻蛋的时间和角度，1~2 h转蛋1次。遇到停电，首先要打开机门，尽快发电，每小时手动翻蛋1次。

(4)照蛋

照蛋是指禽蛋在孵化一定时间后，在黑暗条件下用照蛋器对禽蛋进行透视，以检查鸡胚发育情况，剔除无精蛋、中死蛋。照蛋是孵蛋过程中不可缺少的环节，一般整个孵化过程中可照蛋2~3次。

①一照

a. 时间：鸡胚5日龄，鸭胚7日龄，鹅胚8日龄。

b. 目的：及时验出无精蛋、死精蛋和破损蛋，观察胚胎发育情况，调整孵化条件。

c. 特征：发育正常的胚蛋，血管网鲜红，扩散面大，黑色的眼点明显，俗称"起珠"。发育迟缓的胚蛋，胚体较小，血管淡而纤细，扩散面小，眼点不明显。无精蛋内透明，看不到血管分布，有时可见蛋黄阴影，看不见血管及胚胎。中死蛋有血圈或血丝，无血管扩散。

②二照

a. 时间：鸡胚19日龄，鸭胚26日龄，鹅胚29日龄。

b. 目的：为准确掌握落盘时间和创造良好出雏条件提供依据。

c. 特征：发育正常的胚胎，气室大而弯曲且不整齐，除气室外胚胎已占满蛋的全部容积，照蛋时看到的胚蛋全是黑色，气室内有喙的阴影，俗称"闪毛"。发育迟缓的胚胎，气室小，边缘平齐。死胚蛋气室边缘暗淡模糊，看不清血管，蛋表面发凉，应拣出。

(5)落盘

落盘是指鸡蛋孵化至18~19 d时，将蛋从入孵器的孵化盘移到出雏盘上的过程。

①出雏机准备　开动出雏机，定温、定湿、加水、调整好通风孔，备好出雏盘。

②落盘　鸡胚孵至19 d(鸭25 d，鹅28 d)，经过最后一次照蛋后，将胚蛋从入孵器的孵化盘移到出雏器的出雏盘内。落盘蛋数不可太少，太少了温度不够，可能延长出雏时间，如果蛋间距离过大抽雏时容易相互碰撞，造成破损；落盘的蛋数太多会造成热量不易散发和新鲜空气不足，把胚胎烧死和闷死。

③落盘时间　鸡胚孵化18~19 d，鸭胚25~26 d，鹅胚28~29 d，具体可掌握有10%种蛋轻微啄壳、80%种蛋"闪毛"时落盘，将蛋平码在出雏盘上，停止翻蛋，并将出雏器的温度下调至36.7℃，相对湿度提高至75%左右，加强通风量。落盘动作要轻。

(6)出雏

①拣雏　当胚蛋有30%的雏鸡破壳后进行第1次拣雏，清理蛋壳，以防蛋壳套在其他

胚蛋上闷死雏鸡，以后每 4 h 左右进行 1 次，动作要轻、快，尽量避免碰破胚蛋，防止温度大幅度下降而推迟出雏。大部分出雏后（第 2 次拣雏后），将已"打嘴"的胚蛋并盘集中，放在上层，以促进弱胚出雏。

②人工助产　出雏后期对已啄壳但无力自行破壳的雏鸡进行人工出壳，称为人工助产。将蛋壳膜已枯黄的胚蛋（说明该胚蛋蛋黄已进入腹腔，脐部已愈合，尿囊绒毛膜已完全干枯萎缩），轻轻剥离粘连处，把头、颈、翅拉出壳外，令其自行挣扎出壳。蛋壳膜湿润发白的胚蛋，不能进行人工助产，否则会使尿囊绒毛膜血管破裂流血，造成雏鸡死亡或成为毫无价值的残弱雏。

（7）机器清洗与消毒

出雏完毕（鸡一般在第 22 胚龄的上半天），首先捡出死胎（"毛蛋"）和残雏、死雏，并分别登记入表，然后对出雏器、出雏室、冲洗室彻底清扫消毒。

（8）异常时期的孵化

①停电时的措施　应备有发电机，以备停电时之急需，遇到停电首先拉电闸。室温提高至 27~30℃，不低于 24℃。每 0.5 h 转蛋 1 次。目前，国内使用的孵化器类型较多，孵化室保温条件不同，种蛋胚龄、孵化器中胚蛋的多少各异，所以，难以制订一个统一的停电时孵化的操作规程，应根据具体情况灵活掌握。一般在孵化前期要注意保温，在孵化后期要注意散热。孵化前、中期，停电 4~6 h，问题不大。由于停电，风扇停转，致使孵化器中温差较大，此时"门表"温度不能代表孵化器里的温度，在孵化中后期停电，必须重视用手感或眼皮测温（或用温度计测不同点温度），特别是最上几层的胚蛋温度。必要时，还可采用对角线倒盘以及开门散热等措施，使胚胎受热均匀，发育整齐。

②孵化机发生故障时的紧急处理　孵化机一旦发生故障，短时间不能修复，就要另开空机，以便及时转移胚蛋。如无备用机可用出雏机应急。超过 10 d 的胚蛋可直接转入出雏机，将出雏机的温度调到原来的孵化温度。当故障机内的胚蛋在 10 日龄以内时，可将另外正常机内较大胚龄的蛋移入出雏机，把故障机内的胚蛋转入该机。

任务实施

种蛋的构造和品质鉴定

【材料用具】

新鲜蛋、陈蛋、煮熟新鲜鸡蛋、照蛋器、蛋壳强度测定仪、罗氏比色扇、蛋秤、粗天平、液体比重计、游标卡尺、蛋壳厚度测定仪、放大镜、培养皿、搪瓷筒或玻璃缸、小镊子、吸管、滤纸、直尺、高锰酸钾、酒精棉、食盐（精盐）。

【实施步骤】

（1）称蛋重

用蛋秤或粗天平逐个称测各种家禽的蛋重（图 2-15），单位为 g。鸡蛋重为 40~70 g，鹅蛋重为 120~200 g，鸭蛋重和火鸡蛋重的变动范围均为 70~100 g。

图 2-15　称蛋重

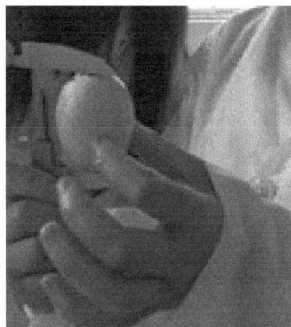

图 2-16　游标卡尺测量纵径/
最大横径

（2）外部观察

观察新鲜蛋和陈蛋的蛋壳状况，注意二者区别。刚产出的种蛋，蛋壳表面覆盖一层子宫分泌的子宫液形成的胶护膜，封闭气孔，种蛋表面光泽度高；若为陈蛋，胶护膜脱落，种蛋表面光变得稍暗。

（3）测量蛋形指数

用游标卡尺测量蛋的纵径与最大横径（图 2-16），单位为mm，精确度 0.5 mm，做好记录，并计算蛋形指数。鸡蛋的正常蛋形指数为 1.3~1.39（或 0.72~0.74），标准形为 1.35，鸭蛋的正常蛋形指数为 1.20~1.58，标准形为 1.30。

（4）蛋的相对密度测定

蛋的相对密度不仅能反映蛋的新陈程度，也与蛋壳厚度有关。用盐水漂浮法测定蛋的相对密度（图 2-17）。测定方法是在每升水中加入不同数量的食盐，配制成不同密度的溶液，用密度计校正后分盛于 9 个大烧杯内。每种溶液的相对密度依次相差 0.005，详见表 2-18。

图 2-17　盐水漂浮法

表 2-18　不同密度的食盐溶液配比

溶液相对密度	加入食盐量/g	溶液相对密度	加入食盐量/g
1.060	92	1.085	132
1.065	100	1.090	140
1.070	108	1.095	148
1.075	116	1.100	156
1.080	124		

测定时先将蛋浸入清水中，然后依次从低密度到高密度食盐溶液中通过。当蛋悬浮在溶液中即表明其密度与该溶液的密度相等。蛋壳质量良好的蛋，相对密度在 1.080 以上。种蛋的适宜相对密度，鸡蛋为 1.085，火鸡蛋为 1.080，鸭蛋为 1.090，鹅蛋为 1.100。

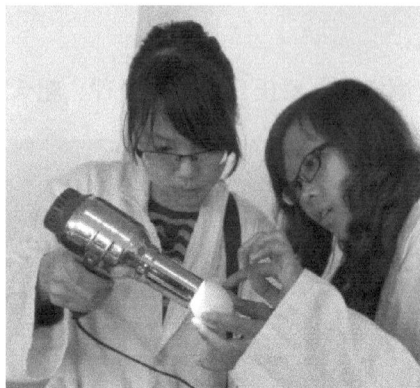

图 2-18　蛋的照检

（5）蛋的照检

用照蛋器检测蛋的构造和内部品质（图 2-18），可检视气室大小、蛋壳质地、蛋黄颜色深浅和系带的完整与否等。通过照蛋还可发现血斑蛋、肉斑蛋，是否孵化过、是否腐败变质等。

①气室　观察气室的大小，气室越小说明蛋越新鲜。一般新产的蛋气室高仅 1.7~1.9 mm，5 d 后增至4.6 mm，15 d 后可达 6.4 mm，食用蛋以不超过 9.6 mm为宜。

②系带的完整性　如系带完整，蛋黄的阴影由于旋转鸡蛋而改变位置，但又能很快回到原来位置；

如系带断裂，则蛋黄在蛋壳下面晃动不停。

③蛋黄　主要观察蛋黄阴影的状态。新鲜蛋蛋黄位于蛋的中央，蛋黄阴影不清晰；陈蛋阴影较大，较为清晰，转动蛋时阴影游动快或飘忽不定。当晃动蛋时，如果蛋黄不游动，说明蛋黄已与蛋壳膜粘连，也是陈蛋的表现。

（6）破壳观察

①观察胚珠或胚盘　取种蛋和商品蛋各一枚，横放于水平位置，静置5 min后，用镊子从蛋的上部敲开1.2 cm左右的小孔，比较胚盘和胚珠。受精蛋胚盘的直径为3~5 mm，并有稍透明的同心边缘结构，形如小盘。未受精的胚珠较小，为一不透明的灰白色小点。受精蛋(胚盘)如图2-19所示。无精蛋(胚珠)如图2-20所示。

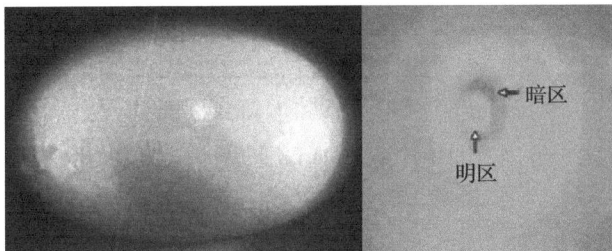

图2-19　受精蛋(胚盘)

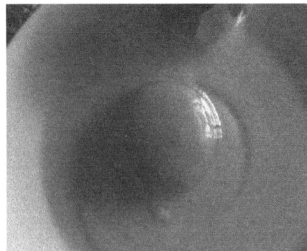

图2-20　无精蛋(胚珠)

②观察新鲜蛋和陈蛋　将新鲜蛋和陈蛋打开，分别置于平皿中，观察蛋黄和蛋白的状态。新鲜蛋的蛋黄呈鼓鼓的球形，蛋黄膜坚韧，蛋黄色泽比较鲜艳。陈蛋的蛋黄呈扁平球形，蛋黄膜松弛，蛋黄色泽较淡。新鲜蛋的蛋白黏稠度大，浓蛋白与稀蛋白的界限明显，系带结实呈螺旋状。陈蛋蛋白黏稠度小，浓蛋白和稀蛋白的界限不分明，系带松弛呈散块状。

③观察蛋黄的层次和蛋黄心　可用小刀片将去壳的熟鸡蛋沿长轴切开。蛋黄由于鸡体日夜新陈代谢的差异，形成深浅两层，深色层为黄蛋黄，浅色层为白蛋黄。

观察蛋的内部构造和研究内容物结束之后，可借助放大镜来统计蛋壳上的气孔数(锐端和钝端需分别统计)。

（7）测量蛋壳厚度

用蛋壳厚度测定仪或千分尺分别测定蛋的锐端、钝端和中部3个部位的厚度，然后加以平均。蛋壳质量良好的蛋，平均厚度在0.33 mm以上，如图2-21所示。

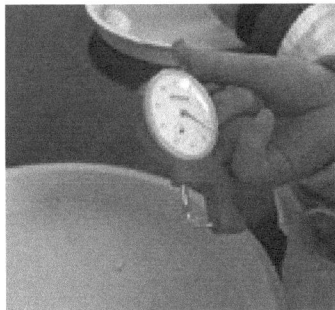

图2-21　测量蛋壳厚度

图2-22　测量蛋壳强度

（8）测量蛋壳强度

蛋壳强度是指蛋对碰撞和挤压的承受能力，为评价蛋壳致密坚固性的指标。用蛋壳强度测定仪测定，单位为 kg/cm²，如图 2-22 所示。

（9）测量蛋白浓度

蛋白浓度是蛋营养情况的表示，国际上用哈氏单位表示蛋白浓度。哈氏单位越大，则

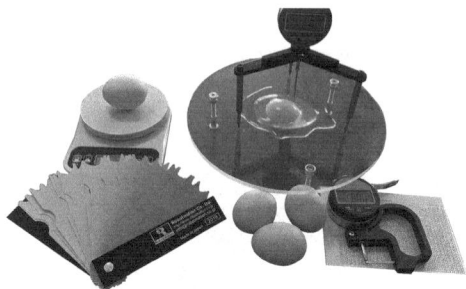

图 2-23　测量蛋白浓度

蛋白黏稠度越大，蛋白品质越好。

首先称测蛋重，然后打破蛋壳，注意不使浓蛋白受损，倾于平板玻璃上，用蛋白高度测定仪测定蛋白高度。测定部位为蛋黄边缘与浓蛋白边缘的中点，应避开系带，测 3 个等距离中点（图 2-23），其平均值为蛋白高度。根据蛋重和蛋白高度即可查出某个蛋的哈氏单位。新鲜蛋的哈氏单位为 80~90，市售鲜蛋哈氏单位在 72 以上即可列为特级。

（10）蛋黄色泽

打破蛋壳，用罗氏比色扇的 15 个蛋黄色泽等级比色，统计该批蛋各级色泽数量和所占的百分比。种蛋蛋黄色泽要鲜艳，如图 2-24 所示。

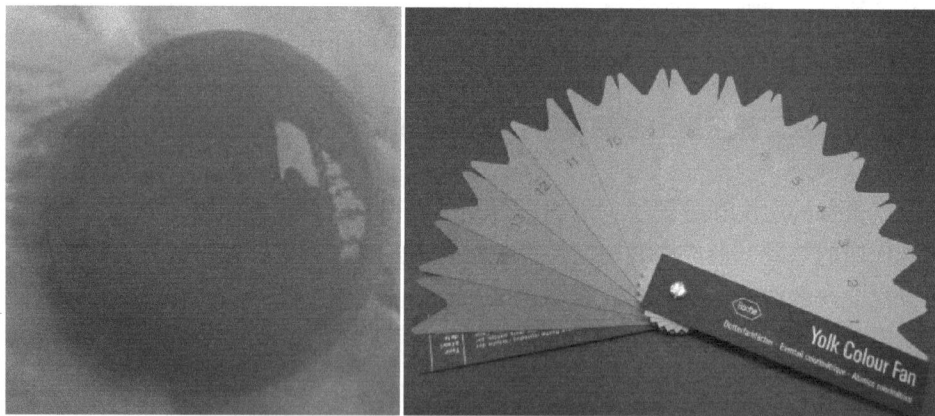

图 2-24　罗氏比色扇比色

（11）血斑和肉斑的统计

在破壳观察和测量蛋白高度的同时可以统计含有血斑和肉斑的百分率。血斑和肉斑直径大于 3.2 mm 为大血斑或大肉斑，直径小于 3.2 mm 为小血斑或小肉斑。白来航系的鸡蛋白血斑率和肉斑率为 1%~2%，褐壳蛋鸡的比例高于此数。血斑蛋和肉斑蛋会影响蛋的品质。血斑和肉斑率计算公式：

血斑和肉斑率（%）=血斑和肉斑总数/测定的蛋数×100

【考核评价】

（1）个人考核（占 50%）

根据表 2-19 所列的内容，对学生的实训情况进行考核。

表 2-19　个人考核内容及标准

序号	考核项目	评分标准	分值	考核方法	考核得分	熟练程度
1	称蛋重	称重方法和结果正确	10	单人操作考核		>90 分为熟练掌握；70~90 分为基本掌握；<70 分为没有掌握
2	外部观察	正确判别新鲜蛋和陈蛋	10			
3	测量蛋形指数	测定方法正确	5			
		正确计算蛋形指数	5			
4	蛋的相对密度测定	能正确判断蛋的相对密度	10			
5	蛋的照检	能正确观察气室、系带的完整性和蛋黄	10			
6	破壳观察	观察胚珠或胚盘	4			
		观察新鲜蛋和陈蛋	3			
		观察蛋黄的层次和蛋黄心	3			
7	测定蛋壳厚度	测定方法和结果正确	8			
8	蛋黄色泽	蛋黄比色正确	8			
9	测量蛋壳强度	测定方法和结果正确	8			
10	蛋白浓度	测定部位正确	4			
		读数正确	3			
		换算正确	3			
11	血斑和肉斑的统计	能正确统计血斑蛋和肉斑蛋	8			
合计			100			

（2）团队考核（占 30%）

参照表 1-2 进行考核。

（3）综合评价（占 20%）

参照表 1-3 进行综合评价。

种蛋的选择和消毒

【材料用具】

合格和不合格种蛋、福尔马林溶液、高锰酸钾、非金属消毒器皿、量具等。

【实施步骤】

1. 种蛋的选择

生产中，收集种蛋时饲养员在鸡舍进行第 1 次选择；送至蛋库内进行第 2 次选择，合格种蛋保存后备用；种蛋送至孵化车间后进行第 3 次选择。

（1）根据外观选择种蛋

①蛋重　符合本品种的要求，一般蛋用型鸡种蛋蛋重 50~65 g，肉用型鸡种蛋蛋重 52~68 g，鸭种蛋重 80~100 g，鹅蛋 160~180 g。过大或过小都影响孵化率和雏禽品质。过大，孵化期长，孵化率下降，雏禽蛋黄吸收差；过小，雏禽体重也小（一般初生雏禽体重为蛋重的 62%~65%），雏禽即便孵出也会表现瘦小，育雏率低。

②蛋形 种蛋以卵圆形为最好。过长、过圆、腰凸、橄榄形(两头尖)的蛋必须剔除。在孵化中，过长的禽蛋，胚胎受热不均匀，易出现壳膜粘连；过圆的禽蛋则感温性能低，胚蛋中心温度偏低。正常蛋与畸形蛋如图2-25所示，软壳蛋与破壳蛋如图2-26所示。

③蛋壳厚度 蛋壳厚度适中，表面无皱纹，无沙眼，无裂纹。种蛋的蛋壳厚度影响孵化率和出雏率，要求鸡蛋应在0.33~0.35 mm，鸭蛋应在0.35~0.40 mm，鹅蛋应在0.45~0.62 mm。厚度小于0.27 mm时为薄皮蛋(如沙皮蛋、皱纹蛋)，蛋水分蒸发较快，胚蛋失重多，雏禽出壳瘦小；蛋壳较厚(如钢皮蛋)，水分蒸发过慢，雏禽体内含水量多，出壳后开食比较困难。生产中可从摩擦音上选择好蛋，两手各拿3枚蛋，转动五指，使蛋与蛋互相轻轻碰撞，听其声音，好蛋其声清脆，破损蛋可听到破裂声，薄壳蛋摩擦声音沙哑。

图 2-25 正常蛋与畸形蛋

图 2-26 软壳蛋、破壳蛋

④清洁度 种蛋蛋壳表面无粘污粪便、破蛋液、血液、污泥等异物。对表面有少量污染的种蛋，可以用柔软的纸张干擦，不可以水洗。使用污蛋孵化，会增加臭蛋，并污染正常胚蛋，死胎增加，孵化率下降，雏禽质量降低。脏蛋及脏蛋处理如图2-27和图2-28所示。

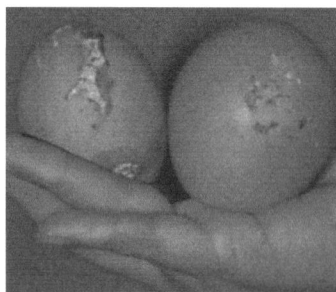

图 2-27 脏蛋

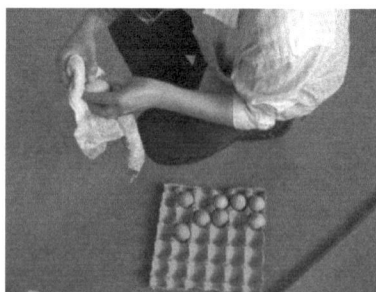

图 2-28 脏蛋处理

⑤蛋壳颜色 应符合本品种要求，如白色单冠来航鸡，蛋壳颜色应为白色；海赛克斯、迪卡褐等品种，蛋壳应为褐色。

⑥根据照蛋挑选种蛋 合格的种蛋气室小，蛋黄为蛋的中心，呈圆形，为暗红或暗黄色，蛋黄膜完整，蛋黄与蛋白之间分界明显，蛋内无斑点或异样阴影，蛋壳无裂纹。

2. 种蛋的消毒

蛋从健康母禽体内产出后，要经过泄殖腔，使蛋壳带少量微生物，加之垫料不洁或粪便、污泥污染，壳面会携带大量的细菌，有些细菌透过蛋壳上的细孔进入蛋内，严重影响孵化率和雏鸡质量。尤其像白痢、支原体、马立克病等，能通过蛋为媒介将疾病传给后代，其后果严重。

蛋刚产出时，蛋表面细菌数为 100~300 个，15 min 后达到 500~600 个，1 h 后达到 4 000~5 000 个。种蛋产出后要立刻消毒，消毒时间越早越好。通过消毒可以杀灭蛋壳表面上的绝大部分细菌，防止侵入蛋的内部。在孵化过程中一般要进行 3~4 次消毒。种禽场每次收集种蛋后，应立即进行消毒；种蛋码盘后，应在孵化器内进行第 2 次消毒；孵化期胚蛋落盘后在出雏器中进行第 3 次消毒；出雏后有 5% 的雏禽绒毛未干时进行第 4 次消毒，常用福尔马林熏蒸消毒法。

(1) 福尔马林熏蒸消毒

福尔马林杀菌能力强，对所有的微生物都能达到杀灭的效果。蒸气熏蒸对种蛋表面进行消毒，可以杀死蛋壳上 95%~98.5% 的病原体。

① 将合格的种蛋码盘到蛋架车上，推入熏蒸间进行第 1 次熏蒸消毒。每立方米用 28 mL 福尔马林溶液(浓度为 40%，下同)加 14 g 高锰酸钾，在温度为 25~27℃、相对湿度为 75%~80% 条件下，密闭熏蒸消毒 20 min，排风 10 min 后放入种蛋库存放。

② 蛋在孵化机中先升温到 30℃，相对湿度达 70%~80% 时，关闭风门，停下电源，进行第 2 次熏蒸消毒。每立方米用 28 mL 福尔马林溶液加 14 g 高锰酸钾，熏蒸消毒 20 min，然后转入正常孵化，如图 2-29、图 2-30 所示。

图 2-29 福尔马林熏蒸消毒种蛋　　　　**图 2-30 熏蒸药品**

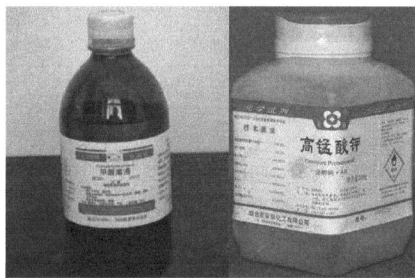

③ 胚蛋落盘后 10 min 内进行第 3 次熏蒸消毒　具体方法：把出雏机风门调到小位，按每立方米用 14 mL 福尔马林溶液加 7 g 高锰酸钾进行熏蒸消毒(1 倍剂量)，熏蒸 20 min 后迅速调大风门，循环排风。整个过程大风扇不能停转，严格控制熏蒸时间，以免出现意外。

④ 鸡已出齐，但仍有 5% 左右的雏鸡绒毛未干时进行最后一次熏蒸。按每立方米用 14 mL 福尔马林溶液加 7 g 高锰酸钾，熏蒸消毒 3 min。不关风扇也不关小风门，防止出现闷死或者熏死等意外。

福尔马林熏蒸消毒注意要点：

① 种蛋在孵化器里熏蒸消毒时，应避开 24~96 h 胚龄的胚蛋，因为上述药物对 24~96 h 胚龄的胚胎有不利影响。

② 福尔马林溶液与高锰酸钾的化学反应剧烈，又具有很大腐蚀性，人应该迅速离开。

③ 种蛋从蛋库移出时，蛋表面有水珠不宜立即消毒，应该自然升温 12 h 后再消毒。

④ 密闭环境消毒，保证消毒气体与种蛋充分接触。

⑤仅用福尔马林溶液加热蒸发产生的气体也可以达到熏蒸消毒效果，有些由于反应效果差，达不到消毒效果。

⑥先放高锰酸钾后倒入福尔马林。

⑦熏蒸器具最好用瓷盆，不要用塑料制品，因反应产热易使塑料中的有害物质挥发。

⑧消毒完毕，立即将盛装消毒药的器具移开，防止污染环境或对其他胚胎产生影响。

（2）浸泡消毒

用0.5%高锰酸钾溶液或新洁尔灭1∶1 000(5%原液+50倍水)溶液喷于蛋表面，或在40~45℃的该溶液中浸泡3 min，药液干后即可入孵。

（3）紫外线照射消毒法

蛋库内安装40 W紫外线灯管，距离种蛋40 cm高度，照射1 min，最后背面再照一次。

【考核评价】

（1）个人考核(占50%)

根据表2-20所列的内容，对学生的实训情况进行考核。

表2-20　个人考核内容及标准

序号	考核项目	评分标准	分值	考核方法	考核得分	熟练程度
1	种蛋的选择	能说明选择种蛋的标准	10	单人操作考核		>90分为熟练掌握；70~90分为基本掌握；<70分为没有掌握
		根据外观准确选出所有合格种蛋	20			
		根据透视选出合格种蛋	10			
		说出不合格种蛋的名称及其对孵化的影响	10			
2	种蛋的消毒（熏蒸法）	高锰酸钾、福尔马林溶液剂量和称取准确	20			
		消毒操作步骤和方法正确	20			
		能说明应该注意的事项	10			
合计			100			

（2）团队考核(占30%)

参照表1-2进行考核。

（3）综合评价(占20%)

参照表1-3进行综合评价。

家禽胚胎发育观察

【材料用具】

发育过程中的各期胚蛋、暗室、照蛋器、鸡胚胎发育挂图。

【实施步骤】

（1）种蛋照检

通过观看动画和视频，以了解胚胎发育全过程每天的特征变化。重点了解胚胎发育第5天的"单珠"、10~11 d的"合拢"、17 d的"封门"、18 d的斜口、19 d的"闪毛"，这是看胎施温的关键时刻。

　　用照蛋器在暗室中照检 5~7 d、10~11 d、18~19 d 胚蛋，以区别健胚蛋(受精)、无精蛋(无精)、中死蛋(死精)、弱胚蛋(弱精)，并用铅笔在蛋壳上记录照蛋的结果。鸡胚的发育特征见表 2-15 所列，各期鸡胚蛋的照蛋情况如图 2-31~图 2-34 所示。

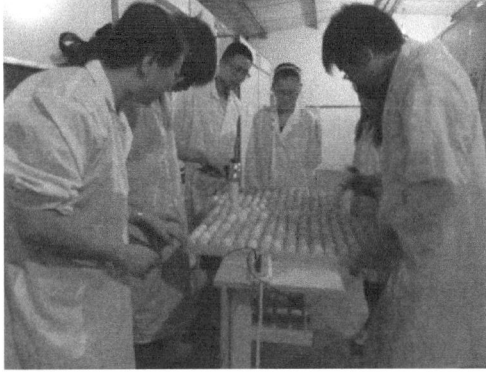

图 2-31　照蛋

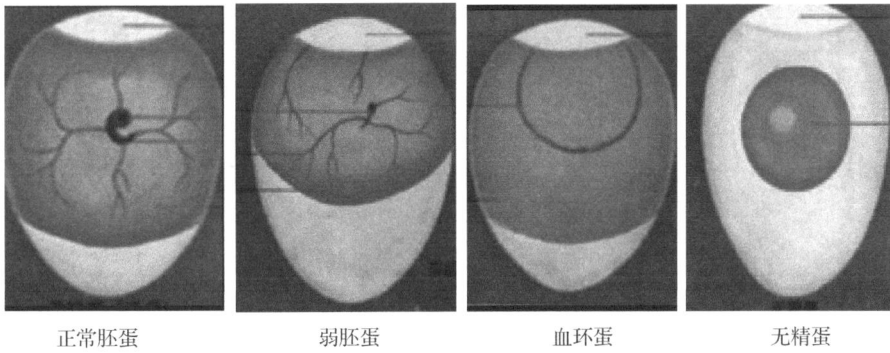

正常胚蛋　　　　弱胚蛋　　　　血环蛋　　　　无精蛋

图 2-32　第 1 次照检时各种鸡胚蛋

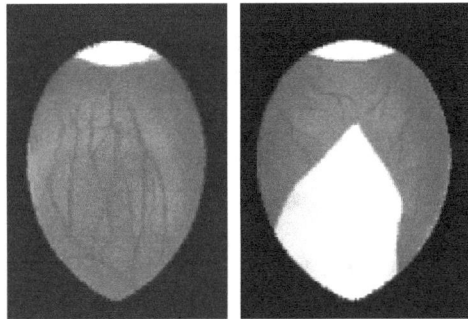

正常胚蛋　　　　弱胚蛋

图 2-33　第 2 次照检时各种鸡胚蛋(透视锐端)

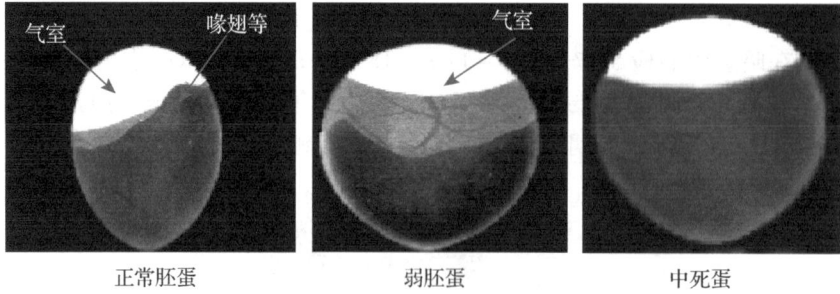

气室   喙翅等   气室

正常胚蛋   弱胚蛋   中死蛋

图 2-34   第 3 次照检时各种鸡胚蛋

（2）观察活胚

分别打开 5~7 d、10~11 d、18~19 d 的活胚胎，从外部形态上观察各日龄胚胎发育情况和胎膜的发育，以了解不同时期胚胎发育的外形变化。

打开胚胎时，先用镊子敲开蛋的钝端，然后沿气室边缘夹去蛋壳，轻轻撕下蛋壳膜，随即看到血管网及胚胎，如图 2-35 所示。

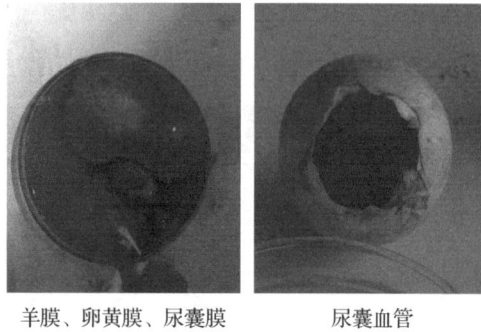

羊膜、卵黄膜、尿囊膜   尿囊血管

图 2-35   观察鸡胚胎羊膜、卵黄膜、尿囊膜

5.5 d：第三鳃弓以下几乎被第二鳃弓遮掩，前肢及后肢进一步伸展，尿囊增大达蛋壳内面，与头相比胴体显得很小。前脑分叉消失，出现嗅窝内外两侧的隆起，即内鼻突起与外鼻突起。胎儿沉入蛋黄的深处，胚胎重 0.18~0.4 g。

10.5 d：眼皮达瞳孔处。冠呈小长轴样。可看到爪的胚芽，羽乳头被覆整个身体，胴体已大于头部，胚胎重 2.7~3.5 g。

18.5 d：眼睁开，蛋黄开始吸进腹腔，胚胎重 23~29 g。

鸡胚孵化第 5 天、第 10 天、第 18 天的发育过程如图 2-36 所示。

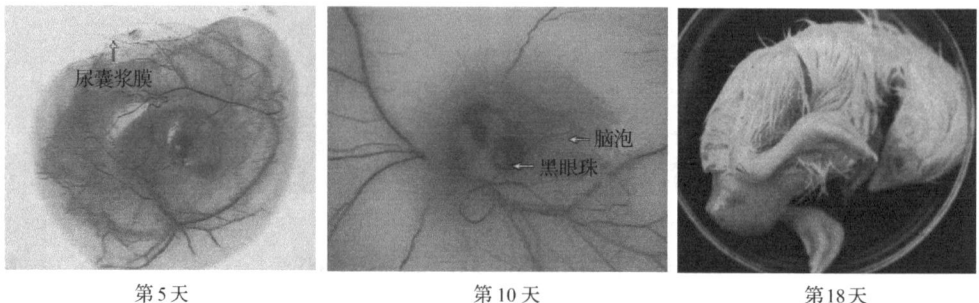

尿囊浆膜   脑泡
黑眼珠

第 5 天   第 10 天   第 18 天

图 2-36   不同日龄鸡胚胎的发育

（3）解剖死胚蛋

观察胚蛋的胚龄，判断死亡大致原因。解剖照蛋剔出的中死蛋和孵化结束后清除的死胎蛋，观察其死亡日龄和病理变化，借以分析孵化不良的原因。死胚剖检应以第 3 次照检的中死蛋和最后的死胎蛋为重点。观察时按下列程序进行。

①打开死胚蛋，撕开壳膜，首先注意胚胎的位置及尿囊和羊膜的状态，然后用镊子取出胚胎，参见表 2-15 和图 2-14，判定胚胎死亡日龄，借以分析死亡原因。

②先按皮肤、绒毛、头、颈、脚的顺序，观察胚胎的外部形态，然后用小剪刀剖开体腔观察肠、胃、肝、心、肺、肾等内部器官的病理变化。观察时注意有无充血、贫血、出血、水肿、肥大、萎缩、变性、畸形等，以判定死亡的原因。孵化不良原因分析见表 2-21 所列。

表 2-21　孵化不良原因分析

原因	鲜蛋	照蛋/胚龄			死胎	初生雏
		5~6 d	10~11 d	19 d		
维生素 A 缺乏	蛋黄淡白	无精蛋多，死亡率高	发育略为迟缓	发育迟缓，肾有盐类结晶物	眼肿胀，肾有盐类结晶物	出雏时间延长，带眼病，弱雏多
维生素 B$_2$ 缺乏	蛋白稀薄，蛋壳粗糙	死亡率稍高，1~3 d 出现死亡高峰	发育略为迟缓，9~14 d 出现死亡高峰	死亡率增高，有营养不良特征，绒毛卷缩	有营养不良特征，体小、颈弯曲、绒毛卷缩，脑膜浮肿	侏儒体型，绒毛卷曲，雏颈和脚麻痹，趾弯曲（鹰爪）
维生素 D 缺乏	壳薄而脆，蛋白稀薄	死亡率稍有增加	尿囊发育迟缓，10~16 d 出现死亡高峰	死亡率显著增高	营养不良，皮肤水肿，肝脏脂肪浸润，肾脏肥大	出雏时间拖延，初生雏软弱
蛋白中毒	蛋白稀薄，蛋黄流动	—	—	死亡率增高，脚短而弯曲，鹦鹉喙，蛋重减少多	胚胎营养不良，脚短而弯曲，腿关节变粗，鹦鹉喙	弱雏多，且脚和颈麻痹
陈蛋	气室大，系带和蛋黄膜松弛	很多胚死于 1~2 d，胚盘表面有泡沫	胚发育迟缓，脏蛋、裂纹蛋有腐败现象	鸡胚发育迟缓	—	出壳时间延长，不整齐，雏鸡品质不一致
冻蛋	很多蛋的外壳破裂	第 1 天死亡率高，卵黄膜破裂	—	—	—	—
运输不当	破蛋多，气室流动，系带断裂	—	—	—	—	—
前期过热	—	多数发育不好，不少充血、溢血和异位	尿囊提前包围蛋白	异位，心、肝和胃变形	异位，心、肝和胃变形	出雏提前，但拖延
短期强烈过热	—	胚干燥而粘于壳上	尿囊血液暗黑色、凝滞	皮肤、肝、脑和肾有点状出血	异位，头弯左翅下或两腿之间，皮肤、心脏等点状出血	—

（续）

原因	鲜蛋	照蛋/胚龄			死胎	初生雏
		5~6 d	10~11 d	19 d		
后半期长时间过热	—	—	—	啄壳较早，内脏充血	破壳时死亡多，蛋黄吸收不良，卵黄囊、肠、心脏充血	出雏较早，但拖延，雏弱小、粘壳、脐部愈合不良且出血
温度偏低	—	发育很迟缓	发育很迟缓，尿囊充血未"合拢"	发育很迟缓，气室边缘平齐	很多活胎未啄壳，尿囊充血，心脏肥大，卵黄吸入呈绿色	出雏晚且拖延，雏弱，脐带愈合不良，腹大，有时下痢
湿度过高	—	气室小	尿囊"合拢"迟缓，气室小	气室边缘平齐且小，蛋重减轻少	啄壳时喙粘在壳上，嗉囊、胃和肠充满液体	出雏晚且拖延，绒毛与蛋壳粘连，腹大，体弱
湿度偏低	—	死亡率高，充血并黏附壳上，气室大	蛋重损失大，气室大	蛋重损失大，气室大	外壳膜干黄并与胚胎粘着，破壳困难，绒毛干短	出雏早，弱小干瘪，绒毛干燥发黄，雏鸡脱水
通风换气不良	—	死亡率增高	在羊水中有血液	羊水带血，内脏充血溢血，胎位不正	胚胎在蛋的小头啄壳，多闷死壳内	出壳不整齐，品质不一致，站立不稳
转蛋不正常	—	卵黄囊粘于壳膜上	尿囊未包围蛋白	尿囊外有剩余蛋白，异位	—	—
卫生条件差	—	死亡率增加	腐败蛋增加	死亡率增加	死胎率明显增加	体弱，脐部愈合差，脐炎

【考核评价】

（1）个人考核（占50%）

根据表2-22所列的内容，对学生的实训情况进行考核。

表2-22　个人考核内容及标准

序号	考核项目	评分标准	分值	考核方法	考核得分	熟练程度
1	种蛋照检	能正确判断无精蛋、受精蛋	20	单人操作考核		>90分为熟练掌握；70~90分为基本掌握；<70分为没有掌握
		能正确识别弱胚蛋、死胚蛋	20			
2	观察活胚	观察方法正确	10			
		正确辨认羊膜、尿囊和蛋黄膜	10			
		识别性腺	10			
		判断胚蛋的胚龄	10			
3	剖解死胚蛋	判断胚蛋的胚龄	10			
		判断死亡大致原因	10			
	合计		100			

（2）团队考核（占 30%）

参照表 1-2 进行考核。

（3）综合评价（占 20%）

参照表 1-3 进行综合评价。

初生雏鸡的处理

【材料用具】

出壳 24 h 以内的雏鸡、台灯、眼科剪刀、断喙器、去趾器、连续注射器、出雏箱等。

【实施步骤】

1. 初生雏的雌雄鉴别

（1）翻肛鉴别法

①抓握雏鸡　右手握雏，雏背贴掌心，肛门向下，雏颈轻夹于食指与中指之间，移至左手后，雏颈夹于中指和无名指之间，肛门向上，无名指与小指弯曲将两腿夹于掌面。

②排粪翻肛　左手拇指、食指和中指分别轻压雏鸡的两侧腹壁，一次将胎便排净，同时右手配合完成一按、二掐、三瓣、四推的翻肛动作，使肛门呈"三角形"，将肛门翻开。

③鉴别放雏　在强光下将肛门翻开完全后，通过观察生殖突起的有无和八字皱襞的形态来判定雌雄性别。鉴别方法见图 2-37、图 2-38 和表 2-23。

注意：固定雏鸡时不得用力压迫，如腹部压力过大则易损坏蛋黄囊。开张肛门必须彻底，否则不能将生殖突起全部露出。

握雏、排胎粪

翻肛、判断

图 2-37　翻肛鉴别雌雄

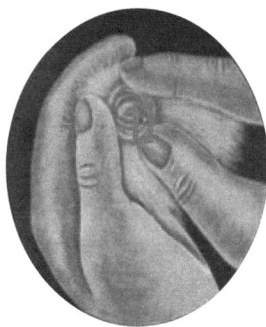

图 2-38　生殖突起

表 2-23　初生雏雌雄生殖突起的差异

生殖突起状态	公雏	母雏
体积大小	较大	较小
充实和鲜明程度	充实，轮廓鲜明	相反
周围组织陪衬程度	陪衬有力	无力，突起显示孤立
弹力	富弹力，受压迫不易变形	相反
光泽及紧张程度	表面紧张而有光泽	有柔软而透明之感，无光泽
血管发达程度	发达，受刺激易充血	相反

（2）伴性遗传鉴别法

利用伴性遗传原理，培养自别雌雄品系，通过不同品种或品系之间的杂交，根据初生雏鸡羽毛的颜色、羽毛生长速度等，快速、准确地辨别雌雄。这是因为鸡有一些性状基因存在于性染色体上，如果母鸡具有的性状对公鸡的性状为显性，则它们所生产的子一代的公雏都具有母鸡的性状，而母雏均呈公鸡的性状。目前，在生产中应用的伴性遗传性状有慢羽对快羽、银色羽对金色羽、横斑（芦花）对非横斑（非芦花）。

①羽速鉴别法　鸡的羽毛生长速度的快慢，主要受性染色体上一对基因所控制，故为伴性遗传。用快羽公鸡（kk）配慢羽母鸡（$K-$），所生雏鸡慢羽是公雏（Kk），快羽是母雏（$k-$），根据羽速快慢就可鉴别公母，准确率达 99% 左右，方法简单迅速。如罗曼粉壳蛋鸡的鉴别方法：将雏鸡翅膀拉开，可看见上下两排羽毛，外侧的下面一排称为主翼羽，上面一排称为覆主翼羽，它覆盖在主翼羽上面。凡是主翼羽长于覆主翼羽的为快生羽，皆为母雏。凡主翼羽短于覆主翼羽或二者等长的为慢生羽，皆为公雏。快羽、慢羽如图 2-39 和图 2-40 所示。

图 2-39　快羽　　　　　　　　　　　　图 2-40　慢羽

②羽色鉴别法　鸡的银白色绒羽为显性（S），金黄色绒羽为隐性（s），也是伴性遗传。用带金黄色基因的公鸡（ss）与带银白色基因的母鸡（$S-$）交配，所生雏鸡银白色绒羽的是公雏（Ss），金黄色绒羽的是母雏（$s-$）。对于羽色不明显的要详细鉴别。有很少一部分公雏头部和背部带有黄红色或深褐色斑块，但较母雏小而色淡，躯体绒羽仍为白色；而母雏也有头和背部带有白色条纹和斑块，但躯体绒羽仍为红色。例如，我国引进的褐壳蛋鸡伊莎鸡、罗曼褐、海兰褐等商品代都是采用羽色鉴别的。金色羽雏鸡、银白色羽雏鸡如图 2-41 和图 2-42 所示。

图 2-41　金色羽雏鸡　　　　　　　图 2-42　银白色羽雏鸡

（3）剖检鉴定

将已鉴别的初生雏，双翅放于胸前，左手握住鸡颈部，右手捏住双翅，轻微用力将鸡撕开，公鸡可见左右各一"香蕉"样黄色睾丸，母鸡可见在左侧有三角形粉红色的卵巢。

2. 初生雏的分级

根据活力、蛋黄吸收及脐带愈合情况、胫和喙的色泽等对初生雏进行鉴别分级。初生雏分级见表 2-24 所列。

①健雏（图 2-43）　活泼、两脚站立稳定；蛋黄吸收和脐孔愈合良好，腹部不大，脐部无残痕；喙和胫色泽鲜艳，体重适中。

②弱雏（图 2-44）　无活力、站立不稳；腹大，脐孔有残痕不清洁，喙和胫色泽较淡。

表 2-24　初生雏分级表

级别	精神	体重	腹部	脐部	绒毛	两肢	畸形	脱水	活力
健雏	活泼健壮，眼大有神	符合品种要求	大小适中，平整柔软	收缩良好	长短适中	健壮，站立稳当	无	无	挣扎有力
弱雏	呆立嗜睡，眼小细长	过小或适中	过大或较小，肛门污秽	大而潮湿	过长或过短、脆、玷污	站立不稳，喜卧	无	有	软绵无力
残次雏	不睁眼或单眼、瞎眼	过小干瘪	过大，软或硬，青色	吸收不好，血脐，疔脐	火烧毛，卷毛，无毛	弯趾，跛腿，站不起	有	严重	无

图 2-43　健雏

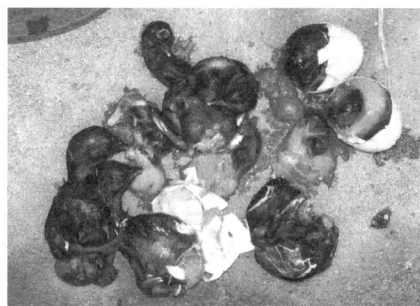

图 2-44　弱雏

3. 剪冠、去爪

（1）剪冠

剪冠是为防止鸡冠啄伤、擦伤和冻伤而采取的措施。肉用父母代种鸡混养及蛋鸡笼养时可剪冠。在 1 日龄内用眼科剪刀翅面向上，从前向后贴冠基部齐头顶剪去，如图 2-45 所示。

（2）去爪

为防止自然交配时种公鸡踩伤母鸡背部，在初生或 2~3 日龄用断趾器将第 1、2 趾（内侧二趾）指甲根部的关节切去并灼烧以防流血。

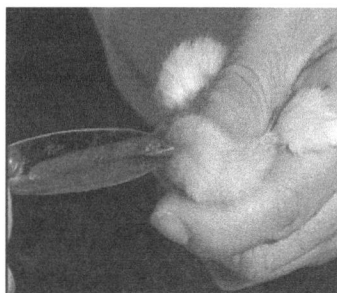

图 2-45　剪冠

4. 注射马立克病疫苗

为预防马立克病，初生雏 24 h 内应接种马立克病疫苗（图 2-46），每只雏鸡用连续注射器将稀释后的疫苗在颈部皮下注射 0.2 mL（图 2-47）。注射时捏住皮肤，确保针头插入皮下。稀释后的疫苗须在 0.5 h 内用完。

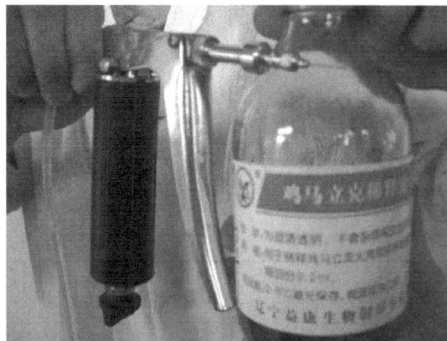

图 2-46　马立克病疫苗

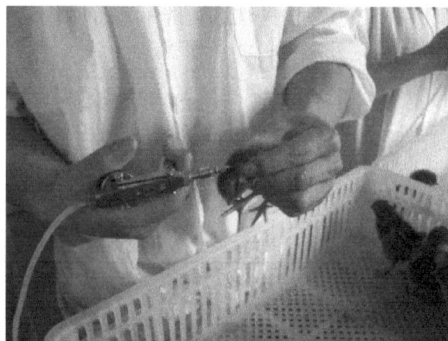

图 2-47　颈部皮下注射

【考核评价】

（1）个人考核（占 50%）

根据表 2-25 所列的内容，对学生的实训情况进行考核。

表 2-25　个人考核内容及标准

序号	考核项目	评分标准	分值	考核方法	考核得分	熟练程度
1	初生雏的分级	雏鸡的分级选择准确，准确率达 98%以上	30	单人操作考核		>90 分为熟练掌握；70~90 分为基本掌握；<70 分为没有掌握
2	初生雏的雌雄鉴别	羽速鉴别初生雏准确率达 100%	10			
		羽色鉴别初生雏准确率达 100%	10			
		翻肛鉴别初生雏手法正确	10			
3	初生雏免疫接种	正确稀释疫苗	15			
		疫苗接种手法正确，接种量准确，并且动作快	15			
4	剪冠、去爪	正确剪冠，手法准确，雏鸡不流血	5			
		正确去爪，手法准确，能及时止血	5			
	合计		100			

（2）团队考核（占 30%）

参照表 1-2 进行考核。

（3）综合评价（占 20%）

参照表 1-3 进行综合评价。

拓展链接

项目 **2**　拓展链接

自测练习及答案

项目 **2**　自测练习　　　　项目 **2**　自测练习答案

项目 3

蛋鸡生产

学习目标

【知识目标】了解雏鸡、育成鸡、产蛋鸡和种鸡的生理特点；掌握产蛋鸡的产蛋规律和各阶段的饲养管理要点；理解育成鸡性成熟的控制要点和强制换羽的意义、方法。

【能力目标】能够对蛋鸡各阶段、蛋种鸡生产进行饲养管理操作；能够根据生产实际对雏鸡进行断喙；开展育成鸡体重与均匀度的控制；会根据蛋鸡产蛋曲线进行分析与应用；能够正确拟定蛋鸡的光照制度。

【素质目标】培养学生爱岗敬业、吃苦耐劳的职业精神；增强团队协作意识、科研创新意识；培养强农兴农的责任感和使命感。

思政话题

杨宁博士，中国农业大学动物科学技术学院教授、博士生导师，动物遗传育种与繁殖系主任，畜禽育种国家工程实验室主任，国家蛋鸡产业技术体系首席科学家，现任世界家禽学会(WPSA)主席，为首位担任此职务的中国人。2022 年 6 月，杨宁教授接受《中国名牌》全媒体专访时指出，中国正从鸡蛋生产大国向生产强国转型，蛋鸡行业的国际地位日益突出。数据显示，我国鸡蛋产量约占全球的 35%，这个优势在农业和食品工业领域具有显著意义。根据国家统计局公布的数据，2020 年我国国内鸡蛋消费量 2947.8 万 t，位居全球第一；人均鸡蛋消费量为 296 枚，排名全球第三。鸡蛋作为普通老百姓优质营养的重要来源，其价格经济实惠，适合各阶层人群消费，充分体现了我国蛋鸡产业的普及性和民生价值。

任务 3-1 　雏鸡的培育

任务描述

0~6 周龄的小鸡称为雏鸡。雏鸡技术是指雏鸡在 0~6 周龄育雏期间的饲养管理与疾病防控。重点工作任务是加强育雏饲养管理，为雏鸡提供适宜的环境条件，培育优质健康雏鸡。在育雏培育阶段里，必须了解雏鸡的生理特点，掌握育雏准备和雏鸡的挑选与运输工作，掌握雏鸡的断喙、培育技术，还要了解雏鸡日常管理、日常记录，能够对育雏成绩正确判断和分析。

知识准备

雏鸡具有体温调节功能差，生长发育迅速，代谢旺盛，消化器官容积小，消化能力弱，抗病力差，敏感性强，群居性强，胆小等生理特点，生产中一般针对不同特点采取相应措施来提高饲养水平。

1. 育雏前的准备

1）制订育雏计划

为提高养殖效益，防止盲目生产，育雏前要制订周密的育雏计划，包括育雏时间、饲养品种、供苗单位、进苗数量等。①分析市场行情，通过对鸡蛋市场价格变化的预测，能够使鸡群的产蛋高峰期与立项价格期相吻合；②考虑鸡舍和设备条件、全年生产计划和经营目标；③评估主要负责人的经营能力及饲养管理人员的技术水平，初步确定劳动定额和预算劳动力成本；④分析饲料成本，计算所需饲料费用；⑤分析水、电、燃料及其他物资保证并初步预算各项开支与采购渠道等；⑥具体确定进雏周转计划、饲料及物资供应计划、防疫计划、财务收支计划、育雏阶段的生理应达到的技术经济指标及详细的值班表和各项记录表格等。

2）确定育雏方式

常用的人工育雏方式可分地面育雏、网上育雏和立体育雏三类，生产中可根据实际情况选择。

（1）地面育雏

地面育雏（图 3-1）要求舍内为水泥地面，上面铺撒 5~10 cm 垫料，垫料可以是刨花、麦秸、谷壳、稻草等，应因地制宜，但要求干燥、卫生、柔软。地面育雏的优点是简单易行、管理方便，但雏鸡与垫料接触易感染疾病，如鸡白痢、球虫病等，垫料更换和清理耗费人工，这种育雏方法适用于中小型鸡场。

图 3-1　地面育雏

（2）网上育雏

网上育雏(图3-2)就是用网面来代替地面育雏，网面离地高度50~60 cm。网面的材料有铁丝网、塑料网，也可用木板条或竹竿。网眼大小为1.25 cm×1.25 cm。网上育雏最大的优点是解决粪便与鸡直接接触而造成感染疾病的问题，不足之处是投资较高，饲养管理要求较高。

（3）立体育雏

立体育雏(图3-3)是将雏鸡饲养在3~4层的育雏笼内。育雏笼一般用镀锌或涂塑铁丝制成，网底可为塑料网。笼四周外侧挂有料槽和水槽，每层之间有接粪板，有自动控温系统。立体育雏的优点是提高饲养密度和劳动生产率，适宜大规模育雏；易于保温，降低饲料和垫料的消耗；雏鸡采食均匀，发育整齐，利于防病。其缺点是投资大，上下层温差大，对饲料和通风要求严格。

图3-2　网上育雏

图3-3　立体育雏

3）准备育雏舍

（1）育雏舍准备

育雏舍应做到保温良好，不透风，不漏雨，不潮湿，无鼠害。笼养时要准备好笼具，平养时要备好垫料。

（2）育雏舍的清洁消毒

在进雏前2周，按"扫、冲、喷、熏、空"步骤实施。即首先彻底清扫地面、墙壁和天花板，然后冲刷地面、鸡笼和用具等，待干后，再用2%氢氧化钠溶液或过氧乙酸等喷洒消毒，最后每立方米空间用40%福尔马林溶液42 mL加高锰酸钾21 g熏蒸消毒。熏蒸在舍温20~24℃、相对湿度60%~80%效果最佳。一般密闭熏蒸24 h后，打开门窗彻底换气。

（3）预温

在进雏前1~3 d，对育雏舍升温预热，使室内温度达到32~35℃。试温时，为避免污染已消毒的房屋及用具，要严格按照卫生防疫要求进行。

4）准备育雏设备

根据育雏方式、育雏数量选择适合的供暖设备、饲喂与饮水器具，白炽灯或荧光灯等照明光源，风机、湿帘等通风降温设备，消毒、清粪环境卫生控制设备，电动断喙器，体重称量电子台秤或天平，体尺指标测量用卷尺、游标卡尺，免疫器具等。先试用好，严格进行清洗、消毒运输雏鸡、饲料的车辆。所有选用的育雏设备器具，进雏前 2~3 d 要备齐、检查、维修。

5）准备饲料、药品

根据雏鸡品种和数量，准备好足够最初 1 周的饲料。准备好育雏常用的药品、消毒药以及防疫程序所需要的全部疫苗等。

6）确定育雏人员，备好记录表

为确保育雏质量，选用责任心强、有育雏经验或进行过培训的育雏人员，并进行分工，明确责任。准备好育雏饲养管理过程中所有记录表格，以便统计分析饲养效果，总结育雏经验，为下次育雏打好基础。

2. 接雏工作

接雏是雏鸡培育的一项重要的技术工作，稍不留心就会给养鸡场带来较大的经济损失。因此，必须做好以下几个方面的工作。

1）选好运雏人员

为了确保雏鸡安全抵达育雏室，选择责任心强、具有运雏经验的人员。用汽车运送雏鸡要配备 2 名司机，以便沿途兼程不停车，尽快将雏鸡送至育雏舍。

2）准备好运雏用具

运雏用具包括运雏箱及防雨、保温用品等。运雏时最好用专用运雏箱，常用运雏箱的规格为 60 cm×45 cm×18 cm，箱内分 4 格，每箱装雏鸡 100 只，每格装雏鸡 25 只，箱子四周有孔洞，便于通风换气。用这种纸箱运雏，可以避免雏鸡相互拥挤，减少不必要的损失。没有专用雏鸡箱的，也可用厚纸箱、竹筐等，但要留有一定数量的通气孔。冬季和早春运雏要带防寒用品，如棉被、毛毯等。夏季运雏要带遮阳、防雨用具。所有运雏用具在装运雏鸡前均应进行严格的消毒。交通工具可以是汽车、火车或飞机，可根据路途远近、天气情况、雏鸡数量、当地交通条件等选择。运雏车辆最好带空调，具有保温、通风换气、防雨等功能。

3）掌握适宜的运雏时间

雏鸡应尽快运到育雏舍，以雏鸡出壳后 8~12 h 到达最佳，最迟不能超过 48 h 运到。出壳后，雏鸡在孵化室停留过久或运输途中时间过长，易引起脱水，严重时将造成死亡。

4）解决好保温和通风

新生雏鸡体温调节机能差，需要较高的外界环境温度，温度低时易使雏鸡受凉引起感冒等疾病，所以冬季、早春运雏时一定做好保温工作，最好用专用运雏车在中午运送。运输途中要定时检查雏鸡状态，根据雏鸡状况注意通风换气，防止雏鸡因通风不良而窒息死亡。如果发现雏鸡频频张嘴喘气，雏盒中雏鸡绒毛湿漉漉的，说明温度过高，通风不良，应适当加大通风量；若雏鸡扎堆，发出短促低沉叫声，说明温度低，要注意保温。

5）做到稳而快

运输途中，防止剧烈摇晃、颠簸、倾斜和震动。运输人员应经常检查雏鸡状态，防止挤压。

6）合理安放雏鸡

雏鸡到达育雏舍休息片刻后，即可把雏鸡从运雏箱中取出放入雏舍。

①称初生重　随机抽取 50~100 只雏鸡，逐只称量，计算雏鸡群体平均体重和体重均匀度，了解雏鸡情况，为确定育雏温度、相对湿度等提供依据。

②分群　根据雏鸡体格大小、强弱进行选择分群，将大雏、小雏、健雏和弱雏分开养育。弱雏另笼单养，给予优厚条件，以便雏鸡群体生长整齐、成活率高。及早处理掉过小、过弱及病残雏。捡放雏鸡时动作要轻，不要用力扔，否则会影响雏鸡日后的生长发育。

③合理安放雏鸡　立体笼养时，可将雏鸡集中放在温度较高又便于观察的鸡笼的上面一、二层，以后随日龄增加再将雏鸡逐步转到下面笼层。平养时，将雏鸡直接分放到热源（如育雏伞、红外线灯、煤炉等）附近，周围最好用围栏围上，以使所有雏鸡能得到所需的育雏温度。

3. 雏鸡的饲养管理

雏鸡饲养管理的目标：鸡群健康，无疾病发生，育雏末期存活率在 98.0% 以上。体重每周达标，均匀度在 85% 以上，体型发育良好。

1) 环境条件

为雏鸡创造适宜的环境条件，可以保证雏鸡健康生长发育，提高雏鸡的成活率和雏鸡质量。育雏期的环境条件主要包括温度、相对湿度、通风换气、光照和饲养密度等。

（1）温度

温度是育雏成败的关键因素。温度适宜，有利于雏鸡运动、采食和饮水，雏鸡生长发育好；温度过高，雏鸡食欲下降，饮水量增加，体质衰弱，容易出现弱雏，并且容易诱发啄癖及一些呼吸系统疾病；温度过低，雏鸡运动减少，体热散发过快，影响雏鸡增重，严重时还将诱发鸡白痢等疾病。因此，应严格控制育雏温度。育雏适宜温度见表 3-1 所列。

表 3-1　育雏适宜温度　　　　　　　　　℃

周龄	育雏器温度	育雏室温度
0~1	35~32	24
1~2	32~29	24~21
2~3	29~27	21~18
3~4	27~24	18~16
4 周以后	21	16

育雏期间，必须根据雏鸡周龄的大小对温度进行调节。其遵循的规律是：前期高，后期低；小群育雏高，大群育雏低；弱雏高，强雏低；夜间高，白天低；阴雨天高，晴天低；肉鸡高，蛋鸡低；一般高低温度相差不超过 2℃。

育雏温度是否适宜除看温度计外，也可观察雏鸡行为表现，即看鸡施温（图 3-4）。温度过高时，雏鸡远离热源，饮水量增加，张开翅膀，匍匐地面，伸颈，张口喘气。温度过低时，雏鸡靠近热源，运动量减少，羽毛耸起，为取暖常拥挤扎堆，部分雏鸡有被压死的现象，夜间常发出尖叫声，食欲减退。温度适宜时，雏鸡食欲旺盛，饮水量正常，羽毛生长良好，有光泽，活泼好动，鸡群疏散、分布均匀，呈满天星，互不挤压，休息和睡眠安静，很少发出叫声。有贼风吹入时，鸡群远离贼风一侧，集中于某一侧。整个育雏期间供温应适宜、平稳，切忌忽高忽低。

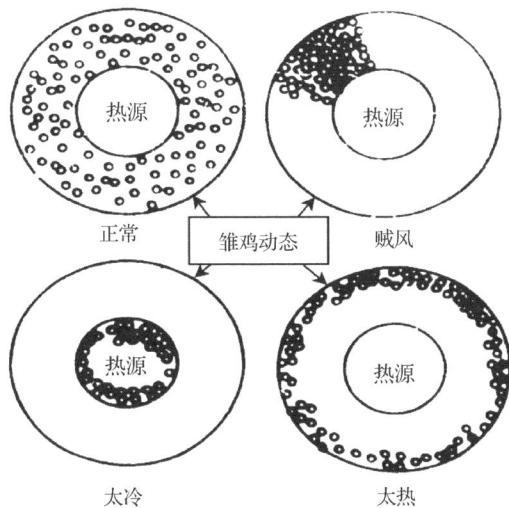

图 3-4 看鸡施温

（2）相对湿度

过高或过低的相对湿度对雏鸡均有不良的影响。相对湿度过高时，在高温高湿状况下，雏鸡闷热难受，身体虚弱，不利于生长发育；在低温高湿时，雏鸡体热散失加快易感到寒冷，导致御寒和抗病能力降低。相对湿度过高，特别是垫料潮湿，有利于各种病原微生物的生长和繁殖，会使雏鸡抗病力降低，而引起雏鸡发病。

育雏期间应保持适宜的相对湿度。一般相对湿度可控制在：1 周龄 65%～70%，2 周龄 60%～65%，3～4 周龄 55%～60%，育雏后期相对湿度降为 50%～55%。增湿方法有火炉上放水盆、室内挂湿帘，或者直接在地面均匀洒水，还可以采用带鸡消毒。降湿的办法是开窗或机械通风，勤换垫料，勤清粪，减少饮水器漏水。

（3）通风换气

经常保持室内空气新鲜是雏鸡正常生长发育的重要条件之一。鸡的粪便能分解释放出氨气和硫化氢等有害气体。如果育雏室通风不良，氨气浓度超过 15.2 mg/m³，可引起雏鸡眼结膜与呼吸道疾病的发生。同时，通风不良也会导致舍内湿度增大，不利于雏鸡健康。

开放式鸡舍主要通过开关门窗来通风换气，密闭式鸡舍主要靠动力通风换气。通风时应尽量避免冷空气直接吹入，可用布帘或过道的方法缓解气流。寒冷天气通风的时间最好选择在晴天中午前后，气流速度不高于 0.2 m/s，夏季可适当增加气流速度。通风换气要根据鸡日龄、体重、季节、温度变化等灵活掌握，在生产中一定要解决好通风与保温的关系。室内通风是否正常，可通过仪器测定，无仪器时，主要以人的感觉，即是否闷气、呛鼻、辣眼睛、有无过分臭味等来判定。

（4）光照

光照不仅可以促进雏鸡的活动，便于采食和饮水，而且光照时间的长短与雏鸡性成熟也有密切的关系。养鸡生产中，光照最重要的作用是刺激鸡的脑下垂体，促进生殖系统发育。所以，在雏鸡生长发育期，特别是育雏后期，若光照时间过长，则促进鸡的性早熟；光照过短，将延迟性成熟。因而，要严格控制光照。

光照分自然光照和人工光照。育雏期遵循的光照原则：光照时间应逐渐减少，育雏结束时达到 8 h 保持恒定，切勿延长，光照度只能降低不能增加。一般光照时间：1~3 日龄，每天光照 23~24 h，光照度 30 lx；4~7 日龄，每天光照 22 h，光照度 20 lx；以后每周缩短 2 h 光照，6 周龄时采用自然光照时间或缩短到每天光照时间 8~9 h 恒定，光照度 10 lx。

(5)饲养密度

饲养密度是指每平方米地面或笼底面积饲养的雏鸡数。它与雏鸡的正常发育和健康有关。饲养密度过大，会造成室内空气污浊，卫生条件差，易发生啄癖和感染疾病，鸡群拥挤，采食不均，发育不整齐；饲养密度过小，房屋和设备利用率低，育雏成本高，同时也难保温。雏鸡饲养适宜密度见表 3-2 所列。

表 3-2   雏鸡饲养适宜密度   只/m²

周龄	地面平养	周龄	立体笼养	周龄	网上平养
0~1	50	0~1	60	0~1	50
1~2	30	1~3	40	1~2	30
2~3	25	3~6	34	2~3	25
4~6	20	6~11	24	4~6	20
		11~20	14		

饲养密度大小还与品种、季节、通风条件等有关。轻型品种的饲养密度要比中型品种大些；冬季和早春天气寒冷，气候干燥，饲养密度可适当高一些；夏秋季雨水多，气温高，饲养密度可适当低一些；弱雏经不起拥挤，饲养密度宜低些。鸡舍的结构若是通风条件不好，也应减少饲养密度。

2)饲喂

(1)饮水

雏鸡到达育雏舍稍事休息后要尽快先饮水后开食。雏鸡出壳后 12~24 h 开始饮水为佳，雏鸡出壳后的第 1 次饮水称为初饮。初饮可促进雏鸡排尽胎粪和体内剩余卵黄的吸收，也有利于增进食欲，维持体内水代谢的平衡，防止脱水死亡。

雏鸡开水的方法：用手轻握住雏鸡，手心对着雏鸡背部，拇指和中指轻轻扣住颈部，食指按住头，把喙部按到水中，注意水不要漫过鼻孔，然后迅速拿起，雏鸡会把嘴里的水咽下，如此重复 3~4 次便可。每围栏或每层鸡笼至少要诱导 5% 的个体开饮，然后全群很快就会模仿学会饮水。为帮助雏鸡消除疲劳，尽快恢复体力，加快体内有害物质的排泄，初饮水中最好加入 0.01% 高锰酸钾、5%~6% 葡萄糖、多种维生素或电解质液。水温对雏鸡影响也很大，初饮水和育雏前 7 d 的饮水最好用 18~20℃ 的温水或凉开水，7 d 后饮用自来水。为提高雏鸡成活率，从第 2 天开始，可在水中添加益生菌或中药 3~5 d 进行疾病预防。为便于雏鸡及时饮水，应有足够的光照，充足的饮水器具。每 30~50 只雏鸡可共用 1 个 4.5 L 真空饮水器，每笼共用一个乳头饮水器。水槽供水时，每只雏鸡占有水槽位置为 1 周龄 2 cm，2~6 周龄 2.0~2.5 cm。雏鸡在不同气温和周龄下的饮水量见表 3-3 所列。

表 3-3　雏鸡在不同气温和周龄下的饮水量　　　　　L

周龄	饮水量		周龄	饮水量	
	≤21.2℃	≤32.2℃		≤21.2℃	≤32.2℃
1	2.27	3.30	7	8.52	14.69
2	3.97	6.81	8	9.20	15.90
3	5.22	9.01	9	10.22	17.60
4	6.13	12.60	10	10.67	18.62
5	7.04	12.11	11	11.36	19.61
6	7.72	13.22	12	11.12	20.55

另外，饮水器高度应随雏鸡日龄变化及时调整。饮水要干净卫生，定期清洁消毒饮水器具。

（2）喂料

雏鸡出壳后的第 1 次喂料称为开食。开食时间要适宜，应在初饮后 2~3 h，一般在出壳后 24~36 h 进行，有 1/3~1/2 的雏鸡有啄食表现时开食为宜，过早过晚开食对雏鸡都不利。开食料要求新鲜，颗粒大小适中，营养丰富，易于啄食和消化，常用玉米、小米、全价粉料、颗粒破碎料等，用开水烫软，吸水膨胀后直接撒在开食盘或消过毒的黑色塑料布、报纸、蛋托上，让雏鸡自由采食，1~3 d 后改喂配合饲料。大型养鸡场可直接使用雏鸡配合料，颗粒料优于粉料。4~7 d 后逐渐改用料槽或料桶饲喂配合饲料。饲料质量应营养均衡，卫生达标。喂料器具应保持清洁卫生，每天清理 1~2 次。为便于雏鸡采食，应保证每只雏鸡占有 5 cm 左右的食槽位置。喂料器的高度和数量应随雏鸡日龄增大而调整。雏鸡喂料量依品种、饲料的能量水平、鸡龄大小、喂料方法和鸡群健康状况等不同而异，可参考表 3-4。

表 3-4　不同类型雏鸡推荐喂料量和体重　　　　　g/只

周龄	白壳蛋鸡			褐壳蛋鸡		
	日耗料	累计耗料	体重	日耗料	累计耗料	体重
1	10	70	63	8	56	60
2	15	175	115	16	168	120
3	20	315	185	24	336	200
4	25	490	265	32	560	290
5	33	721	350	37	819	380
6	39	994	440	40	1099	470
7	44	1300	535	45	1414	560
8	46	1626	620	50	1764	650
9	48	1960	710	55	2149	730
10	51	2317	800	57	2548	820

喂料时应掌握"少喂、勤添、八成饱"的原则，定时定量饲喂。一般第 1 天，每隔 3 h 喂 1 次；2 周龄，5~6 次/d；3~4 周龄，4~5 次/d；5~6 周龄，3~4 次/d，以每次喂食后 20~30 min 吃完为好。

3）饲养管理

育雏是一项细致的工作，取得好的育雏效果应做到眼勤、手勤、腿勤、科学思考。

（1）观察鸡群

观察鸡群状况至关重要。通过观察雏鸡的采食、饮水、运动、睡眠及粪便等情况，可以及时了解雏鸡健康状况、饲料搭配是否合理、温度是否适宜等。一般早晚观察雏鸡对给料的反应、采食的速度、争抢的程度；早晨查看粪便的形状与颜色；白天观察雏鸡的羽毛状况，雏鸡大小是否均匀，眼神和对声音的反应，有无打堆、溜边的现象；晚上注意听雏鸡的呼吸有无异音。1~20 日龄是死亡的高峰时期，要多观察育雏温度。一旦发现问题立即报告，及时采取紧急措施。

（2）定期称重

为了掌握雏鸡的发育情况，每周龄或隔周龄末随机抽测 5%~10% 的雏鸡体重。称重时，取样要具有代表性：①采样布点位置合理、固定；②数量适宜，生产中一般抽测 50~100 只雏鸡；③每次称重时间固定，一般称量早晨空腹体重。对每只雏鸡逐只称重并记录，将称重结果与本品种的标准体重对比，若低于标准很多，应认真分析原因，必要时进行矫正。矫正的方法：在以后的 3 周内慢慢加料，以达到正常值为止，一般的基准为每克饲料可增加 1 g 体重。

（3）适时断喙

断喙是蛋鸡生产中必须进行的一项操作。生产中如果鸡群饲养密度过大、光照过强或阳光直射、饲料配制不当（如蛋白质不足、含硫氨基酸缺乏或饲料中粗纤维含量过低、食盐不足）、体表患寄生虫病等，都会引起啄癖，以雏鸡和育成鸡较多。为防止啄癖，节约饲料，提高养鸡效益，生产中常对雏鸡实行断喙。

①断喙时间　一般在 2~10 日龄时进行第 1 次断喙，如果有断喙不成功的可在 10~12 周龄进行第 2 次修整断喙。如购买的雏鸡在 1 日龄时采用红外线断喙，此时期可不再重复断喙。

②断喙方法　选择适宜的断喙器，准备好足够的刀片（一般 3 000 只雏换 1 次刀片）；加热刀片到暗樱桃红（650~700℃）时，抓握固定好雏鸡，右手拇指放在雏鸡头上，食指轻压雏咽部使其缩舌，将雏鸡头稍向下按，把喙插入适宜的刀片孔径中，上喙从喙尖到鼻孔切去 1/2，下喙从喙尖到鼻孔切去 1/3，灼烧 2~3 s，以利止血。

③断喙前后的注意事项　断喙应激太大，断喙前应检查鸡群健康状况，如健康状况不佳或注射疫苗有反应时，不宜断喙；断喙前后 2~3 d 不喂磺胺类药物（会延长流血），应在料中或水中加维生素 K、维生素 C 及适量的抗生素；断喙后要仔细观察鸡群，对流血不止的鸡，要重新烧烙止血。断喙后要细致管理，饲槽中多加饲料，以减轻啄食疼痛。

（4）及时分群

每批鸡在饲养过程中必然会出现一些体质较弱、个体大小有差异的鸡，为提高群体整齐度，要及时做好大小、强弱分群饲养。可结合断喙、疫苗接种或转群时进行，将过大过小的鸡挑出单独饲养，不断剔除病、弱、残、次的鸡，促进鸡群的整齐发育。

（5）疾病预防与免疫接种

雏鸡体小娇嫩、抗病力弱，加上高密度饲养，一般很难达到100%成活。重点应做好以下几个方面的防病工作。

①采用"全进全出"的饲养制度　转群后鸡舍彻底清扫、消毒，并空舍2~3周，切断各种传染病的循环感染。

②制订严格的消毒制度　经常对育雏舍内外打扫清理、消毒，做好环境卫生。每天清扫、更换育雏舍门口消毒池用药。根据情况每周带鸡消毒2~4次，净化育雏舍空气。要经常开窗换气，及时清粪，合理处理鸡场的废弃物、鸡粪、死鸡及污水等，减少环境污染。工作人员更衣、换鞋、消毒后进入鸡舍，饲养员不得在生产区内各鸡舍间串门，严格控制外来人员进入生产区。

③保证饲料和饮水质量　配合饲料要求营养全面、混合均匀，以防雏鸡发生营养缺乏症和啄癖；严防饲喂发霉、变质饲料。饲料中适当添加多种维生素，增加抗病力。饮水最好是自来水厂的水，使用深井水时，要加强过滤和净化，注意用漂白粉消毒，每周饮用0.01%高锰酸钾水1次。育雏用具常清洁，饲槽、水槽要定期洗刷、消毒。

④投药防病　在饲料或饮水中添加适宜的药物，预防雏鸡白痢、球虫病等。一般在雏鸡3~21日龄，饲料或饮水中添加抗白痢药；15~60日龄时，饲料中添加抗球虫药。注意接种疫苗前后几天最好停药。

⑤接种疫苗　适时免疫接种是预防传染病的一项重要措施。雏鸡接种的疫苗很多，必须编制适宜的免疫程序。实践中没有一个普遍实用的免疫程序，要根据当地鸡病流行情况、雏鸡抗体水平与健康状况、疫苗的使用说明等制订自己实用的免疫程序。育雏期间接种的疫苗：1日龄接种马立克病疫苗；7~10日龄、22~24日龄接种新城疫Ⅳ系疫苗点眼或饮水；10~15日龄、25~30日龄用传染性法氏囊疫苗饮水；30~40日龄禽流感疫苗颈部皮下注射；20~42日龄用鸡痘疫苗刺种。

接种时注意同周龄内一般不进行2次免疫，尤其是接种部位相同时；不可混合使用几种疫苗（多联苗除外），稀释开瓶后尽快用完；若有多联苗可减少接种次数，接种时间可安排在其分别接种的时间中间；对重点防疫的疾病，最好使用单苗。所有疫苗都要低温保存，弱毒疫苗一般-15℃冷冻，灭活疫苗2~5℃保存。

⑥日常观察与看护　育雏期间，应经常检查环境温度、相对湿度、空气质量、光照等是否适宜；水槽或水线是否有水，料槽是否断料，饮水器与喂料器数量、高度是否适宜。笼养时应及时捉回跑鸡，挑出啄癖鸡，病鸡隔离治疗或淘汰，检查舍内有无鼠害出入等。

⑦做好记录工作　每天应记录雏鸡群的存栏数、死淘数、进出周转数或出售数、耗料量、投药、免疫、体重称量结果、天气及室内的温湿度变化情况、光照、清粪、消毒情况等资料，以便于及时了解育雏生产情况，汇总分析。

（6）育雏舍每日工作程序

育雏舍每日工作程序包括以下具体步骤和任务，见表3-5所列。

表 3-5　育雏舍每日工作程序

时间	工作内容
6:00~7:30	喂料，清洗饮水器，加水
7:30~8:30	饲养员早餐
8:30~11:00	打扫清洁卫生，清粪，检查饮水器，观察鸡群，拣死鸡
11:00~12:00	喂料，保证饮水不断，观察鸡群
12:00~14:00	饲养员午餐，休息
14:00~15:00	喂料，观察鸡群
15:00~17:00	清洗饮水器
17:00~18:00	喂料，观察鸡群，统计日报表
18:00~20:00	饲养员晚餐，休息

4）育雏培育效果评价指标

（1）技术目标

确保采食量正常，体格健康状况良好，使雏鸡能正常生长发育适时达到体重标准，获得高育雏率（≥98%）。第 1 周死亡率≤0.5%，前 3 周≤1%，0~6 周≤2%。

（2）衡量标准

一看成活率高低；二看生长发育是否良好、鸡群是否整齐；三看平均体重是否达到标准。

任务实施

雏鸡断喙

【材料用具】

6~10 日龄雏鸡、雏鸡笼、电热断喙器等。

【实施步骤】

（1）断喙时间

断喙在 1~12 周龄均可进行，但最晚不能超过 14 周龄。对于蛋用型鸡来说，6~10 日龄是最佳的断喙时间。

（2）断喙器的使用

①电热断喙器　是普遍采用的断喙器，插上电源，通电后刀片灼热，即可使用。雏鸡断喙器的孔径 6~10 日龄为 4.4 mm，10 日龄后使用 4.8 mm 孔径，如图 3-5 所示。

②普通剪子与烙铁结合　小规模养鸡场用普通剪子在火焰上烧红，剪去鸡的上下喙，或用剪子直接剪去上下喙，再用烙铁烙烫。为减少伤口出血，可在伤口擦氢氧化钾。

（3）断喙方法

用专用断喙器断喙时，左手抓住鸡腿部，将右手拇指放在鸡头上，食指轻压咽喉部，使鸡缩舌，选择适当的孔径（一般为 0.44 cm），然后将关闭的上下喙一并插入断喙器上的小孔内，电热刀片从上向下切开，切除鸡上喙 1/2、下喙 1/3，如图 3-6 所示。

6~10 日龄常采用直切。断喙时，喙的断面应与刀片接触 2 s，以灼烧止血。

图 3-5 电热断喙器

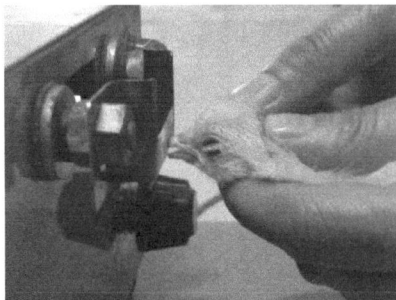

图 3-6 断喙方法

（4）操作步骤

①断喙器的检查；②接通电源，将断喙器预热至适宜温度（刀片呈暗桃红色）；③正确握雏；④切喙；⑤止血；⑥断喙后的饲喂和鸡群观察。

（5）注意事项

断喙是一项技术性比较强的工作，为了保证效果，必须注意以下几点：

①断喙时，上喙切除从喙尖至鼻孔 1/2 的部分，下喙切除从喙尖至鼻孔 1/3 的部分，种用小公鸡只断去喙尖，注意切勿把舌尖切去。

②断喙前后 1~2 d，在每 1 000 kg 饲料中加入 2 g 维生素 K，在饮水中加 0.1% 维生素 C 及适量的抗生素，有利于凝血和减少应激。

③断喙后 2~3 d，料槽内饲料要加得满些，以利于雏鸡采食，防止鸡喙啄到槽底，断喙后不能断水。

④断喙应与接种疫苗、转群等错开进行，在炎热季节应选择在凉爽时间断喙。此外，抓鸡、运鸡及操作动作要轻，不能粗暴，避免多重应激。

⑤断喙器应保证清洁，定期消毒，以防断喙时交叉感染。

⑥断喙后要仔细观察鸡群，对流血不止的鸡只，要重新烧烙止血。

【考核评价】

（1）个人考核（占 50%）

根据表 3-6 所列内容，对学生的实训情况进行考核。

表 3-6 个人考核内容及标准

序号	考核项目	评分标准	分值	考核方法	考核得分	熟练程度
1	断喙器调试	断喙器检查正确	10	单人操作考核		>90 分为熟练掌握；70~90 分为基本掌握；<70 分为没有掌握
		断喙器调温正确	10			
2	鸡只保定	手法正确	20			
3	断喙操作	断喙部位正确	20			
		操作方法正确	20			
		能正确止血	10			
		能口述出应该注意的事项	10			
合计			100			

（2）团队考核（占30%）

参照表1-2进行考核。

（3）综合评价（占20%）

参照表1-3进行综合评价。

任务 3-2　育成鸡的培育

任务描述

　　育成鸡也称中雏，一般是指7~20周龄正在发育的鸡。这一时期饲养管理的好坏，决定了鸡在性成熟后的体质、产蛋性能和种用价值。其重点工作任务是控制体重和性早熟，使体重与性成熟发育同步。因此，必须了解育成鸡的生理特点，掌握育成前的准备、转群、饲养管理及育成效果评价。

知识准备

　　育成鸡具有环境适应性好、消化机能逐渐增强、骨骼与体重增长迅速、生殖系统发育迅速、羽毛更换勤、抗病力增强等生理特点，了解其特点才能有效地提高育成鸡的培育效果。

1. 育成鸡的饲养方式

　　育成鸡有地面平养、网上平养和笼养等方式。在不同的饲养方式下，饲养密度有不同的要求，合理的饲养密度见表3-7所列。

表3-7　育成期不同饲养方式的饲养密度　　　　　只/m²

品种	周龄	饲养方式		
		地面平养	网上平养	笼养
中型蛋鸡	8~12 13~18	7~8 6~7	9~10 8~9	36 28
轻型蛋鸡	8~12 13~18	9~10 8~9	9~10 8~9	42 35

2. 育成鸡的转群

1）转群前的准备

　　转群是生产计划中的重要内容之一，转群工作与规模化鸡场的生产周期、设备检修计划、免疫程序、人员调配等工作密切相关。转群应与鸡场整体计划相统一，这样才能避免由于转群造成鸡场管理混乱，或给鸡群造成较大的应激。转群前1周应对鸡舍进行彻底清扫、消毒，并确保空置1周以上。准备转群后所需笼具等饲养设备，并将笼具等设备经严格消毒处理。转群所需的抓鸡、装鸡、运鸡用具等一并进行清洗消毒。调整转入鸡舍的料槽、水槽位置，备好饲料和饮水。待转鸡群应在原舍内事先进行带鸡消毒。转群前 3 d，饲料中添加多种维生素。转群前 4~6 h 应停料，让鸡群将剩料吃完，同时也可减轻转群引起的应激。若是从育雏舍转到育成舍，则要尽量减少两舍间温差，尤其冬季或早春应在育成舍内备好取暖设备，使温度达到 15℃ 左右。同时，要做好转群人员的安排，使转群在短时间内顺利完成。

2）科学转群

①选好时间　为减少鸡群运转应激，冬季安排在白天温度较高时进行，减少鸡群冷应激；夏季安排在早晚凉爽时进行转鸡工作，减少高温热应激。注意，同一鸡舍内的鸡群，确保在 1 d 内转完。

②空腹运转　鸡群空腹运转，可减少不良运转应激，鸡群转运当天不喂料或少喂料，但要保证充足的饮水。

③足够光照　为使鸡群有足够的时间采食和饮水，转群后当天给予 24 h 光照，然后恢复到正常的光照制度，可使鸡群尽快熟悉新鸡舍内的环境。

④预防感染　为了防止转群人员带来交叉感染，转群时人员最好分 3 组，即抓鸡组、运鸡组、接鸡组。装鸡运输箱每立方米空间鸡密度为：6 周龄 15~20 只，17~18 周龄 8~10 只。转群的同时应彻底清点鸡只数并登记。

3）注意事项

①注意减少鸡只伤残，抓鸡时应抓鸡的双腿，不能抓单腿、头、颈或翅膀。每次抓鸡不宜过多，每只手 1~2 只。从笼中抓出或放入笼中时，动作要轻，最好两人配合，防止刮伤鸡的皮肤。装笼运输时，要控制好密度。

②笼养育成鸡转入产蛋鸡舍时，按原群组转入蛋鸡舍，防止打乱原已建立的群序，减少争斗现象的发生。

③在转群的同时对鸡群进行整理，将不同发育层次的鸡分栏或分笼饲养。将发育迟缓的鸡放在环境条件较好的位置（如上层笼），加强饲养管理，促进其发育，可提高整个鸡群的整齐度。

④结合转群对鸡群进行一次彻底的选择、淘汰。根据鸡的体格和体质发育情况进行选留，淘汰那些畸形、过肥、过瘦、体质太弱的个体。因为这样的鸡在将来也不会有好的产蛋率，尽早淘汰可降低饲养成本。一般淘汰率为 5% 左右。

⑤转群前在饲料或饮水中加入镇静剂，可使鸡群安静，减少转群时的应激。

⑥转群后要加强检查、巡视。看笼门是否关牢，鸡头、腿、翅有无被笼卡住，防止鸡只损伤，跑出的鸡及时抓回。

⑦转群后 3~5 d，每吨饲料中添加 200 g 多种维生素和适量电解质，以缓解应激，同时增强鸡的抗病力。

⑧转群不能与断喙、免疫等其他应激同时进行。转群对于鸡群来讲是较大的应激，若再同时进行其他容易引起应激的管理措施，则会产生应激的叠加效应，给鸡群造成更大的危害。

3. 育成鸡的饲养管理

育成期总目标是要培育出具备高产能力、有维持长久高产体力的青年母鸡群。育成鸡培育目标指标包括：体重的增长符合标准，具有强健的体质，能适时开产；骨骼发育良好，骨骼的发育应该和体重增长一致；鸡群体重均匀，要求有80%以上的均匀度；产前做好各种免疫，具有较强的抗病能力，保证鸡群能安全渡过产蛋期。

1）环境控制

①温度 育成鸡最佳生长温度为21℃，适宜温度为15~25℃。夏季做好防暑降温工作，冬季做好保温工作。

②相对湿度 适宜的相对湿度为50%~60%。

③通风 舍内空气质量影响育成鸡的生长发育和健康。深秋、冬季和初春，尽管天气较冷，在鸡舍保温的前提下尽量通风换气，减少舍内氨气、硫化氢等有害气体和粉尘的含量，减少呼吸道等传染性疾病发生，保证鸡群健康。

④光照 育成鸡在10~12周龄性器官开始发育，此期光照对育成鸡性成熟影响大，光照时间的长短影响性成熟的早晚。光照时间缩短，推迟性成熟；光照时间延长，加快性成熟。因此，育成期的光照原则是：绝对不能延长光照时间，8~10 h/d为宜，光照度5~10 lx。密闭式鸡舍光照程序为从4日龄开始到20周龄，光照时间恒定为8~9 h/d，从2周龄开始，使用产蛋期光照程序。开放式鸡舍受外界自然光影响较大，光照时间较复杂，光照程序应采用恒定法或渐减法。

⑤饲养密度 育成鸡生长发育快、代谢旺盛、活动量大。鸡只适宜的饲养密度和占有足够的采食、饮水位置更有利于鸡群的生长发育，提高群体均匀度。鸡群饲养密度因不同季节、品种、生理阶段、饲养方式而异，通常夏季小于冬季，春秋季介于两者之间，笼养大于平养。育成鸡采食占有位置：7~8周龄6~7.5 cm，9~12周龄7.5~10 cm，13~18周龄9~10 cm，19~20周龄10~15 cm。7~18周龄，饮水占有位置为2~2.5 cm。

2）饲养技术

（1）育成鸡的营养

育成鸡消化机能逐渐健全，采食量与日俱增，骨骼肌肉都处于旺盛发育时期。此时的营养水平应与雏鸡有较大区别，尤其是蛋白质水平要逐渐减少，7~14周龄15%~16%，15~18周龄降至14%。能量也要同时降低，7~14周龄饲料中代谢能11.49 MJ/kg，15~18周龄降至11.28 MJ/kg。否则，鸡体会大量积聚脂肪，鸡体过肥，影响成年后的产蛋量。育成鸡饲料中矿物质的含量应当充分，钙磷比例保持1.2∶1~1.5∶1，同时各种维生素及微量元素比例适当。

（2）育雏期到育成期鸡的饲料过渡

从7周龄的第1~2天，用2/3的育雏期饲料和1/3育成期的饲料混合饲喂；第3~4天，用1/2的育雏期饲料和1/2的育成期饲料混合饲喂；第5~6天，用1/3的育雏期饲料和2/3的育成期饲料混合饲喂，以后饲喂育成期饲料。饲料更换以体重和跖长指标为准，即在6周龄末分别检查雏鸡的体重及跖长是否达到标准。若符合标准，7周龄后开始更换饲料；如果达不到标准，可继续饲喂育雏鸡饲料，直到达标为止。对于一些体重经常达不到指标的品种，要查明原因。

（3）限制饲养

限制饲养是指对育成鸡限制其饲料采食量或合理降低营养浓度达到控制育成鸡的体

重、减少脂肪的沉积、保持青年鸡良好的开产体况。轻型品种蛋鸡沉积脂肪能力相对弱一些，一般不需要限制饲养。中型品种鸡特别是体重偏重的品种将来有较高的产蛋能力和存活率。种鸡早期沉积脂肪的能力比较强，需要在育成阶段采取限制饲养的方法，才能保证均匀度。

①限制饲养的意义　节约饲料，通过限制饲养可节省 10% 左右的饲料，及时淘汰病弱鸡，提高产蛋期鸡的成活率，还降低了饲养成本。控制鸡的体重，育成鸡采食过多的饲料，容易出现体重超标，脂肪过于沉积。不仅造成浪费，还影响产蛋鸡的生产性能。控制性成熟，控制育成鸡的性早熟，使体成熟与性成熟适时化和同期化，提高鸡群产蛋量和整齐度。

②限制饲养的方法　一种是限质法，在育成阶段对某一种必需的营养物质进行限制，如降低代谢能、粗蛋白质和氨基酸水平等。另一种是限量法，限制饲喂量，可分为定量饲喂、停喂结合、限制时间等方法。定量饲喂是每天喂鸡群正常采食量的 80%~90%，前提是要掌握鸡群正常采食量；停喂结合是把停喂日的饲料分摊给喂料日，根据限制饲养强度由弱到强分为 5 种类型。采用何种方法则依据品种、鸡群状况而定，轻型鸡要轻度限制。

③限制饲养的时间　一般从 6~8 周龄开始实施限制饲养，至 17~18 周龄结束。

④限制饲养的注意事项　限制饲养前要断喙，整理鸡群，挑出病弱鸡，清点鸡只数。给足食槽位置，至少保证 80% 的鸡能同时采食。每周在固定时间，随机抽取 2%~5% 的鸡只空腹称重。育成鸡体重超过标准时才限饲。限制饲养鸡群发病或处于接种疫苗等应激状态，应恢复自由采食。限制饲养必须与控制光照相结合。

3）管理要点

（1）环境控制

饲养环境对蛋鸡的生长发育至关重要。在育成期，要确保鸡舍内温度、湿度适宜，避免过高或过低的温度对蛋鸡造成应激。此外，合理的光照制度也是促进蛋鸡正常发育的重要因素。

①减少应激　转群后 2~3 d 增加 1~2 倍多种维生素或饮用电解质溶液。

②补充舍温　育成舍的温度应与育雏舍温度相同，否则就要补充舍温，补至原来水平或者高 1℃。如果舍温在 18℃ 以上，可以不加温。如早春或冬季气温较低，应延长供温，保证其温度在 15~22℃，然后逐步脱温。

③临时增加光照　转群的当天连续光照 24 h。

④整理鸡群　挑出残弱病鸡，清点鸡数，补满每一个鸡笼。

（2）饲喂正确

①掌握喂料量　喂料量可参考本品种和相同体型鸡种的喂料量及其对应的标准体重进行。整个限制饲养过程中，饲喂量不能减少，当体重超标时，保持上一次的饲喂量，直到恢复标准再增加饲喂量；当体重达不到标准时，加大饲料增幅，直到达标后，按正常增幅加料。

②补充沙粒和钙　从 7 周龄开始，每周 100 只鸡应给予 500~1 000g 沙粒，撒在饲料面上，前期用量少且沙粒直径小，后期用量多且沙粒直径增大。从 18 周龄到产蛋率 5% 阶段，饲料中钙的含量应增加至 2.5%，以供育成鸡形成髓质骨，增加钙盐的储备。

（3）控制体重

适宜的育成鸡体重是保证蛋鸡适时开产、蛋重大小合适、产蛋率迅速上升和维持较长产蛋高峰期时间的前提。育成鸡体重大小与产蛋期体重呈正相关，也影响开产蛋重和整个产蛋期蛋重。

轻型鸡要求从 6 周龄开始每隔 1~2 周称重 1 次；中型鸡从 4 周龄后每隔 1~2 周称重 1 次，以便及时调整饲养管理措施。称测体重时，数量在万只以上的鸡按 1% 抽样，小群按 5% 抽样，但不能少于 50 只。抽样要有代表性，平养时，一般先把栏内的鸡徐徐驱赶，使舍内各区域鸡和大小不同的鸡能均匀分布，然后在鸡舍的任意地方随意用铁丝网围出大约需要的鸡数，并将伤残鸡剔除，剩余的鸡逐只称重登记，以保证抽样鸡的代表性。笼养时要在鸡舍内不同区域抽样，但不能仅取相同层次笼的鸡，因为不同层次的环境不同，体重有差异。每层笼取样数量也要相等。体重测定安排在相同的时间，如周末早晨空腹测定，称完体重后再喂料。

（4）均匀度的控制

①均匀度的计算　均匀度是指体重达到平均体重±10%范围内的鸡数占抽测总数的百分比。计算公式：

$$均匀度（\%）=体重在抽测禽群平均体重±10\%的鸡数/抽测总数×100$$

例如，某鸡群规模为 5 000 只，10 周龄时标准体重为 760 g，超过或低于标准体重10%的范围是 684~836 g。在鸡群中抽测 100 只，其中体重在 684~836 g 的有 82 只，占称重鸡数的 82%。

②均匀度的标准　均匀度≥85%表示优秀，鸡群开产整齐，产蛋高峰上得快，高峰明显且持续时间长；均匀度≥80%表示良好，同优秀；均匀度≥75%表示合格；均匀度≤70%表示均匀度差，鸡群不能同步开产，产蛋高峰不明显或即使出现高峰也表现高峰晚、持续时间短，脱肛、啄肛多，死淘率高。

③提高禽群均匀度的技术措施

a. 实行公母分群饲养：公母分群饲养对提高均匀度至关重要，育成期全程实行公母分群饲养是最理想的。公母禽对营养的要求不同，生长速度也不同，分群饲养可以采取不同的饲养管理措施，有利于提高禽群的均匀度。

b. 饲养密度要合适：饲养密度也是决定均匀度高低的一个很重要的因素。饲养密度大的禽群活动受限，生长发育缓慢，导致均匀度下降；饲养密度过小，则饲养成本增加。具体要根据禽舍和设备配置来决定。

c. 适时断喙，且断喙要准确：实施断喙的目的是避免相互啄斗，减少饲料浪费。断喙时，应将较弱小的鸡捡出，单独饲养，多喂给些饲料，并且每 2~3 d 观察 1 次其体重的增长情况，一般经 2~3 周，这些鸡就可恢复到标准体重。

d. 挑拣分栏，改进饲养管理：挑拣分栏是均匀度较低时常采取的一种补救措施。频繁挑拣分栏除了会增加工作量，也会对禽群造成较大应激反应，而且在大小栏调整的过程中，料量会有很大的变动。调栏后，家禽很快达到了所需的体重标准，但并不符合种禽生长发育规律，仅靠分栏，即使均匀度很高，生产性能也不会很理想。分栏应尽量在 12

周龄以前完成，以期在 14 周龄达到体重标准。

e. 定期随机抽样称重：称重是正确评定禽群的平均体重和均匀度的有效方法，确保每周称重 1 次。3 周龄前可采取群体称重，每个群体 30 只左右；3 周龄后可采取个体称重，抽取的比例取决于禽群大小。5 000 只以上的可抽取 2%~3%，1 000~5 000 只的可抽取 5%。称量后的结果取其平均值与本周标准体重比较，然后调整下周的饲喂量，使其始终处于适宜的体重范围。

f. 保证禽群均匀适量的采食：育成期饲喂必须有充足的饲养面积、采食和饮水位置。饲料需均匀分配，尽可能减少家禽间的争食，维持体重和均匀度。对于笼养蛋鸡，食槽内加料要均匀，每次喂完后要匀料 4~5 次，保证鸡只采食均匀。网上平养和地面饲养，为确保每只家禽都有足够的料位，可根据情况增加辅助料桶。要确保饲料质量，根据体重变化情况，适当调整喂料量，体重超标时，下周可维持上一周的给料量，低于标准体重时，每低于 1%，每只每天可增加 3~5 g 料量。

g. 做好防疫，及时整群：应及时淘汰那些鉴别错误、发育很差和明显有病的家禽，对死亡个体及时处理，对于笼养蛋鸡及时补充缺位，保持每笼鸡数一致。由于育成期防疫比较频繁，应完善免疫程序，科学使用疫苗，避免经常抓禽带来较大的应激反应，这样有利于保证禽群体重的均匀度。发病的家禽往往增重缓慢并且发育不良，搞好疫苗接种，做好消毒防疫工作，以减少疾病的发生，也有利于提高禽群的均匀度。

h. 提供适宜的环境：育成期要注意防止高温高湿、低温低湿现象出现，重视通风，控制光照度，光照时间宜短不宜长，光照度宜弱不宜强，防止性成熟过早。对地面饲养的家禽，要保持垫料清洁干燥，给禽群创造一个良好的生长环境。

（5）日常管理

①观察鸡群　经常观察鸡群的精神、采食、运动、排粪、外观情况，发现病鸡，及时挑出，隔离饲养或淘汰处理。

②喂料　定时喂料，喂料量要适当、均匀，避免饲槽内饲料长期蓄积。饲料要营养全面、干净卫生，不饲喂腐败变质饲料。换料不可突然进行，要逐渐过渡。经常清洁饲喂器具，保证足够的采食位置。

③饮水　供应充足的饮水，饮水清洁、无毒、无病原微生物污染。经常清洁消毒饮水器具，保证足够的饮水位置。

④卫生防疫　育成阶段，禽群很容易发生球虫病、黑头病、支原体病和一些外寄生虫病，应定期接种疫苗。例如，地面平养鸡 15~60 日龄易患绦虫病，2~4 月龄易患蛔虫病，应及时对这两种内寄生虫病进行预防，增强鸡群体质和改善饲料效率。平常定期清理和消毒鸡舍、设备器械，定时清除舍外的杂草、垃圾堆，做好环境卫生。每周最好带鸡消毒 2~3 次。定期灭鼠，减少鼠类、昆虫等疾病的传播和滋生。及时清粪，加强通风，严禁杜绝无关人员靠近鸡舍，饲养员严禁串舍。

⑤保持环境安静稳定，减少应激　饲养员固定，不随意更改饲料和作息时间，免疫捉鸡时动作要轻等。

⑥做好记录工作　育成期生产记录见表 3-8 所列。

表 3-8　育成期生产记录

品种					入舍日期					
批次					入舍数量					
转群日期					转群数量					

周龄	日龄	存栏	死亡	淘汰	成活率/%	耗料量			平均体重/g	均匀度/%	用药免疫
						每只耗料/g	总量/kg	累计总耗料/kg			
	42										
	43										
	44										
	…										
	120										

4)育成鸡培育效果评价指标

①育成率　正常情况下,育成期满 20 周龄时成活率应达到 95%～97%。

②健康　未发生过传染病,食欲旺盛,羽毛紧凑,体质结实,骨骼发育良好,采食力强,活泼好动。

③体重及均匀度　育成鸡体重达标,群体整齐,均匀度大于 80%,性成熟一致,符合正常生长曲线,从而使产蛋期生产潜力得以发挥。

任务实施

育成鸡体重与均匀度的测定

【材料用具】

育成鸡群(≥500 只)、电子秤、计算器、体重记录本、鸡的标准体重数据等。

【实施步骤】

(1)确定检测鸡数

检测比例因鸡群大小而异,一般来讲,万只以上鸡群抽检 1%,万只以下抽检 10%(不少于 50 只)。

(2)随机抽样

对平养鸡抽样时,一般先把舍内的鸡徐徐驱赶,使舍内各区域鸡只均匀分布,然后从鸡舍的四角和中央随意用网围出大约需要的鸡数,并剔除伤残鸡。笼养鸡抽样时,一般采用对角线法,从不同层次的鸡笼抽样、每层笼的抽样数量应该相等。

(3)抓鸡

抓鸡时,动作要轻,最好抓鸡的双腿,不要抓头、颈和翅膀。抓鸡时最好降低光照度,便于捉鸡,可避免鸡受惊而造成挤堆压死(图 3-7)。

图 3-7　抓鸡

（4）称重

某蛋鸡场饲养的第 12 周龄罗曼褐壳蛋鸡 1 000 只，按比例随机抽取 60 只，空腹逐只单个称重，并逐一记录体重，得到表 3-9 资料。每次称测体重的时间应安排在同一时间，例如在周末早晨空腹时测定，称完后再喂料（图 3-8、图 3-9）。

图 3-8 用电子秤称重

图 3-9 用体重秤称重

表 3-9 罗曼育成鸡群体重记录

g

序号	体重	序号	体重	序号	体重	序号	体重
1	1 280	16	1 081	31	1 064	46	1 077
2	1 157	17	1 176	32	1 234	47	1 048
3	998	18	1 038	33	1 227	48	1 208
4	1 098	19	1 155	34	1 212	49	1 302
5	1 276	20	1 240	35	1 193	50	1 196
6	1 085	21	1 056	36	1 153	51	1 286
7	1 056	22	1 164	37	1 023	52	1 142
8	1 386	23	1 108	38	1 098	53	1 138
9	1 208	24	1 086	39	1 178	54	1 236
10	1 240	25	1 226	40	1 083	55	1 228
11	1 083	26	1 143	41	1 096	56	1 204
12	1 134	27	1 199	42	1 023	57	1 201
13	1 014	28	1 043	43	998	58	1 202
14	1 008	29	898	44	1 005	59	1 236
15	1 202	30	1 008	45	1 250	60	1 240

（5）计算抽样鸡的平均体重

将抽样罗曼蛋鸡的体重累计求和，除以抽样只数即得平均体重。首先与该品种标准体重（1 130 g）进行比较，初步分析体重是否达标以及鸡群饲养情况，并提出解决的办法。

（6）均匀度计算

①根据表 3-9 计算被测鸡场的均匀度，并判断该鸡群的整齐度。

②均匀度计算公式

均匀度（%）＝体重在抽测禽群平均体重±10% 的鸡数/抽测总数×100

③当鸡群平均体重超过标准体重时，若超标不超过 10%，则不用采取措施，若超过 10% 时，就要采取限制饲喂的方法，使其平均体重降到标准范围之内。

例如，某鸡群规模为 1 000 只，抽样鸡数为 50 只，将这 50 只鸡的单个体重相加，再除以 50，即得出抽测群的平均体重。如抽测平均体重为 1 500 g，再对这 50 只抽测鸡逐个查看体重，数出体重在抽测群平均体重±10%范围内的鸡只数，然后除以抽测数，即得出均匀度。

例如，体重在抽测群平均体重±10%(1 350~1 650 g)的鸡有 40 只，则该群育成鸡的均匀度为 80%。

(7)鸡群整齐度的判断

根据表 3-9 计算得到的均匀度，判断鸡群的整齐度。鸡群的整齐度标准见表 3-10 所列。

表 3-10　鸡群的整齐度标准

在鸡群平均体重±10%范围的鸡只所占的比例	整齐度
85%以上	特佳
80%~85%	佳
75%~80%	良好
70%~75%	一般
70%以下	不良

(8)家禽初生重的测定方法

将出壳雏鸡直接放在电子秤上，逐只称重，然后统计平均体重。初生重的大小与蛋重有关。鸡的初生重为蛋重的 62%~65%。初生重大，早期生长速度快。

【考核评价】

(1)个人考核(占 50%)

根据表 3-11 所列内容，对学生的实训情况进行考核。

表 3-11　个人考核内容及标准

序号	考核项目	评分标准	分值	考核方法	考核得分	熟练程度
1	抽样	抽样方法科学	5	单人操作考核		>90 分为熟练掌握；70~90 分为基本掌握；<70 分为没有掌握
1	抽样	抽样数量正确	5			
2	抓鸡	抓鸡动作正确	5			
2	抓鸡	对鸡无伤害	5			
3	称重	称重方法正确	10			
3	称重	称重记录完整、准确	10			
4	计算平均体重	计算结果正确	10			
5	计算均匀度	体重范围计算正确	10			
5	计算均匀度	鸡只数统计正确	10			
5	计算均匀度	计算结果正确	10			
6	结果分析	正确判断鸡群整齐度	10			
6	结果分析	如鸡群整齐度不理想，会根据情况提出改进饲养管理的措施	10			
	合计		100			

（2）团队考核（占 30%）

参照表 1-2 进行考核。

（3）综合评价（占 20%）

参照表 1-3 进行综合评价。

任务 3-3　产蛋鸡的饲养管理

任务描述

产蛋鸡是指 140 日龄以后处于产蛋阶段的鸡。产蛋鸡的饲养管理即蛋鸡产蛋期的饲养管理。蛋鸡产蛋期管理的中心任务是尽可能创造适宜的环境条件，充分发挥蛋鸡的遗传潜力，达到高产、稳产的目的，同时降低鸡群的死淘率和蛋的破损率，尽可能地节约饲料，最大限度地提高蛋鸡的经济效益。

知识准备

产蛋鸡对于营养物质的利用率不同，开产后体重仍在增加，生殖系统尚在发育且富有神经质，到了产蛋后期存在换羽的现象，实际生产中要根据蛋鸡周龄和产蛋率实行阶段饲养和调整饲养。

1. 产蛋率曲线的应用与分析

1）产蛋鸡的生理特点

①开产后身体尚在发育　刚进入产蛋期的母鸡，虽然性已成熟，但身体仍在发育，体重继续增长，开产后 24 周，约达 54 周龄后生长发育基本停止，体重增长较少，54 周龄后多为脂肪积蓄。

②对环境变化敏感　产蛋鸡富有神经质，对于环境变化非常敏感。鸡产蛋期间，饲料配方的变化，饲喂设备的改换，环境温度、相对湿度、通风、光照、密度的改变，饲养人员和日常管理程序的变换，鸡群发病、接种疫苗等应激因素等，都会对产蛋产生不利影响。

③不同时期对营养物质利用率不同　刚到性成熟时期，母鸡身体贮存钙的能力明显增强。随着开产到产蛋高峰，母鸡对营养物质的消化吸收能力增强，采食量持续增加。而到产蛋后期，其消化吸收能力减弱而脂肪沉积能力增强。

2）产蛋规律

母鸡产蛋具有规律性，就年龄而言，第 1 年产蛋量高，第 2 年和第 3 年每年递减15%～20%。产蛋期分为 3 个时期：产蛋前期、产蛋高峰期、产蛋后期。在产蛋期内，产蛋率和蛋重的变化呈现一定的规律性。

①产蛋前期　是指从开始产蛋到产蛋高峰期的阶段（21～26 周龄）。这个时期产蛋率

上升很快，每周以 12%~20% 的比例上升，同时鸡的体重和蛋重也在增加。鸡体重每天增加 4~5 g，蛋重每周增加 1 g 左右。

②产蛋高峰期 产蛋率通常在 85% 以上，一般在 28 周龄产蛋率可达 90% 以上。正常情况下，产蛋高峰期可维持 3~4 个月。在此期间蛋重变化不大，体重略有增加。

③产蛋后期(43 周龄后) 产蛋率逐渐下降，每周下降 0.5% 左右，蛋重相对较大，体重增加，直至 72 周龄产蛋率下降至 65%~70%。

3) 产蛋率曲线

根据产蛋期内每周平均产蛋率绘制成的坐标曲线图(纵坐标表示产蛋率，横坐标表示周龄)称为产蛋率曲线。现代商品蛋鸡的产蛋率曲线具有以下 3 个特点。

①开产后产蛋率上升较快 正常饲养管理条件下，产蛋率的上升速率平均为每天 1%~2%，产蛋率初期上升阶段可达 3%~4%。从 23~24 周龄开产，29 周龄左右即可达到产蛋最高峰。褐壳蛋鸡一般在 20 周龄时，产蛋率达 5%；21 周龄时，产蛋率达 50%；25~27 周龄时，产蛋率达到 90% 以上，一直维持至 40 周龄左右。

②产蛋率达到高峰后，产蛋率的下降速度很缓慢且平稳 产蛋率下降的正常速率为每周 0.5%~0.7%，高产鸡群 72 周龄淘汰时，产蛋率仍可达 70% 左右。

③产蛋率下降具有不可完全补偿性 由于营养、管理、疾病等方面的不利因素，导致母鸡产蛋率较大幅度下降时，在改善饲养条件和鸡群恢复健康后，产蛋率有一定上升，但不可能再达到应有的产蛋率。产蛋率下降部分得不到完全补偿。越接近产蛋后期，下降的时间越长，越难回升，即使回升，回升的幅度也不大。如发现鸡群产蛋量异常下降，要尽快找出原因，采取相应措施加以纠正，避免造成更多的经济损失。

每个品种都有其特有的产蛋率曲线。品种的标准产蛋率曲线和实际产蛋率曲线的比较，可以衡量鸡群产蛋性能是否正常，预测下一步产蛋表现，分析导致产蛋异常的可能原因，及时纠正各项饲养管理措施，挖掘产蛋潜力。

2. 产蛋期的饲养管理

产蛋鸡饲养管理目标：产蛋性能高、性成熟较早、产蛋高峰维持时间长，具有良好的适应性及较强的抗病能力，死淘率低，体格强健，饲料转化率高、蛋品质良好，并且具有耐热、安静、无神经质、易于管理等优秀品质，实现蛋鸡在产蛋期高产、稳产、高效生产。

1) 饲养方式

(1) 平养

平养所需的设施投入较少，但单位面积的饲养量小。

①地面垫料平养 地面铺上垫料，在垫料上饲养蛋鸡。这种方式设备投资少，冬季保温较好。喂料设备采用吊式料桶或料槽，有条件时可采用机械链式料槽、螺旋式料盘等。饮水设备采用大型吊塔式饮水器或水槽。

②网上平养 用木条、竹条或铁丝网铺放整个饲养区的地面。网面要高出地面 70 cm以上，以便在母鸡淘汰后清粪。这种方式无须垫草，可控制由粪便传播的一些疾病；同时，也便于喂料、饮水的机械化。但这种方式饲养的鸡易受惊吓，易发生啄癖，破蛋脏蛋

较多，且生产性能不能充分发挥。

③地网混合饲养　由上述网面与垫料地面混合组成，两者之比为3∶2或2∶1。网面设在中央，垫草地面在两侧，供料、供水系统置于网上，可每周清扫2次，这种方式用垫料少，产蛋较多，但为人工拣蛋，窝外蛋多。

（2）笼养

笼养有全阶梯式、半阶梯式、全重叠式等多种方式。笼养具有饲养密度高、节约饲料、饲料利用率高等优点，但也有投资较大、鸡的活动量小体质弱、对饲料要求高的缺点。

①全阶梯式　常见的为2~3层。其优点是鸡粪直接落于粪沟或粪坑，笼底不需要设粪板，如为粪坑也可不设清粪系统；结构简单，停电或机械故障时可以人工操作；各层笼敞开面积大，通风与光照面大。缺点是设备投资较多，目前我国采用最多的是蛋鸡三层全阶梯式鸡笼和种鸡两层全阶梯式人工授精笼。

②半阶梯式　上下两层笼体之间有1/4~1/2的部位重叠，下层重叠部分有挡粪板，按一定角度安装，粪便清入粪坑。因挡粪板的作用，通风效果比全阶梯式差。

③全重叠式　鸡笼上下两层笼体完全重叠，常见的有3~4层，高的可达8层，饲养密度大幅提高。其优点是鸡舍面积利用率高，生产效率高。缺点是对鸡舍的建筑、通风设备、清粪设备要求较高。此外，这种方式不便于观察上层笼及下层笼的鸡群，给管理带来一定的困难。

2）开产前后的饲养管理

①及时更换饲料　开产前2~3周蛋鸡体内贮存钙的能力增强。应从鸡群17~18月龄提高饲料钙含量至2.5%，群体产蛋率达到0.5%时换成钙含量至3.5%的产蛋鸡饲料，以满足蛋壳形成的需要。换料应有过渡期，减少应激反应。

②保证营养供给　开产是母鸡一生中的重大转折，是一个很大的应激，在这段时间内母鸡的生殖系统迅速发育成熟，青春期的体重仍在增长，要增重400~500g，产蛋量也在增加，这些都需要营养增加。因此，开产前应停止限饲，让鸡自由采食，保证营养需求，促进产蛋上升。

③增加光照　产蛋期的光照管理应与育成阶段光照具有连贯性。17~18周龄开始，每周增加0.5h的光照，直至15~15.5h后维持恒定不变。若育成母鸡体重末达到该品种要求，可将补充光照时间推迟1周。

④保持体重　体重适宜的鸡群，就可能维持长久的高产，因此在转入蛋鸡舍后，仍应掌握鸡群体重的动态，一般固定50~100只鸡做上记号，每1~2周称一次体重。

⑤保证饲料、饮水的供给　开产时，鸡体代谢旺盛，需水量大，采食增加，要饲料、饮水卫生标准。保证充足饮水、饲料供应，让鸡自由采食饮水，不限饲。饮水、饲料质量要符合国家标准。

⑥加强卫生防疫工作　开产前根据实际情况进行免疫接种，防止产蛋期疫病的发生。对鸡群体表、肠道内寄生虫、球虫开展驱虫工作。110~130日龄的鸡，每千克体重用左旋咪唑20~40mg或哌嗪（驱蛔灵）200~300mg，拌料喂饲，1次/d，连用2d以驱除蛔虫；

球虫卵囊污染严重时，上笼后要连用抗球虫药 5~6 d。平时做好鸡舍内外、场区的消毒工作。

⑦创造良好的生活环境　开产前鸡敏感性强，加上应激因素多，所以应合理安排作息时间，保持环境相对安静稳定。为缓解应激，也可在饲料或饮水中加入维生素 C、速溶多维、延胡索酸和镇静剂等抗应激剂。

3）产蛋鸡的营养需要和饲养标准

（1）产蛋鸡营养需要

①能量需要　产蛋鸡对能量的需要包括维持需要和生产需要。影响维持需要的因素主要由鸡的体重、活动量、环境温度的高低等决定。体重大、活动多、环境温度过高或过低，维持需要的能量就越多。生产需要是指产蛋的需要，产蛋水平越高生产需要越大。据研究，产蛋对能量需要的总量有 2/3 是用于维持需要，1/3 用于产蛋。鸡每天从饲料中摄取的能量首先要满足维持需要，然后才能满足其产蛋需要。因此，饲养产蛋鸡必须在维持需要水平上下功夫，否则鸡就不产蛋或产蛋较少。

②蛋白质需要　产蛋鸡对蛋白质的需要不仅要从数量上考虑，也要从质量上注意。体重 1.8 kg 的母鸡，每天维持需要 3 g 左右蛋白质，产 1 枚蛋需要 6.5 g 蛋白质，当产蛋率 100% 时，维持和产蛋的饲料中蛋白质的利用率为 57%，故每天共需 17 g 左右蛋白质。在实际生产中产蛋率不可能达到 100%，所以蛋白质实际需要量低于 17 g。从蛋白质需要量来看，有 2/3 用于产蛋，1/3 用于维持。可见饲料中所提供的蛋白质主要是用于形成鸡蛋，如果不足，产蛋量会下降。蛋白质的需要实质上是指对必需氨基酸种类和数量有一定要求，也就是氨基酸是否平衡。

③矿物质需要　产蛋期最易缺乏的矿物质是钙和磷。钙对产蛋鸡至关重要，每枚蛋壳重 6.3~6.5 g，含钙 2.2~2.3 g，若以产蛋率 70% 计算，则每天以蛋壳形式排出的钙 1.5~1.6 g。饲料中钙的利用率一般为 50.8%，则每日应供给产蛋母鸡 3~3.2 g 钙。骨骼是钙的贮存场所，由于鸡体型小，所以钙的贮存量不多，当饲料中缺钙时，就会动用贮存的钙维持正常生产，当长期缺钙时，则会产软壳蛋，甚至停产。产蛋鸡有效磷的需要量为 0.3%~0.33%，以总磷计为 0.6%，且为保证磷的有效性，总磷的 30% 必须来自无机磷。据研究，0.3% 有效磷和 3.5% 钙可使鸡获得最大产蛋量和最佳蛋壳质量。

饲料中还应保证适宜的钠、氯水平，一般添加 0.3%~0.4% 食盐即可满足需要。产蛋鸡还需要补充充足的微量元素及多种维生素。实际配制鸡的饲料时应将季节、周龄、产蛋水平、饲料原料价格等因素综合权衡考虑，使用配方软件程序筛选最低成本配方。

（2）产蛋鸡的饲养标准

我国产蛋鸡的饲养标准，按产蛋水平分为 3 个档次，各档次的能量水平相同，而粗蛋白质等营养水平则随产量水平增加而增加。产蛋鸡从饲料中摄取营养物质的多少，主要取决于采食量的多少。在能量水平相同的情况下，采食量主要受季节变化、产蛋量高低和所处的各生理阶段的影响。所以，在应用饲养标准时，应根据季节变化、所处生理阶段等进行适当调整，主要是调整粗蛋白质、氨基酸和钙的供给量。我国产蛋鸡主要营养标准见表 3-12 所列。

表 3-12　我国产蛋鸡主要营养标准

项目	产蛋率>80%	产蛋率 65%~80%	产蛋率<65%
代谢能/(MJ/kg)	11.5	11.5	11.5
粗蛋白/%	16.5	15	14
蛋白能量比/(g/MJ)	14.34	12.9	12.18
钙/%	3.5	3.25	3.0
总磷/%	0.60	0.60	0.60
有效磷/%	0.40	0.40	0.40
食盐/%	0.37	0.37	0.37

（3）采食量

产蛋阶段一般饲喂 2 次/d，让鸡自由采食，18~20 周龄日采食量为 100~105 g，21 周龄为 105~110 g，22 周龄为 115~120 g，23 周龄以后为 120 g。

4）科学的饲养方法

（1）阶段饲养

根据鸡的年龄和产蛋水平以及鸡的产蛋曲线和周龄，可以把产蛋鸡划分为几个阶段，不同阶段采取不同的营养水平进行饲喂，称为阶段饲养。

产蛋鸡阶段的划分（表 3-13）一般有两种方法，即两段法和三段法，其中三段划分更合理。

表 3-13　产蛋鸡阶段的划分

阶段	两段法		三段法		
周龄	21~50	51~72	21~40	41~60	61~72

采用三段饲养法，产蛋高峰出现早，上升快，高峰期持续时间长，产蛋量多。我国产蛋鸡的饲养标准也就是按三段饲养法制定的。

在 21~40 周龄，产蛋率急剧上升到高峰并在高峰期维持，同时鸡的生长发育仍在进行，此时体重增加主要以肌肉和骨骼为主，因此营养必须同时满足鸡的生长和产蛋所需。所以，饲养上饲料营养物质浓度要高，要促使鸡多采食。这一时期鸡的营养和采食量决定着产蛋率上升的速度和在高峰期维持的时间长短。因此，此期饲喂上，应该以自由采食为好。

在 41~60 周龄，鸡的产蛋率缓慢下降，此时鸡的生长发育已停止，但是其体重在增加，增加的主要脂肪。所以，在饲料营养物质供应上，要在抑制产蛋率下降的同时防止机体过多的脂肪积累。在饲养实践中，可以在不控制采食量的条件下适当降低饲料能量浓度。

在 61~72 周龄，此期产蛋率下降速度加快，体内脂肪沉积增多。所以，饲养上在降低饲料能量的同时对鸡进行限制饲喂，以免鸡过肥而影响产蛋。

商品蛋鸡一般利用一个生产周期，当产蛋率低于 50%或饲料价格高，蛋价低，出现亏本，即使不到 70 周龄也应淘汰。如果继续利用一年，则必须实行强制换羽技术，让母鸡重新恢复产蛋高峰。

（2）调整饲养

调整饲养是根据环境条件和鸡群状况的变化，及时调整饲料配方中各种营养物质的含量，使鸡群更好地适应生理及产蛋需要的饲养方法。调整饲养必须以蛋鸡的饲养标准为基础，保持饲料配方的相对稳定。应根据环境变化、鸡的产蛋量、鸡群健康状况等适时调整，调整饲料时主要调整饲料的蛋白质和主要矿物质的水平。

①按气温变化调整饲养　在 10~26℃ 条件下，鸡按照自己需要的采食量采食，超出这一范围，鸡自身的调节能力减弱，则需要进行人工调整。气温低时，鸡的采食量增多，营养物质摄入增加，因此必须提高饲料能量水平，以抑制采食，同时降低其他营养物质浓度；气温高时，鸡的采食量下降，营养物质摄入减少，为促进采食必须降低饲料能量含量，同时增加其他营养物质浓度。

②按产蛋规律调整饲养　即按照鸡的产蛋规律进行调整。在调整营养物质水平时，掌握的原则是上高峰时为了"促"，饲料营养要走在前头，即上高峰时在产蛋率上升前 1~2 周先提高营养标准；下高峰时为了"保"，饲料营养要走在后头，即下高峰时在产蛋率下降后 1 周左右再降低营养标准。在实际生产中，在鸡产蛋高峰上升期，当产蛋率还没上升到高峰时，需要提前更换为高峰期饲料，以促使产蛋率的快速提高；在产蛋率下降期，当产蛋率下降后，为抑制产蛋率的下降速度，要在产蛋率下降后 1 周再更换饲料。

③采取管理措施时调整饲养　接种疫苗后的 7~10 d，饲料中粗蛋白质水平应增加 1%。

④出现异常情况时调整饲养　当鸡群发生啄癖时，除消除引起啄癖的原因外，饲料中可适当增加粗纤维、食盐的含量，也可短时间喂给石膏。开产初期脱肛、啄肛严重时，可加喂 1%~2% 食盐 1~2 d。鸡群发病时，适当提高饲料中营养成分，如粗蛋白质增加 1%~2%，多种维生素提高 0.02%，还应考虑饲料品质对鸡适口性和病情发展的影响等。调整饲养是保证鸡群充分发挥遗传潜力、健康高产、降低成本、增加经济效益的有效措施。

（3）减少饲料浪费，节约成本

在养鸡生产中，饲料费用占养鸡成本的 60%~70%。由于种种原因，常会导致饲料浪费。因此，节约饲料尤为重要。节约饲料开支可做好以下工作：选料蛋比低的品种；采用全价配合饲料，提高饲料报酬；料槽结构合理，高度适宜；饲喂方法要合理，采取少喂勤添，添料时不超过喂料器容量的 1/3；饲料加工粒度合理，粉状料不能过细；妥善保管饲料，防虫害、变质；及时淘汰弱残鸡；及时对鸡群进行蛔虫病或绦虫病等内寄生虫病的预防，增强鸡体质和改善饲料效率；对 7~10 日龄的雏鸡进行断喙。

5）合理的饲喂

①补喂钙料　蛋鸡产蛋量高，需较多的钙质饲料，一般在 17：00 补喂大颗粒（颗粒直径 3~5 mm）的贝壳粉，每 1 000 只鸡喂 3~5 kg。将微量元素添加量增加 1 倍，对增强蛋壳强度、降低蛋的破损率效果较好。实践证明，蛋鸡饲料中钙源饲料采用 1/3 贝壳粉、2/3 石粉混合应用的方式，对蛋壳质量有较大的提高作用。

②喂足饲料　产蛋鸡食物在消化道中的排空速度很快，仅 4 h 就排空一次。因此，产前与熄灯前喂足料非常重要。一般 5：00~7：00 时必须喂足料，使鸡开产有足够体力。晚间

熄灯前需补喂 1~1.5 h，为鸡夜间形成鸡蛋准备充足的营养。整个产蛋期以自由采食为宜，但每次喂料不宜过多，2~3 次/d，夜间熄灯之前无剩余饲料。

③饮水管理　褐壳蛋鸡产蛋高峰期喂料一般在 120~130 g，白壳蛋鸡一般在 110~120 g。鸡的饮水量一般是采食量的 2~2.5 倍，一般情况下每只鸡每天饮水量为 200~300 mL。饮水不足会造成产蛋率急剧下降。在产蛋及熄灯之前各有 1 次饮水高峰，尤其是熄灯之前的饮水与喂料往往被忽视。试验证明，在育成鸡阶段如断水 6 h，在产蛋后则影响产蛋率 1%~3%；产蛋鸡断水 36 h，产蛋量就不能恢复到原来水平。水槽要每天清洗，使用乳头饮水器的应每周用高压水枪冲洗 1 次。

④饲喂应掌握原则　合理搭配各种饲料原料，提高饲料的适口性。不要饲喂霉变饲料、添加大蒜素等刺激鸡的食欲。分次饲喂，经常匀料。当鸡看到饲养者进入鸡舍匀料，往往比较兴奋，采食量会增加。饲料破碎的粒度大小应适中，玉米、豆粕等一般使用 5 mm 筛片粉碎。可以适当添加油脂或湿状微生物发酵饲料，减少料槽中剩余的粉末。

6) 产蛋期的管理

（1）环境管理

①温度　对蛋鸡的生长、产蛋、蛋重、蛋壳品质和饲料报酬等都有较大影响。产蛋鸡舍的适宜温度为 13~23℃，最适温度为 16~21℃；最低温度不能低于 5℃，最高温度不应超过 28℃。否则，对蛋鸡的产蛋性能影响较大。

②相对湿度　蛋鸡适应相对湿度为 40%~70%，最佳适宜相对湿度为 60%~65%。

③通风　通风换气是调控鸡舍内温度，降低湿度，排出污浊空气，减少有害气体、灰尘、微生物的浓度和数量的手段。产蛋鸡舍内二氧化碳浓度应低于 0.15%，氨气浓度小于 0.002%，硫化氢浓度不超过 0.001%。通风时气流能均匀流过全舍而无贼风，进行低流量或间断性通风，天冷时进入舍内的气流应由上而下不直接吹向鸡体。气流速度夏季低于 0.5 m/s，冬季低于 0.2 m/s。规模化鸡场一般采用纵向负压通风系统，结合横向通风可取得良好效果。

④光照　合理的光照对提高鸡的生产性能有很大作用，除了保证正常采食饮水和活动外，还能增强性腺机能，促进产蛋，产蛋期光照原则是每天光照时间只能延长，不能缩短。但光照时间过长，光照度过强，鸡会兴奋不安，并会诱发啄癖，严重时会导致脱肛；光照度过弱，时间过短，又达不到光照的目的。一般产蛋鸡的适宜光照度为 15~20 lx，光照时间以 16 h/d 为宜。人工补光开灯时间保持稳定，忽早忽晚地开灯或关灯都会引起部分母鸡的停产或换羽。有条件鸡场光照时间控制最好用定时器，采取早晚两头补的方法更为适宜，光照度用调压变压器，并经常擦拭灯泡，保证其亮度。密闭式产蛋鸡舍 40 周龄后的产蛋鸡群可采用间歇光照方案提高饲料利用率。

⑤饲养密度　产蛋期的饲养密度因品种、饲养方式不同而异。适宜的密度和蛋鸡占有料位、水位长度，更利于鸡群产蛋性能的充分发挥。

（2）季节管理

鸡舍环境受季节变化的影响，尤其是开放式鸡舍受影响更大。生产中，应根据不同季节对鸡采取必要的管理措施。

①春季　气温逐渐变暖，光照时间延长，是产蛋量回升阶段，又是微生物大量繁殖的

季节。所以，春季的管理要点是提高饲料中的营养水平，满足产蛋的需要；产蛋箱要足够；逐步增加通风量；经常清粪；做好卫生防疫和免疫接种；抓好鸡场的绿化工作。

②夏季　气温高，光照时间长。管理要点是防暑降温，促进食欲。为了做好防暑降温工作，可采用下列方法。

a. 减少鸡舍所受到的辐射热和发射热：在鸡舍的周围植树，搭置遮阳凉棚或种植藤蔓植物。鸡舍屋顶增加厚度或内设顶棚，屋顶外部涂以白色涂料。在房顶上安装喷头，对房顶喷水。地面种植草皮，可减少辐射热。

b. 增加通风量：采取自然通风的开放性鸡舍应将门窗及通风孔全部打开，密闭式鸡舍要开动全部风机昼夜运转。当气温高时，可加大舍内的换气量，若气温仍不能下降时，应考虑纵向通风的问题，同时增加气流速度，以期达到降温的目的。一般的商品鸡饲养场可采用电风扇吹风，使鸡的体温尤其是头部温度下降。

c. 湿帘降温法：采取负压通风的鸡舍，在进风处安装湿帘，降低进入鸡舍的空气温度，可使舍温下降 5~7℃。

d. 喷雾降温法：在鸡舍或鸡笼顶部安装喷雾设备，当舍温高于 35℃ 时，直接对鸡进行喷雾。设备可选用高压隔膜泵，没有条件的也可用背负式或手压式喷雾器喷水降温。

e. 降低饲养密度：当气温较高、鸡舍隔热性能不良，为了减少鸡舍内部鸡的自身产热，可适当降低饲养密度。

f. 间歇光照：夏季当舍温达到 25℃ 以上时，采用间歇光照，利用夜间温度降低的时候安排 2 h 光照，使产蛋母鸡白天高温环境中的采光不足在夜间得到补偿，可提高产蛋率5%~10%。

g. 供给清凉的饮水：夏季的饮水要保持清凉，水温以 10~30℃ 为宜。水温 32~35℃ 时饮水量大减，水温达 44℃ 以上时则停止饮水。炎热环境中鸡主要靠水分蒸发散热，饮水不足或水温过高会使鸡的耐热性降低。让鸡饮冷水，可刺激食欲，增加采食，从而提高产蛋量和增加蛋重。笼养蛋鸡夏季高温时极易出现稀便，主要原因就是高温使饮水量增加，解决办法是改善鸡舍温度和通风状况。

h. 调整饲料配方：气温高的夏季，鸡的采食量减少，为了保证产蛋必须根据鸡的采食量调整饲料配方，如添加油脂，油脂容积小，热增耗少。在高温环境下，用 3% 油脂代替部分能量饲料，使鸡的净能摄入量增加，对提高母鸡的产蛋率有良好的作用。为了更好地防暑降温，可在饲料或饮水中添加 0.02% 维生素 C 或其他一些抗热应激的添加剂。我国长江中下游地区，通常每年 6 月中旬到 7 月上旬是梅雨季节，天空连日阴沉，降水连绵不断，时大时小。持续连绵的阴雨、温高湿大对产蛋鸡极为不利，应加强通风，提供充足的维生素，预防体表寄生虫病。

③秋季　光照时间逐渐缩短，天气逐渐凉爽，鸡群产蛋一年开始休产、换羽。如果老龄鸡不再饲养，并有新母鸡替换，最好在更新前 1 个月左右淘汰不产蛋或早期换羽的鸡。为提高产蛋量，光照时间要补充至 16~17 h。早秋仍然天气闷热，再加上雨水大、湿度高，易发生呼吸道和肠道疾病，因此在白天要加大通风量，降低湿度；饲料中应经常投放药物，防止发病。秋季是鸡痘高发期，应做好鸡痘疫苗的刺种工作。

④冬季　天气寒冷，光照时间短。冬季管理的要点是防寒保温，舍温不低于10℃。在入冬以前修整鸡舍，在保证适当通风的情况下封好门窗，以增加鸡舍的保暖性能，防止冷风直吹鸡体。北侧的窗口用塑料薄膜钉好(但不要完全封闭，可留小窗通风换气)，或用草帘遮挡；地面平养的应加厚垫料、勤换垫料，尤其是饮水器周围的垫料，防止鸡伏于潮湿垫料上。如果采用机械通风，需减少通风量，通风量大小及时间长短应视鸡舍内气味和温度情况而定，一般通风时间不超过0.5 h。冬天气温低，鸡散热大，在保证鸡群采食到全价饲料的基础上，提高饲料代谢能的水平。早上开灯后，要尽快喂鸡，晚上关灯前要把鸡喂饱，以缩短鸡群在夜间空腹的时间。另外，冬天早晚要补加人工光照，保持与其他季节相同的光照时间。注意检查饮水系统，防止漏水打湿鸡体。

（3）日常管理

①观察鸡群　建立经常观察和定时检查鸡群的制度。每天观察鸡群的精神、食欲、饮水、粪便，有无啄癖、残鸡、死鸡，产蛋量、蛋壳质量有无变化。发现异常及时查找原因，对症处理，并随时淘汰残鸡、死鸡。

②减少应激　维持良好的相对稳定的环境条件，是产蛋鸡管理尤其是产蛋高峰期管理的重要内容。应激是指对鸡健康有害的一些症候群。应激可能是气候的、营养的、群居的或内在的(如由于某些生理机能紊乱、病原体或毒素的作用)。任何环境条件的突然改变，都可能引起鸡发生应激反应。所以，养鸡生产中应严格执行光照计划，按时开、关灯，尽量控制好蛋鸡所需的环境条件，温度、相对湿度、饲养密度适宜，通风良好；定人定群饲养，日常作业程序一经确定，就不会轻易改变；免疫尽量安排在晚上进行；操作时动作要轻，严防噪声和大声喧哗，严禁饲养人员串舍，严禁鸟、猫、犬等动物进入鸡舍，尽量避免应激因素发生。应激不可避免时，在饮水或饲料中添加一些抗应激物质，如维生素A、维生素E、维生素C等。

③定时喂料、供足饮水　产蛋鸡消化力强，食欲旺盛，喂料以2~3次/d为宜：3次的时间安排为第1次6:00~7:00、第2次10:30~11:00、第3次16:30~17:30，3次的喂料量分别占全天喂料量的30%、30%和40%。也可将全天的总料量于早晚分2次喂完，晚上喂的料量应在早上喂料时还有少许余料量，早上喂的料量应在晚上喂料时基本吃完。要匀料3~4次/d，以刺激鸡采食。

④勤捡蛋　每天至少进行2次捡蛋，第1次11:00左右；第2次16:30左右。每次捡蛋时要轻拿轻放，破蛋、脏蛋要单独放，并及时做好记录。正常情况下，鸡蛋的破损率应在2%~3%。

⑤做好环境卫生消毒　保持鸡舍内外环境清洁卫生，经常消毒。及时清除粪便，每天清理料槽，清洗消毒水槽1次。根据情况每周带鸡消毒3~5次。

⑥做好记录　每天记录鸡群的存栏量、鸡只变动数量及原因、耗料情况、产蛋情况、环境条件、卫生防疫、投药、天气情况等，以便汇总分析。

⑦产蛋鸡的挑选　挑选出低产鸡、停产鸡是鸡群日常管理工作中的一项重要工作。这不仅能节约饲料、降低成本，还能提高笼位利用率。产蛋鸡与停产鸡、高产蛋鸡与低产蛋鸡外貌特征的区别见表3-14和表3-15所列。

表 3-14　产蛋鸡与停产鸡外貌特征的区别

项目	产蛋鸡	停产鸡
冠、肉垂	大而鲜红，丰满，温暖	小而皱缩，色淡或暗红色，干燥，无温暖感
肛门	大而丰满，湿润，呈椭圆形	小而皱缩，干燥，呈圆形
触摸品质	皮肤柔软细嫩，耻骨薄而有弹性	皮肤和耻骨硬而无弹性
腹部容积	大	小
换羽	未换羽	已换或正在换羽
色素	肛门、喙、胫已褪色	肛门、喙、胫为黄色

表 3-15　高产蛋鸡与低产蛋鸡外貌特征的区别

项目	高产蛋鸡	低产蛋鸡
头部	大小适中、清秀、头顶宽	粗大、面部有较多脂肪、头过长或短
喙	稍粗短，略弯曲	细长无力或过于弯曲，形似鹰嘴
冠、肉垂	大、细致、红润、温暖	小、粗糙、苍白、发凉
胸部	宽而深，向前突出，胸骨长而直	发育欠佳，胸骨短而弯
体躯	背长而平，腰宽，腹部容积大	背短、腰窄、腹部容积小
尾	尾羽开展，不下垂	尾羽不正，过高，过平，下垂
皮肤	柔软有弹性，稍薄，手感良好	厚而粗，脂肪过多，发紧发硬
耻骨间距	大，可容 3 指以上	小，3 指以下
胸、耻骨间距	大，可容 4~5 指	小，3 指或以下
换羽	换羽开始迟，延续时间短	开始早，延续时间长
性情	活泼而不野，易管理	动作迟缓或过野，不易管理
各部位配合	匀称	不匀称
觅食力	强，嗉囊经常饱满	弱，嗉囊不饱满
羽毛	表现较陈旧	整齐清洁

（4）产蛋鸡饲养效果评价指标

①体质健康，不过肥，死淘率低。产蛋期年死淘率控制在 5%~10%。

②高产、稳产。蛋鸡适时开产，产蛋后到高峰期产蛋上升快，高峰期维持时间长，产蛋率 90% 以上维持 4~6 个月，下降平缓，每周下降速率平均在 0.5% 左右，不超过 1.0%。

③蛋重相差一般为 2%~3%。

④蛋品质良好，蛋壳质量好，颜色符合品种特征。

⑤饲料转化率高，料蛋比平均在 2.1∶1~2.3∶1。

3. 鸡蛋的收集与运输

1）蛋鸡场集蛋要求

①集蛋前准备工作　集蛋箱和蛋托每次使用前要消毒；集蛋人员集蛋前须洗手消毒；存蛋室内保持干净卫生，定期用 40% 福尔马林溶液熏蒸消毒。

②集蛋时间　商品蛋鸡场每天应捡蛋 3 次，每天 11∶00、14∶00、18∶00 捡蛋。捡蛋后应及时清点蛋数并送往蛋库，不能在舍内过夜。

③集蛋要求　集蛋时将破蛋、软蛋、特大蛋、特小蛋单独存放，不作为鲜蛋销售，可

用于蛋品加工；双黄蛋在市场上能够以较高的价格销售，可以作为专门的特色鸡蛋出售；蛋壳表面沾染有较多粪便的鸡蛋要单独处理后再及时出售或食用。鸡蛋收集后立即熏蒸消毒，消毒后送蛋库保存。要求蛋壳清洁、无破损，蛋壳表面光滑有光泽，蛋形正常，蛋壳颜色符合品种特征。

④蛋品质观察　捡蛋的同时应注意观察产蛋量、蛋壳颜色、蛋壳质地、蛋的形状和蛋重与以往有无明显变化。产蛋初期产蛋率上升快、蛋重增加较快，在产蛋高峰期如果出现产蛋率明显下降、蛋壳颜色变浅等问题则属于非正常现象，经常是由于鸡群健康问题或饲料质量问题、生产管理问题造成的，要及时解决。

⑤分级　我国商务部发布的《鲜鸡蛋、鲜鸭蛋分级标准》(SB/T 10638—2011)与国家标准化管理委员会发布的《包装鸡蛋标准》(GB/T 39438—2020)中将鲜蛋分为特级(AA)、一级(A)、二级(B)共 3 个等级。

2) 鲜蛋的包装与运输

(1) 鲜蛋的包装

鲜蛋销售有两种形式：一种为直接运至销售地，散装销售；另一种为带包装箱销售。无论哪一种销售形式，要求包装物具有一定的防震作用。包装要干净卫生，不能污染禽蛋。根据是否便于销售与消费，以及包装成本等来合理地确定包装的材料与大小。

①直接销售情况　可用塑料蛋筐或蛋盘，将鲜蛋直接码放在蛋筐中。为便于搬动，一个包装单位的质量一般不超过 40 kg。蛋筐或蛋盘每次使用前要进行消毒处理。适用于运输距离较近的情况。

②用聚乙烯或聚苯乙烯塑料盒包装　这样包装的鲜蛋已开始在大城市出现，其具有便于在超市销售，蛋重、厂家、生产日期等明确，有利于品牌的树立，防止假冒，促进功能性蛋制品(如富硒蛋、高锌蛋等)开发的作用。也有用分格的纸盒包装，如 1 排 6 枚，2 排共 12 枚，外层再覆包一层聚乙烯塑料薄膜，使内容物清晰可见。

③用专用纸箱包装　根据产品特点，设计制作具有精美外观的包装箱，内加纸制(或塑料)蛋托，每枚蛋以大头向上放置在蛋箱内。蛋箱上要有醒目名称、产品标识、生产厂家等基本信息，多配有注册商标，以品牌形式销售。这种包装多用在一些特殊蛋品(如土鸡蛋、绿壳蛋等)的销售，在超市或大型集贸市场销售。

④出口鲜蛋情况　多用硬纸箱包装，按等级规格化。一级蛋，每层装蛋 30 枚，全箱 10 层，共装 360 枚；二级蛋，每层 49 枚，全箱 12 层，共装 588 枚；三级蛋，每层 49 枚，全箱 14 层，共装 636 枚。

(2) 鲜蛋的运输

根据销售量准备运输车辆，要求运输车辆大小合适。每次收蛋应提前联系好货源，确保在最短时间内装满车，以减少运输成本。运输过程中，要选择最近且平稳的运行路线，运输过程不得有剧烈振荡，减少蛋的破损。在夏季运输时，要有遮阳和防雨设备；冬季运输应注意保温，以防受冻。长距离运输最好空运，有条件可用空调车，温度为 12~16℃，相对湿度 75%~80%。鲜蛋保质期短，且多数蛋品出厂时未进行处理，要注意鲜蛋的保质期。

任务实施

产蛋率曲线的分析应用

【材料用具】

某鸡场各周产蛋记录、该鸡场饲养的本品种产蛋性能标准、坐标纸、红蓝笔、绘图工具、资料单(某鸡场饲养 1 000 只罗曼蛋鸡,其各周龄入舍母鸡实际产蛋率见表 3-16 所列,罗曼蛋鸡商品代生产性能标准见表 3-17 所列)等。

表 3-16 罗曼蛋鸡入舍母鸡实际产蛋率

周龄	产蛋率/%	周龄	产蛋率/%	周龄	产蛋率/%	周龄	产蛋率/%
21	10.0	34	88.7	47	83.2	60	71.9
22	37.2	35	89.2	48	82.4	61	71.2
23	72.0	36	90.4	49	82.0	62	70.7
24	85.0	37	90.2	50	81.8	63	70.4
25	89.0	38	89.7	51	80.7	64	69.0
26	91.5	39	88.8	52	78.4	65	68.4
27	92.0	40	88.5	53	76.3	66	68.2
28	92.4	41	87.3	54	75.2	67	68.0
29	92.5	42	86.9	55	74.3	68	67.7
30	87.6	43	86.2	56	73.0	69	67.0
31	86.7	44	85.5	57	71.8	70	66.0
32	85.2	45	84.7	58	71.6	71	65.6
33	84.0	46	84.1	59	71.3	72	65.2

表 3-17 罗曼蛋鸡商品代生产性能标准

周龄	产蛋率/%	周龄	产蛋率/%	周龄	产蛋率/%	周龄	产蛋率/%
21	10.0	34	91.8	47	83.5	60	74.4
22	40.0	35	91.4	48	82.8	61	73.7
23	72.0	36	90.8	49	82.1	62	73.0
24	85.0	37	90.3	50	81.4	63	72.3
25	89.0	38	89.7	51	80.7	64	71.6
26	91.5	39	89.1	52	80.0	65	70.9
27	92.1	40	88.4	53	79.3	66	70.2
28	92.4	41	87.7	54	78.6	67	69.5
29	92.5	42	87.0	55	77.9	68	68.8
30	92.5	43	86.3	56	77.2	69	68.1
31	92.4	44	85.6	57	76.5	70	67.4
32	92.3	45	84.9	58	75.8	71	66.7
33	92.1	46	84.2	59	75.1	72	66.0

【实施步骤】

（1）绘制标准曲线

根据表 3-17，在坐标纸上将罗曼蛋鸡商品代的产蛋率指标与其所对应的周龄连成曲线，即为标准曲线。

（2）绘制实际产蛋曲线

根据表 3-16，在同一坐标纸上，将罗曼蛋鸡的实际产蛋率及对应的周龄连成曲线，即为该鸡群的产蛋曲线。

（3）分析

将两条曲线进行比较、分析，观察该场鸡群实际性能水平，查找原因，分析各阶段的饲养管理状况，总结经验，提出调整措施。

【考核评价】

（1）个人考核（占 50%）

根据表 3-18 所列内容，对学生的实训情况进行考核。

表 3-18　个人考核内容及标准

序号	考核项目	评分标准	分值	考核方法	考核得分	熟练程度
1	鸡的保定	保定动作正确、熟练	10	单人操作考核		>90 分为熟练掌握；70~90 分为基本掌握；<70 分为没有掌握
2	鸡的外貌部位识别	正确指出鸡头部主要部位及名称	8			
		正确识别冠型，并能说明冠型的主要特征	8			
		能正确指出鸡体躯各部位名称及界定范围	8			
		准确指出鸡翅羽中的主翼羽、覆主翼羽、副翼羽、覆副翼羽和轴羽	8			
		能准确指出鸡脚的构成	8			
3	鸡的产蛋性能鉴定	产蛋鸡与停产鸡的鉴别部位，叙述内容准确	10			
		产蛋鸡与停产鸡辨认准确	10			
		高产鸡与低产鸡的鉴别部位，叙述内容准确	10			
		高产鸡与低产鸡辨认准确	10			
		种公鸡选择步骤和结果正确	10			
合计			100			

（2）团队考核（占 30%）

参照表 1-2 进行考核。

（3）综合评价（占 20%）

参照表 1-3 进行综合评价。

家禽产蛋性能鉴定

【材料用具】

高产蛋鸡、低产蛋鸡、停产鸡、种公鸡各若干只、鸡笼、记录表等。

【实施步骤】

(1)母鸡的鉴定方法

①根据身体结构和外貌特征的鉴定 高产蛋鸡要求体型小，体躯稍长，喙短粗、微弯曲、结实有力，头宽深而短，眼大有神，背平宽而长，皮肤滑润、富有弹性。

冠和髯：高产蛋鸡的冠和髯大而丰满、色泽鲜红、光滑柔软、富有弹性；低产鸡的冠和髯外观粗糙、苍白无光、色泽不艳。

泄殖腔：高产蛋鸡的泄殖腔大、湿润、松弛，呈半开状；低产蛋鸡的泄殖腔小而紧缩、有皱褶、干燥。

②根据腹部容积的鉴定 如图3-10所示。

耻骨间距：高产蛋鸡耻骨柔软、有弹性，距离宽，能容纳3指；低产蛋鸡耻骨硬、距离小，只能容纳1~2指。

腹部：高产蛋鸡腹大柔软，耻骨和胸骨末端的距离可容1掌；低产蛋鸡腹小而硬，耻骨与胸骨距离窄，仅容纳2~3指。

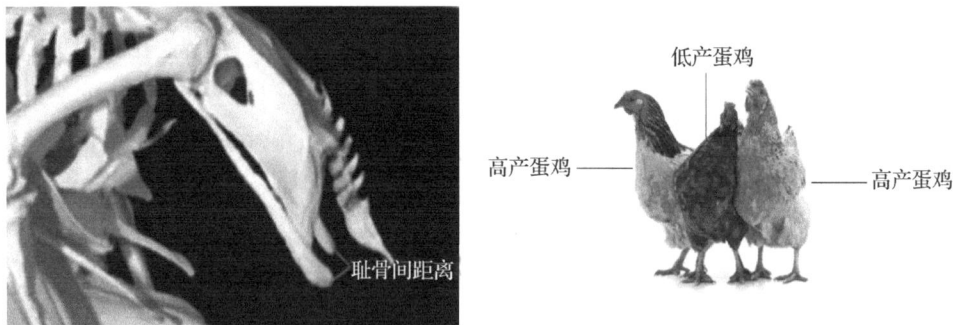

图3-10 腹部容积鉴定法

③根据主翼羽的脱换鉴定 高产蛋鸡在秋季末和冬季初换羽，换羽速度快，更换时间短，一般1~2个月，有的鸡边产蛋边换羽；低产蛋鸡换羽季节较早，多在夏末初，换羽早，速度慢，常需3~4个月才能完成换羽，造成长期停产。

④根据色素变换鉴定 皮肤、喙、跖呈黄色的母鸡，因产蛋的需要，饲料中叶黄素供应不足，高产蛋鸡往往动用体内的叶黄素，身体各部位将出现规律性的色素消退，褪色顺序为肛门—眼圈—耳叶—喙—脚底—跖前部—趾尖端—飞节。在停产期皮肤的黄色也按相同顺序恢复，速度快一倍。因此，可根据褪色速度和恢复的情况估测家禽已产蛋的时间和产蛋数量。此法只适用于黄色皮肤的鸡。

(2)种公鸡的选择

种公鸡对后代的影响比母鸡大，因而更要注意选择。选择的标准是身体各部匀称、发育良好、未患过各种传染病，体型高大，胸背丰满，尾羽翘起，活泼好动，啼声洪亮，毛丰满有光泽，冠大且红、温暖，性欲旺盛，触摸尾部有性反射，配种能力强，精液受精率高，体重大。

（3）产蛋力的鉴定

练习母鸡产蛋力的鉴定，填写表 3-19，完成鉴定结果。

表 3-19　高低产蛋鸡鉴定

母鸡号	外貌特征和身体结构	腹部容积	换羽	色素褪换	鉴定结果
1					
2					
…					

【考核评价】

（1）个人考核（占 50%）

根据表 3-20 所列内容，对学生的实训情况进行考核。

表 3-20　个人考核内容及标准

序号	考核项目	评分标准	分值	考核方法	考核得分	熟练程度
1	鸡的保定	保定动作正确、熟练	10	单人操作考核		>90 分为熟练掌握；70~90 分为基本掌握；<70 分为没有掌握
2	鸡的外貌部位识别	正确指出鸡头部主要部位及名称	8			
		正确识别冠型，并能说明冠型的主要特征	8			
		能正确指出鸡体躯各部位名称及界定范围	8			
		准确指出鸡翅羽中的主翼羽、覆主翼羽、副翼羽、覆副翼羽和轴羽	8			
		能准确指出鸡脚的构成	8			
3	鸡的产蛋性能鉴定	产蛋鸡与停产鸡的鉴别部位，叙述内容准确	10			
		产蛋鸡与停产鸡辨认准确	10			
		高产鸡与低产鸡的鉴别部位，叙述内容准确	10			
		高产鸡与低产鸡辨认准确	10			
		种公鸡选择步骤和结果正确	10			
	合计		100			

（2）团队考核（占 30%）

参照表 1-2 进行考核。

（3）综合评价（占 20%）

参照表 1-3 进行综合评价。

任务 3-4 蛋种鸡的饲养管理

任务描述

饲养种鸡的目的，是尽可能多地获取受精率和孵化率高的合格种蛋，以提供优质的种蛋、种雏。而种鸡所产母雏的多少及质量的优劣，取决于种鸡各阶段的饲养管理及鸡群的净化程度。

知识准备

1. 种公鸡的饲养管理

1）种公鸡的生理特点

①公鸡体内含水率相对比较稳定，一般为 66%~67%。蛋白质含量不同阶段有所不同，随年龄增长逐渐提高，育雏育成阶段为 22%，成年阶段达到 28.4%。

②公鸡对脂肪的沉积能力不如母鸡。

③公鸡的生长规律　10~15 周龄主要是骨骼和体重生长，而后生殖器官生长发育最快。

2）种公鸡的选择

种公鸡的质量对种蛋的受精率和后代的生产性能有很大影响，必须加强对种公鸡的选择。生产中，蛋种公鸡的选择至少要进行 3 次选择，最终才能达到既符合品种特征，又具有良好繁殖的目的。

①第 1 次选择　在 6~8 周龄时进行。选留个体发育良好，冠髯大而鲜红者；淘汰外貌有缺陷，如胸、腿、喙弯曲，嗉囊大而下垂，胸部有囊肿者。体重过轻的公鸡和雌雄鉴别有误的鸡也应淘汰。选留比例：笼养公母为 1：10，自然交配公母为 1：8。

②第 2 次选择　在母鸡转群时进行。一般在 7~18 周龄时开始选留体型、体重符合标准，外貌符合本品种要求的公鸡。用于人工授精的蛋种公鸡，除上述要求外，重点选择性反射功能良好的公鸡。选留比例　笼养公母为 1：15~1：20，自然交配公母为 1：9。

③第 3 次选择　在 21~22 周龄根据精液品质进行。选择精液颜色乳白色、精液量多、精子密度大、活力强的公鸡。公鸡的按摩采精反应有 90% 以上是优秀和良好的，10% 左右则为反应差、排精量少或不排精的。全年实行人工授精的蛋种鸡场，选留比例：笼养公母为 1：25~1：30，自然交配公母为 1：10~1：12。

3）种公鸡的培育标准

①生长发育良好，体质结实，健康无病，第二性征明显。

②体重、体型、羽色符合品种特征。

③适时性成熟，配种能力强，精液质量好。采精量一般在 0.4~1 mL，精液黏稠、乳白色。精子密度一般为 25 亿~40 亿个/mL，精子活力强、直线运动、无畸形。

4）种公鸡的营养

后备期公鸡：0~8 周龄的营养需要同母鸡，9 周龄后代谢能 10.87~12.13 MJ/kg、粗蛋白质 12%~14%、钙 0.9%~1.0%。繁殖期种公鸡的营养需要低于母鸡，代谢能 10.87~12.13 MJ/kg、粗蛋白质 12%~14% 的饲料最适宜，但氨基酸必须平衡。钙 0.9%~1.5%、总磷 0.60%~0.68% 即可，无须同母鸡一样再额外摄入。但为了提高精液品质，繁殖期公鸡维生素特别是维生素 A、维生素 D、维生素 E、维生素 C 需要量一般稍高于母鸡，维生素 A 需要 10 000~20 000 IU/kg、维生素 D 需要量 3 000~3 850 IU/kg、维生素 E 需要量 22~60 mg/kg、维生素 C 需要量 50~150 mg/kg。具体运用时可参考各育种公司提供的标准。

5）种公鸡的管理

①单笼饲养　为避免公鸡相互爬跨、格斗等影响精液品质，繁殖期人工授精公鸡应单笼饲养。

②温度　成年公鸡在 20~25℃ 环境下，可产生理想的精液品质，温度高于 30℃，会暂时抑制精子产生；而温度低于 5℃ 时，公鸡性活动降低。

③相对湿度　在育雏期相对湿度要求较高，一般在 65%~70%，从第 2 周开始调节为 55%~60%。

④光照　光照时间 12~14 h 公鸡可产生优质精液，少于 9 h 则精液品质明显下降。光照度 10 lx 就可维持公鸡的正常繁殖性能，但弱光可延缓性成熟。

⑤体重控制　为保证繁殖期公鸡的健康和具有优质精液，应每月检查 1 次体重，凡体重降低在 100 g 以上的公鸡，应暂停采精和延长采精间隔，并另行饲养，以使公鸡恢复体况。

⑥断喙、剪冠和断趾　人工授精的公鸡要断喙，以减少育雏育成期的死亡。自然交配的公鸡为不影响其以后的交配能力，应只烙不切，但还应断趾，即断去内趾及后趾第 1 节，以免配种时抓伤母鸡。

⑦其他管理　20 周龄以前公母鸡最好分开饲养；采取限制控制公鸡的生长速度，最迟不晚于 4 周龄；要使鸡群保持一个稳定的生长速度（每周增重 90~110 g）；喂料量由每周抽测鸡数的平均体重与鸡种标准体重的差值确定；饮喂器具在舍内应均匀分散布放，并在不超过 3 m 的范围内，使全群每只鸡都能找到这些设备；从 7~8 周龄时开始喂沙粒，每周喂 1 次，喂量为每 1 000 只 4.5 kg；平养时要重视垫料管理；定期对鸡群进行免疫和抗体监测，及时掌握鸡群健康状况；20 周龄时乃至种用期饲喂代谢能 11.75 MJ/kg、粗蛋白质 14% 的低蛋白种公鸡料，最好不使用动物性蛋白质饲料作原料。

2. 种母鸡的饲养管理

1）饲养方式和饲养密度

产蛋期的蛋种鸡饲养方式主要有地面散养、网上平养和笼养 3 种方式。目前，我国种鸡以笼养为主，多采用二阶梯式笼养，母鸡饲养在产蛋笼中，公鸡实行单笼个体饲养，这有利于人工授精技术操作。劳动力成本较高的地区可采用 4 层重叠式产蛋种鸡笼养，每笼可饲养 80 只母鸡，8~9 只公鸡，实行自由交配。种蛋从斜面底网滚出到笼外两侧的集蛋处，不必配备产蛋箱。不同饲养方式蛋种鸡产蛋期饲养密度见表 3-21 所列。

表 3-21　不同饲养方式蛋种鸡产蛋期饲养密度

蛋鸡品种	地面平养(垫料)		网上平养		笼养(人工授精)	
	m²/只	只/m²	m²/只	只/m²	m²/只	只/m²
白壳蛋鸡	0.19	5.3	0.11	9.1	0.45	22
褐壳蛋鸡	0.21	4.8	0.14	7.1	0.45~0.50	20~22

2) 控制开产日龄

种鸡开产过早，前期蛋重小，而小于 50 g 的蛋不能做种用而且开产早停产也早，势必影响种蛋数量。因此，必须控制种鸡开产日龄，一般要求种鸡的开产日龄比商品蛋鸡晚 1~2 周，使种鸡体型得到充分发育，获得较大的开产蛋重，提高种鸡的合格率。开产前期，光照增加时可以比蛋鸡延迟 2~3 周。

3) 合理的公母比例

详见种公鸡的选择。

4) 适时转群

蛋种鸡开产时间和转群时间一般比商品蛋鸡推后 1~2 周。如果蛋种鸡是网上平养，则要求提前 1~2 周转群，目的是让育成母鸡对产蛋环境有认识和熟悉的过程，以减少窝外蛋、脏蛋、踩破蛋等，从而提高种蛋的合格率。

5) 控制种蛋大小

母鸡在开产时的体重越重，生产的蛋也越大。为获得合格的种蛋，在 18 周龄体重目标达到之前，不能用光照刺激的办法来促其性成熟。鸡性成熟越早，蛋重越小；成熟越晚，蛋重越大。在母鸡发育期内，采用递减的光照程序可延缓母鸡的成熟，增加蛋重。提高饲料中粗蛋白质、能量、蛋氨酸、胱氨酸以及必要的脂肪酸(亚油酸)等营养成分的水平，可以增大早期鸡蛋的个头，然后用逐渐递减这些营养成分的办法来控制以后的蛋重。

6) 种蛋的收集与消毒

一般在 25 周龄收集种蛋，现代轻型与中型蛋用种鸡性能相近，收集种蛋时期在 25~73 周龄。种蛋要求定时收集，4~5 次/d(商品蛋鸡，2~3 次/d)，每次所拣种蛋及时熏蒸消毒后(每栋鸡舍一端应设有暂时贮蛋场所，并设有小批量种蛋熏蒸消毒柜，以便将种蛋及时消毒处理)，再送往种蛋库保存。集蛋时，要将脏蛋、特小蛋或特大蛋、畸形蛋、破蛋剔出，可减少日后再挑选时人工污染机会。

7) 做好疫病净化工作

种鸡场的任务是提供量多质优的种蛋或雏鸡，要求种鸡必须不携带蛋传性疾病(如鸡白痢杆菌病、沙门菌病、支原体病等)。例如，种鸡的鸡白痢净化工作可在 12 周龄或 18 周龄时进行全血平板凝集试验，鸡群开产后每 10~15 周龄重复进行一次，淘汰阳性个体。要求种鸡群内鸡白痢阳性率不能超过 0.5%。在种鸡开产前，必须接种新城疫、传染性支气管炎、减蛋综合征三联苗和传染性法氏囊炎疫苗，必要时，还要接种传染性脑脊髓炎疫苗等，种鸡场特别要加强消毒措施严禁外人进入鸡场。种母鸡饲料中不含有鱼粉、骨粉、肉粉等动物蛋白质饲料。

任务实施

蛋鸡人工强制换羽

【材料用具】

虚拟仿真实训室、蛋鸡人工强制换羽虚拟仿真实训软件。

【实施步骤】

①通过虚拟仿真实训软件模拟使用化学法进行蛋种鸡的人工强制换羽。

②通过虚拟仿真实训软件模拟使用饥饿法进行蛋种鸡的人工强制换羽。

③分析强制换羽的技术指标。

【考核评价】

（1）个人考核（占 50%）

根据表 3-22 所列内容，对学生的实训情况进行考核。

表 3-22　个人考核内容及标准

序号	考核项目	评分标准	分值	考核方法	考核得分	熟练程度
1	化学法	蛋种鸡的饲料中正确添加氧化锌或硫酸锌的量	20	单人操作考核		>90 分为熟练掌握；70~90 分为基本掌握；<70 分为没有掌握
		正确把握喂给高锌饲料的时间	20			
2	饥饿法	能正确把握 400 日龄以上的蛋种鸡停料时间	20			
		能正确把握 160~280 日龄的蛋种鸡停料时间	20			
3	技术指标分析	绝食天数、停产时间、失重率、死亡率、重新开产的时间	20			
	合计		100			

（2）团队考核（占 30%）

参照表 1-2 进行考核。

（3）综合评价（占 20%）

参照表 1-3 进行综合评价。

拓展链接

项目 3　拓展链接

自测练习及答案

项目 3　自测练习

项目 3　自测练习答案

项目 4
肉鸡生产

学习目标

【**知识目标**】了解肉用仔鸡的生产特点及营养需要；了解优质肉鸡的生长发育特点；熟悉肉用仔鸡的饲养方式；掌握肉用仔鸡生产前的各项准备工作；掌握肉用仔鸡的饲养技术；掌握肉用种鸡的限制饲养技术。

【**能力目标**】能够进行肉用仔鸡生产前的准备和肉用仔鸡的饲养管理；能够进行优质肉鸡育雏和放养；能够进行肉用种鸡的饲养管理。

【**素质目标**】具备爱国主义情怀和民族自豪感，树立专业认同理念；树立绿色生态养殖意识，食品安全理念，服务三农的职业理想，培养工匠精神、坚守职业道德。

思政话题

"人民对美好生活的向往，就是我们的奋斗目标。"将这一理念落实到"三农"工作中，必须立足农业优势，围绕现代肉鸡产业，推动安全生产和产业链完善，更好地满足人民群众对优质禽肉产品的需求。我们如何做到安全生产？如何完善肉鸡产业链呢？

任务 4-1　肉用仔鸡饲养管理

任务描述

肉用仔鸡，我国民间通常称"童子鸡"，是指不到性成熟即进行屠宰的小公鸡。肉用仔鸡是利用现代肉鸡品种，如'爱拔益加'（AA）'艾维茵''明星''狄高'等，采用高蛋白质和高能量饲料进行饲喂，养至 6~8 周，体重达 2 kg 以上即屠宰上市，也称快大型白羽肉鸡，是目前世界上肉鸡生产的主要类型，通常被制作成分割肉或鸡翅、鸡腿、鸡胸肉等冰鲜类分割商品。

肉用仔鸡生长速度快，饲料转化效率高，有专门的父系和母系，饲养周期短，饲养管理技术非常重要，直接关系肉用仔鸡的生长发育、产品质量和商品价值。

知识准备

1. 肉用仔鸡生产前的准备

1）了解肉用仔鸡的生产特点

（1）早期生长速度快、饲料转化率高

由于遗传育种技术和饲料营养技术的进步，现代肉鸡的生产效率越来越高。肉用仔鸡源自肉用种鸡父母代杂交，具有父母代肉用种鸡的共同特点，其生长速度优于父母代。肉鸡从出壳约 40 g 到 2.0 kg 出栏，体重增加 40 倍，只需要 35 d 的时间，而且这个时间还在逐渐缩短。优良的肉鸡品种，体重达到 2.0 kg 时的料肉比为 1.95~2.1，这是其他家畜所不能比的。

（2）饲养周期短、周转快

肉用仔鸡绝对增重高峰是在第 6~7 周，高峰以前逐渐增加，之后逐渐降低，因此，肉用仔鸡要适时上市，上市越晚，脂肪沉积越多，特别是腹脂增加明显。如果错失良机，延长饲养期，则会造成明显的经济损失。由于生长速度快，以 6 周龄上市计算，除去清理、消毒、空舍的时间，一栋鸡舍每年至少可以饲养肉鸡 6 批。因此，肉用仔鸡生产设备利用率高，资金周转快，所以它被称为"速效畜牧业"。

（3）饲养密度大、劳动生产效率高

肉用仔鸡喜安静，不好动，除了吃料饮水外，很少跳跃打斗，特别是饲养后期由于体重迅速增加，活动量大减。一般在厚垫料平养的情况下，每平方米可养 12 只左右。这比在同等体重、同样饲养方式下蛋鸡的饲养密度增加了 1 倍。肉用仔鸡具有良好的群体适应能力，适宜大群饲养。在机械化、自动化程度较高的情况下，每个劳动力一个饲养周期可饲养 1.5 万~2.5 万只，年均可达到 10 万只水平，大幅提高了劳动效率。

（4）屠宰率高、肉质嫩

肉用仔鸡由于生长期短，鸡肉细嫩，皮柔软，便于快速烹调，尤其适合快餐业。7 周龄的肉用仔鸡半净膛屠宰率可以达到89%，全净膛屠宰率可以达到78%，产肉性能好。

（5）肉用仔鸡腿部疾病多，胸囊肿发病率高

肉用仔鸡由于早期肌肉生长较快，而骨骼组织相对发育较慢，加上体重大、活动量少，使腿骨和胸骨长期受压，易出现腿部和胸部疾病（如骨折、关节炎、弯腿及腹水症、胸囊肿等），特别是笼养条件下更易发生。此病会影响肉鸡的商品等级，造成经济损失。因此，在生产过程中，要加强预防这类疾病的发生。

2）选择饲养方式

肉用仔鸡的生产一般可以采用厚垫料地面平养、网上平养和笼养、笼养与平养相结合的方式。养殖场可以根据实际情况选择适宜的饲养方式。

（1）厚垫料地面平养

厚垫料地面平养是目前国内外最普遍采用的一种饲养方式，它是在舍内水泥或砖头地面上铺以15~18 cm厚的垫料，雏鸡从入舍到出栏一直生活在垫料上面，一个饲养周期更换一次垫料。这种方式简便易行，投资较少，胸囊肿发生率低，适合肉鸡生长发育特点。缺点是鸡和粪便直接接触，易发生球虫病；舍内空气中的尘埃较多，容易发生慢性呼吸道病；存在药品和垫料费用较高，单位建筑面积饲养量较少等缺点。因此，厚垫料平养中垫料的选择和管理是关键。垫料要求松软、吸湿性强、未霉变、长短适宜，一般为5 cm左右。常用垫料有玉米秸、稻草、刨花、锯屑等，也可混合使用。

垫料应该在鸡舍熏蒸消毒前铺好，铺设的厚度大体一致，在生产过程中要加强通风换气量，勤翻垫料，保持垫料干燥、松软，及时将水槽、食槽周围潮湿的垫料取出更换，防止垫料表面粪便结块。

（2）网上平养

网上平养就是把肉用仔鸡饲养在舍内高出地面约60 cm的塑料网或铁丝网上，粪便通过网孔落到地面。肉用仔鸡喜安静，不好动，体重不超过2.0 kg就上市，因此可以全程网上饲养。网面网孔一般为2.5 cm×2.5 cm，前2周为了防止雏鸡脚爪从空隙落下，可在网上再铺一层网孔1.25 cm×1.25 cm的塑料网或1 cm厚的稻草、麦秸等，2周后撤去。为了降低肉用仔鸡胸囊肿的发生率，一般在金属板格上再铺上一层弹性塑料网。

网上平养最大的优点是减少肉用仔鸡和粪便接触的机会，减少呼吸道病、大肠杆菌和球虫病等的发病率，明显地提高成活率。缺点是单位建筑面积的饲养量较少。另外，这种饲养方式要求使用较多的料桶和饮水器，使肉鸡在小范围内就能饮水和吃料，以保证网上平养肉鸡体重的正常增长。

（3）笼养

笼养就是将肉用仔鸡养在3~5层的笼内，每一层配有承粪板。

肉用仔鸡笼养具有以下优点：①大幅度提高单位建筑面积的饲养密度；②便于公母分群饲养，充分利用不同性别肉鸡的生长特点，提高饲料转化率；③由于限制了肉鸡的活动，降低饲料消耗，比平养鸡生长周期缩短12%；④可节约劳动力，并不需要垫料；⑤鸡舍清洁，鸡只不与地面粪便接触，能防止和减少球虫病的发生。

目前，肉用仔鸡笼养尚不十分普遍，主要是由于笼养肉用仔鸡胸囊肿严重，商品合格率低下。近年来，生产出具有弹性的塑料笼底，并在生产中注意上市体重（一般以1.7 kg

为准），使肉用仔鸡的胸囊肿发生率有所降低，发挥了笼养鸡的优势，而且笼养一次性投资大，电热育雏笼对电源要求严格，并要求较高的饲养管理技术。现代化大型肉鸡场使用效果较好。

（4）笼养与平养相结合

笼养与平养相结合，即3周龄内采用笼养，3周龄后改为地面平养。这种方式由于肉鸡3周龄前体重小，不易发生胸囊肿，而且有利于雏鸡安全度过危险期，饲养效果较好。缺点是需要转群，增加工作量，对生长速度有一定的影响。

3）肉鸡舍准备

肉用仔鸡饲养时间短，且是大群密集饲养，病原菌侵入后传播极其迅速，往往会使全部鸡群发病，即使没有那么严重，也因感染病原菌而使肉用仔鸡的生长发育率降低15%~30%，甚至造成部分死亡，从而导致经济亏损，再加上有些药物、疫苗在体内有残留量，除影响鸡肉品质，人吃了鸡肉后也给人类带来不良影响。因此，至少在出售前4周内不能使用疫苗，一些药物在出售前1周也不能用（如抗球虫药等）。所以，饲养肉用仔鸡的鸡舍及一切用具必须做严格的消毒处理，这是唯一能减少用药、提高效益的办法。

肉用仔鸡的饲养采用全进全出制，每批鸡出场后，鸡舍都要进行彻底的清洗消毒。鸡舍清理和消毒的一个主要目的是切断疾病的传播途径，以免病原从上批鸡传播到下批鸡。鸡群转出后最好能空闲1~2周，再接雏开始饲养下一批肉用仔鸡。切不可不清洗消毒而先空闲鸡舍，否则不会达到切断病原的目的。因为细菌、病毒可以在鸡粪、饲料等有机物中存在很长时间，另外鸡粪、饲料等有机物可以使消毒药药效降低，并阻碍消毒药杀死其内部隐藏的病原。所以，一定要冲洗干净才能消毒。

鸡舍的清洗消毒主要分以下5个步骤。

（1）清扫

肉用仔鸡出栏后，将鸡粪、垫料、顶棚灰尘等清扫干净，可移动的设备和用具搬出鸡舍，并在室外暴晒、清洗和消毒。鸡舍地面、墙壁、顶棚及附属设施上的灰尘、粪便、垫料、饲料、羽毛等，清扫到鸡场外的处理场统一做无害化处理。在清扫的时候，为了防止病原体扩散，可以适当喷洒消毒液。

（2）水洗

鸡舍彻底清扫后，进行水洗。可以使用高压水枪对鸡舍的各个地方冲洗，不能冲洗掉的污物要用硬刷刷洗。如果鸡舍排水设施不完善，则应在一开始就用消毒液清洗消毒，同时对被清洗的鸡舍周围喷洒消毒药。

（3）干燥

一般在水洗后搁置1 d左右，期间加强通风，使舍内干燥，如果水洗后立即喷洒消毒液，其浓度即被消毒面的残留水所稀释，阻碍药液的渗透而降低消毒效果。

（4）过火焚烧

用火焰喷射器对鸡舍的墙壁、地面、笼具等不怕燃烧的物品进行火焰消毒，特别是残存的羽毛、皮屑和粪便。

（5）消毒

熏蒸消毒，首先将清洗干净的可移动设备和用具搬入鸡舍，其次关闭门窗和风机，按每立方米空间用福尔马林 42 mL 加高锰酸钾 21 g 对鸡舍进行熏蒸消毒，这是鸡舍消毒效果最好的方法。另外，也可以采用喷洒消毒液的方法，消毒液的喷洒次序由上而下，先房顶、天花板，后墙壁、固定设施，最后是地面，同时不能漏掉被遮挡的部位。常用的消毒液有 0.3% 过氧乙酸溶液、3% 氢氧化钠溶液、3% 来苏儿溶液等。消毒后，最好空舍 1~2 周，再开始下一批次的饲养。

4）设备和用具的准备

（1）饮水器

前 2 周每百只鸡 1~2 个 4 L 的真空饮水器；之后每只鸡 2 cm 的水槽位置或每 125 只鸡 1 个塔形自动饮水器。使用乳头饮水器，每 20 只鸡 1 个乳头。

（2）食槽

第 1 周每百只鸡 1 个平底料盘，之后每百只鸡 3 m 长食槽，每只鸡 6 cm 槽位，或每百只鸡 3 个食盘，或百只鸡 2 个圆形吊桶。

（3）取暖设备

可用电热保温伞、暖风炉、红外线灯、火道或火炕取暖。在厚垫料平养中常用电热保温伞取暖，在网上平养中常用暖风炉取暖。

（4）垫料

地面育雏时，需要准备足够的干燥、松软、不霉烂、吸水性强的垫料。

（5）光照设施

每 10 m² 的面积设 1 个灯座，灯座均匀分布，备用 25 W 和 40 W 的灯泡各 1 个。

（6）护围

护围的作用是在最初几天避免雏鸡跑散，使雏鸡接近热源。护围一般 45 cm 高，距热源 80~150 cm，随着雏鸡的成长逐步扩大护围范围，至 10 日龄后撤去。为了节省材料，护围一般使用网孔 1 cm 的塑料网或金属网。

5）饲料、药品及其他的准备

（1）饲养人员的配备

要求饲养人员责任心强、能吃苦，并具备一定的养鸡专业知识和饲养管理经验。

（2）饲料、药品的准备

根据肉用仔鸡营养需要和雏鸡饲料配方，准备好各种饲料，提前备好 10 d 内所需要的饲料量。准备好各种饲料添加剂、矿物质饲料和动物性蛋白质饲料。准备一些常用的消毒药、抗白痢、球虫药、防疫用疫苗等。

（3）预热试温

在育雏前 2 d 对育雏室和育雏器进行试温，对损坏的取暖设备要及时修理，使其达到标准要求，并检查能否恒温。接雏前 2 h，务必将雏鸡舍温度升至标准温度。

（4）建立和健全记录制度

准备好各种必要的饲养记录登记表。

2. 肉用仔鸡的饲养

1）肉用仔鸡营养要求

肉用仔鸡所需营养有能量、蛋白质、矿物质、维生素和水分等。缺少这些营养，就会发生代谢紊乱，引发营养缺乏症，但用量过多，不仅造成浪费，还可引起肉用仔鸡中毒。

（1）肉用仔鸡对营养要求

肉用仔鸡对营养的要求为高能量、高蛋白、高维生素，才能发挥最大遗传力，获得最佳的增重效果；要求全价饲料，所需的各种营养物质必须齐全，任何微量元素或维生素的缺乏或不足，出现的病理性反应比蛋鸡更敏感；要求肉用仔鸡的饲料，各种营养比例平衡适当，才能提高饲料的转化率和经济效益。

不同国家和不同的肉用仔鸡品种有各自不同的饲养标准，见表 4-1～表 4-4 所列。

表 4-1　我国肉用仔鸡的饲养标准

项目	0~4 周龄	5 周龄以上	项目	0~4 周龄	5 周龄以上
代谢能/(MJ/kg)	2.90	3.00	食盐/%	0.37	0.35
粗蛋白质/%	21.0	19.0	蛋氨酸/%	0.45	0.36
蛋白能量比/(g/MJ)	72	63	蛋氨酸+胱氨酸/%	0.84	0.68
钙/%	1.00	0.90	赖氨酸/%	1.09	0.94
总磷/%	0.65	0.65	色氨酸/%	0.21	0.17
有效磷/%	0.45	0.40			

表 4-2　美国 NRC 肉用仔鸡的饲养标准

项目	0~3 周龄	4~6 周龄	7~8 周龄
代谢能/(MJ/kg)	3.20	3.20	3.20
粗蛋白质/%	23.0	20.0	18.0
钙/%	1.00	0.90	0.80
有效磷/%	0.45	0.40	0.35
蛋氨酸/%	0.50	0.38	0.32
蛋氨酸+胱氨酸/%	0.93	0.72	0.60
赖氨酸/%	1.20	1.00	0.85
色胺酸/%	0.23	0.18	0.17

表 4-3　'爱拔益加'肉用仔鸡的饲养标准

项目	0~3 周龄	4~6 周龄	7~8 周龄
代谢能/(MJ/kg)	3.08~3.30	3.135~3.355	3.19~3.41
粗蛋白质/%	22~24	20~22	18~20
钙/%	0.9~1.1	0.85~1.0	0.8~1.0
总磷/%	0.65~0.75	0.60~0.70	0.55~0.70
有效磷/%	0.48~0.55	0.43~0.50	0.38~0.50
食盐/%	0.30~0.50	0.30~0.50	0.30~0.50
蛋氨酸/%	0.33	0.32	0.25
蛋氨酸+胱氨酸/%	0.60	0.56	0.46
赖氨酸/%	0.81	0.70	0.53
色胺酸/%	0.16	0.12	0.11

表 4-4 ‘艾维茵’肉用仔鸡的饲养标准

性别	营养成分	前期饲料	中期饲料	后期饲料
公鸡	代谢能/（MJ/kg）	3.10	3.20	3.20
	粗蛋白质/%	24	21	19
	钙/%	0.95~1.00	0.90~0.95	0.85~0.90
	有效磷/%	0.50~0.52	0.48~0.50	0.42~0.46
	赖氨酸/%	1.25	1.05	0.80
	蛋氨酸+胱氨酸/%	0.96	0.85	0.71
母鸡	代谢能/（MJ/kg）	3.10	3.20	3.20
	粗蛋白质/%	24	19.5	18
	钙/%	0.95~1.00	0.85~0.90	0.80~0.90
	有效磷/%	0.50~0.52	0.40~0.45	0.35~0.40
	赖氨酸/%	1.25	0.90	0.70
	蛋氨酸+胱氨酸/%	0.96	0.75	0.65

肉用仔鸡生长前期应十分重视满足其对蛋白质的需要，如果饲料中蛋白质含量低，就不能满足早期快速生长的需要，生长发育就会受到阻碍，其结果是单位增重耗料增多；后期要求肉用仔鸡在短期内快速增重，并适当沉积脂肪以改善肉质，所以，后期对能量要求较高，如果饲料不与之相适应，就会导致蛋白质过量摄取，从而造成浪费，甚至会出现代谢障碍等不良后果。实践证明，肉用仔鸡饲料的能量水平以不低于 2.9~3.0 MJ/kg，蛋白质含量前期不低于 21%、后期不低于 19% 为宜。

（2）肉用仔鸡饲养阶段划分

肉用仔鸡饲养阶段可分为两段式和三段式。两段式是 0~4 周龄为育雏期，喂前期饲料；5 周龄后为肥育期，喂后期饲料。我国肉用仔鸡的饲养标准属于两段式，已得到广泛应用。当前肉鸡生产发展，总的趋势是饲养周期缩短，提早出栏，并推行三段式饲养。三段式是 0~3 周龄为育雏期，喂前期饲料；4~5 周龄为中期，喂中期饲料；6 周龄至出栏为后期，喂后期饲料。三段式饲养更符合肉用仔鸡的生长发育特点，饲养效果较好。

2）肉用仔鸡的饲养技术

（1）适时的饮水、开食

①饮水

a. 初饮：雏鸡能否及时饮到水是很关键的。由于初生雏从较高温度的孵化器出来，又在出雏室内停留，其体内丧失水分较多，故适时饮水可补充雏鸡生理上所需水分，有助于促进雏鸡的食欲，帮助饲料消化与吸收，促进粪的排出。初生雏体内含有 75%~76% 的水分，水在鸡的消化和代谢中起着重要作用，如体温的调节、呼吸、散热等都离不开水。鸡体产生的废物的排出也需要水的携带，生长发育的雏鸡如果得不到充足的饮用水，则增重缓慢，生长发育受阻。长时间不饮水，雏鸡易发生脱水。

肉雏鸡进入育雏室稍微休息后即可饮水开食，一般初饮在开食之前，一旦开始饮水之后就不能再断水。在 7 日龄内要饮用温开水。经长途运输或在高温条件下的雏鸡，最好在饮水中加入 5%~8% 多糖和适量的维生素 C，连续用 3~5 d，起到增强雏鸡体质的作用，缓解运输途中引起的应激，促进体内胎粪的排泄，降低第 1 周雏鸡的死亡率。饮水时，可把青霉素、高锰酸钾等药物按规定浓度溶于饮水中，可有效降低雏鸡发病率。7 d 后饮凉水，水温和室温一致。鸡的饮用水，必须清洁干净，饮水器必须充足，并均匀分布在舍内，饮水器距地面的高度随鸡日龄增长而调整。饮水器的边高应与鸡背高度水平相同，这样可以减少水的外溢。

b. 饮水量：雏鸡的需水量与体重、环境温度成正比。环境温度越高，生长越快，其需水量越多，雏鸡饮水量的突然下降，往往是发生疾病的最初信号，应该予以密切注意。通常雏鸡饮水量是采食量的 1~2 倍。每天应保证供给充足清洁的饮水。肉用仔鸡日耗水量参考值见表 4-5 所列。

表 4-5　肉用仔鸡日耗水量参考值　　　　　　　　　　　　　　　　　　L/千只

温度/℃	周龄							
	1	2	3	4	5	6	7	8
21	3	6	9	13	17	22	25	29
32	3	9	20	27	36	42	46	47

②开食

a. 开食时间：开食的早晚直接影响初生雏的食欲、消化和今后的生长发育。开食太早，影响残留蛋黄的继续吸收，易引起消化不良，对以后的生长发育不利；开食过迟，体内残留蛋黄全部消耗，使雏鸡变得虚弱，影响以后的生长发育和育雏期的成活率。实际饲养时雏鸡饮水 2~3 h 后，开始喂料。

b. 开食料：雏鸡饲料营养要丰富、全价，且易于消化吸收，饲料要新鲜，颗粒大小适中，易于啄食，一般采用破碎料或粉料。

c. 开食方法：饲料放在消毒过的深色塑料布上或饲料浅盆内饲喂。喂料时要少喂勤添，以免弄脏饲料或雏鸡刨撒造成浪费。要保持室内安静，避免高声和异声刺激，每次喂食时间掌握在 15 min 左右。从第 2 天或第 3 天起，开始逐渐更换为料槽，间断往料槽内加饲料以吸引雏鸡前来采食。每天取走 1~2 个原先使用的饲料浅盘，6~7 d 后不再用饲料浅盘饲喂。食槽数量要充足，要保证鸡有足够的食位，以提高鸡群的整齐度。

（2）全进全出制

无论平养还是笼养，肉用仔鸡都应采用全进全出制生产方式。全进全出制是指在同一鸡场（或鸡舍）内，在同一时间内只饲养同一日龄的鸡只，经过一段时间饲养后，最后在同一天转出或淘汰或屠宰。然后空舍 7~14 d。在空舍期间，彻底清洗鸡舍，并对鸡舍及全部养鸡设备进行彻底打扫、清洗、消毒与维修。全进全出制有利于切断病原的循环感染和疾病控制；便于饲养管理，利于机械化作业，提高劳动效率；便于防疫措施的统一实施。全进全出制与在同一栋鸡舍里饲养几种不同日龄的鸡相比，具有增重快、耗料少、死亡率低的优点。全进全出制是肉用仔鸡生产中广泛使用的一种便于鸡群管理，提高经济效益的饲养方案。

（3）公母分群饲养

公母鸡在生长速度、脂肪沉积能力、羽毛生长快慢和对温度、相对湿度、饲养密度等环境的要求有所差异，通过实行公母分群饲养，能有的放矢地进行科学管理，有利于肉用仔鸡生长一致，提高生产性能和屠体品质。

公母分群饲养的优点主要有以下几个方面。

①鸡群均匀整齐度增加 在同一饲养条件、同一饲养期内，公鸡的生长速度比母鸡快17%～36%。公母混养，公母鸡体重相差达到500 g左右。分开饲养后，一般相差125～250 g。公母分群饲养后，同一群体的个体间差异变小，鸡群的均匀度大幅提高，便于饲养者采用全进全出的管理制度。

②提高饲料利用率 传统的混养方式，采用相同营养水平的饲料进行饲喂，由于母鸡沉积脂肪能力较强，表现为增重慢，饲料报酬低。实行公母分群饲养，分别配制饲料，避免了母雏因过量摄入营养而造成的浪费，可有效提高肉鸡的生产水平。

③产品质量大幅提高 实行公母分群饲养，给公母鸡提供适宜的环境条件，可使胴体肌肉含量增加，内脏脂肪沉积减少，同时使鸡群的发病率、死淘率都大幅降低，减少由于胸囊肿、腿病等引起的胴体品质残次率，提高产品质量，便于机械化屠宰加工。

(4)提倡饲喂颗粒饲料

颗粒饲料的优点是适口性好、营养全面、浪费少、饲料利用率高、增重速度快，适合鸡喜欢吃颗粒饲料而不喜欢吃粉料的特点，颗粒饲料最适合肉用仔鸡的快速肥育。试验表明，饲喂颗粒饲料，每增重1 kg比采用粉料少耗料0.094 kg，饲料转化率提高3.1%。目前，国内外肉用仔鸡生产中普遍采用颗粒饲料。通常是在2～3周龄，喂给粉料或破碎料，以后随着鸡只长大，逐渐改换为直径较大的颗粒饲料，以促使鸡只多吃，提高增重速度和饲料效率。

(5)注意早期饲养，选择适当的肥育期限

饲养肉用仔鸡，要利用早期生长速度快的特点，特别注意早期饲养问题。如果前期营养差、生长慢，后期虽然有一定的补偿作用，但始终赶不上营养好、生长快的。据试验，前期使用蛋白为23%的饲料，比使用蛋白为21%的饲料体重要高3%。前期肉用仔鸡的体重小，维持消耗少，饲料因营养水平高，成本高一些，但肉用仔鸡的生长速度比使用营养水平低的饲料长得快，饲料效率高，其单位增重比使用低营养水平的饲料成本低。

肥育期的长短与生产的经济效益有密切关系，它反映了生产水平的高低，国内外肉用仔鸡的肥育期都在缩短，因为肉用仔鸡日龄越小，相对的生长速度越快，饲料利用率越高；随着日龄的增加，相对的生长速度减慢，饲料利用率降低，即单位增重消耗的饲料随着日龄的升高而增加。

(6)提高均匀度

肉用仔鸡饲养一般要求均匀度大于80%。

①均匀度的测定 抽样称重鸡数占全群鸡数的5%(大群抽测1%)，实际操作大群抽测鸡数不少于150只，小群不少于100只。对抽测的鸡要随机抓取，不可人为地挑选大小。均匀度低于80%，说明饲养管理上还存在问题，需要改进。

②提高均匀度措施

a. 及时分群：在整个肉用仔鸡饲养过程中，当均匀度低于80%时，要及时调整鸡群，按鸡只大小分群饲养。对体重小的鸡只增加饲料营养和饲喂次数，使其体重迅速增加；对体重大的鸡只，进行限制饲养。从而较快地提高整个鸡群的均匀度。

b. 降低饲养密度：当饲养密度过大时，鸡体活动受限，难以自由采食和饮水，舍内空气污浊，容易滋生疾病，导致鸡群的均匀度差。为了提高鸡群均匀度，应该适当降低饲养密度。

c. 提供足够的食槽和饮水位置：为了避免争食，肉用仔鸡饲养过程中一定要提供足够的食槽，每只鸡占料槽 10~12 cm，或每百只鸡用料桶 4~5 个。同时，要提供足够的饮水位置。

d. 做好防疫工作：为了防止疾病的发生，影响肉鸡增重，鸡场要执行严格的消毒制度，按程序接种疫苗。根据实际情况，可适当地进行预防性投药，定期驱虫。

3. 肉用仔鸡的管理

1）提供适宜的环境条件

（1）温度

①温度的作用　获得最佳生产性能的关键是为鸡提供协调一致的环境，任何温度的波动都会引起鸡的应激。温度过低，雏鸡卵黄吸收不良，消化不良，引起呼吸道疾病，降低饲料报酬，增加胸腿病的发生率；温度过高，鸡只采食量减少，饮水过多，生长缓慢。温度不稳定，特别是免疫前后的温度控制会影响疫苗的免疫效果，易引起雏鸡发病。很多疾病都是由于温度忽高忽低引起，特别是春秋季，温度控制不好，将会造成疫病流行。

初生雏鸡体温为 39℃，5 日龄内是关键时期，体温要升高至 39.4~41.1℃，而且，20 日龄内的雏鸡体表多为绒毛，羽毛还没有长齐，保温能力差，体温调节系统尚未发育完成，对外界温度的变化也非常敏感，需要依靠环境温度来维持。当外界温度与体温相差 8℃ 以上时，容易造成死亡。因此，无论在雏鸡的体温调节机制还没有发育完全的时候，还是羽毛发育完全的时候，都要为雏鸡提供适宜的温度环境，保证雏鸡在适温范围内生长。这就要求整栋鸡舍的温度趋于稳定，温差不能太大，不能只关注平均温度，冬季要保证鸡舍的温差在时间和空间上都控制在 ±1℃ 范围内，夏季保证体感温差不超过 4℃。

②温度的控制　肉用仔鸡所需的环境温度比同龄蛋用雏鸡高 1℃ 左右，供温标准为第 1~2 天 35~33℃，以后每天降温 0.5℃ 左右。在生产实际中，最主要的是要看雏鸡的精神状态、分布状况来判断供温是否适宜，如果难以做到每天降温 0.5℃，一般以每周递减 2~3℃ 的降温速度比较合适。从第 5 周起到上市期间，环境温度保持在 20~24℃，这对增重速度和饲料转化率都极为有利，这是肉用仔鸡对温度要求的一大特点。不同日龄肉用仔鸡适宜的温度见表 4-6 所列。

表 4-6　不同日龄肉用仔鸡适宜的温度

日龄/d	0~3	4~7	8~14	15~21	22~28	35~出栏
温度/℃	35~33	33~31	31~29	29~27	27~24	24~21

（2）相对湿度

①相对湿度的作用　相对湿度也是影响雏鸡健康生长的因素之一。高湿环境有利于病原微生物的生长繁殖，易诱发球虫病。相对湿度过低，雏鸡体内水分随着呼吸而大量散发，导致饮水增加，易发生腹泻。入雏时相对湿度达到 70% 以上，1~2 周不低于 60%，

3~4 周要求达到 55%~60%，5 周以后应在 50%~55%，整个过程最好控制在 55%~70%。

育雏的开始几天，由于室内温度较高，室内相对湿度往往偏低，所以必须注意补充室内水分，可在墙壁、地面喷水来增加相对湿度。10 日龄后，由于雏鸡呼吸量和排粪量增加，室内相对湿度增大，因此雏鸡饮水时注意不要让水溢出，同时要加强通风换气，勤翻垫料，使室内相对湿度控制在标准范围内。

②相对湿度的控制　增加相对湿度的方法有炉子上烧水，过道、地面洒水，在大饮水器里存水等。自动加湿是目前最为先进的加湿方法，即用全自动电加热蒸汽发生器加热锅炉中的水，再把水蒸气流通到鸡舍，增加鸡舍内湿度。这种加湿方法比较快，而且均匀，缺点是成本高些。降低相对湿度的方法有适量通风；加强饮水器管理，防止洒水、漏水；及时清除鸡粪或潮湿垫料，保持地面干燥。相对湿度探头应该挂在鸡舍前端的 1/4 处，离地 1.2 m，不同日龄肉用仔鸡适宜的相对湿度见表 4-7 所列。

表 4-7　不同日龄肉用仔鸡适宜的相对湿度

日龄/d	1	7	14	21	28	35	42
相对湿度/%	50~60	60	60	60	55	55	50

（3）通风

①通风的作用　由于肉用仔鸡采用高密度饲养，生长发育迅速、代谢旺盛，因此鸡舍内的二氧化碳、氨气、一氧化碳、硫化氢等有害气体含量高，空气污浊，对鸡体生长发育不利，容易暴发传染病。因此，必须根据气温与肉用仔鸡的周龄和体重，不断调整鸡舍内的通风量，适当地排出舍内污浊空气，换入外界的新鲜空气，并借此调节舍内的温度和相对湿度，这在饲养肉用仔鸡非常重要。

氨气浓度是表示舍内通风换气是否良好的主要标志，舍内氨气含量不应超过 15.2 mg/m³，以不刺眼刺鼻为度，持续高浓度的氨气会引起呼吸道疾病和肉鸡腹水综合征，影响增重速度，饲料效率不佳，胸囊肿增加，肉鸡等级下降。另外，在育雏期要管理好煤炉，严防一氧化碳（煤气）中毒。

②通风换气的控制　第 1、2 周龄时以保温为主，适当注意通风。育雏舍要保持一定的进风口，但要防止冷空气直接吹袭到雏鸡身上。3 周龄开始要增加通风量和通风时间。4 周龄以后应以通风为主，特别是夏季，通风可增加舍内氧气量，降低舍温，提高采食量，促进生长速度。在冬季可利用中午时间通风换气，在向阳面适当打开窗户。夏季炎热季节可安装风扇等辅助设备，必要时可向屋顶或鸡群喷水，以防肉用仔鸡中暑。舍内氨气浓度过大，要先提高舍温，再打开通气窗。随着肉用仔鸡日龄增加，通风量也应加大。成鸡每小时换气量为夏季 50 m³/只，冬天 20 m³/只。

（4）光照

①光照的作用　肉用仔鸡和蛋用、种用雏鸡的光照制度完全不同。对蛋用、种用雏鸡光照要求的主要目的是控制性成熟的时间，而对肉用仔鸡光照的目的是延长采食和饮水时间，提高生长速度。目的不同光照方法也不同，但肉用仔鸡光线不可过强，光照太强影响鸡群休息和睡眠，引起相互间啄羽、啄趾或啄肛等恶癖。

②光照的控制　肉用仔鸡的光照有连续光照和间歇光照等方法。连续光照就是每天

23 h光照，1 h黑暗，这1 h的黑暗是为了使肉用仔鸡能适应黑暗的环境，以免光照出现故障时发生惊慌，造成拥挤窒息。间歇光照是从第2周龄起，白天利用自然光照，夜间每次喂料、饮水时开灯照明1 h，然后黑暗2~4 h，采用照明和黑暗交错进行的方式光照，但必须注意每次要有足够的采食时间，否则会影响采食量，而且会导致生长不整齐。这种方法主要好处是使鸡有足够的休息时间，而且省电。开放式有窗鸡舍和密闭式鸡舍在光照时间上有所不同，详见表4-8。

光照度的原则是由强到弱。每20 m²安装一只灯泡，高度距地面2 m，灯距3 m，分布要均匀，配有灯罩，每周擦拭一次灯泡，及时更换损坏的灯泡。第1周强度为15 lx、第2周强度为10 lx、第3周至出栏降至5 lx，即第1周每20 m²安装一只40 W的灯泡，这可帮

表4-8   肉用仔鸡光照程序

日龄/d	光照时间	
	开放式有窗鸡舍	密闭式鸡舍
1~3	24 h	24 h
4~8	23 h光照，1 h黑暗	23 h光照，1 h黑暗
9 d~上市	23 h光照，1 h黑暗	1 h光照，2 h黑暗，循环进行

助雏鸡熟悉环境，充分采食和饮水。以后到出栏，把光照度减到最小，0.75 W/m³即可，即每20 m²将一只40 W的灯泡改换为15 W的灯泡。后期弱光可以减少啄癖的发生，鸡群安静有利于生长肥育。所以，白天日光强度超过上述规定时，可用装饲料的编织袋制成窗帘遮挡门窗，以避免阳光直射。注意不要超过40 W的灯泡，灯泡大，光照强，光线不均匀，易引起啄癖。一般每10 m²面积上安装1个25 W灯泡可提供10 lx的光照度。

（5）饲养密度

①饲养密度的影响   饲养密度是指每平方米地面所容纳的肉用仔鸡数。饲养密度是否恰当，对养好肉用仔鸡和充分利用鸡舍有很大关系。饲养密度过大，不但室内空气不好，影响雏鸡生长发育，而且由于鸡群挤压在一起相互抢食争水，体重发育不均，影响饲料报酬，还易发生啄癖；饲养密度过小，鸡舍、设备利用率低，人力增加，饲养成本提高，经济效益降低。因此，要及时调整好饲养密度。

②饲养密度的控制   网上饲养密度比地面散养大一些，冬季比夏季饲养密度大一些，通风条件好的饲养密度可大一些；反之，饲养密度应少一些。在实际生产中，通常采用分隔饲养法，既便于饲养管理，又能节约能源。前期饲养密度大些，把鸡舍全部面积的1/3~1/2分隔开，让雏鸡在这个育雏区内活动，减低整个鸡舍需要热能的范围。以后随着鸡只的长大，采用逐渐扩群的方式，逐渐扩充饲养面积。

肉用仔鸡地面平养饲养密度见表4-9所列。

表4-9   肉用仔鸡地面平养饲养密度

周龄	1	2	3~4	出售前
只/m²	40~50	30~40	20~30	12~20

2）加强卫生管理，减少疾病发生

加强卫生管理，减少疾病发生，是养好肉用仔鸡的重要保证。加强卫生管理要做到：在鸡舍的入口处设消毒槽、保持垫料干燥、保持空气新鲜、饲喂用具经常刷洗、定期带鸡消毒。

影响肉用仔鸡生产的疾病主要有胸囊肿、腿部疾病和腹水症，具体预防措施如下。

（1）胸囊肿

胸囊肿是肉用仔鸡最常见的胸部皮下发生的局部炎症。它不传染也不影响生长，但影响屠体的等级和商品价值，造成一定经济损失。胸囊肿形成的原因是肉用仔鸡早期生长快、增重大，在胸部羽毛未长或正在生长的时候，胸部皮肤与地面或硬质网面接触，龙骨外皮层受到长时间的摩擦和压迫等刺激，造成皮质硬化，形成囊肿。预防措施有加强垫料管理，保持垫料松软、干燥及一定的厚度；适当赶鸡活动，减少伏卧时间；采用笼养或网上平养时，必须加一层弹性塑料网垫，可有效减少胸囊肿的发生率。

（2）腿部疾病

随着肉用仔鸡生产性能的不断提高，腿部疾病的严重程度也在增加。由于育种工作的进展，饲养水平的提高以及环境控制的改善，使肉用仔鸡的早期生长速度大幅度提高，鸡体肌肉组织的生长快于骨骼组织的生长，从而引起一些腿部疾病。腿部疾病主要有胫骨发育不良、脊柱畸形和歪曲腿缺陷症等。在生产实际中，要选择品质优良的肉用雏鸡，供给全价的配合饲料，加强管理工作，使该病的发生率控制在最低限度。

（3）腹水症

引起腹水症的原因多种多样，如环境条件、饲养管理、营养及遗传等都有关系。直接原因都是与环境缺氧有关。预防措施主要有改善通风条件，保持鸡舍空气新鲜；改善营养，增加饲料中微量元素硒和维生素的含量。

3）严格执行防疫制度

肉用仔鸡生产必须树立"以防为主，防重于治"的观念，制订并严格遵守合理的免疫制度和预防用药规则是保障肉用仔鸡健康生产的必备条件。合理的免疫程序应该建立在抗体检测的基础上。

（1）预防接种疫苗

在实际生产中，要根据本地区、本鸡场疫病流行的特点，制订一个比较切实可行的疫苗接种程序。肉用仔鸡免疫程序见表 4-10 所列。

（2）预防性投药

肉用仔鸡只有 50 d 左右的生长期，鸡群无论发生哪种疾病，在出栏前多数来不及彻

表 4-10　肉用仔鸡免疫程序

日龄/d	疾病名称	疫苗	方法
7	新城疫、传染性支气管炎	Ⅳ系 H120 二联苗	点眼、滴鼻
14	传染性法氏囊病	法氏囊弱毒苗	饮水
21	新城疫	Ⅳ系苗	饮水
28	传染性法氏囊病	法氏囊中毒苗	饮水
35	新城疫	Ⅳ系苗	饮水

底恢复。所以，饲养肉用仔鸡要想获得最大的经济效益，重点是预防，而不是治疗。有些鸡病可通过接种疫(菌)苗得到控制，但有些尚无有效疫苗预防，故应用药物预防也是一项重要的措施。应根据本地区、本鸡场商品肉用仔鸡的疾病流行特点，制订一个比较合理的预防性投药程序。肉用仔鸡预防用药制度见表 4-11 所列。

表 4-11　肉用仔鸡预防用药制度

日龄/d	药物	作用
"开水"时	饮水中添加电解多维	缓解运输应激
0~5	饮水中添加广谱抗生素	防止鸡白痢和大肠杆菌
15~17	饲料中添加抗球虫药物	防止球虫病的发生

针对常见的慢性呼吸道病、消化系统疾病、大肠杆菌病等，应根据药敏试验选用高敏药物，如呋喃唑酮、土霉素、泰乐加、红霉素、多西环素、支原净、链霉素、庆大霉素、喹诺酮类药物(如诺氟沙星、环丙沙星、恩诺沙星)等，一般间隔 5~6 d，可选用其中 1~2 种药物连用 3~5 d，可按预防量投药，并注意药物的配伍禁忌。

用药时注意事项：按说明或规定量使用药物，用药量准确；药物混入饲料或饮水中时，一定要搅拌均匀，以防中毒；过期劣质药物不能使用；每次用药做好记录，并仔细观察用药效果；根据季节、气候、生态环境、鸡群日龄、生理状态、药敏试验等，本程序和选用药物种类可灵活变动，并注意经常做到带鸡消毒；为了解决出口肉鸡药物残留问题，应严格按照出口肉鸡的用药规定用药；在上市前 1 周，停止用药，以保证鸡肉无药物残留，确保肉品无公害。

4)密切观察鸡群，及时掌握动态

经常观察鸡群是肉用仔鸡管理的一项重要工作。通过观察鸡群，一是可促进鸡舍环境的随时改善，避免环境不良所造成的应激；二是可尽早发现疾病的前兆，以便早防早治。

(1)观察行为姿态

正常情况下，雏鸡反应敏感，眼明有神，活动敏捷，分布均匀。例如，扎堆或站立不卧，闭目无神，身体发抖，不时发出尖锐叫声，拥挤在热源处，说明育雏温度太低；雏鸡撑翅伸脖，张嘴喘气，呼吸急促，饮水频繁，远离热源，说明温度过高；雏鸡远离通风窗口，说明有贼风冲击；当头、尾和翅膀下垂，闭目缩颈，行走困难时则为病态表现。

(2)观察羽毛

正常情况下，羽毛舒展、光润贴身。羽毛生长不良，表明温度过高；全身羽毛污秽或胸部羽毛脱落，表明湿度过大；全身羽毛蓬乱或肛门周围羽毛粘有黄绿色或白色粪便或黏液时，多为发病的象征。

(3)观察粪便

正常的粪便为青灰色，成形，表面一般覆盖少量的白色尿酸盐。当鸡患病时，往往排出异样的粪便。例如，患出血性肠炎或球虫病时排血便；患传染性法氏囊病、传染性支气管炎或白痢时，排出白色石灰样的稀粪；绿色粪便多见于新城疫。

（4）观察呼吸

当气温急剧变化、接种疫苗后、鸡舍氨气含量过高和灰尘大的时候，容易激发呼吸系统疾病。要勤观察呼吸频率和呼吸姿势是否改变，有无流鼻涕、咳嗽、眼睑肿胀和异样的呼吸音。当鸡患新城疫或传染性支气管炎或慢性呼吸道病时，常发出呼噜声或喘鸣声，夜间特别清晰。

（5）观察饲料用量

鸡在正常情况下，饲喂适量的饲料应在当天吃完。当发现鸡群采食量逐渐减少时，就是病态的前兆。

（6）弱残病鸡隔离

鸡舍一角用铁丝网隔出一小块空地，把弱鸡、病鸡、残鸡等短期单独观察管理，特殊照顾，以提高成活率和出栏时均匀度。如发现传染病鸡，要及时淘汰，不可吝惜，以防全群感染。

5）做好日常记录

要求做好日常统计工作，填写各项记录登记表。生产记录包括饲料消耗量、存活鸡数、死淘只数、舍内温度、相对湿度、鸡群状态等内容。每 1 周或 2 周抽样称重 1 次，以及疫苗接种、用药时间和剂量等。每一批的日常记录都要进行分析统计，总结经验，为下一批次的生产提供参考。

任务实施

肉鸡屠宰测定及内脏器官观察

【材料用具】

公鸡、母鸡、解剖刀、剪刀、台秤、搪瓷盘等。

【实施步骤】

（1）宰前准备

禁食 6~12 h（供饮水）后称活重，如图 4-1 和图 4-2 所示。

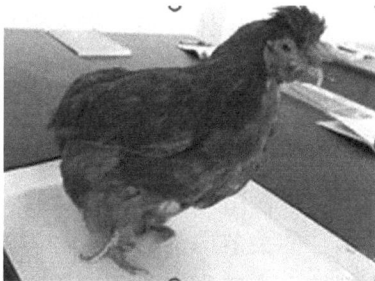

图 4-1　母鸡禁食　　　　　　图 4-2　称活重

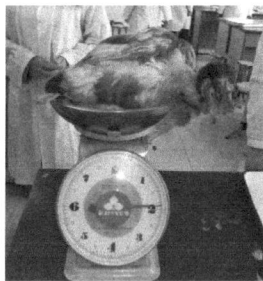

（2）放血并称血重

①颈外放血法（图 4-3）　将禽耳下颈部宰杀部位的羽毛拔去少许，用刀切断颈动脉和颈静脉，放血致死。

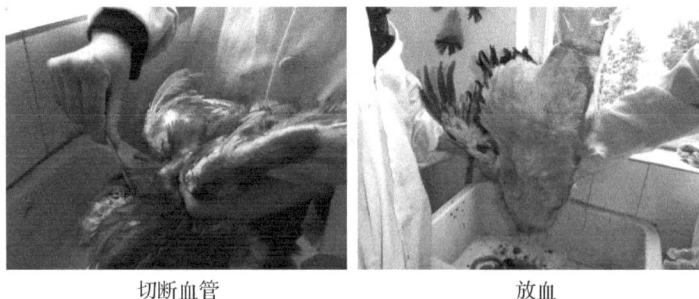

切断血管　　　　　　　　放血

图 4-3　颈外放血法

②口腔内放血法(图 4-4)　用左手握鸡头，并以拇指和食指将禽嘴顶开，右手握刀，刀面沿舌面平行伸入口腔左耳附近，随即翻转刀面使刀口向下，用力切断颈静脉和桥状静脉联合处，使血沿口腔下流。此法屠体外表完整美观。血流尽后再次称重，求出血重。

(3)拔羽

用湿拔法浸烫(图 4-5)拔羽，水温控制在 65~68℃。拔羽后称屠体重。

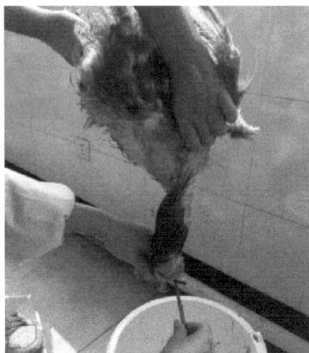

图 4-4　口腔内放血法

图 4-5　湿拔法浸烫

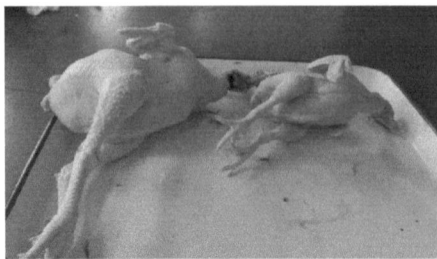

图 4-6　鸡的屠体

(4)称屠体重

屠体重为禽体放血、拔毛后的质量，鸡的屠体如图 4-6 所示。

(5)开腹观察内脏

将鸡的屠体置于搪瓷盘中，在胸骨与肛门之间横剪一刀，用剪刀将切口从腹部两侧沿椎肋与胸肋结合的关节向前将肋骨和胸肌剪开，然后稍用力把整个胸壁翻向头部，使胸腹腔内器官都显示清楚，如图 4-7 所示。

首先观察各器官的位置，识别名称，然后用剪刀沿肛门背侧纵向剪开泄殖腔，观察输尿管、输精(卵)管在泄殖腔生殖道上的开口以及雄性交配器官的位置和形状。最后将输卵管移出，用剪刀剪开，观察输卵管的内部构造和特点(图 4-8~图 4-11)。

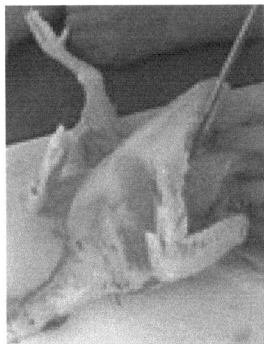
图 4-7　鸡的解剖

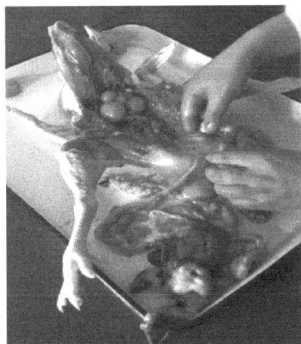
图 4-8　识别内脏器官

图 4-9　识别肠系膜

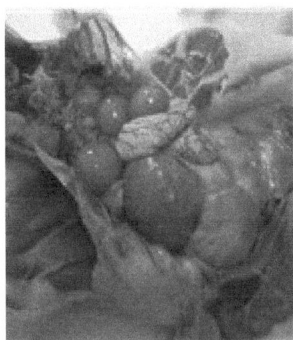
图 4-10　输卵管内有一硬壳蛋

图 4-11　输卵管喇叭口

（6）取出并称测内脏

在肛门下横剪约 3 cm 的口子，伸进手拉出鸡肠，再取出肌胃、心、肝、胆、脾等内脏（留肾和肺），并分别称重。

①半净膛重　屠体去气管、食道、嗉囊、肌胃角质膜以内物、肠、脾、胆、胰和生殖器官后的质量（留心、肝、肾、肺、肌胃和腹脂）。

②全净膛重　半净膛重减去心、肝、肌胃、腹脂及头脚的质量（鸭鹅含头脚）。

③胸肌重　将屠体胸肌剥离下来的质量。

④腿肌重　将屠体腿部去皮、去骨的肌肉质量。

（7）计算

$$屠宰率（\%）=屠体重/活重×100$$
$$半净膛率（\%）=半净膛重/活重×100$$
$$全净膛率（\%）=全净膛重/活重×100$$
$$胸肌率（\%）=胸肌重/全净膛重×100$$
$$腿肌率（\%）=大小腿净肉重/全净膛重×100$$

【考核评价】

（1）个人考核（占 50%）

根据表 4-12 所列内容，对学生的实训情况进行考核。

表 4-12　个人考核内容及标准

序号	考核项目	评分标准	分值	考核方法	考核得分	熟练程度
1	屠宰	屠宰方法正确	10	单人操作考核		>90分为熟练掌握；70~90分为基本掌握；<70分为没有掌握
		拔羽、去头、脚，操作熟练	10			
2	观察内脏	解剖方法正确，动作熟练	10			
		能准确辨认食管、嗉囊、腺胃、肌胃、小肠、肝脏、大肠、泄殖腔及其所在的位置	10			
		正确指出喉、气管、食管、肺的位置	10			
		正确指出肾脏、输尿管、睾丸、输精管的位置	10			
		正确辨认卵巢和输卵管，正确区分漏斗部、膨大部、峡部、子宫和阴道部	10			
3	肉用性能测定	能正确称测半净膛重、全净膛重	15			
		能正确计算屠宰率、半净膛率、全净膛率、腿肌率、胸肌率	15			
		合计	100			

（2）团队考核（占 30%）

参照表 1-2 进行考核。

（3）综合评价（占 20%）

参照表 1-3 进行综合评价。

任务 4-2　优质肉鸡饲养管理

任务描述

随着生活水平的提高，人们开始越来越重视食品安全，追求优质、营养和无公害的绿色食品，这已逐渐成为人们追求的消费时尚，引导肉鸡向优质和生态无公害方向发展。本任务主要介绍优质肉鸡生产概述、育雏技术及放养技术。

知识准备

1. 优质肉鸡生产概述

1）优质肉鸡的概念

优质肉鸡又称精品肉鸡。中国优质肉鸡主要强调色泽、风味、口感、嫩度等多方面的感官质量。

由于土种鸡纯种繁殖力低、生长慢，不能适应商品生产的需要，所以优质肉鸡生产通常用的是杂交育种而育成的优质鸡种，充分利用了我国的地方鸡种作为素材，选育出各具特色的纯系(含合成系)，通过配合力测定，筛选出最优杂交组合，以两系、三系或四系杂交模式进行商品优质肉鸡生产。

目前，众多学者普遍认为，优质肉鸡生长较慢、性成熟较早、具有有色羽(如黑鸡、麻鸡、三黄鸡等)；宽胸、矮脚、骨骼相对较小而载肉量相对较多；肉质鲜嫩，脂肪分布均匀，鸡味浓郁，营养丰富，受消费市场欢迎的良种肉鸡。

2)优质肉鸡生长发育特点

优质商品肉鸡与快大型肉鸡比较，在生长发育方面表现有以下特点。

①生长速度相对缓慢　优质肉鸡的生长速度介于蛋鸡品种和快大型肉鸡品种之间，有快速型、中速型及慢速型之分。例如，快速型优质肉鸡6周龄平均上市体重可达1.3~1.5 kg，而慢速型优质肉鸡90~120 d上市体重仅有1.1~1.5 kg。

②优质肉鸡对饲料的营养要求水平较低　在粗蛋白质19%、能量11.50 MJ/kg的营养水平下，即能正常生长。

③生长后期对脂肪的利用能力强　应采用含脂肪的高能量饲料进行育肥，肉质中含有适量的脂肪，有利于改善肉质风味。

④羽毛生长丰满　羽毛生长与体重增加相互影响，一般情况下，优质肉鸡至出栏时，羽毛几经脱换，特别是饲养期较长、出栏较晚的优质肉鸡，羽毛显得特别丰满。

⑤性成熟早　如我国南方某些地方品种鸡在30 d时已出现啼鸣，母鸡在100 d就会开始产蛋。其他育成的优质肉鸡品种公鸡在50~70 d时冠髯已经红润，出现啼鸣现象。

3)优质肉鸡饲养阶段划分

生产中，优质肉鸡的喂养方案通常有两阶段制饲养和三阶段制饲养。

①两阶段制饲养　使用2种饲料方案，即0~35 d(0~5周龄)为幼雏阶段，36 d至上市为中雏、肥育阶段，分别采用幼雏饲料和中雏饲料。

②三阶段制饲养　使用3种饲料方案，即0~35 d为幼雏阶段，36日龄至上市前2周为中雏阶段，上市前2周至出栏为肥育阶段，分别采用幼雏饲料、中雏饲料、肥育饲料进行饲养。

一般使用三阶段制饲养较好，育肥饲料更有利于后期催肥，同时还可作为停药期饲料。前期饲喂能量较低、蛋白质较高的饲料，后期为了增加肌肉脂肪的沉积，同时提高饲料蛋白质的利用率，应降低蛋白质含量，增加能量摄入。

4)优质肉鸡饲养方式

优质肉鸡的饲养分育雏和育肥两阶段，各个阶段的饲养方式不同。

(1)育雏阶段

采用室内育雏，雏鸡阶段饲养方式与肉用仔鸡相同。

(2)育肥阶段

采用自然放养加合理补料的饲养方式。国内的优质鸡生产，多采用地面散养或放养，即采用圈养，每只鸡所占的空间面积比一般工厂化、集约化饲养的良种鸡所占面积大。雏鸡在舍内育雏4周后，可选择晴天开始室外放养。放养时间由最初的2~4 h，逐渐延长至6~8 h；放养距离由最初的鸡舍周围逐渐扩大放养范围；夏季4周龄、春秋季5周龄、冬季6周龄即可转入舍外放养饲养。通过放养加补饲的饲养方式，鸡只既可以采食自然环境中的虫、草、脱落的籽实或粮食，节省一些饲料；又可增强运动，增强体质，鸡肉结实。

2. 优质肉鸡育雏技术

雏鸡对外界的适应性差，怕冷，易受惊吓，易得病，保温防病要求高，因此，雏鸡必须舍饲，喂以全价饲料，并接种多种疫苗。

1）雏鸡品种选择

为了杜绝外来疾病的侵袭，在选雏前进行实地考察，选择来自无传染病史的种鸡场、种鸡系谱登记齐全、管理规范、防疫制度健全的雏鸡。鸡的品种可选用抗逆性强的优良地方品种，如三黄鸡、麻鸡、乌鸡等。

2）育雏方式

农村养殖户多采用地面育雏和网上育雏，大型养殖场采用笼养育雏。

3）挑选雏鸡

挑选雏鸡凭经验进行。选择方法可归纳为"看、听、摸、问"4个字。

①看　观察雏鸡的精神状态。健雏活泼好动，眼亮有神，羽毛整洁光亮，腹部收缩良好。弱雏通常缩头闭眼，伏卧不动，羽毛蓬乱，腹大松弛，腹部无毛且脐部愈合不好，有血迹、发红、发黑、疔脐、丝脐等。

②听　听雏鸡的叫声。健雏叫声洪亮清脆。弱雏叫声微弱，嘶哑，或鸣叫不休，有气无力。

③摸　触摸雏鸡的体温、腹部等。随机抽取不同盒里的一些雏鸡，握于掌中，若感到温暖，体态匀称，腹部柔软平坦，挣扎有力的是健雏；如感到鸡身较凉，瘦小，轻飘，挣扎无力，腹大或脐部愈合不良的是弱雏。

④问　询问种蛋来源、孵化情况、马立克病疫苗注射情况等。来源高产健康适龄种鸡群的种蛋，孵化过程正常，出雏多且整齐的雏鸡一般质量较好。反之，雏鸡质量较差。

4）饮水与饲喂

饮水与饲喂应遵循先饮水、后开食原则。

①初饮　先饮温水 2~3 h，最好 5%~8% 糖水 12 h，降低第 1 周死亡率。不能缺水。前 2 d 24 h 光照，40~50 lx 的光照度。

②饲喂　雏鸡充分饮水 3 h 后开食，优质雏鸡饲料干喂或拌湿喂，撒在开食盘或报纸上。雏鸡自由采食，少喂勤添。添料时清理盘上的粪便，换水时清洗饮水器。1 周后换成小号料桶，50 只鸡 1 个料桶。

5）环境要求

提供适宜的温度、相对湿度、合理的通风换气，有利于提高肉鸡成活率、生长速度和饲料利用率。

①温度　一般采用 1 日龄舍温 32~35℃，随着鸡龄的增长，温度应逐渐下降，通常每周下降 2~3℃，到第 5 周时降至 21~23℃。

②相对湿度　舍内的相对湿度保持在 55%~65%。10 日龄内为 60%~65%，10 日龄后为 55%~60%，保持舍内干燥，避免饮水器洒水，防止垫料潮湿。

③通风换气　保持舍内空气新鲜和适当流通，是养好优质肉鸡的重要条件之一，所以通风要良好，无刺鼻或熏眼的感觉，防止因通风不畅诱发肉鸡腹水症等疾病。另外，要特

别注意贼风对仔鸡的危害。

④公母分群饲养 生长速度在同一期内公鸡比母鸡快,若公母分群饲养,可适当调整营养水平,实行公母分期出栏。

6)饲养密度

饲养密度结合鸡舍类型、垫料质量、养鸡季节等综合因素加以确定,一般平养育雏期 30~40 只/m²,舍内饲养生长期 12~16 只/m²。

7)断喙

对于生长速度比较慢的肉鸡,由于饲养周期比较长,容易发生啄羽、啄肛等恶癖,需要进行断喙处理。优质肉鸡断喙多在雏鸡阶段,一般在 6~9 日龄进行。断喙时应注意止血,通过与刀片的接触灼焦切面而止血。最好在断喙前 3~5 d 在饲料中加入高剂量的维生素 K(2 mg/kg 饲料)。为预防感染,断喙后在饲料或饮水中加入抗生素,连服 2 d。

8)加强卫生防疫

优质肉鸡品种饲养周期与肉用仔鸡相比较长,应增加免疫内容,如马立克病疫苗和鸡痘疫苗接种。根据本地区疾病流行的特点,采取适宜的方法进行有效的免疫监测,做好疫病防控工作。此外,还要做好隔离、卫生消毒工作。优质肉鸡参考免疫程序见表 4-13 所列。

表 4-13 优质肉鸡参考免疫程序

日龄/d	疫苗	方式
1	马立克病疫苗	颈部皮注
7~9	新城疫Ⅳ系+传支 H$_{120}$ 二联苗	点眼滴鼻
9~12	传染性法氏囊疫苗	饮水
23	鸡痘疫苗	翅内刺种
25	新城疫Ⅳ系+传支 H$_{52}$ 疫苗	饮水
28	传染性法氏囊疫苗二免	饮水
80	新城疫Ⅳ系+传支 H$_{52}$ 三免	饮水

9)记录

认真做好各项记录。每天检查记录的项目有健康状况、光照、雏鸡分布情况、粪便情况、温度、相对湿度、死亡、通风、饲料变化、采食量、饮水情况及投药等。

3. 优质肉鸡放养技术

生产中,雏鸡饲养至 30~40 日龄开始放养,全程放养期为 70~90 d。

1)选择放养品种

优质肉鸡放养是通过舍内育雏,雏鸡育成后白天在鸡场开放散养,晚归舍室补饲,以自由觅食昆虫、嫩草及腐殖质等和人工补料的方式饲养。放养鸡因其生长环境较为粗放,故应选择黄鸡、麻鸡、黑鸡、乌鸡等适应性强、抗病力强、耐粗饲、勤于觅食的地方鸡种进行饲养。

2)放养场地选择

放养鸡需要有良好的生态条件。适合规模放养土鸡的地方包括山地、坡地、果园、荒山荒坡和经济林地等，放养鸡的鸡场应选择在地势高、背风向阳、环境安静、水源充足卫生的地方，距离干线公路、村镇居民集中居住点至少 1 km，周围 3 km 内无污染源。

山地、坡地最好有灌木林、荆棘林和阔叶林等，其坡度不宜过大(地势≤5°)，附近有未被污染的小溪、池塘等清洁水源。

适宜养鸡的园地包括竹园、果园、茶园和桑园等。园地要求地势高燥、避风向阳、无污染和无兽害等。果树树龄以 3~5 年为佳。园地周围用旧渔网或纤维网隔离，园内要设有清洁、充足的饮水。

3)搭建简易棚舍

棚舍是鸡夜晚休息和避风、躲雨的栖息场所。鸡棚可建在丘陵地带、果园或树林中，要求在放养区地势高燥、避风向阳、环境安静、平坦或稍有坡度的地上搭建棚舍。鸡舍建筑要因地制宜，可就地取材，在节约成本又保证鸡只安全的前提下可搭建简易式棚舍或永久式棚舍。

简易式棚舍中间高约 2 m、跨度 5~6 m，长度依鸡群大小而定。前后墙高 1 m 左右，棚顶先盖一层油毡，上面覆一层茅草或麦秸，草上覆一层塑料薄膜防水保温。棚的四壁用秸秆编成篱笆墙，或用塑料布、塑料薄膜、油毡等围上。

围栏面积根据饲养数量而定，一般每棚舍内设置食槽、饮水器，食槽可选用木板、竹子、镀锌板或硬质塑料等，其规格可按鸡而定，食槽设计与规格不合理是浪费饲料的原因之一。饮水器的吊挂高度必须合适，要使盘槽边缘与雏鸡背部或成鸡的眼部齐平。

棚舍四周应有排水沟，棚舍南面留几个可以关闭的洞口，用于鸡只进出。四周的塑料布或薄膜是活动性的，在炎热天时，可以掀起 0.8~1.0 m，以利降温。

在放养场地周边要有隔离设施，可以选用尼龙网、铁丝或竹园，高度 2.5 m 以上，防止鸡飞出。

4)放养规模

以每群 1 500~2 000 只为宜，规模太大不便于管理，规模太小则效益低。放养密度以每公顷果园林地放养 80~200 只为宜。商品鸡出栏应采用全进全出制。

5)放养季节

最佳放养季节为春末、夏初。一般夏季 30~45 日龄、寒冬 50~60 日龄开始放养，放养期 3 个月。

6)放养方法

①刚脱温雏鸡的放养 为防应激，可在饲料或饮水中加入一定量的维生素 C 或复合维生素等。

雏鸡放养前 3~4 d 进行调教，使其形成良好的反射。天气晴朗时，清晨将鸡群放出鸡舍，傍晚将鸡群赶回舍内。雏鸡放入果园、山林前 5 d，料槽和饮水器放在距鸡舍约 1 m 处，使其熟悉环境，仍按正常育雏方式饲喂，以后可逐渐减少饲喂次数。

②依天气状况放养 下雨比较小，果园、山林有高大果树遮雨，而且鸡的羽毛已经丰满时，可以将鸡舍门打开，任其自由进出活动；若果树尚小，没法避雨，则不宜将鸡放出。气候突变，应及时将鸡群赶回鸡舍内。

③补饲、供水 每天早晨放养前先喂给适量饲料,投放饲料占全天的 1/3,傍晚将鸡赶回鸡舍内后再补饲 1 次,根据饥饱程度补饲。用全价饲料搭配稻谷、米糠、红薯、玉米、瓜果类补饲。白天给予充足的清洁饮水,根据放养的数量置足水盆或水槽。

秋冬季果园、山林杂草和昆虫少,可适当增加补饲量,春夏季则可适当减少补饲量。阴雨天鸡不能外出觅食,需要及时给料。夏秋季可在鸡舍前安装灯泡引诱虫,让鸡采食。

④种养结合 在放养地播种黑麦草、苜蓿草、菊苣等牧草,不仅营养好,鸡喜食,又节约了饲料成本。

⑤养殖昆虫喂鸡 蚯蚓、蝇、蛆、面包虫是高蛋白质的优质饲料,且养殖成本低,生长快,繁殖率高。通常用米糠、牛或猪粪、树叶、杂草及土杂肥等。

⑥实行轮牧制 将林地、果园化分成 2~3 个小区轮放,这样有利于嫩草的生长和昆虫的繁殖,从而保证鸡群的自然食料。在放牧区内要为鸡备足饮用水。

⑦鸡场管理 良好的管理制度并严格执行,以减少放养鸡饲养期中疾病的发生,提高成活率,降低成本,尽可能获得较大的利润。

a. 环境卫生:鸡场四周不可有污水、垃圾堆、粪堆等;猫和老鼠不能进入鸡舍和饲料存放处。

b. 饮水卫生:自来水或深井水,饮水消毒。

c. 饲料卫生:饲料配制合理,营养水平达标准,贮存时防止受潮霉。

d. 综合防疫:鸡场的防疫工作非常重要,健全的卫生管理制度和防疫,可使病原微生物无机可乘。发病时及时诊断,及时治疗,确保鸡只健康生长。放养时,对球虫病要严加防范,每月驱虫 1 次。

饲养中后期,防治疾病时尽可能不用人工合成药物,多用中药及采取生物防治,以减少和控制鸡肉中的药物残留,以便于上市在放养阶段需要注射鸡新城疫 I 系苗,注射时间在 2 月龄,注射疫苗时间最好避开放养的第 1 周,避免鸡产生应激,在晚上鸡群归舍后进行。果园使用农药防治病虫害时,鸡群应停止放养 3~5 d,以防农药中毒。放养场地不准外人和其他鸡只进入,以防带入传染病。同时,要防止蛇、兽、大鸟等危害。

⑧优质肉鸡笼养育肥 商品肉鸡上市前进行为期 10~15 d 的短期育肥,以增加屠体的脂肪沉积,提高肉质的嫩滑度和特殊香味,明显提高育肥效果和饲料转化率。饲料以能量饲料为主,再添加一些比例的蛋白质饲料,粗蛋白质含量不超过 14%。若能量不足,则可在配合饲料中加入 2% 稳定性好的脂肪,不但育肥效果好,还可以使鸡的羽毛更有光泽。不能用鱼油、牛油等有异味的油脂,注意补充维生素、微量元素,最好用颗粒饲料。

⑨减少优质肉鸡残次品的管理措施 养鸡场生产出良好品质的优质肉鸡是一回事,而将鸡的品质一直保持到消费者手中则是另一回事。在抓鸡、运输、加工过程中防止和减少优质肉鸡胸部囊肿、挫伤、骨折、软腿是增加经济效益的有效途径。

生产中要注意:在抓鸡时,鸡舍使用暗淡灯光;避免垫料潮湿,增加通风,减少氨气,提供足够的饲养面积;在抓鸡、运输、加工过程中装取要轻巧;在抓鸡前 1 d 勿惊扰鸡群,装运仔鸡的车辆最好在天黑后驶进鸡舍,白天车辆响声会对鸡产生应激;临抓鸡前,移去地面上的全部设备;抓鸡工人不要一手同时握住太多的鸡,一手握住的越多则鸡外伤发生的可能性越大。

7）优质肉鸡饲养效率的评价

评价优质肉鸡的饲养效率，要计算生产性能指标，包括上市活重、成活率和料肉比3个最重要的指标。计算公式：

$$上市活重(kg) = \frac{随机抽测总活重(kg)}{随机抽测肉鸡数}$$

$$成活率(\%) = \frac{上市日龄成活的肉鸡数}{饲养开始入舍雏鸡数} \times 100$$

$$料肉比 = \frac{饲养全程耗料量(kg)}{肉鸡总活重(kg)}$$

任务实施

公鸡的阉割

【材料用具】

仔公鸡、阉割刀、扩张器、探针、取睾钳、小动物手术台、酒精棉球等。

【实施步骤】

（1）肋间开口法

肋间开口法适用于2~3月龄的小公鸡。

①手术准备　选择0.25~1.0 kg的仔公鸡为宜。术前禁食24 h，停水6 h（手术时可减少出血）。

②保定　将鸡腿拉直，并用细绳将鸡腿缠绕在保定杆的一端，绳头夹在保定杆和鸡腿之间，保定杆的另一端应达到鸡的胸下部。两翅膀扭成反时针方向后，使其左侧横卧在手术台上。

③切口部位　由于公鸡的睾丸位于腹腔内腰部下方，前靠肺，后近肾，并与最后两根肋骨相对。因此，切口部位应在倒数第2、3肋间，距背脊下1.5 cm处。

④手术操作　施术前，将术部羽毛拔掉，用酒精棉球消毒术部，并将周围羽毛擦湿，使羽毛向四周分开。术者以左手食指将切口部位的皮肤向后推，以使皮肤切口与肌肉切口错开，并探摸第2、3肋间隙以确定切口位置。术者右手以执笔的方式持刀，在左手指前方开一个与肋骨相平行、长1.5~3 cm的切口。取扩张器扩大切口，并用探针挑破腹膜和腹部气囊，使切口与腹腔相通，再用探针将腹腔内的肠管向腹下方拨开，即可在背椎下方肾脏前端见到淡黄色（也有灰色或黑色）的右侧睾丸，左侧睾丸位于其下，二者之间由一层肠系膜隔开，轻轻挑破肠系膜，即可见到左侧睾丸。2月龄左右的小公鸡，不必破膜，只需将肠系膜根部向后拨开，即可见到左侧睾丸。用取睾钳先夹住下侧睾丸（左侧睾丸），扭后取出，再用同法取出上侧睾丸。夹取睾丸时应小心，不要碰伤背大动脉，否则公鸡流血过多而死亡。初学者可从两侧开口，分别取出两个睾丸。睾丸取出后，解除扩张器，将手术时向后推的皮肤向前推回，即可封住切口，一般无须缝合。操作方法如图4-12~图4-15所示。

图 4-12　保定、切口

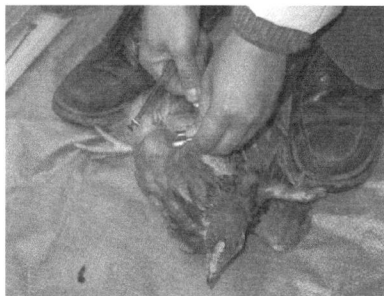
图 4-13　开刀

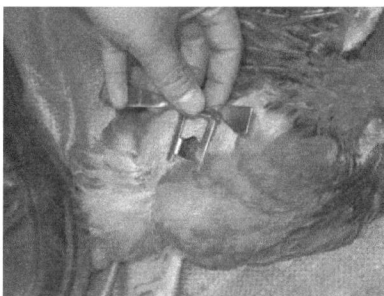
图 4-14　使用扩张器

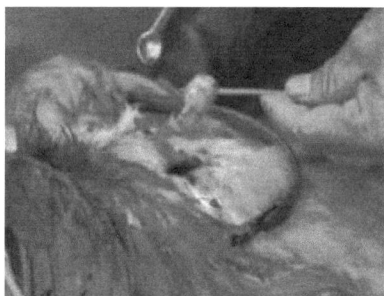
图 4-15　取出睾丸

⑤注意事项　手术中切勿损伤脊椎下的大血管，如已出血，应立即进行压迫止血，并滴一滴肾上腺素，待血液凝固后，小心取出血凝块。摘除睾丸时，一定要把睾丸完整取出，切不可碰碎，否则达不到阉割的目的。

⑥术后护理　手术后的公鸡要单群饲养，不给晒架，切勿追逐奔跑。术后 2~3 d 宜喂湿粉料，少喂谷粒，饮水要少。术后 1 周内观察切口附近是否发生皮下气肿，如有发现，可在气肿最突出处刺破皮肤，排出气体即可。

（2）腹下开口法

腹下开口法适宜年龄较大或成年公鸡。

①保定　将公鸡双翅向后反转重叠，用细绳缚其双腿。术者使鸡头部略向下，肛门略向上，仰卧保定。

②切口部位　切口位于腹中线，距肛门下方 1.5 cm 处。

③手术操作　将肛门下方腹部羽毛拔去，并用酒精棉球消毒术部。术者右手持刀，左手拇指压住术部，纵向切开，切口长度约 2 cm（以能伸入食指和中指为度）。此时，再将鸡体复为站立姿势。术者右手掌向上，将食指和中指从切口处插入腹腔内，沿脊柱向前寻摸睾丸。睾丸表面光滑，似黄豆大小，紧贴于脊柱两侧，但要与肾脏准确区别，肾脏较狭长，比睾丸大许多，位于腰荐骨两旁和髂骨的肾窝内，切不可损伤肾脏。术者以食指和中指将整个睾丸谨慎摘除，并用手指尖端压迫睾丸所在处 1~2 s，以防止出血。小心从切口取出睾丸。缝合切口（若切口较小可不缝合），以防止内脏脱出。

④注意事项及术后护理　同肋间开口法。

【考核评价】

（1）个人考核（占50%）

根据表4-14所列内容，对学生的实训情况进行考核。

表4-14　个人考核内容及标准

序号	考核项目	评分标准	分值	考核方法	考核得分	熟练程度
1	准备	术前准备充分	20	单人操作考核		>90分为熟练掌握；70~90分为基本掌握；<70分为没有掌握
2	保定	方法正确	10			
		动作熟练	10			
3	操作	手术操作正确	20			
		能顺利取出睾丸	20			
		术后护理得当	20			
		合计	100			

（2）团队考核（占30%）

参照表1-2进行考核。

（3）综合评价（占20%）

参照表1-3进行综合评价。

任务4-3　肉用种鸡饲养管理

任务描述

肉用种鸡主要有曾祖代、祖代和父母代，饲养数量最多的是父母代肉用种鸡。肉用种鸡必须要有好的繁殖性能，生产更多可供孵化的种蛋，得到更多的商品肉用仔鸡。肉用种鸡具有采食量大、生长速度快、体重大、容易育肥、产蛋量低的特点，饲养周期长，饲养环节多，饲养管理技术复杂，因此，肉用种鸡的饲养管理更要科学化、系统化、专门化，才能获得较高的经济效益。

根据饲养过程中不同阶段的生理特点和管理要点，可将肉用种鸡的饲养过程分为育雏期（0~6周）、育成期（7~23周）和产蛋期（24~68周）3个饲养阶段。肉用种鸡育成期和产蛋期的饲养方法与蛋用种鸡有很大差别，一是肉用种鸡育成和产蛋阶段容易肥胖而造成繁殖力下降，必须实行严格限饲，强化种鸡体质，以利于肉用种鸡进行种蛋生产。二是肉用种鸡的腿病发生率显著高于蛋鸡，要采取各种措施，控制和减少肉用种鸡腿病发生。

知识准备

1. 肉用种鸡的限制饲养

1）肉用种鸡的饲养方式

肉用种鸡生产性能的高低与饲养方式、管理水平密切的关系。目前，饲养方式比较常用的有网上平养、混合地面饲养和笼养 3 种方式。

（1）网上平养

网上平养是用支架支起床面，上铺塑料网、金属网或竹条等类型的漏缝地板，地板一般高出地面约 60 cm。铺设材料以硬塑网最好，平整，易冲洗消毒，但成本较高；金属网较差，难平整，不易冲洗消毒且成本高；竹木条造价低，采用条宽 2.5~5.1 cm、间隙 2.5 cm 来铺设，板条走向与鸡舍长轴平行，刨光表面及棱角。可采用槽式链条喂养或弹簧喂料机供料。公母鸡混养时，公鸡另设料桶喂养。网上平养每平方米可饲养 4.8 只成年肉用种鸡。

（2）混合地面饲养

混合地面饲养是国内外使用最多的肉用种鸡饲养方式，在肉用种鸡配种期多用。板条棚架结构床面与垫料地面之比为 3∶2 或 2∶1。舍内布局主要采用"两低一高"或"两高一低"。

①"两低一高" 沿鸡舍中央铺设板条，把一半垫料地面靠在前墙，另一半垫料地面靠在后墙，中央设置板条地面。

②"两高一低" 是目前国内外使用最多的肉种鸡饲养方式，国外蛋种鸡也主要采用这种饲养方式，即沿墙边铺设板条，一半板条靠前墙铺设，另一半板条靠后墙铺设。产蛋箱在板条外缘，排向与鸡舍的长轴垂直，一端架在板条的边缘，另一端悬吊在垫料地面的上方，便于鸡只进出产蛋箱，也减少占地面积。

种鸡交配多在垫料上进行，采食、饮水、排粪多在漏缝地板上进行，鸡每天排粪大部分在采食时进行。混合地面饲养具有设备投资少，简单易行，能减少胸囊肿发生率等优点，提高肉用种鸡的受精率，进而提高了肉用种鸡的供雏数量。但易发生球虫病，饲养密度稍低些，为 4.3 只/m²。

（3）笼养

近年来，随着种鸡合理限饲、人工授精配套技术的普及和笼养配套技术的成熟，肉用种鸡笼养有增加的趋势，是今后发展的方向。肉用种鸡笼养除了能减少疾病的发生外，还能提高单位空间利用率；饲料效率可提高 5%~10%，降低成本 3%~7%；节约药品费用；无须垫料，节省开支；提高劳动效率；便于公母分开饲养，实行更科学的管理，加快增重速度。

①配种阶段笼养 配种阶段种鸡笼多为两层阶梯笼。种母鸡每笼装 2 只，种公鸡每笼装 1 只。采用人工授精技术进行配种。由于肉用种鸡体重偏大，对鸡笼质量要求高，笼底的弹性要好，否则种鸡容易患胸腿疾病。

②全程笼养 包括育雏期立体笼养、育成期三层半阶梯笼养、产蛋期双层笼饲养。肉用种鸡全程笼养有利于控制种鸡体重，提高整齐度和对种鸡进行选育。全程笼养为限饲提供了非常有利的条件，抽样称重方便，调群更加直观有效。

2）限制饲养

（1）限制饲养的意义

肉用种鸡具有采食量大、前期生长快、生长发育迅速、体脂沉积能力强、增重快等特点。如果在育成期对种鸡的采食量和饲料营养不加限制，任鸡自由采食，种鸡就会长得过肥、过重。过肥的母鸡产蛋性能会下降，过肥的公鸡精液品质不佳并影响交配能力。因此，肉用种鸡在饲养期间必须对其饲料在量或质的方面进行限制饲喂，严格控制体重，使其符合标准要求；延缓种鸡性成熟期，使母鸡适时开产，提高种用价值。

（2）限制饲养的方法

生产中，应根据育种公司提供的不同生产阶段的体重标准，采取不同的限饲方法和不同的限制程度，以达到最佳的限饲效果。肉用种鸡在饲养的各个阶段都要进行限制饲养，但最主要的限饲阶段是在育成期，育成期的能量和粗蛋白质水平分别低于育雏期和产蛋期。肉用种鸡的限饲的方法主要有两种：限质法（限制饲料的质量）、限量法（限制饲料采食量）。

①限质法　即种鸡饲料中某种营养成分低于正常水平，如采用低能量或低蛋白，甚至低赖氨酸的饲料，同时增加体积大的饲料（如糠麸、叶粉等），使鸡只采食同样体积的饲料却不能获得足够的营养物质，从而达到限制生长、控制体重的目的。但是在限质过程中，钙、磷、微量元素和维生素的供应必须充足，这样才有利于育成鸡骨骼、肌肉的生长。通常采用的程序是母鸡4周龄开始实行严格的限饲程序，公鸡5周龄开始实行限饲程序。饲料中蛋白质水平从18%逐渐降至15%，代谢能从11.5 MJ/kg至11 MJ/kg。

②限量法　即限制饲料的喂给量。一般从4周龄开始限量，要求饲粮营养全价，尤其要求鸡数和饲料数计算精确。

每日限饲即每天给以限定的料量。此法对鸡应激较小，限饲程度轻，适于雏鸡转入育成期前24周（4~6周龄）和育成鸡转入产蛋舍前3~4周（20~24周龄）。

隔日限饲即将2 d的饲料量在1 d喂完，另1 d不给料只给饮水。此法强度较大，适于生长速度较快、体重难以控制的阶段，如7~11周龄。另外，体重超标的鸡群也可采用此法，但2 d的饲料量总和不要超过产蛋高峰期的用料量。

每周限饲即将1周（7 d）的料量在5 d内喂给，另外2 d不喂料只饮水。例如，每只鸡日喂料为50 g，则前5 d日喂料量为70 g，后2 d不喂料只饮水。此法限饲强度较小，一般用于12~19周龄，也适于体重没有达到标准的鸡群或受应激反应影响较大、承受不了较强限饲的鸡群。

（3）限制饲养注意事项

①限饲时间　肉用种鸡应至少从4周龄开始限饲。

②及时调群并实行公母分群　限制饲养前，通过对鸡群的目测和逐只称重，将其分成大、中、小三群。同时，将过度瘦弱、体质较差的鸡淘汰。公鸡、母鸡最好分开饲养。限制饲养开始后，根据每周称重结果及日常观察，随时调整鸡群，将体重大小接近鸡只调到同一群，再具体实施增减料计划。种鸡开产后，一般不再做调群工作，以免因鸡只应激反应引起损失。

③限前断喙　限制饲喂会引起饥饿应激，容易诱发恶癖，所以应在限饲前7~10 d或

6 周龄对母鸡进行正确的断喙。公鸡需要断趾和切喙。

④正确确定各阶段的饲料量 限饲的主要目的是限制能量饲料摄取量，而维生素、常量元素和微量元素要保证充足供给。当鸡群体重低于标准体重时，可适当加大喂量；当鸡群体重超出标准体重时，可暂停增加料量，直到降至标准体重时再增加料量。当鸡群患病或接种疫苗时，应临时恢复自由采食，个别病弱的鸡挑出单养，不进行限饲。

育成期至开产期：根据各周对种鸡的称重情况，参照标准体重，酌情考虑加减料。同时，还需要考虑所用的饲料中能量和蛋白质水平与鸡只的营养需要，综合确定。

产蛋期：根据鸡群的实际产蛋率、日平均舍温、种鸡参考体重、种蛋重和健康情况而定。种鸡开产后 3~4 周饲料供给量必须迅速增加或很快达到产蛋高峰期的最大饲喂量。如果种鸡的营养供应不足或不及时，种鸡会在产蛋高峰前出现掉羽，蛋重变轻，甚至停产。种鸡产蛋高峰期饲喂量一旦确定下来，要保持饲料质和量稳定，不可轻易改变。通常保持时间需要 6~8 周，这样可保证种鸡的产蛋率下降到最低程度。

产蛋后期：肉用种鸡的产蛋率在 40 周龄后开始下降，从 36 周龄或产蛋高峰过后 1~2 周，鸡群产蛋率不再上升，这时要酌情减料，否则种鸡会因营养过剩而变得过肥，产蛋率会下降。减料的原则是产蛋率每下降 4%，每只鸡平均减料 2.3 g，到 40~64 周龄每只种鸡大约减料 14 g。

⑤备足料槽水槽 限制饲养一定要有足够的食槽、饮水器和合理的鸡舍面积，使每只鸡都有机会均等地采食、饮水和活动，以免鸡只因采食不均造成体重不一致或因为互相拥挤抢食，造成伤亡等现象。

⑥定期称重 为及时了解鸡群的体重情况，应每周称重 1 次，每次在同一时间进行。并根据标准体重，适时调群，合理增减饲喂量，以提高鸡群的整齐度。每次称重一定比例的鸡，所称鸡只占鸡群比例越大，所得结果越真实。一般要求生长期抽测每栏鸡数的 5%~10%，产蛋期为 2%~5%。

⑦投放沙粒 从第 7 周开始，平养的育成鸡，每周每百只鸡应给予不溶性沙粒 450~500 g，散布在垫草上或装在吊桶内即可。沙粒不仅能提高鸡的消化能力，而且还可避免肌胃逐渐缩小。

（4）限制饲养效果检查

①整齐度 也称体重整齐度，是指鸡群内个体间体重的整齐程度。计算公式：

$$鸡群整齐度（\%）=\frac{处在平均体重（kg）\pm10\%范围内的鸡数（n）}{样本称重的鸡数（n）}\times100$$

限制饲养是通过控制鸡群的生长速度来控制体重的，使绝大多数个体的体重控制在标准体重范围内。全群中个体的体重接近标准体重的越多，即均匀度越高，说明种鸡群发育均匀，有较为一致的体成熟和性成熟度，这样的鸡群达到产蛋高峰快，峰值产蛋率高，而且健康状况良好。限饲效果好的鸡群整齐度大于 80%。生产实践证明，肉用种鸡的均匀度每增减 3%，每只入舍鸡产蛋数相应增减 4 枚左右。

②开产日龄 种鸡群在 24~26 周龄陆续开产，25 周龄产蛋率达 5%，说明开产日龄一致，限饲效果较好。如果鸡群开产日龄有早有晚，极不一致，这样的鸡群产蛋率上升慢，产蛋高峰不易达到，这是限饲不当的表现。

2. 肉用种鸡的管理

1）生长期（育雏、育成期）的管理

肉用种鸡0~20周龄的饲养管理和生长情况，决定以后生产性能的发挥。通过对温度、相对湿度、饲养密度、断喙、光照等管理，使种鸡开产时具有健康的骨骼、适当的胫长、发达的肌肉、较低的脂肪沉积和适宜的体重，以达到适时开产、较高的产蛋率和持久的产蛋持续性。

（1）温度

1~3日龄雏鸡的温度34~36℃，降温从3日龄以后开始，根据季节、鸡生长情况、饲养密度、鸡舍条件等每周逐渐降低2~3℃，3周后可每周逐渐降低3~5℃。在夏季育雏时温度不能高于上限，而冬季育雏时温度不能低于下限。温度过高或过低，易出现腹泻、卵黄吸收不良、应激和脱水等问题。因此，适宜的温度、温差、施温方法及施温时间的长短是决定育雏成败的关键。

育成期适宜的温度为18~21℃。当舍内温度超过27℃或低于16℃时，就会影响鸡的饲料报酬和生长发育，应进行温度调节。

（2）相对湿度

10日龄内保持70%左右的相对湿度；11~30日龄，相对湿度降至65%左右；30日龄以后，注意加强通风，更换潮湿的垫料和清理粪便，相对湿度在50%~60%为宜，见表4-15所列。避免高温、高湿对鸡造成的危害。

表 4-15　肉用种鸡的适宜湿度　　　　　　　　　　　　　　%

日龄/d	0~10	11~30	31~45	46~60
适宜湿度	70	65	60	50~55
高湿极限	75	75	75	75
低湿极限	40	40	40	40

（3）饲养密度

饲养密度过大易造成鸡生长发育不良、整齐度差，球虫病、呼吸道疾病的暴发。根据温度、相对湿度及时调整饲养密度，特别在限饲中要和槽位及鸡舍条件配套。饲养密度过高，育雏结束时，小母鸡胫长发育差、整齐度差、羽毛生长差、体重不达标。

雏鸡入舍时，饲养密度约为20只/m²，以后饲养面积应逐渐扩大；28~140日龄，饲养密度为母鸡6~7只/m²、公鸡3~4只/m²，同时保证充足的采食和饮水空间。肉用种鸡的饮水位置见表4-16所列。

表 4-16　肉用种鸡的饮水位置

饮水器	育雏育成期	产蛋期
自动循环和槽式饮水/(cm/只)	1.5	2.5
乳头饮水器/(只/个)	8~12	6~10
杯式饮水器/(只/个)	20~30	15~20

（4）断喙

对肉用种鸡进行断喙目的是防止鸡只打斗造成损伤，并能有效控制啄羽等现象。现在一般不提倡断喙，特别是遮黑或半遮黑鸡群，因为不断喙的鸡群也表现出很好的生产性能。如果认为有必要进行断喙，应尽量去除少量的喙部。目前，断喙最佳时间为母鸡 5~7 日龄，公鸡 10~12 日龄。断喙的好坏将直接影响到育成期限饲计划的实施及均匀度的高低，断喙前后 2 d，加维生素 K 和抗应激电解质多维，预防感染和出血。避开挑鸡、转群、防疫等应激。

（5）光照

肉用种鸡的光照程序（表 4-17）与蛋用种鸡的光照程序基本相同，1~3 日龄光照 24 h，4~7 日龄 14 h，8~14 日龄为 10 h，15~18 日龄最迟不能超过 21 日龄，采用恒定光照 8 h。如果鸡群发育良好，在 2 周龄前达到体重标准，恒定光照时间可以提前到 14 日龄以前。育雏初期，育雏区的光照度达到 80~100 lx/m²。其他区域的光线可以较暗或昏暗。恒定光照期间，光照度 5~10 lx/m²。育成期不能任意增加光照时间或变更光照度。产蛋期不能任意减少光照时间或变更光照度。肉用种鸡最高不要超过 17 h。

光照计划的实施要和饲料过渡、管理过渡和体成熟等管理工作配合。否则性成熟和体成熟不同步，造成产蛋高峰上不去和产蛋高峰持续时间短。

表 4-17　肉用种鸡的光照方案　　h

年龄	光照时数	年龄	光照时数
1~2 日龄	23	22~23 周龄	13
3~7 日龄	16	24 周龄	14
8 日龄~18 周龄	8	25~26 周龄	15
19~20 周龄	9	27 周龄	16

（6）公母分饲

公母鸡分开饲养，是近年来国内外积极推行的肉用种鸡饲养方式。具体指在生长周期（0~20 周龄）公母鸡分栏管理，在繁殖期（21~26 周龄）公母鸡同栏饲养、分槽饲喂的方式。公母鸡分饲后，由于公母鸡的体重与性成熟得到了较好的控制，使种公鸡的配种频率增加，精液质量提高，种蛋的受精率和受精蛋的孵化率均有显著提高。

分饲时间可从入雏之日起，将公母雏鸡分别饲养于不同鸡舍或同一鸡舍的不同鸡栏内。在转群时，将公鸡提前 4~5 d 转入，使其熟悉和适应公鸡料桶和环境，然后转入母鸡。混饲后，为防止公母鸡互相采食饲料，可在母鸡料桶上安装隔栅栏，栅栏格之间宽度为 42~43 mm，使母鸡可以自由采食，而公鸡采不到食。公鸡料桶的料盘上有无栅栏均可，料桶距地面 41~46 cm，以母鸡够不到公鸡料盘为宜。每周按公鸡背高调节料桶高度。

（7）公母组群

当肉用种鸡达到 18 周龄时，进行种公鸡和种母鸡的选择和组群。对种公鸡要严格选择，淘汰不符合种用标准的公鸡，选留体重达标、第二性征明显的公鸡。公鸡并入母鸡在晚上进行，公母之间在体重和性成熟方面不宜差别太大。

在人工授精时，还要对公鸡的精液品质进行逐只检查，选留精液品质优良的公鸡。选择公母鸡后,按照正常的公母比例,提前4~5 d将公鸡转入产蛋鸡舍,使之适应新环境和各种设备,同时也有利于群序等级的建立,防止组群后因打斗而影响配种。自然交配时,公母比例以1:8~1:10为宜;笼养人工授精时,公母比例以1:25~1:30为宜。为了保证配种后期公鸡数量和平时公鸡淘汰的补充,在组群时预留好后备公鸡。一般可多留3%~5%。

2)开产前(18~23周龄)的准备工作

(1)适时转群

肉用种鸡在开产前2~3周应从育成鸡舍转入产蛋鸡舍。转群时间可视具体情况而定。早的可在20周龄,晚的可在22周龄。在种鸡开产前将其提前转入产蛋鸡舍,种鸡可以有足够的时间熟悉和适应新环境,同时减少环境变化给鸡只带来的应激反应。转群时,应尽量减少应激。在炎热季节,转群应安排在早晚或夜间进行。先从鸡的后部抓住一只腿的胫部,然后两腿并在一起,用手握住胫部提起,不可抓翅、抓颈,更不可用钩子钩鸡。

(2)调整饲料

调整饲料应与光照的逐步增加密切配合,一般在增加光照1周后改换种鸡饲料,由生长料逐渐过渡为产蛋料。在20周龄前,应继续采用限制饲养。20~23周龄,限饲的同时将生长料转换为产蛋前期料(含钙2%,其他营养成分与产蛋期料相同)。从23周龄开始,改限饲方法为每天限饲。

(3)备足料槽和饮水器

种鸡由育成舍转入产蛋舍,应尽快恢复喂料和饮水,同时应将饲养密度调为4.4只/m²。

(4)调整光照,增加光刺激

应根据各种鸡舍类型的不同,选择适合本场的补光程序。不论何种鸡舍,在20~21周龄光照时间应为14 h。何时达到16 h的最长光照,应根据具体情况在22~24周龄进行。光照度为15~22 lx。应注意当鸡群从育成舍转到产蛋舍时,一定不要减少光照度,同时体重也是影响性成熟的重要因素,在体重达不到标准时切记不可增加光照时间和强度,以防止鸡早衰。

(5)备好产蛋箱

在鸡群开产前2周,调整鸡群数量及产蛋箱的规格,准备充足的产蛋箱,在鸡群转入产蛋舍之前将产蛋箱放入产蛋舍,以免放置太晚开产种鸡将蛋产在窝内。产蛋箱要排列均匀,放置平稳。

(6)其他准备工作

20~24周龄阶段,抗体检测、预防接种、白痢检疫、支原体检测、选择淘汰、修喙等各种产蛋前的准备工作都要完成。

3)产蛋期的管理

产蛋期是指从母鸡开产到淘汰的饲养时期,一般是指24~68周龄这段时间。鸡群产第1枚蛋称为见蛋,产蛋率达到5%称为开产。目前,种鸡一般在23周龄开产,29周龄达到产蛋高峰,63~65周龄淘汰,整个产蛋周期约产种蛋170枚,提供合格鸡苗约130只。由于种鸡的饲养目的是获得数量尽可能多的合格受精蛋,所以产蛋期的饲养管理尤为重要。

（1）温度和相对湿度

温度管理尤为重要，特别是温差大的季节，鸡并不表现临床症状，仅表现粪便变稀或生产水平下降。特别注意高温季节的管理，除采取一定的降温措施外，要减少饲喂量。产蛋期适宜的温度为 $16\sim21℃$，若舍内温度高于 $28℃$ 或低于 $16℃$，应人工进行调节。产蛋期相对湿度的要求标准为 $55\%\sim65\%$。

（2）通风换气

更换新鲜空气，可以提高舍内空气质量，调节舍内温度。春秋季通风仅通过调节风机的开启数量和开启进风口，就能保持舍内有一个比较理想的环境。夏季采用纵向通风，当舍温超过 $28℃$ 时必须启动湿帘降温系统，同时开启风扇，尽可能地降低温度。根据当天的气温来调节开启湿帘和启动风扇的数量，调至适宜温度。冬季通风与保温是一对难以调和的矛盾，因此，在冬季通风通常称为换气，采取最小通风量，有纵向通风改为横向通风。当温度低于 $15℃$ 时，通常要启动供温系统，同时调节昼夜温差在 $2℃$ 以内。

（3）光照原则

此阶段主要是给予适当的光照，使母鸡适时开产和充分发挥其产蛋潜力。光照时间宜长，中途不可缩短，一般以 $14\sim16$ h 为宜，光照度一段时间内可渐强，但不能渐弱。从生长期转向产蛋期，一般在 $21\sim23$ 周龄逐渐增加光照。

（4）产蛋鸡的饲喂方法

①产蛋期喂料量　根据产蛋递增、蛋重、母鸡体重等加料。产蛋率 $45\%\sim50\%$ 喂高峰料。测定的生产指标和实际的生产指标及产蛋环境要吻合，否则产蛋率达不到高峰，母鸡过肥，产蛋持续时间短。若加的高峰料预计的比实际的产蛋率低，高峰很快会跌下去，产蛋持续时间短。

②产蛋高峰后种母鸡的限饲管理　产蛋期减料一般从 $33\sim35$ 周开始。产蛋前期建立的一切程序，不得随意变更。如配方、饲喂时间，饲喂数量、环境温度、卫生条件等。否则任何不良应激都会导致生产水平急剧下降。若产蛋高峰未达到 80% 以上，管理也不要松懈，因为维持这种产蛋率的时间越长，总产蛋数会适当弥补高峰未上去的缺陷。

③产蛋后期　注意公鸡体重及腿病，注意受精率、孵化率。产蛋期有条件的可实行公母同栏分饲，有利于公鸡的健康和旺盛的活力，减少腿病。

（5）加强种蛋管理，提高孵化率、健雏率

①定时捡蛋　每天分 5 次捡蛋，减少种蛋的破碎率及其被污染的机会。捡蛋同时剔除畸形蛋、"钢壳蛋"、破损蛋等不合格种蛋。

②种蛋及时消毒　每次捡蛋结束后立即用福尔马林熏蒸消毒，在种蛋冷却收缩之前消毒，能有效阻止蛋壳外面的有害微生物进入种蛋内部。

③种蛋保存　不得超过 7 d。

（6）加强种公鸡的选择与淘汰

保持种公鸡体重均匀、体质健壮，是提高种蛋受精率的保证。在控制体重的同时，也要经常检查鸡群重是否出现体重轻、体质差、雄性不佳、行为异常，发现这几种情况的公鸡要及时淘汰，并用后备公鸡进行补充。

任务实施

肉种鸡的限制饲养

【材料用具】

2 周龄的肉种鸡若干只、育雏料、育成料、产前料等。

【实施步骤】

（1）限质法

母鸡 4 周龄、公鸡 5 周龄开始实行严格的限饲程序。饲料中蛋白质水平从 18% 逐渐降至 15%，代谢能从 11.5 MJ/kg 降至 11 MJ/kg，保证其他营养成分的供应。

（2）限量法

①每日限饲　每天喂给鸡只一定量饲料，或规定饲喂次数和采食时间。

②隔日限饲　将 2 d 的饲料量合在一起在喂料日全部一次投给，让鸡自由采食，其余时间断料而只给饮水。

③喂六限一　以 1 周(7d)为周期，在 1 周里连续给料 3 d 禁食 1 d，然后给料 3 d。

④喂五限二　连续给料 3 d，禁食 1 d，然后给料 2 d，禁食 1 d。

⑤喂四限三　将 7 d 的饲料分喂 4 d，即每隔 3 d 喂一次料。

【考核评价】

（1）个人考核（占 50%）

根据表 4-18 所列内容，对学生的实训情况进行考核。

表 4-18　个人考核内容及标准

序号	考核项目	评分标准	分值	考核方法	考核得分	熟练程度
1	准备	限制饲养前准备充分	10			
2	限质法	方法正确	10			>90 分为熟练掌握；70~90 分为基本掌握；<70 分为没有掌握
3	限量法	每日限饲操作正确	10	单人操作考核		
		隔日限饲操作正确	10			
		喂六限一操作正确	10			
		喂五限二操作正确	10			
		喂四限三操作正确	10			
4	评估与反馈	正确评估鸡群的生长性能	10			
		正确评估鸡群的饲料转化率	10			
		正确评估鸡群的肉质指标	10			
		合计	100			

（2）团队考核（占 30%）

参照表 1-2 进行考核。

（3）综合评价（占 20%）

参照表 1-3 进行综合评价。

拓展链接

项目 4　拓展链接

自测练习及答案

项目 4　自测练习

项目 4　自测练习答案

项目 5

水禽生产

【**知识目标**】掌握肉用仔鸭的饲养管理方法；了解番鸭的生产方法；了解鸭的生活习性；掌握蛋鸭育雏技术，提高雏鸭的成活率；掌握产蛋鸭和种鸭的特点、产蛋规律及饲养管理技术；了解鹅的生活习性；掌握雏鹅的选择和饲喂技术；掌握肉用仔鹅的育肥方法；掌握后备种鹅的选留和限制饲养技术；了解种鹅的特点和产蛋规律；掌握鹅不同产蛋期的饲养管理要领。

【**能力目标**】能够对蛋鸭进行育雏；能够对蛋鸭进行高效的饲养管理。

【**素质目标**】坚定"四个自信"，具备法律意识和遗传资源保护意识。

思政话题

水禽养殖业是我国的特色产业。作为世界第一水禽养殖大国，我国鸭、鹅的存栏量、屠宰量、肉产量和产蛋量均居世界首位。近年来，水禽规模化养殖程度不断提高，产业链持续延伸，产业化发展迅速。然而，随着畜牧业供给侧结构性改革的深入推进以及畜禽废弃物资源化利用等政策的实施，社会对水禽业提出了更高要求。水禽养殖从业者需要不断强化环保意识，推动水禽养殖方式转型升级，始终坚持以绿色、环保、可持续发展为目标，积极推进畜禽粪污资源化利用，实现农业生产与自然资源、生态环境的和谐共存，为全面实施乡村振兴战略提供有力支撑。

任务描述

鸭属于水禽，从世界范围来看，鸭是水禽业中饲养最多的一种水禽，在我国水禽的饲养量和产品价值仅次于养鸡，居第二位。本任务主要介绍肉鸭和蛋鸭的饲养管理。

知识准备

1. 肉鸭的饲养管理

1）肉用仔鸭的饲养管理

（1）肉用仔鸭生产的特点

①生长快，周期短，经济效益高　目前，用于集约化生产的肉鸭大多是配套系生产的杂交商品代鸭。其早期生长速度是所有家禽中最快的一种，8 周龄活重可达 3.2~3.5 kg，其体重的增长量为出壳重的 60~70 倍。

②体重大，出肉率高，肉质好　大型肉鸭的上市体重一般在 3.0 kg 以上，胸肌特别丰厚，出肉率高。据测定，8 周龄上市的大型肉用鸭的胸腿肉可达 600 g 以上，占全净膛屠体重的 25% 以上，胸肌可达 350 g 以上。这种肉鸭肌间脂肪含量多，所以特别细嫩可口。

③性成熟早，繁殖率强，商品率高　肉鸭是繁殖率较高的水禽，大型肉鸭配套系母本开产日龄为 26 周龄左右，开产后 40 周内可获得合格种蛋 180 枚左右，可生产肉用仔鸭 120~140 只。以每只肉鸭上市活重 3.0 kg 计算，每只亲本母鸭年产仔鸭活重为 360~420 kg，约为其亲本成年体重的 100 倍。

④全进全出的生产流程　可根据市场的需要，在最适屠宰日龄批量出售，以获得最佳经济效益。同时，建立配套屠宰、冷藏、加工和销售体系，以保证全进全出制的顺利实施。

（2）育雏期（0~3 周龄）的饲养管理

雏鸭的饲养是肉鸭生产的重要环节。刚出壳的雏鸭比较娇嫩，各种生理机能都不完善，还不能完全适应外部环境条件，而大型肉鸭的雏鸭生长又特别迅速，因此，必须从营养和饲养管理上采取措施，给予雏鸭周到细致的照顾，促使其平稳、顺利地过渡到以后的生长阶段，同时也为以后的生长奠定基础。

①进雏前的准备　育雏前，首先要根据进雏数量准备好育雏人员、育雏舍和各种育雏设备，饲料、药品以及地面平养所需的垫料也要准备充足。接雏前 1~2 d 还要将育雏舍内的温度调整好，待温度上升至合适的范围并稳定后方可进雏。

②育雏温度　大型肉鸭是长期以来用舍饲方式饲养的鸭种，不像麻鸭那样比较容易适应环境温度的变化。因此，在育雏期间，特别是在出壳后 7 d 内要保持较高的环境温度。1 日龄时的舍内温度通常保持在 29~31℃，随日龄增长而逐渐降低，至 20 日龄左右时，应

把育雏温度降到与舍温相一致的水平。室温一般控制在 18~21℃。

③环境湿度 育雏前期，室内温度较高，水分蒸发快，育雏室内的相对湿度要高一些。如舍内空气湿度过低，雏鸭易出现脚趾干瘪、精神不振等轻度脱水症状，影响其健康和生长。所以，1 周龄以内，育雏室内的相对湿度应保持在 60%~70%，2 周龄起维持在 50%~60% 即可。环境低湿时，可通过放置湿垫或洒水等提高湿度；环境高湿时，可通过加强通风、勤换垫料、保持垫料的干燥等加以控制。

④舍内空气 雏鸭的饲养密度大，排泄物多，育雏舍内容易潮湿，积聚氨气和硫化氢等有害气体，影响雏鸭的生长发育。因此，育雏舍在保温的同时要注意通风，保持舍内空气清新。

⑤合理的光照和密度 光照可以促进雏鸭的采食和运动，有利于雏鸭的健康生长。出壳后的头 3 d 内采用 23~24 h 光照，以便于雏鸭熟悉环境，寻食和饮水。关灯 1 h 保持黑暗，光照的强度不要过高，通常在 10 lx 左右。4 日龄以后可不必昼夜开灯，白天利用自然光照，早晚开灯喂料，光照度只要能保证雏鸭能看见采食即可。雏鸭的饲养密度见表 5-1 所列。

表 5-1 雏鸭的饲养密度　　　　　　　　　　　　　　　　　　　　　　只/m²

周龄	地面平养	网上饲养	笼养
1	20~30	30~50	60~65
2	10~15	15~25	30~40
3	7~10	10~15	20~25

⑥饲养 清洁而充足的饮水对肉鸭正常生长至关重要，雏鸭出壳 12~24 h 发现雏鸭东奔西走并有啄食行为时，要立即给雏鸭饮水、开食。首次饮用的水中可加入 0.1% 高锰酸钾或 5% 葡萄糖；开食的饲料可直接使用小粒径或破碎的全价颗粒饲料，首次饮水后，要保持清洁饮水不间断。开食后，最初几天，因为雏鸭的消化器官还没有经过饲料的刺激和锻炼，消化机能不健全，因而要少喂勤添，随吃随给。以后逐步过渡到定时定餐。

(3)肥育期(4 周龄至上市日龄)的饲养管理

肥育期(4 周龄至上市日龄)雏鸭的骨骼和肌肉生长旺盛，消化机能已经健全，采食量大幅增加，体重增加很快，在饲养管理上要抓住这一特点，使肉鸭迅速达到上市体重后出栏。

①平稳脱温 育雏期向肥育期过渡时，要逐渐打开门窗，使雏鸭逐步适应外界气温，遇到外界气温较低或气温变化不定时，可适当推迟脱温日龄。脱温期间，饲养员要加强对鸭群的观察，防止挤堆，保证脱温安全。

②及时更换饲料 从第 4 周起换用肉鸭肥育期的饲料，即适当降低蛋白质水平，使饲料成本相对降低。颗粒料的直径提高至 3~4 mm。

③及时分群 脱温后，应按体格强弱、体重大小分群饲养，对体质较差、体重偏轻的鸭，要补充营养，使它们在此期内迅速生长发育，保证出栏时的体重要求，肥育期如采用地面平养，其饲养密度分别为：4 周龄 7~8 只/m²，5 周龄 6~7 只/m²，6 周龄 5~6 只/m²，

$7 \sim 8$ 周龄 $4 \sim 5$ 只/m^2。

④及时上市　根据肉鸭的生长状况及市场价格选择合适的上市日龄，对提高肉鸭饲养的经济效益有较大的意义。大型肉鸭的生长发育较快，4 周龄时体重即可达到 1.75 kg 左右。$4 \sim 5$ 周龄时，饲料报酬较高，个体又不太大，肉脂率也较低，适合市场的需要，但胸肉较少，鸭体含水率较高，瘦肉率较低。7 周龄时肌肉丰满，且羽毛也基本长成，饲料转化率也高，若再继续饲养，则肉鸭偏重，绝对增重开始下降，饲料转化效率也降低。所以，一般选择 7 周龄上市。当然，如果是生产分割肉，则建议养至 8 周龄。

⑤正确运输　商品肉鸭行动迟缓，皮肉很嫩，容易损伤。在运输前 $2 \sim 3$ h 应停止喂料，让鸭充分饮水后装笼运输。装笼时，应视气温高低确定装载密度，一般冬季和早春可多装些，炎热夏季少装些，以防闷热致死。

2）番鸭的饲养管理

番鸭又称"瘤头鸭""麝香鸭""洋鸭"，为著名的肉用型鸭。番鸭与普通家鸭之间进行的杂交，是不同属间的远缘杂交，所得的杂交后代具有较强的杂交优势，但一般没有生殖能力，故称半番鸭（又称骡鸭）。半番鸭的主要特点是生长快，体重大，胸肌丰厚，瘦肉率高，肉质细嫩，生活力强，耐粗放饲养，也适于填肥、生产优质肥肝。番鸭肉质好，肉味鲜美且富有野禽肉的风味，因而受到消费者的欢迎；番鸭耐粗放饲养，适应性强，可水养、旱养、圈养、笼养和放牧饲养，饲料报酬高。

（1）雏番鸭的饲养管理

雏番鸭是指 $4 \sim 5$ 周龄内的小番鸭。雏番鸭的体温调节机能较弱，消化能力差，但生长极为迅速。育雏时，必须根据这些特点采取合理的饲养管理措施。番鸭异性间差别较大，3 周龄以后，公母体重距离拉大（达 50%左右），公鸭性情粗暴，抢食强横，因此应对初生雏进行性别鉴定，公母分群饲养。为防止番鸭之间相互啄斗、交配时互相抓伤和减少饲料浪费，雏番鸭在第 3 周内要进行断趾和断喙。由于母番鸭具有低飞能力，留种母鸭在育雏阶段还需切去一侧翅尖。

（2）种番鸭的饲养管理

①育成期的饲养管理要点　第 $5 \sim 24$ 周为番鸭的育成期，这 20 周是饲养种番鸭的关键时间，育成期的好坏直接影响种鸭的产蛋性能及种蛋的受精率。育成期的工作重点是限制饲养和控制光照，以控制种鸭的体重，防止过肥或过瘦，保持鸭群良好的均匀度和适时性成熟。

②产蛋期的饲养管理要点　24 周龄左右转群，转群时按种鸭的体型、体重、体尺标准进行选择，公母比例控制在 $1:4 \sim 1:5$，分群饲养，$200 \sim 300$ 只为一群，饲养密度为 $3 \sim 4$ 只/m^2。24 周龄起，逐渐增加光照时间和光照度，并将育成饲料转换为产蛋饲料，将限饲调整为每天喂饲，适当增加喂料量。

番鸭是晚熟的肉鸭品种，28 周龄左右才开产，整个产蛋期分两个产蛋阶段，第 1 阶段为 $28 \sim 50$ 周，第 2 阶段为 $64 \sim 84$ 周，在两个产蛋阶段之间有 13 周左右的换羽期（休产期）。成功的换羽是提高番鸭产蛋量的有效措施，当母鸭群产蛋率降低至 30%左右、蛋重减轻时，应实行人工强制换羽，以缩短换羽期。

抱窝是母番鸭的一种生理特性，在临床上表现为停止产蛋、生殖系统退化、骨盆闭合形成孵化板、鸣叫、在产蛋箱内滞留时间延长、占窝、采食减少、羽毛变样。引起抱窝的条件主要有饲养密度过大，产蛋箱太少，光照分布不均匀或较弱，捡蛋不及时等。解除抱窝的办法是定期转换鸭舍，第 1 次换舍是在首批抱窝鸭出现的那 1 周(或之后)，第 2 次换舍间隔时间平均为夏季 10~12 d、春秋季 16~18 d。换舍必须在傍晚进行，把产蛋箱打扫干净，重新垫料，清扫料盘。

(3)骡鸭(半番鸭)生产

生产骡鸭的杂交分为正交(即公瘤头鸭与母家鸭)和反交(即公家鸭与母瘤头鸭)两种方式。我国普遍采用正交方式生产骡鸭，这样可充分利用瘤头鸭优良的肉质性能和家鸭较高的繁殖性能，提高经济效益。而且用正交方式生产的骡鸭公母之间体重相差不大，12 周龄平均体重可达 3.5~4.0 kg，这对肉鸭生产来说是有利的。如果采用反交方式生产骡鸭，母瘤头鸭产蛋少，而且所生产的骡鸭公母体重相差较大，12 周龄公骡鸭体重可达 3.5~4.0 kg，而母骡鸭只有 2.0 kg。用反交方式生产骡鸭经济效益较低。

采用自然交配的公瘤头鸭与母家鸭比一般为 1：4。公瘤头鸭应在 20 周龄前放入母家鸭群中，公母混群饲养，让彼此熟识，性成熟后方能顺利交配。自然交配受精率较低，一般在50%~60%。由于公瘤头鸭与母家鸭(尤其是麻鸭品种)体重相差较大，现多采用人工辅助交配或人工授精技术。采用人工授精时，需要加强公番鸭的采精训练和诱情，每周授精 2 次效果较好。

2. 蛋鸭的饲养管理

1)鸭的生活习性

①喜水性　鸭属水禽，善于在水中觅食、嬉戏和求偶交配。鸭的尾脂腺发达，能分泌含有脂肪、卵磷脂、高级醇的油脂，鸭在梳理羽毛时常用喙压迫尾脂腺，挤出油脂，再用喙将其均匀地涂抹在全身的羽毛上，来润泽羽毛并使羽毛不被水浸湿，起到隔水防潮、御寒的作用。

②合群性　鸭的祖先天性喜群居，很少单独行动，不喜斗殴，性情温驯，胆小易惊，很适于大群放牧饲养和圈养，管理也较容易。

③杂食性　鸭是杂食动物，食谱比较广，鸭的味觉不发达，对饲料的适口性要求不高，鸭的食道宽，肌胃发达，其中经常贮存沙粒，有助于鸭磨碎饲料。所以，鸭在舍饲条件下的饲料原料应尽可能地多样化。

④生活有规律　鸭有较好的条件反射能力，可以按照人们的需要和自然条件进行训练，并形成一定的生活规律，如觅食、戏水、休息、交配和产蛋都具有相对固定的时间。放牧饲养的鸭群一般是上午以觅食为主，间以戏水或休息；中午以戏水、休息为主，间以觅食；下午则以休息居多，间以觅食。一般来说，产蛋鸭傍晚采食多，不产蛋鸭清晨采食多，这与晚间停食时间长和形成蛋壳需要钙、磷等矿物质有关，因此，每天早晚应多投料。鸭配种一般在早晨和傍晚进行，其中熄灯前 2~3 h 鸭的交配频率最高，垫草地面是鸭安全的交配场所。因此，晚关灯、实行垫料地面平养有利于提高种鸭的受精率。

⑤耐寒性　成鸭因为大部分体表覆盖正羽，致密且多绒毛，所以对寒冷有较强的抵抗力。相反，鸭对炎热环境的适应性较差，加之鸭无汗腺，在气温超过 25℃时散热困难，只有经常泡在水中或在树荫下才会感到舒适。

⑥无就巢性　就巢性(俗称抱窝)是鸟类繁衍后代的固有习性。但鸭经过人类的长期驯养、驯化和选育，已经丧失了这种本能，从而延长了鸭的产蛋期，而种蛋的孵化和雏鸭的养护就由人们采用高效率的办法来完成。

⑦群体行为　鸭良好的群居性是经过争斗建立起来的，强者优先采食、饮水、配种，弱者依次排后，并一直保持下去。这种结构保证鸭群和平共处，也促进鸭群高产。在已经建立了群序的鸭群中放入新公鸭，各公鸭为争配会引起新的争斗，使战败者伤亡或处于生理阉割状态，所以配种期应经常观察鸭群，并及时更换无配种能力的公鸭。合群、并舍、更换鸭舍或调入新公鸭应在母鸭开产前几周完成，以便使鸭群有足够的时间重新建立群序。

⑧定巢性　鸭产蛋具有定巢性，即鸭的第 1 个蛋产在什么地方，以后就一直到什么地方产蛋，如果这个地方被别的鸭占用，该鸭宁可在巢门口静立等待也不进旁边的空窝产蛋。由于排卵在产蛋后 0.5 h 左右，鸭产蛋时等待的时间过长会减少其日后的产蛋量。一旦等不及，几只鸭为了争 1 个产蛋窝，就会相互啄斗，被打败的鸭便另找一个较为安静的去处产蛋，结果造成窝外蛋和脏蛋增多。因此，在蛋鸭开产前应设置足够的产蛋窝。另外，鸭产蛋具有喜暗性，并多集中在后半夜至凌晨，所以在产蛋集中的时间应增加收蛋次数。

2) 育雏前的准备

(1) 育雏季节

原则上一年四季均可饲养，但最好要根据自然条件和农田茬口来安排育雏的最佳时期，这不仅关系到成活率的高低，还影响饲养成本和经济效益。选择合适的季节，采用相应的育雏技术。

①春鸭　即 3 月下旬至 5 月饲养的雏鸭。这个时期，育雏要注意保温，育雏期一过，天气日趋变暖，自然饲料丰富，又正值春耕播种阶段，放牧场地很多，雏鸭生长快，产蛋早，开产以后会很快达到产蛋高峰。但春鸭御寒能力差，饲养不当会导致母鸭疲劳，若气候骤变，一旦遇寒流就容易停产。故饲养春鸭一般都作为商品蛋鸭，很少留作种用。

②夏鸭　即 6 月上旬至 8 月上旬饲养的雏鸭。这个时期气温高，雨水多，气候潮湿，农作物生长旺盛，雏鸭育雏期短，不需要额外保温，可节省育雏保温费用。早期可以放牧稻田，充分利用早稻收割后的落谷，节省部分饲料。夏鸭开产早，进入冬季即可达到产蛋高峰，当年可产生效益。但是，夏鸭养殖前期气温高，多雨闷热，气候条件不适合雏鸭的生理需要，管理也较困难，要注意防潮湿、防暑和防病工作。

③秋鸭　即 8 月中旬至 9 月饲养的雏鸭。如将秋鸭留种，产蛋高峰期正遇上春孵期，种蛋价格高；如作为蛋鸭饲养，开产以后产蛋持续期长，只要有一定的饲养经验，产蛋期可以一直保持到翌年年底。但是，秋鸭的育成期正值寒冬，气温低，日照短，后期天然饲料少，因此要注意防寒和适当补料。过了冬天，日照逐渐变长，对秋鸭性成熟有利，但仍然要注意光照的补充，促进早开产，开产后的种蛋可提供一年生产用的雏鸭。

(2) 育雏方式

①地面育雏　在舍内地面铺上 5~10 cm 厚的松软垫料，将鸭直接饲养在垫料上。若垫料出现潮湿、板结，则加厚垫料。一般随鸭群的进出更换垫料，可节省清圈的劳动量。这种方式简单易行，投资少，寒冷季节还可因鸭粪发酵而有利于舍内增温。但这种管理方式需要大量垫料，房舍的利用率低，且舍内必须保证通风良好，否则垫料潮湿、空气污浊、氨气浓度

上升，易诱发各种疾病。

②网上育雏　在舍内设置离地面 60~90 cm 高的金属网、塑料网或竹木栅条，将肉鸭饲养在网上，粪便由网眼或栅条的缝隙落到地面上，可采用机械清粪设备，也可人工清理。这种方式省去日常清圈的工序，避免或减少了由粪便传播疾病的机会，而且饲养密度比较大，房舍的利用率比地面平养增加一倍以上，提高了劳动生产率。但这种方式一次性投资较大。

③立体笼养　即将雏鸭饲养在特制的单层或多层笼内。笼养既有网上平养的优点，又比平养更能有效地利用房舍和热量。缺点是投资大。近年来，蛋鸭的立体笼养也在逐步兴起。

④自温育雏　利用竹条或稻草编成的箩筐，或利用木盆、木桶、纸盒等作为育雏用具，内铺垫草，依靠雏鸭自身的热量来保持温度，并通过增加或减少覆盖物来调节温度。此法设备简单、经济，但温度很难掌握，管理麻烦，一般只适用于小规模饲养的夏鸭和秋鸭，而不适合养早春鸭。

(3)育雏室与育雏人员的准备

育雏室要求保温良好，环境安静。对育雏室的场地、保温供温设施、下水道进行修检，准备好充足的料槽和饮水器。墙壁、地面、室内容间、食槽、饮水器等严格消毒。在雏鸭进舍前 2~3 d，对育雏室进行加热试温，使室内的温度能保持在 30~32℃。

根据育雏的日期和数量，配备好育雏人员。饲养员要求有一定育雏经验，工作责任心强。

(4)育雏饲料与垫料的准备

准备好足够的饲料和垫料，以及常用药品、药械和疫苗。

3)雏鸭的饲养管理

(1)雏鸭的选择

雏鸭品质的优劣是雏鸭养育成败的先决条件。因此，要选择出壳时间正常、初生重符合品种标准的健康雏鸭。健康的雏鸭活泼好动，眼大有神，反应灵敏，叫声洪亮，腹部柔软，大小适中，脐口干燥、愈合良好，绒毛整洁、毛色符合品种标准。凡是头颈歪斜、瞎眼、痴呆、站立不稳、反应迟钝、绒毛污秽、腹大坚硬、脐口收缩不好及有其他不符合品种要求的雏鸭均应剔除。

(2)雏鸭的饮水与开食

由于雏鸭对脱水极为敏感，所以，培育雏鸭要采取"早饮水、早开食，先饮水、后开食"的方法，具体措施如下。

原则上"开水"应在雏鸭出壳后 12~24 h 进行，运输路途远的，待雏鸭到达育雏舍休息 0.5 h 左右立即供给复合维生素和葡萄糖水让其饮用。传统养鸭"开水"的方式是将雏鸭分装在竹篓里，慢慢将竹篓浸入水中，以浸没鸭爪为宜，让雏鸭在 15℃的浅水中站 5~10 min，雏鸭受水刺激，将会活跃起来，边饮水边活动，这样可促进新陈代谢和胎粪的排出。集约化养鸭"开水"多采用饮水器或浅水盘，直接让雏鸭饮用。饮水 15~30 min 可给雏鸭"开食"，即"开水"以后让雏鸭梳理一下羽毛，身上干燥一点后再"开食"。也有紧接"开水"之后就给雏鸭喂食的做法，这主要根据气温高低、出壳迟早和雏鸭的精神状态而定。传统养鸭"开食"的饲料是使用煮制的夹生米饭，现在集约化养鸭大多直接采用全价颗粒饲料破碎后饲喂。

（3）育雏期的日常管理

①合理饲喂　将饲料撒在竹匾上或塑料薄膜上，让雏鸭自由采食。饲喂次数可由开食时的每天 6~7 次逐渐减少至育雏结束时的 3~4 次。

②适时"开青""开荤"　苗鸭开食 3 d 后，即开始喂给青饲料，苗鸭开食 4 d 后，可"开荤"，即给雏鸭饲喂动物性饲料，可促进其生长发育。"开青"和"开荤"均为传统养鸭的饲喂方法，现代规模养鸭饲喂全价颗粒料无须另外再喂青料和荤食。

③放水　既让雏鸭下水活动，促进新陈代谢，增强体质，还可洗净羽毛上的脏物，有益于卫生保健等。雏鸭下水的时间，开始每次 10~20 min，可以上午、下午各一次，10 日龄以后适当延长下水活动时间，随着水上生活的不断适应，次数也可逐步增加。

④放牧　雏鸭能够自由下水活动后，就可以进行放牧训练。放牧训练的原则：距离由近到远，次数由少到多，时间由短到长。

⑤及时分群　雏鸭分群是提高成活率的重要环节。雏鸭在"开水"前，应根据出雏的迟早、强弱分开饲养。分群是在"开食"以后，一般吃料后 3 d 左右，可逐只检查，将吃食少或不吃食的放在一起饲养，以后根据雏鸭体重来分群，各品种都有其标准和生长发育规律，未达到标准的要适当增加饲喂量，超过标准的要适当减少饲喂量。

⑥防止打堆　刚出壳时常堆挤而眠，体弱的雏鸭往往被压伤或压死，或因堆挤使雏鸭"出汗"感冒或感染其他疾病造成死亡。为防止雏鸭堆集，每隔 1~2 h 驱赶一次，放水上岸后应有充分的理毛时间，以保持舍内干燥，可减少雏鸭的打堆。

⑦做好卫生　每天清除棚内鸭粪，垫草要勤换勤晒，食槽要经常冲洗干净，禁止饲喂腐败变质饲料，并保持周围环境卫生。除此以外，还要防止惊群，预防兽害，夜间、熄灯时应渐明渐暗，同时应加强值班巡视，经常清点鸭数，做好饲料消耗和死亡记录等。

（4）育雏期的环境控制

①温度　由于雏鸭御寒能力弱，初期需要温度稍高些，随着日龄的增加，室温可逐渐下降。育雏温度是否合适，根据雏鸭的行为表现来判断育雏室内温度是否适宜。当温度过低时，雏鸭会拥挤在一起，靠近热源，惊慌颤抖，常会发出尖叫声，严重时造成雏鸭相互扎堆，并压伤压死，饮水量减少；当舍内温度过高，雏鸭远离热源，张口喘气，饮水量增加，严重时还会使雏鸭脱水而死亡；温度适宜时，雏鸭分散均匀，精神活泼，采食饮水正常，静卧无声。育雏时，温度过高和过低对雏鸭的日增重和饲料转化率都有影响。

②相对湿度　育雏初期育雏舍内需保持较高的相对湿度，一般以 60%~70% 为佳。随着雏鸭日龄的增加，体重增长，此时育雏舍的相对湿度应尽量降低，一般以 50%~55% 为宜。

③通风换气　雏鸭体温高，呼吸快，如果育雏室关得太严密，室内的二氧化碳会很快增加。育雏室要定时换气，朝南的窗户要适当敞开，以保持室内空气新鲜。但任何时候都要防止贼风直吹鸭身。

④育雏密度　应根据季节、雏鸭日龄和环境条件等灵活掌握。育雏密度过大，鸭群拥挤，采食、饮水不均，影响生长发育，鸭群整齐度差，也易造成疾病的传播，严重时可能会引起氨气及硫化氢中毒；育雏密度过小，则房舍利用率低又不经济。合理的雏鸭育雏密度见表 5-2 所列。

表 5-2　雏鸭育雏密度
只/m²

日龄		1～10	11～20	21～30
加温育雏	夏季	30	25～30	20～25
	冬季	35～40	30～35	20～25
自温育雏		以直径 35～40 cm 的箩筐为例，第 1 周每筐 15 只左右，1 周后约 10 只		

⑤光照　雏鸭特别需要日光照射，太阳光能提高鸭的体表温度，增强血液循环，合成维生素 D_3，促进骨骼生长，并能增进食欲，刺激消化系统，有助于新陈代谢。第 1 周，每昼夜光照可达 20～23 h。第 2 周开始，逐步降低光照度，缩短光照时间。第 3 周起，要区别不同情况，如上半年育雏，白天利用自然日照，夜间以较暗的灯光通宵照明，只在喂料时用较亮的灯光照 0.5 h；如下半年育雏，由于日照时间短，可在傍晚适当增加光照 1～2 h，其余仍用较暗的灯光通宵照明。

（5）育雏期的疾病控制要求

病害的发生往往取决于两个因素，即环境或鸭本身致病因素的存在和鸭体自身抵抗力的强弱。因此，育雏期的疾病控制要坚持"预防为主、防重于治"的方针，通过综合预防措施的落实，消灭传染源，断绝传染途径，建立健康群体，力保疾病的少发生或不发生。

4）育成鸭的饲养管理

育成鸭一般指 5～16 周龄或 18 周龄开产前的青年鸭。这个时期的育成鸭体重增长快、羽毛生长迅速、性器官发育快、适应性强。此期的青年鸭表现出杂食性强，可以充分利用天然动植物性饲料，并适当地增加动物性饲料和矿物质饲料。育成阶段要充分利用鸭的特点，进行科学的饲养管理，加强洗浴，增加运动量，使其生长发育整齐，同期开产。

（1）育成鸭的饲养方式

①舍内饲养　育成鸭饲养的全程始终在鸭舍内进行。一般鸭舍内采用厚垫料、网状和栅状地面饲养。这种饲养方式的优点是可以人为地控制饲养环境，受自然界因素制约较少，有利于科学养鸭，达到稳产高产的目的，便于向大规模集约化生产过渡，同时可以增加饲养量，提高劳动效率；由于不外出放牧，减少寄生虫病和传染病感染的机会，从而提高成活率。缺点是此法饲养成本高。

②半舍饲　鸭群固定在鸭舍、陆上运动场和水上运动场，不外出放牧。采食、饮水可设在舍内，也可设在舍外，一般不设饮水系统，饲养管理不如全圈养那样严格。其优点与圈养一样，易减少疾病传染源，便于科学饲养管理。这种饲养方式一般与养鱼的鱼塘结合一起，形成一个良性的鸭-鱼结合的生态循环，是我国当前农村养鸭的主要方式之一。缺点是舍外活动可能使一些鸭的活动量和营养摄入量与舍内鸭不同，导致个体间生长差异较大。

③放牧饲养　是我国传统的饲养方式。放牧时在平地、山地和浅水、深水中潜游觅食各种天然的动植物性饲料，节约大量饲料，降低生产成本，同时使鸭群得到很好锻炼，增强体质，较为适合养殖农户的小规模养殖方式，这种方法比较浪费人力，蛋鸭大规模集约化生产时较少采用放牧饲养。

（2）育成鸭的饲养管理要点

①饲养　育成期与其他时期相比，饲料宜粗不宜精，能量和蛋白质水平宜低不宜高，目

的是使育成鸭得到充分锻炼，使蛋鸭长好骨架。在育成期饲养过程中应采用限制饲喂。限制饲喂一般从 8 周龄开始，16~18 周龄结束。

限制饲喂主要用于圈养和半圈养鸭群，而放牧鸭群由于运动量大，能量消耗也较大，且每天都要不停地找食吃，整个过程就是很好的限喂过程，故放牧条件下一般不需限制饲喂。小型蛋鸭育成期各周龄的体重和饲喂量见表 5-3 所列。

表 5-3　小型蛋鸭育成期各周龄的体重和饲喂量

周龄	体重/g	平均喂料量/[g/(只·d)]	周龄	体重/g	平均喂料量/[g/(只·d)]
5	550	80	12	1 250	125
6	750	90	13	1 300	130
7	800	100	14	1 350	135
8	850	105	15	1 400	140
9	950	110	16	1 400	140
10	1 050	115	17	1 400	140
11	1 100	120	18	1 400	140

②通风换气，保持鸭舍干燥　鸭舍要保持新鲜空气，尤其是圈养鸭舍，即使在冬季，每天早晨喂料前都应打开门窗通风，排出舍内污浊的气体。圈养鸭每天要添加垫料，或定期清除湿垫料。饮水器应放置在有网罩的排水沟上方，不让水滴到垫料上。

③合理的光照　育成鸭的光照时间宜短不宜长，以控制其性成熟，一般 8 周龄起，每天光照以 8~10 h 为宜，光照度为 5 lx。

④加强运动　运动可促进骨骼和肌肉的发育，防止过肥，每天定时赶鸭在舍内做转圈运动，每次 5~10 min，2~4 次/d。

⑤及时分群　在鸭的生长发育过程中，由于饲养管理及环境等多种因素的影响，难免会出现个体差异。育成期的鸭要及时按体重大小、强弱和公母分群饲养。其饲养密度，因品种、周龄而不同，一般 5~8 周龄约 15 只/m²，9~12 周龄约 12 只/m²，13 周龄起约 10 只/m²。

⑥做好记录工作　生产鸭群的记录内容包括鸭群的数量、日期、日龄、饲料消耗、鸭群变动的原因、疾病预防情况等。

（3）育成期的疾病控制要点

①保持圈舍、垫料干燥，对喂料和饮水器具应每天清洗消毒。

②做好预防工作，育成鸭阶段主要预防鸭瘟和禽霍乱。平时可用磺胺二甲基嘧啶或磺胺噻唑按 0.5%~1% 比例拌饲料喂 3~5 d；或用 0.01% 高锰酸钾饮水防疫。放牧鸭群采食的自然饲料中，含有较多的肠道寄生虫，尤其是绦虫，因而要定时检查，进行必要的驱虫。

5）产蛋鸭的饲养管理

（1）产蛋期鸭的生理特点

进入产蛋期的母鸭新陈代谢很旺盛，对饲料要求高。鸭属于杂食动物，不仅采食植物性饲料，也采食动物性饲料。开产以后的鸭，性情较温驯，进舍后安静地休息、睡觉，不到处乱跑乱叫。产蛋都在深夜进行，而且集中在下半夜。

（2）产蛋鸭的饲养管理要点

蛋鸭一般在 110～120 日龄开产，190～200 日龄时可达产蛋高峰。产蛋鸭的饲养管理分为圈养和放牧两种形式。随着养鸭业的迅速发展，加上水域的开发利用，环境保护的要求，在城镇郊区的养鸭多以圈养为主，农村小规模饲养多以放牧为主。

①圈养产蛋鸭的饲养管理要点　蛋鸭品种产蛋初期和前期的饲养管理的目标是应尽快把产蛋率推向高峰。从营养方面应根据产蛋率上升的趋势不断提高饲料质量，饲料营养水平，特别是粗蛋白质要随产蛋率的递增而调整，并注意能量蛋白比的适度，促使鸭群尽快达到产蛋高峰。这个时期，鸭进行自由采食，每只鸭的耗料量为 150 g 左右。光照时间从 17 周龄就可以逐步开始加长，最终达到 16～17 h 为止，以后维持在这个水平上，光照度一般为 5 lx。

产蛋中期要在营养上满足高产的需要，营养水平应在前期的基础上适当提高，饲料中粗蛋白质的含量应从 18% 提高至 19%～20%，同时增加钙的喂量，但饲料中含钙量过高会影响适口性，可在混合饲料中添加 1%～2% 的颗粒状贝壳粉，供其自由采食。同时，应适当增加优质青绿饲料的喂量，或添加多种维生素。光照时间稳定保持 16～17 h。

产蛋后期要尽量减缓鸭群产蛋率下降的幅度。这个阶段要根据体重和产蛋率确定饲料的质量和喂料量，不可盲目增减饲料，若产蛋率已降至 60% 左右，再难以上升，则无须加料；每天保持 16～17 h 光照；观察蛋壳质量和蛋重的变化，若出现蛋壳质量下降、蛋重减轻时，则可增补一些无机盐添加剂和鱼肝油；管理得当，防止应激反应：保持鸭舍内环境的相对稳定，保持稳定的作息时间，防止产生应激反应。

②放牧蛋鸭的饲养管理要点　产蛋鸭一年四季都可以放牧饲养，但放牧技术对产蛋鸭有很大的影响，必须根据天气和季节的特点，严格掌握"春要晒，秋要洗，夏避雨，冬避风"的原则，进行针对性放牧饲养。

选择适宜放牧环境，在鸭的放牧饲养中，放牧环境及路线的选择是至关重要的。环境选得好，饲料充足，鸭每天能吃得饱，长膘快。因此，选择牧地、安排放牧路线都由经验最丰富的饲养员掌握。并在放牧前的 15 d，对周围的地形地势、河流湖泊、农作物种类、收获时间进行一次勘察访问，制订周密计划，确定放牧路线。在放牧的前 3 d 再做一次实际调查，根据农作物收获的实际进度，以及野生动植物饲料资源等，估测出各种饲料的数量，计算好可供放牧的鸭数及放牧次数，然后有计划地进行。

（3）产蛋期的环境控制

①饲养密度　圈养和半圈养时，一般每平方米鸭舍可饲养产蛋鸭 7～8 只。

②温度　产蛋鸭最适宜的外界环境温度是 13～20℃，此温度下鸭群的饲料利用率、产蛋率都处于最佳状态。一般当环境温度超过 30℃ 时，鸭群采食量减少，产蛋量下降，并可影响蛋及蛋壳的质量，严重时会引起中暑死亡；如环境温度过低，尤其降至 0℃ 以下时，鸭的正常活动受阻，产蛋量明显下降。

③光照　蛋鸭产蛋期应逐步增加光照时间，提高光照度，以促使性器官的发育，进入产蛋高峰期后，要稳定光照时间和光照度，使之达到持续高产。开放式鸭舍一般使用自然光照加上人工光照，而封闭式鸭舍则多采用人工光照。一般正常使用的白炽灯泡可按鸭舍 1.3 W/m² 设置，即当灯泡离地面 2 m 时，一个 25 W 的灯泡，可保证 18 m² 鸭舍的照明。

具体可参照表 5-4 执行。

表 5-4　蛋鸭产蛋期的光照时间和光照度

周龄	光照时间	光照度
17~22	每天以 15~20 min 均匀递增，直至 16 h	5 lx，晚间朦胧光照
23 周以后	稳定在 16 h，临淘汰前 4 周时增加至 17 h	5 lx，晚间朦胧光照

6）蛋种鸭产蛋期的饲养管理

我国蛋鸭产区习惯从秋鸭（8 月下旬至 9 月的雏鸭）中选留种鸭，因为秋鸭留种，正好满足了翌年春孵旺季对种蛋的需要，同时在产蛋盛期的气温和日照等环境条件最有利于稳产高产。但是，随着市场需求和生产方式的改变，常年留种常年饲养的方式越来越多地被采用，特别是大规模集约化养鸭场，一般根据市场的需要，灵活确定留种季节。种用蛋鸭饲养管理的主要目的是获得尽可能多的合格种蛋，能孵化出品质优良的雏鸭。因此，这就要求饲养管理过程中，除了要养好母鸭，还要养好公鸭。

（1）蛋种鸭的挑选

①种公鸭的选留　选留种公鸭须按种公鸭的品种标准经过育雏期、育成期和性成熟初期 3 个阶段的选择，以保证用于配种的种公鸭生长发育良好，体格强壮，性器官发育健全，精液品质优良。在育成期公母鸭最好分群饲养，公鸭采用放牧为主的饲养方式，让其多活动，多锻炼。在配种前 20 d 放入母鸭群中，目的是提高种蛋的受精率。

②产蛋母鸭的挑选　根据外貌和行动来选择产蛋母鸭，高产蛋鸭羽毛紧密，头秀气，颈长，身长，眼大而突，腹部深广，但不拖地，臀部大而方，两脚间距宽，如高产绍鸭腹部软下垂，泄殖腔湿润松弛，两趾骨间可容纳 3 指以上，龙骨与趾骨之间可按一只手掌。

（2）产蛋种鸭的饲养管理要点

①增加营养　种用蛋鸭饲料中的蛋白质要比商品蛋鸭高，同时要保证蛋氨酸、赖氨酸和色氨酸等必需氨基酸的供给，保持饲料中氨基酸的平衡。色氨酸对提高受精率、孵化率有帮助，饲料中的含量应占 0.25%~0.30%。鱼粉和饼粕类饲料中的氨基酸含量高，而且平衡，是种用蛋鸭较好的饲料原料。此外，要补充维生素，特别是维生素 E，因为维生素 E 对提高产蛋率、受精率有较大作用，饲料中维生素 E 的含量为每千克饲料含 25 mg，不得低于 20 mg，可用复合维生素来补充。

②饲养好种公鸭　公鸭的好坏对提高受精率的作用比较大。公鸭必须体质健壮，性器官发育健全，性欲旺盛，精子活力好。公鸭到 150 d 左右才能达到性成熟。因此，选留公鸭要比母鸭早 1~2 个月龄，到母鸭开产时公鸭正好达到性成熟。

在采食过程中公鸭争食凶，十分好斗，导致公母鸭采食不均匀，体重不齐。所以，公母鸭在育成阶段要分开饲养，但要注意防止公鸭间相互争斗，形成恶癖。

③做好种鸭群的疫病净化　对一些可以通过蛋垂直传染的疫病，按规范防疫后，应定期进行抗体测定，以保证鸭群的健康。同时，应注意重大疫病的定期检疫，对阳性个体及时淘汰。

④加强种用蛋鸭的日常管理　种用蛋鸭的管理重点是房舍内的垫草应经常翻晒、更换，保持干燥、清洁，运动场要保持下水通畅，不得有污水积存；保持鸭舍环境的安静，

严防惊群；保持鸭舍内良好的通风，特别在外界温度高时，要加强通风换气；保证种鸭一定的运动量，特别是增加种鸭在室外活动的时间，并适当延长种鸭的下水时间。

（3）配种

①种公鸭的选择与饲养　种公鸭选留一般分 3 次进行，即育雏期的首选、育成期的再选和性成熟初期的定群。选择时，应首先选择体质强壮、性器官发育健全、健康的个体，一般定群时可增选 5%~10% 的种公鸭以备用。

②种鸭群的公母配比　以绍鸭为例，在早春和冬季气温较低时，公母鸭的合理配比可在 1∶20；夏秋气温较高时，公母的合理配比可提高至 1∶25~1∶30。这样的公母配比可保持鸭群的平均受精率在 90% 以上。

③种鸭的利用年限　一般种鸭场都采取一年一淘汰，年年留种蛋。一年龄鸭群产蛋整齐，好控制，受精率高，便于计划生产。种公鸭习惯利用一年后淘汰；育种鸭群的利用年限，可根据育种需要适当延长，不受限制。

（4）人工强制换羽

鸭在每年春末或秋末会自然换羽，为了缩短休产时间，提高种蛋量和蛋的品质，当母鸭群产蛋率降低至 20%~30%、蛋重减轻、部分鸭的主翼羽开始脱落时，即可实行人工强制换羽。

任务实施

肉鸭人工填饲

【材料用具】

40~50 日龄的肉鸭、填饲料、填喂机、塑料水桶等。

【实施步骤】

（1）填食日龄

体重达到 1.6~1.7 kg 的鸭可开始填食。过早填食，体小身圆，长不大，且伤残多。过晚填食，耗料多，增重缓慢。体质差、体重过小的不填。

（2）调制填料

图 5-1　抓鸭

将填料用水调成干糊状，用手搓成长约 5 cm、粗约 1.5 cm、重 25 g 的剂子。

（3）填饲方法

①抓鸭　抓鸭的食道膨大部。抓时四指并拢，拇指握鸭的颈部，用力适当，即可将鸭提起提稳。不能抓鸭翅膀或脚，容易造成鸭的伤害，如图 5-1 所示。

②填饲　填喂人员用腿夹住鸭体两翅以下部分，左手抓住鸭的头，大拇指和食指将鸭嘴上下喙撑开，中指压住舌的前端，右手拿剂子，用水蘸一下送入鸭子的食道，并用手由上向下滑挤，使饲料进入食道的膨大部，随后放开鸭，填饲完成。

【考核评价】

（1）个人考核（占 50%）

根据表 5-5 所列内容，对学生的实训情况进行考核。

表 5-5　个人考核内容及标准

序号	考核项目	评分标准	分值	考核方法	考核得分	熟练程度
1	准备	调制填饲的饲料正确	20	单人操作考核		>90 分为熟练掌握；70~90 分为基本掌握；<70 分为没有掌握
		填饲用具准备	10			
2	操作	填料制作规范	20			
		抓鸭动作规范	10			
		填饲操作正确，动作规范	20			
		填饲期间填喂的饲料量控制合理	20			
		合计	100			

（2）团队考核（占 30%）

参照表 1-2 进行考核。

（3）综合评价（占 20%）

参照表 1-3 进行综合评价。

任务 5-2　鹅的生产

任务描述

鹅是草食动物，凡是有草的地方均可饲养，鹅是水禽业中饲养量仅次于鸭的重要水禽。养鹅生产在我国家禽养殖中占有独特的位置，已成为我国发展节粮型畜牧业中的重要组成部分。

知识准备

1. 鹅的饲养管理

1）鹅的生活习性

①喜水性　鹅是水禽，自然喜爱在水中浮游、觅食和求偶交配。放牧鹅群最好选择在宽阔水域，水质良好的地带放牧；舍饲养鹅，特别是养种鹅时，要设置水池或水上运动场，供鹅群洗浴，交配之用。

②合群性　天性喜群居生活，鹅群在放牧时前呼后应，互相联络。出牧、归牧有序不乱，这种合群性有利于群鹅的管理。

③警觉性　鹅的听觉敏锐，反应迅速叫声响亮，性情勇敢、好斗。鹅遇到陌生人则高

声呼叫，展翅啄人，长期以来，农家喜养鹅守夜看门。

④耐寒性　鹅的羽绒厚密且服帖，具有很强的隔热保温作用。鹅的皮下脂肪较厚，耐寒性强，羽毛上涂擦有尾脂腺分泌的油脂可以防止水的浸湿。

⑤节律性　鹅具有良好的条件反射能力，每天的生活表现出较明显的节奏性。放牧鹅群的出牧—游水—交配—采食—休息—收牧，相对稳定地循环出现。舍饲鹅群对一日的饲养程序一经习惯之后很难改变。所以，一经实施的饲养管理日程不要随意改变，特别在种母鹅的产蛋中更要注意。

⑥杂食性　家禽属于杂食性动物，但水禽比陆禽(鸡、火鸡、鹌鹑等)的食性更广。更耐粗饲，鹅则更喜食植物性食物。

2)雏鹅的饲养管理

(1)雏鹅的生理特点

雏鹅是指4周龄以内的苗鹅，体温调节能力不完善，对外界温度变化的适应性也很弱。新陈代谢旺盛，生长发育快，消化能力弱，雏鹅消化道短，容积小，为保证雏鹅快速生长发育的营养需要，要为雏鹅提供营养丰富、易于消化的饲料。抗病力差，容易感染各种疾病，因此，要做好疾病的预防工作。当饲料中某种营养素缺乏或营养不平衡、饲料毒素或抗营养成分偏高等情况出现时，雏鹅容易表现出病态反应。

(2)雏鹅的培育

①育雏前的准备

a. 制订育雏计划：育雏时间要根据当地的气候状况与饲料条件，市场的需要等因素综合确定，其中市场需要尤为重要。育雏数量的多少，应根据鹅场的具体情况而定，主要考虑鹅舍的多少、资金条件和生产技术与管理水平等。

b. 育雏舍与设备的准备：首先根据进雏数量计算育雏舍面积，准备育雏舍，并对舍内照明、通风、保温和加温设备进行检修。进雏前，要对育雏舍彻底清扫、清洗与消毒。

c. 饲料、垫料、药品及育雏用品的准备：育雏前，要准备好开食饲料，还要事先种一些鹅喜爱吃的青绿饲料，刈割切碎后供雏鹅食用。地面平养育雏时，要准备好卫生、干燥、松软的垫料。育雏期间，应准备的药品包括消毒药物、抗菌药物、疫苗和维生素、微量元素添加剂等。

d. 预温：为了使雏鹅接入育雏舍后有一个良好的生活环境，在接雏前1~2 d启用加热设备，使舍温达到28~30℃。地面平养育雏，在进雏前3~5 d在育雏区铺上一层厚约5 cm的垫料，厚薄要均匀。

②育雏期的饲养管理　雏鹅质量的好坏，直接影响雏鹅的生长发育和成活率。因此，生产上必须选择出壳时间正常、健壮的雏鹅饲养。健康的雏鹅体重大小符合品种要求，群体整齐，脐部收缩良好，绒毛洁净而富有光泽，腹部柔软，抓在手中挣扎有力、有弹性。

雏鹅经选择后应尽快运送到目的地，并在育雏室稍作休息后进行"潮口"与"开食"。潮口的水要清洁卫生，首次饮水时间不能太长，以3~5 min为宜，潮口后即可喂料，开食的料可使用浸泡过的小米或破碎的颗粒饲料和切成丝状的幼嫩青饲料，随着雏鹅日龄的增长，逐步使用配合饲料，逐步增加青饲料的比例，满足供应清洁的饮水。

雏鹅体质娇嫩，各种生理机能尚不健全，对外界环境的适应能力较差。因此，在育雏期必须加强管理，满足雏鹅生长发育所需的各种环境条件。

雏鹅的保温期一般为 2~3 周，第 1 周的温度控制在 28~30℃，而后每周下降 2~3℃。小规模育雏可采用传统的自温育雏方法，即将雏鹅置于有垫料的育雏器内，加盖麻袋、棉毯等进行保温，并视气候的变化适当增减保温物，温度的控制全靠饲养人员的经验。自温育雏时，一定要掌握好适宜的密度，根据雏鹅动态，准确控制温度，注意调整好保温和通风的关系。大群饲养采用人工给温育雏，热源可采用红外灯、电热板、保温伞、热风炉等。给温育雏时，雏鹅生长快，饲料利用率高。适合批量生产，而且劳动效率较高。

雏鹅最怕潮湿和寒冷，低温潮湿时，雏鹅体热散发加快，容易引起感冒、下痢等疾病。因此，室内喂水时切勿外溢，及时清除潮湿垫料，保持育雏舍的清洁和干燥。

为了防止集堆，要根据出雏时间的迟早和雏鹅的强弱分群饲养，每群 100~150 只。掌握合理的饲养密度，一般第 1 周 12~20 只/m²，第 2 周 8~15 只/m²，第 3 周 5~10 只/m²，第 4 周 4~6 只/m²，饲养员要加强观察，及时赶堆分散，尤其在天气寒冷的夜晚更应注意。

适时放牧和放水，既可使雏鹅清洁羽毛，减少互啄癖，又可促进雏鹅体内新陈代谢，加快骨骼、肌肉和羽毛生长，并能提高雏鹅的适应性，增强抗病能力。但雏鹅的放牧和放水都不宜过早，放牧时间不宜过长。放牧前舍饲期长短应根据雏鹅体质、气候等因素而定。春末夏初，雏鹅养到 10 日龄左右，如天气晴朗、气候温和，可在中午进行放牧。夏季温度高，气候温暖，雏鹅养到 5~7 日龄就可在育雏室的附近草地上活动，让其自由采食青草。放水可以结合放牧进行。刚开始放牧的时间要短，约 1 h 即可，以后逐渐延长。

做好育雏舍内外的环境卫生，可提高雏鹅的抗病力，保证鹅群的健康。育雏舍要制订严格的卫生防疫制度，切实做好雏鹅常见病的防治工作。

3）肉用仔鹅的育肥

（1）肉用仔鹅的特点

肉用仔鹅是指雏鹅不论公母，一般养到 10~12 周龄上市作肉用的仔鹅。雏鹅经过 1 月左右的舍饲育雏和放牧锻炼后，消化道容积增大，对饲料的消化吸收力和对外界环境的适应性及抵抗力都有所增强。这一阶段是骨骼、肌肉和羽毛生长最快的时期。此期在饲养特点：以放牧为主，补饲为辅，充分利用放牧条件，尽可能满足仔鹅生长发育所需要的各种营养物质，促进肉用仔鹅的快速生长，适时达到上市体重。

（2）肉用仔鹅的育肥

肉鹅饲养到 60~70 日龄，圈养膘度好的即可上市出售，放牧饲养的仔鹅骨架大，胸肌不够丰满，屠宰率较低，尚需短期育肥后才能上市出售。按照饲养管理方式的不同，育肥期可分为放牧育肥、舍饲育肥和填饲育肥 3 种方式。

①放牧育肥 是传统的育肥方法，适用于放牧条件较好的地方，主要利用收割后茬地残留的麦粒或稻田中散落谷粒进行肥育。放牧育肥必须充分掌握当地农作物的收割季节，事先联系好放牧的茬地，预先育雏，制订好放牧育雏的计划。一般可在 3 月下旬或 4 月上旬开始饲养雏鹅，到茬地放牧结束仔鹅已有相当肥度，应抓紧时机立即出售。

②舍饲育肥 生产效率较高，育肥的均匀度比较好，适用于放牧条件较差的地区或季节，最适于集约化批量饲养。舍饲育肥需饲喂配合饲料，也可喂给高能量的饲料，适当补

充一部分蛋白质饲料。供给充足的饮水。在光线较暗的房舍内进行，减少外界环境因素对鹅的干扰，限制鹅的光照和运动，让鹅尽量多休息。

③填饲育肥　此法可缩短育肥期，肥育效果好，但比较麻烦。将配合饲料或以玉米为主的混合料加水拌湿，搓捏成 1~1.5 cm 粗、6 cm 长的条状食团，待阴干后填饲。填饲是一种强制性的饲喂方法，分手工填饲和机器填饲两种，具体操作与肥肝生产方法相同。填饲育肥经过 10 d 左右，鹅体脂肪迅速增多，肉嫩味美。

4）后备种鹅的饲养管理

（1）后备种鹅的选择与淘汰

后备种鹅也称育成鹅，一般是指从 60~70 日龄到母鹅开始产蛋或公鹅开始配种之前准备种用的仔鹅。选好后备种鹅，是提高种鹅质量的重要环节。后备种鹅应经过 3 次选择，把生长发育良好、符合本品种特征的鹅留作种用。

①第 1 次选择　在育雏期结束时进行。重点选留体重大的公鹅、中等体重的母鹅，淘汰体重较小的、有伤残的、有杂色羽毛的个体。经选择后，大型鹅种的公母比例为 1∶2；中型鹅种为 1∶3~1∶4；小型鹅种为 1∶4~1∶5。

②第 2 次选择　在 70~80 日龄进行。根据生长发育规律、羽毛生长情况及体型外貌等特征进行选择。淘汰生长速度较慢、体型较小、腿部有伤残的个体。

③第 3 次选择　在 150~180 日龄进行。此时鹅全身羽毛已长齐，应选择具有品种特征、生长发育良好、体重符合品种要求、体型结构和健康状况良好的个体留作种用。公鹅要求体型大，体质健壮，躯体各部分发育匀称，肥瘦和头的大小适中，雄性特征明显，两眼灵活有神，胸部宽而深，腿粗壮有力。母鹅要求体重中等，颈细长而清秀，体型长而圆，臀部宽广而丰满，两腿结实，间距宽。经选择后，大型鹅种的公母比例为 1∶3~1∶4；中型鹅种为 1∶4~1∶5；小型鹅种为 1∶6~1∶7。

（2）后备种鹅的饲养管理

根据种鹅育成期的生理特点，一般将育成期种鹅分为生长阶段、控制饲养阶段和恢复饲养阶段。

①生长阶段　是指 80~120 日龄这一时期。此阶段的鹅仍处在生长发育和换羽时期，需要较多的营养物质，不宜过早进行粗放饲养，应根据放牧场地草质的好坏，做好补饲工作，并逐渐降低补饲饲料的营养水平，使机体得到充分发育，以便顺利进入控制饲养阶段。

②控制饲养阶段　一般从 120 日龄开始至开产前 50~60 d 结束。育成鹅经第 2 次换羽后，如供给足够的饲料，50~60 d 便可开始产蛋。但此时由于种鹅的生长发育尚不完全，个体间生长发育不整齐，开产时间参差不齐，导致饲养管理十分不便。加上过早开产的蛋较小，种蛋的受精率低。因此，这一阶段应对种鹅采取控制饲养，使种鹅适时开产，比较整齐一致地进入产蛋期。

控制饲养的方法主要有两种：一种是减少补饲饲料的喂料量，实行定量饲喂；另一种是控制饲料的质量，降低饲料的营养水平。放牧为主的种鹅一般采用后者，但一定要根据放牧条件、季节及鹅的体质，灵活掌握饲料配比和喂料量，既要能维持鹅的正常体质，又要能降低鹅的饲养费用。控制饲养阶段，无论给食次数多少，补料时间应在放牧前 2 h

左右。

③恢复饲养阶段 经控制饲养的种鹅，应在开产前 60 d 左右进入恢复饲养阶段。此时种鹅的体质较弱，应逐步提高补饲饲料的营养水平，并增加喂料量和饲喂次数。经 20 d 左右的饲养，种鹅的体重可恢复至控制饲养前期的水平；种鹅开始陆续换羽，为了使种鹅换羽整齐和缩短换羽的时间，节约饲料，可在种鹅体重恢复后进行人工强制换羽。

5)种鹅产蛋期的饲养管理

(1)产蛋期的划分

产蛋鹅是指 31 周龄以后的鹅。根据产蛋鹅饲养管理要求的不同，常将种鹅的产蛋期划分为产蛋前期、产蛋期和休产期 3 个阶段。

(2)产蛋期的饲养管理要点

①产蛋期的饲养要点 后备种鹅进入产蛋前期时，放牧鹅群既要加强放牧，又要及时换用种鹅产蛋期饲料进行适当补饲，并逐渐增加补饲量；舍饲的鹅群应注意饲料中营养物质的平衡，使种鹅的体质得以迅速恢复，为产蛋积累营养物质。进入产蛋期后，应以舍饲为主，放牧补饲为辅。采用配合饲料，其粗蛋白质含量应提高至 15%~16%，待日产蛋率至 30% 左右时，粗蛋白质含量增加至 17%~18%。注意维生素和矿物质的补充，可在鹅舍内补饲矿物质的饲槽，经常放些矿物质饲料任其采食。

②产蛋期的管理要点

a. 光照管理：种鹅临近开产期，用 6 周左右的时间逐渐增加每天的人工光照时间，使种鹅的总光照时间达 15 h 左右，并维持到产蛋结束。许多研究证实，25 lx/m² 的光照度对产蛋期的种鹅是适宜的。

b. 配种管理：按不同品种的要求，合理安排公母比例。在自然交配条件下，我国小型鹅种公母比例为 1∶6~1∶7，中型鹅种 1∶5~1∶6，大型鹅种 1∶4~1∶5。冬季的配比应低些，春季可高些。鹅的自然交配在水面上完成，陆地上交配很难成功。为了保证高的受精率，要充分放水。要提供良好的水上运动场，其水源应没有污染，水深应在 1 m 左右，保证每 100 只鹅有 45~60 m² 水面面积。种鹅在早晨和傍晚性欲旺盛，利用好这两个时期配种，是提高受精率的关键。另外，采取多次放水的办法，能使母鹅获得复配的机会，也能提高受精率。必要时，可进行人工辅助配种。

c. 放牧管理：产蛋期的母鹅，腹部饱满下沉，行动迟缓，放牧时应选择路近而平坦的草地，路上应慢慢驱赶，上下坡时不可让鹅争先拥挤，以免跌伤。不能让鹅群在污染的沟、塘、河内饮水、洗浴和交配。

d. 产蛋管理：母鹅的产蛋时间多在凌晨至 9:00。因此，种鹅应在上午产蛋基本结束时才开始出牧。对在窝内待产的母鹅，不要强行驱赶出牧。对出牧途中折返的母鹅，应任其自便。舍饲鹅群应在圈内靠墙处设置足够的产蛋箱(一般每 4~5 只鹅共用 1 只)。在每天产蛋时间内应注意保持环境的安静，饲养人员不要频繁进出圈舍，视鹅群大小每天集中捡蛋 2~3 次。

e. 就巢性控制：我国许多鹅种在产蛋期间都表现出不同程度的就巢性(抱性)，对产蛋性能造成较大影响。如果发现母鹅有恋巢表现时，应及时隔离，关在光线充足、通风凉爽的地方，只给饮水不喂料，2~3 d 后喂一些干草粉、糠麸等粗饲料和少量精料，使其体重不过于下降，待醒抱后能迅速恢复产蛋。使用一些醒抱药物治疗，也有较明显的效果。

6）种鹅休产期的饲养管理

（1）休产期的饲养管理

种鹅的产蛋期一般只有 5~6 个月。产蛋末期产蛋量明显减少，畸形蛋增多，公鹅的配种能力下降，种蛋受精率降低，在这种情况下，种鹅进入持续时间较长的休产期。此时的饲料由精改粗，即转入以放牧为主的粗饲期。目的是促使母鹅消耗体内脂肪，使羽毛干枯，容易脱落，此期的喂料次数渐渐减少到每天 1 次或隔天 1 次，然后改为 3~4 d 喂 1 次。在停止喂料期间，不应对鹅群停水，经过 12~13 d，鹅体重减轻，主翼羽和主尾羽出现干枯现象时，则可恢复喂料。经 2~3 周的喂料，鹅的体重又逐渐回升，这时就可以人工拔羽。人工拔羽有手提法和按地法等方法，前者适合小型鹅种，后者适合大中型鹅种。拔羽的顺序为主翼羽、副翼羽、尾羽。公鹅比母鹅早 20~30 d 拔羽。人工拔羽的目的是缩短鹅的换羽时间，使种鹅换羽与产蛋协调起来，并控制母鹅在公鹅精力最充沛的时候大量产蛋，提高种蛋受精率。母鹅经人工拔羽处理后，要比自然换羽提早 20~30 d 产蛋。

（2）活拔羽绒技术

活拔羽绒技术是根据鹅羽绒具有自然脱落和再生的生物学特性，利用休产期的种鹅或后备种鹅，在不影响其生产性能的情况下，采用人工强制的方法，从活鹅身上直接拔取羽绒。

①活拔羽绒前的准备　在开始拔羽的前几天，应对鹅群进行抽样检查，如果绝大部分的羽毛毛根已经干枯，用手试拔羽毛容易脱落，说明已经成熟，正是拔羽时期。否则就要再养一段时间。拔羽前 1 d 晚上要停止喂料，以便排空粪便，防止拔羽时鹅粪的污染。如果鹅群羽毛很脏，拔羽当天清晨放鹅下水游泳，随即赶上岸让鹅沥干羽毛后再行拔羽。拔羽前准备好围栏及放鹅毛的容器。还要准备一些凳子、秤及消毒药棉、药水等。拔羽场地要避风向阳，选择天气晴朗、温度适中的天气。

②鹅体的保定　有双腿保定、卧地式保定、半站立式保定、专人保定等方法。易掌握且较为常用的方法是双腿保定法，即操作者坐在矮凳上，使鹅胸腹部朝上，头朝后，将鹅胸部朝上平放在操作者的大腿部，再用两腿将鹅的头颈和翅夹住。

③拔羽的操作　拔羽的顺序是先从胸上部开始拔，由胸到腹，从左到右。胸腹部拔完后，再拔体侧、腿侧、尾根和颈背部的羽绒。拔羽的方法有毛绒齐拔法和毛绒分拔法两种。毛绒齐拔法简单易行，但分级困难，影响售价；毛绒分拔法即先拔毛片，再拔绒朵，分级出售，按质计价，这种方法较受欢迎。操作时，用左手按压住鹅的皮肤，右手的拇指和食指、中指拉着羽毛的根部，每次适量，顺着羽毛的尖端方向，用巧力迅速拔下，将片羽和绒羽分别装入袋中。在拔羽过程中，如出现小块破皮可用红药水、紫药水、碘酊、等涂抹消毒，并注意改进手法。

④活拔羽绒后鹅的饲养管理　活拔羽绒对鹅来说是一个比较大的外界刺激，鹅的精神状态和生理机能均会发生一定的变化，如鹅精神委顿、活动减少、行走摇晃、胆小怕人、翅膀下垂、食欲减退等。个别鹅还会出现体温升高、脱肛等。一般情况下，上述反应在第 2 天可见好转，第 3 天恢复正常，通常不会引起生病或造成死亡。为确保鹅群的健康，使其尽早恢复羽毛生长，必须加强饲养管理。拔羽后鹅体裸露，3 d 内不在强烈阳光下放养，

7 d 内不要让鹅下水和淋雨。活拔羽绒后的公母鹅应分开饲养，以防交配时公鹅踩伤母鹅，皮肤有伤的鹅也应单独分群饲养。舍内应保持清洁、干燥，最好铺以柔软干净的垫料，夏季要防止蚊虫叮咬，冬季要注意保暖防寒。活拔羽绒后，鹅机体新陈代谢加强，羽绒再生需要较多的营养物质。因此，活拔羽绒后的最初一段时间内，饲料中应增加含硫氨基酸的蛋白质含量，补充微量元素，适当补充精饲料；7 d 后，皮肤毛孔已经闭合，就可以让鹅多吃青草、放牧、下水游泳；种鹅拔羽后，公鹅和母鹅应分开饲养，防止交配。

任务实施

鹅活拔羽绒

【材料用具】

休产期的种鹅、塑料袋、硬纸箱、塑料桶等、绳子、消毒用的碘酒、药棉、凳子、工作服、口罩等。

【实施步骤】

(1)拔羽前的准备

拔羽前，对鹅群进行抽样检查，如果绝大部分的羽绒毛根干枯，无血管毛，用手试拔羽绒容易脱落，表明羽绒已经成熟，可以进行拔羽。拔羽前 1 d 应停止喂料，只供饮水，拔羽当天饮水也停止，以防拔羽时粪便的污染；对羽毛不清洁的鹅，在拔羽前应让其嬉水或人工刷洗羽毛，除去污物，保证毛绒清洁干净；初次拔羽的鹅，为使其皮肤松弛，毛囊扩张，易于拔羽，可在拔毛前 10 min，每只鹅灌服白酒 10~12 mL。

拔羽时间最好是选择晴朗无风的天气，要在避风向阳的室内进行，门窗关好，室内无灰尘、杂物，地面平坦、干净，地上可铺垫一层干净的塑料布，以免羽绒污染。

(2)拔羽操作

①鹅的保定

a. 双腿保定法：操作者坐在矮凳子上，两腿夹住鹅的身体，一只手握住鹅的双翅和头，另一只手拔羽毛绒，此法易掌握，较常用。

b. 半站式保定：操作者坐在凳子上，用手抓住鹅颈上部，使鹅呈直立姿势，用双脚踩在鹅的双脚的趾或蹼上面，使鹅体向操作者前倾，然后开始拔羽，此法比较省力、安全。

②操作方法　拔羽操作者用左手按住鹅体皮肤，右手拇指、食指和中指紧贴皮肤，捏住羽毛和羽绒的基部，用力均匀、迅速快猛、一把一把有节奏地拔羽。所捏羽毛和羽绒宁少勿多，以 3~5 根为宜，一撮一撮地一排排紧挨着拔。所拔部位的羽绒要尽可能拔干净，否则会影响新羽绒的长出。拔取鹅翅膀的大翎毛时，先把翅膀张开，左手固定一翅呈扇形张开，右手用钳子夹住翎毛根部以翎毛直线方向用力拔出。注意不要损伤羽面，用力要适当，力求 1 次拔出。

拔羽的顺序应先从胸上部开始拔，由胸到腹，从左到右。胸腹部拔完后，再拔体侧、腿侧、尾根和颈背部的羽绒。

③羽绒的处理与保存　拔后的羽绒要及时处理，必要时可进行消毒，待羽绒干透后装

【考核评价】

(1)个人考核(占 50%)

根据表 5-6 所列内容，对学生的实训情况进行考核。

表 5-6　个人考核内容及标准

序号	考核项目	评分标准	分值	考核方法	考核得分	熟练程度
1	拔羽前的准备	试验对象挑选合理，拔羽用具与消毒器材准备齐全	20	单人操作考核		>90 分为熟练掌握；70~90 分为基本掌握；<70 分为没有掌握
2	拔羽操作	保定方法正确	20			
		拔羽部位正确，拔羽顺序正确，未伤害鹅体	50			
		操作规范、有序	10			
	合计		100			

(2)团队考核(占 30%)

参照表 1-2 进行考核。

(3)综合评价(占 20%)

参照表 1-3 进行综合评价。

拓展链接

项目 5　拓展链接

自测练习及答案

项目 5　自测练习　　　　项目 5　自测练习答案

项目 6

家禽疾病防控

学习目标

【知识目标】了解禽场防疫制度的基本内容，禽病的分类；掌握禽场防疫制度和措施，禽病问诊和临床检查方法；掌握禽类常见传染病、寄生虫病、普通病等疾病的发病原因、临床症状、病理变化、诊断方法。

【能力目标】能够进行禽病临床诊断，病原菌的培养和鉴定；能够制订科学、合理的禽病综合防控措施。

【素质目标】培养学生创新、求实、奉献精神，救死扶伤的职业素养；树立保障食品安全就是保障人民生命安全意识，增强社会责任感。

思政话题

陈化兰，动物传染病及预防兽医学专家，我国首位世界动物卫生组织（WOAH）专家。她先后荣获国家科技进步奖一等奖、中国青年科技奖、中国青年女科学家奖、中国青年五四奖章、全国五一劳动奖章。2016 年，她获得"世界杰出女科学家成就奖"，2017 年当选中国科学院院士，2019 年当选世界科学院院士。2004 年，陈化兰与团队临危受命，迎战 H5N1 禽流感，在国际上首次研制成功禽流感病毒反向遗传操作疫苗和新型 H5N1 禽流感灭活疫苗，为中国成功阻击 H5N1 禽流感提供了关键技术支持。2013 年 3 月，中国出现了人感染 H7N9 流感病毒病例，她带领团队快速反应，迅速遏制了感染病例的新增态势。除了疫情诊断和疫苗研究，陈化兰还带领团队加强了我国禽流感流行病学主动监测，开展了系统的病毒基础生物学研究。她的实验室还建立了关于禽流感病毒和流行病学信息的庞大数据库，为疫情预警预报、诊断试剂及疫苗研制与使用等提供科学依据。她和团队在《科学》等国际顶尖期刊上发表了 130 多篇高水平研究论文，陈化兰也因此成为全球高被引科学家。然而，她始终冷静而坚定地表示："发表文章不是我做研究的终极目标，疾病控制才是我们最重要的工作。如果禽流感得不到有效控制，即使有这些国际顶尖刊物发表的文章，我也丝毫不会有成就感。"陈化兰的科研生涯展现了中国当代杰出女科学家"创新、求实、奉献"的精神面貌，为我国乃至全球禽流感防空事业作出了卓越贡献。

任务 6-1　禽场生物安全防控

任务描述

掌握禽病的防疫制度、消毒技术等，真正做到"预防为主""防重于治"。熟悉禽病的诊断流程，为准确诊断禽病奠定基础。

知识准备

1. 禽病的防控

1）防疫制度

为了保证家禽健康和安全生产，场内必须制订严格的防疫措施和卫生防疫制度，如对场内外人员及车辆、场内环境及设备、禽舍空栏后进行定期的冲洗和消毒，对各类禽群进行免疫和种鸡群的检疫等。养禽场防疫制度要张贴在明显位置，并由主管兽医负责监督执行。当某种疫病在本地区或本场流行时，要采取相应的防疫措施，并要按规定上报主管部门，及时隔离、封锁。

（1）生活区卫生防疫制度

①未经场长允许，非本场员工不能进入禽场。

②大门日常保持关闭状态，办事者必须到传达室登记、检查，经同意后，车辆必须经过消毒池消毒后方可入内，自行车和行人从小门经过脚踏消毒池消毒后方可进入。

③大门口消毒池内投放 2%～3% 氢氧化钠，每 3 d 更换 1 次，保持消毒效果。

④任何人不准带进畜禽及其畜禽产品进场。

⑤生活公共区域每天清扫，保持整洁、整齐、无杂物，定期灭蚊、蝇。

⑥进入场内的车辆和人员必须按门卫路线行走，车辆停放在指定地点。

⑦做好大门内外卫生和传达室卫生工作，做到整洁、整齐，无杂物。

（2）生产区卫生防疫制度

①非本场工作人员未经允许不得进入生产区。

②生产区谢绝参观。必须进入生产区的人员，经领导同意后，在消毒室更换工作衣、帽、鞋，经消毒后方可进入。消毒池投放 3% 氢氧化钠，每 3 d 更换 1 次，保持消毒效果。

③饲养员和技术人员工作时间必须身着清洁的工作衣、鞋、帽，每周洗涤 1 次或 2 次（夏季），并消毒 1 次，工作衣、鞋、帽不准穿出生产区。

④非生产需要，饲养人员不要随便出入生产区和串舍。

⑤生产区内绝不允许有闲杂人员的出现。

⑥生产区设有净道、污道，净道为送料、人行专道，每周 2% 氢氧化钠溶液消毒 1 次；污道为清粪专道，每周消毒 2 次。

（3）禽舍卫生防疫制度

①未经技术人员和领导同意，任何非生产人员不准进入禽舍。必须进入禽舍的人员经同意后应身着消毒过的工作衣、鞋、帽，经消毒后方可进入，禽舍门口消毒池内的消毒液每 2 d 更换 1 次，人员进出必须脚踏消毒池。

②保持禽舍整洁干净，工具、饲料等堆放整齐；

③每天清洗禽舍水箱、过滤杯，保持水箱清洁干净，每隔 3 个月彻底清洗贮水池 1 次，并加入次氯酸钠消毒；

④工作用具每周消毒至少 2 次，并要固定禽舍使用，不得串用。

⑤每周带禽消毒 2 次，要按规定稀释和使用消毒剂，确保消毒效果。

⑥每周对禽舍内外大扫除，并对禽舍周围环境用 2%氢氧化钠溶液喷洒消毒 1 次。

⑦每天清粪 1 次，清粪后要对粪铲、扫帚进行冲刷清洗。禽粪要按规定堆放，定期洒生石灰进行粪池消毒。

⑧按规定的用药方案进行用药，并加强饲养管理，增强禽群的抵抗力。

⑨饲养人员每天按规定的工作程序进行工作。

⑩饲养员每天要观察禽群，发现异常，及时汇报并采取相应的措施。

⑪饲养员每天要保持好舍内外卫生清洁，每周消毒 1 次，并保持好个人卫生。

⑫饲养员定期对饮水消毒。

⑬兽医技术人员每天要对禽群进行巡视，发现问题及时处理。对新引进的禽群应在隔离观察舍内饲养观察 1 个月以上，方可进入正常禽舍饲养。

（4）禽舍空栏后的卫生防疫制度

①禽舍空栏后，应马上对禽舍进行彻底清除、冲刷，不留死角。将舍内的粪尿、蜘蛛网、灰尘等彻底清扫干净。

②禽舍消毒程序　清扫禽舍→高压水枪冲洗禽舍→用具浸泡清洗→干燥→消毒液(3%氢氧化钠)喷洒鸡舍→福尔马林熏蒸消毒→空舍 15 d 以上→进禽前 2 d 舍内外消毒。

③化学药品消毒最彻底，最好使用两种消毒液交替进行，如百毒杀、威岛、过氧乙酸等，对病原微生物较有效。

（5）禽群免疫接种

①各批次禽群要严格按照制订的免疫程序及时进行免疫接种，必须由专职技术人员稀释疫苗和监督免疫过程，并做好免疫接种登记。

②各批次禽群要按计划进行免疫抗体检测，抗体检测不合格的禽群要及时补救。

③发现疫情后的紧急措施　发现疫情后立即报告场领导及兽医技术人员，尽早查明病因，明确诊断。严格隔离封锁，防止疫情扩散。严禁出售病禽和病死禽，不准在生产区内解剖病死禽，尸体要做无害化处理。控制人员流动，限制外人进入禽场，禽场环境、饲养设备、用具、工作服等严格消毒。对健康禽群及假定健康禽群紧急免疫接种。

④淘汰或治疗病禽，合理处理尸体。对重症家禽彻底淘汰，对一般细菌性传染病用抗生素治疗，对某些病毒性传染病可采取特异性免疫抗体治疗。死亡的家禽和屠宰后废弃的羽毛、血、内脏等要做无害化处理，可焚烧、深埋或集中处理。

（6）淘汰禽销售卫生防疫要求

①淘汰禽由场内车辆运至大门外销售，外来车辆禁止进场。

②销售完毕，所有运载工具（禽笼、车辆）、卖禽场地要及时进行清洗和消毒。

2）消毒技术

（1）消毒方法

消毒方法可概括为机械性消毒、物理消毒法、化学消毒法和生物热消毒法。

①机械性消毒　是单纯用机械的方法（如清扫、洗刷、通风等）清除病原微生物，这是一种最普通、最常用的方法，可结合日常卫生清扫工作进行。机械性消毒只能使病原微生物减少，不能达到彻底消毒的目的，必须配合其他消毒方法进行。

采用清扫、洗刷等方法，可以清除禽舍地面、墙壁、设施以及家禽体表的粪便、垫草、饲料等污物，大量的病原微生物也随之被清除，从而为化学消毒创造了有利条件。清扫时可先喷洒清水或消毒药。清除后的污物不能随意堆放，应堆积发酵、掩埋、焚烧或用药物消毒处理，彻底杀灭其中的病原微生物。

通风换气虽然不能直接杀灭空气中的病原微生物，但可在短期内使舍内空气交换，具有明显降低空气中病原微生物数量的作用。同时，通风换气加快舍内水分蒸发，使舍内物体干燥，导致许多微生物因缺乏水分不能存活。通风换气的方法有横向通风、纵向通风、正压过滤通风以及正压坑道式通风等。通风的时间长短根据舍内外温差的大小灵活掌握，一般不少于 30 min。冬季饲养时，应严格掌握通风和保温之间的协调，防止家禽冷应激的发生。

②物理消毒法　是指通过高温、阳光、紫外线等物理方法杀灭或清除病原微生物及其他有害微生物的方法。物理消毒法的特点是作用迅速，消毒物品上不遗留有害物质。

a. 高温：是最实用和有效的消毒方法，可分为干热灭菌法和湿热灭菌法。干热灭菌法包括干燥、火焰灼烧、焚烧，湿热灭菌法包括煮沸法、蒸汽法。禽场常采用火焰灼烧灭菌法，这是一种简单有效的消毒方法，即用专用的火焰喷射器对金属的笼具、水泥地面、砖墙进行烧灼灭菌，或将动物的尸体以及传染源污染的饲料、垫草、垃圾等进行焚烧处理。干燥箱内干热灭菌、高压蒸汽湿热灭菌、煮沸灭菌等，主要用于衣物、注射器等的消毒。

b. 阳光：是天然的消毒剂，其光谱中的紫外线有较强的杀菌能力。日光暴晒能够直接杀灭多种病原微生物（如细菌、病毒、真菌、芽孢、衣原体等），阳光的照射和水分蒸发引起的干燥也有杀菌作用。

c. 紫外线：具有较强的杀菌能力，但空气中的尘埃及物体表面的污物对消毒效果有很大的影响。紫外线消毒只能杀灭大多数病原微生物，同时由于紫外线穿透力不强，不能穿透普通玻璃，尘埃、水蒸气均能阻挡紫外线穿透。因此，生产中紫外线只能用于消毒空气和物体表面。人工紫外线灯主要用于实验室消毒，特点是表面性消毒，消毒有效区域是灯管周围 2 m，消毒时间为 1~2 h。应注意人员勿直视紫外线，不要在紫外线照射下工作。

③化学消毒法　是指应用化学药物杀灭病原体的方法。化学消毒药物对人体组织有害，只能外用或用于环境消毒。

a. 浸洗或清洗法：如接种或打针时，对注射部位用酒精棉球或碘酊擦拭。

b. 浸泡法：是将被消毒物品浸泡在消毒液中。此法常用于医疗器械、饮水器及料桶的消毒。当家禽体表感染寄生虫时，可采用杀虫剂进行药浴。

c. 喷洒法：消毒时，将配好的消毒药装入喷雾器内，对禽舍地面、墙壁、用具、车辆等进行喷雾消毒。喷雾时，消毒液需要喷洒均匀，可用于发生传染病时的消毒或平时的定期消毒。

d. 熏蒸消毒法：是利用某些化学消毒剂易于挥发或两种化学制剂反应时产生的气体对空气及物体进行消毒的方法，如过氧乙酸气体消毒法、福尔马林熏蒸消毒法等。

④生物热消毒法 是指通过堆积、沉淀池、沼气池等发酵方法，以杀灭粪便、污水、垃圾及垫草等内部病原体的方法。在发酵过程中，由于粪便污物等内部微生物产生的热量可使温度上升达70℃以上，经过一段时间后便可杀灭病原菌、寄生虫卵、病毒等，从而达到消毒目的。此法主要用于大规模废弃物和污染粪便的无害化处理。

（2）消毒措施

①空禽舍消毒 每栋禽舍全群移出后，在下一批家禽进舍之前，必须对空禽舍及用具进行全面彻底的严格消毒，然后至少空闲2周。为了获得确实的消毒效果，禽舍全面消毒应按一定的顺序进行，即清扫—冲洗—干燥—喷洒消毒剂—干燥—熏蒸消毒。

a. 清除粪污：首先用2%~3%氢氧化钠或常规消毒液轻轻喷雾整个禽舍（防止禽舍尘土飞扬），将所有能移动的饲养设备（料槽、饮水器、底网等）全部搬到禽舍外面的专用消毒池，彻底清洗消毒，将笼具、天花板、墙壁、排风扇、通风口等部位的尘土清扫干净（顺序为由上到下、由里向外），清除所有垫料、粪便。

b. 高压冲洗：使用高压水枪由上到下、由里向外用清水冲洗禽舍的地面、墙壁、门窗、屋角等，直到清洗干净为止，做到不留死角。对较脏的地方，可先进行人工刮除。

c. 喷洒消毒剂：地面、墙壁干燥后，对禽舍和器具进行整修，即可进行喷洒消毒。为了提高消毒效果，禽舍最好使用两种以上不同类型的消毒药进行至少2次消毒，即24 h后用高压水枪冲洗，干燥后再喷雾消毒1次。消毒剂可使用氢氧化钠、来苏儿、百毒杀或过氧乙酸等。在喷洒消毒药之前，还可使用火焰喷射器灼烧墙壁、金属笼具等。

d. 熏蒸消毒：待消毒液稍干燥后，把所有用具搬入禽舍，门窗关闭，提高室内相对湿度（60%~80%）和温度（25~27℃），熏蒸消毒。最常用的消毒剂是38%~40%福尔马林溶液，通过热作用使甲醛以气体形式挥发，扩散于空气中和物体表面，对物体表面消毒。福尔马林能使蛋白质变性凝固和溶解类脂，对细菌、芽孢、真菌和病毒等微生物均有良好的杀灭作用。先将高锰酸钾倒入耐腐蚀的陶瓷容器内，再加入福尔马林，人即迅速离开，门窗密闭。消毒12~24 h后，打开门窗，通风换气2 d以上，散尽余气后，方可使用。盛放药液的容器要耐腐蚀，且要深大，比消毒液容量至少大4倍，以免药液沸腾时溢出。

经上述消毒程序后，有条件的禽场应进行舍内空气采样，做细菌培养，若没有达到要求须重复消毒。

②带禽消毒 是指禽入舍后至出栏前整个饲养期内，定期使用有效的消毒剂对禽舍环境及禽体表面进行喷雾，以杀死空气中悬浮和附着在禽体表面的病原微生物，达到预防性消毒的目的。

带禽消毒是集约化养禽综合防疫的重要措施之一，是防止禽舍环境和疫病传播的主要手段，尤其是对那些隔离条件差、不同日龄的禽群在同一禽场饲养及经常发生各种疫病的老禽场更为有效。

实践证明，家禽通过吸入和皮肤接触消毒液，可有效地防止多种疾病的发生与流行。带禽消毒能沉降禽舍内漂浮的尘埃，抑制氨气的产生和吸附氨气，在夏季有降温防暑的作用。

带禽消毒须慎重选择消毒剂，要求广谱、高效、强力、无毒、无害、无残留，对人和禽刺激性小、腐蚀性小。

常用的消毒剂有 0.015%百毒杀、0.1%新洁尔灭、0.2% ~ 0.3%过氧乙酸、0.2%次氯酸钠等。消毒剂配成消毒液后稳定性较差，不宜久存，应 1 次用完。最好用温的自来水配制，消毒液的浓度要均匀。各类消毒药交替使用，每月换 1 次，单一消毒剂长期使用，杀灭效率有所下降。

带禽消毒的程序和方法：首先，要彻底打扫圈舍，清除禽粪、羽毛、垫料、屋顶蜘蛛网及墙壁、地面、物品上的尘土，从而降低环境中的有机物含量，保证消毒效果。然后，用清水将污物冲出禽舍，提高消毒效果。冲洗后的污水应由下水道排到离禽舍较远的地方，不能排到禽舍周围，以防污水干后病原体重新污染鸡舍。关闭门窗，使用高压喷雾器或背负式手摇喷雾器，将消毒液均匀喷到墙壁、屋顶和地面，一般喷雾量以每立方米空间约 15 mL 计算。喷雾时不要直接对着禽体喷，应高于禽体 60 cm 左右，使喷雾颗粒落下，以禽体表微湿为宜。雾粒大小应为 80 ~ 120 μm，不要小于 50 μm。雾粒过大，易造成喷雾不均匀和禽舍太潮湿，且在空中下降速度太快，与空气中的病原微生物、尘埃接触不充分，起不到消毒空气的作用。雾粒太小，则易被家禽吸入肺泡，诱发呼吸道疾病。

注意事项：首次带禽消毒的日龄，鸡、鸭不得低于 8 d，鹅不得低于 10 d，以后根据家禽的健康状况而定。带禽消毒的次数，一般雏禽 7 d/次，育成禽 10 d/次，成禽 15 d/次，禽场发生疫病时 1 d/次，禽舍清除粪便后进行 1 次。禽群接种疫苗前后 3 d 内停止喷雾消毒。消毒时间最好安排在傍晚或暗光下、禽群休息或安静时进行，特别是平养的禽群，以免在消毒时，造成禽群惊吓，引起飞扑、骚乱而使舍内的灰尘增加、出现拥挤等现象，严重者会造成生产力下降，甚至死亡。炎热夏季，消毒时间可选在一天中最热的时间，以便消毒的同时也起到防暑降温的作用。消毒后要进行通风换气。不同的消毒剂联合使用时可能出现相互干扰的现象。酸性和碱性消毒剂不能同时应用，以免发生中和，也不能错误配伍消毒剂，药物失效，有的甚至引起禽群中毒造成较大损失。

③设备用具消毒　先搬出禽舍彻底冲刷干净，再用 4%来苏儿溶液或 0.1%新洁尔灭溶液浸泡或喷洒消毒，并在熏蒸禽舍前送回禽舍内进行熏蒸。免疫用的注射器、针头及相关器材每次使用前后都须煮沸消毒。化验用的器具和物品等每次使用后都应消毒。水槽、食槽应每天清洗、消毒。有些设备如蛋箱、运输用禽笼等因传染病源的危险发生大，应在运回饲养场前进行消毒，或在场外严格消毒。

④场区环境消毒　在生产区出入口设置喷雾装置，喷雾消毒药可采用 0.1%新洁尔灭

溶液或 0.2%过氧乙酸溶液。生产区大门口和禽舍的门前设有消毒池，消毒液要定期更换，也可用草席及麻袋等浸湿药液后置于禽舍进出口处。禽舍周围、生产区道路可用 3%~5%氢氧化钠溶液喷洒消毒，每周 1~2 次。禽场周围及场内的污水池、排粪坑和下水道出口等，每月用漂白粉撒布消毒 1~2 次。定期清除杂草、垃圾，做好灭鼠和杀虫工作，保持良好环境卫生。当禽群周转、禽群淘汰和禽场周围有疫情时，要加强对场区环境的消毒。有条件的禽场最好每年将环境中的表层土壤翻新 1 次，减少环境中的有机物，以利于环境消毒。

⑤人员、车辆消毒 养禽场一般谢绝外人参观，必须进入时，需经批准后进行严格的消毒。所有人员进入禽场生产区或禽舍，须按以下程序消毒进场：脱衣—洗澡—更衣换鞋—进场工作。场内技术人员很容易成为传播疾病的媒介，应特别注意自身的消毒，每免疫完一批禽群用消毒药水洗手，工作服用消毒药水泡洗 10 min 后在阳光下暴晒消毒。

养禽场大门设车辆消毒池和脚踏消毒池，并经常保持有新鲜的消毒液。车轮胎必须从消毒液中驶过，消毒池应宽 2 m、长 4 m 以上，消毒液深度在 5 cm 以上，消毒池内常用 3%~5%来苏儿、10%~20%石灰乳或 3%氢氧化钠溶液等，定期更换，多种消毒药交替使用，不定期更换最新类型的消毒药，防止因长期使用一种消毒药而使细菌产生耐药性。消毒车体及其所载物品，选用不损伤车体涂漆和金属的消毒剂喷洒消毒，如 0.1%新洁尔灭。

⑥饮水消毒 其目的主要是控制大肠埃希菌等条件性致病菌，同时对控制饮水管中的细菌也非常重要。实践证明，饮水消毒对控制病毒和细菌性疾病极为有利，尤其是呼吸道疾病。

常用的饮水消毒法有两种，即物理消毒法和化学消毒法。物理消毒法是用煮沸的方法来杀灭水中的病原微生物，即饮用温开水。这种方法适用于用水量少的育雏阶段。化学消毒法就是在水中加入化学消毒剂消毒。目前，市售的很多消毒剂都可作饮水消毒之用，可按外包装上的使用说明进行配制。需要注意的是，家禽免疫接种的前后 2 d 内禁止使用化学消毒法，以免影响免疫效果。

家禽饮用水每 100 mL 样品中含有大肠埃希菌数不应超过 5 000 个。

⑦粪便和尸体的消毒

a. 粪便消毒：禽粪中往往含有各种病原体，特别是在患传染病期间，含有大量的病原体和寄生虫卵，如不进行消毒处理，直接作为农田肥料，往往成为传染源，因此，对禽粪必须进行严格消毒处理。常用的消毒方法有生物热消毒法和化学消毒法。

b. 尸体消毒：家禽尸体能很快地分解、腐败、散发恶臭，不但污染环境，还可能传播疾病，如果处理不当，会成为传染病的污染源，威胁家禽健康。合理而安全地处理病死禽，对于防止禽场传染病发生和维护公共卫生都有重大意义。

2. 禽病的诊断

1) 禽病临床诊断技术

禽病的发生是饲养管理不当、病原感染及环境条件改变等多种因素共同作用的结果，随着养禽场向规模化、集约化方向快速发展，兽医不仅需要进行疾病诊断，更需要为养殖场解决疾病防控、管理、环境及生产等一系列复杂问题。禽病具有发病初期不易被发现、暴发传染病后传播蔓延快、很多疾病具有类似症状等特点。因此，现代禽病诊断重点应关注群发性疾病。定期的检查和良好的记录是及时发现疾病、保障家禽健康的重要措施。禽病临床诊断技术主要包括问诊、临床检查和病理剖检等。

（1）问诊

问诊就是通过询问饲养管理人员了解家禽发病情况和经过。问诊的主要内容包括现病历、既往病史和饲养管理情况。

①现病历　现况调查主要包括以下几个方面。

a. 发病时间及经过：首先应了解最早病例出现的时间及病程，若发病急，短时间内出现大量病例，发病死亡率高，则可能是急性中毒性疾病或烈性传染病；反之，若病程长，新病例增加缓慢，发病死亡率低，则可能是慢性病或普通病。

b. 发病年龄：某些传染病具有明显的年龄特征，如雏鸡易发生传染性法氏囊病、鸡白痢、肾型传染性支气管炎等，雏鸭易患鸭病毒性肝炎、传染性浆膜炎，雏鹅易患小鹅瘟等。

c. 疾病的表现：即畜主所观察到的有关疾病的现象，如呼吸困难、发热、食欲不振或废绝、腹泻、神经症状等。此外，许多疾病可影响家禽的生长发育和产蛋性能，除了上述症状外，在问诊时还应注意询问家禽的生长发育及产蛋性能情况。

d. 疾病的经过：从最初发病到就诊时疾病表现的变化过程。例如，发病率、死亡率、临床症状的变化，是否有新的症状出现或原有某些症状已经消失，是否经过治疗，使用什么药物，效果如何。若用抗生素类药物治疗后症状减轻或迅速停止死亡，提示为细菌性疾病；若用抗生素药无作用，可能是病毒性疾病、中毒性疾病或营养代谢病。

e. 畜主估计到的原因：如饲喂不当、换料、转群、应激、拥挤、通风不良、圈舍温度过低或过高等。

f. 周边养殖场的发病情况调查：附近家禽场（户）是否有与本场相似的疫情，若有，可考虑空气传播性传染病，如新城疫、禽流感、鸡传染性支气管炎等。若禽场饲养有两种以上禽类，单一禽种发病，则提示为该禽种特有的传染病；若所有家禽都发病，则提示为家禽共患的传染病，如禽霍乱、禽流感等。

②既往病史　通过了解禽群过去发生过什么重大疫情，有无类似疾病发生，其经过及结果如何等情况，分析本次发病和过去所发疾病的关系。如本场过去曾发生过新城疫、鸭瘟、禽流感等传染病而未对圈舍进行彻底地消毒，家禽也未进行疫苗免疫接种的，可考虑旧病复发。

③饲养管理情况

a. 禽场历史及环境，养禽场的历史、地理位置（如与居民区及其他养殖场的距离）、圈舍的结构、布局（如禽舍、水源、排污设施等的布局）。

b. 家禽品种及引种情况，家禽的品种及来源往往与禽病的发生密切相关，如有许多垂直传播性传染病（如鸡白痢、禽脑脊髓炎、禽白血病、禽网状内皮组织增殖症等）的发生往往与种禽场污染有关。若新引进带菌、带病毒的家禽，未经隔离观察就与本场原有禽群混群饲养，常引起新的传染病暴发。通过引种情况调查可为疾病的诊断提供线索。

c. 饲养方式，如笼养、网养、平养、放养，圈舍微环境(如温度、湿度、通风、光照)调控设施及调控情况，水源状况，给水方式(水槽、罐式饮水器、乳头式饮水器)，饲料来源(如自行配制)，商品料、饲料性质(粉料、粒料)，以及是否有霉变、发热、结块等异常现象，饲喂方式(自由采食、限饲)等。

d. 管理措施，重点了解发病前后禽群的免疫情况，如疫苗种类、接种方法、疫苗的保质期、疫苗的保存情况等；了解养禽场的饲养密度、通风、光照、卫生消毒、塑料以及粪污的处理情况等。通过询问和调查，可获得许多有价值的资料。

(2)临床检查

①群体检查 安静而缓慢地进入家禽圈舍，在不打扰家禽正常活动的情况下，通过观察家禽的行为、精神、采食、饮水、运动及粪便，同时注意倾听家禽是否发出异常声音等，为临床诊断提供线索。

②个体检查 主要检查头面部、被毛、皮肤、关节、肛门。

(3)病理剖检

多种家禽的传染病都有特殊的剖检变化，对有代表性的病禽进行剖检是禽病诊断的重要手段。病禽的选择对诊断结果的正确与否影响重大，应选择临床症状明显且与禽群中症状类似的病禽，以濒死禽和死亡时间夏季不超过6 h冬季12 h的死禽为宜，剖检数量越多越好。

①家禽的处死方法

a. 颈椎脱臼：主要用于雏禽的处死。两只手分别握住禽头部和身体用力向两边拉伸，使颈椎脱臼致死。本方法的优点是被处死家禽痛苦少，较为人性化。其缺点是剖检过程中由于血管内大量血液涌出而污染切口，影响对病变的观察。

b. 颈动脉放血：左手心向上，虎口抵住翅根，握住家禽的两只翅膀，左手小指勾住家禽右侧跗关节，将家禽头部拉向背侧，同时用左手大拇指和中指牢牢固定住家禽颈部靠近下颌的皮肤，右手持尖头手术剪，首先刺破左侧颈部皮肤，待手术剪尖抵颈椎后改变剪刀方向，紧贴颈椎横向从颈静脉和颈动脉下穿过，将该部位的皮肤、神经、血管一并剪断，即可快速放血处死禽。注意不要剪断气管和食管，以免影响观察。

②家禽的病理剖检技术 将家禽尸体仰卧摆放，用力将两腿向两侧拉伸并向背侧按压，致股骨头脱臼。

a. 暴露皮下与肌肉：将靠近胸骨后缘腹部皮肤提起，沿腹中线向前、向后剪开(注意不要剪破腹壁)，用力向两边撕开皮肤，暴露颈、胸、腹、腿部皮下与肌肉，以及食道、气管和胸腺。

b. 内脏器官的暴露与取出：从胸骨后缘横向剪开腹壁，沿胸骨两侧向前剪断肋骨，用力将胸骨向上向前翻起并折断，再用剪刀横向剪断胸骨和胸部肌肉，向后剪开腹壁至泄殖腔，即可暴露整个胸腹腔内脏器官。

切断肝脏前端的血管、筋膜以及食道和腺胃交界处，轻轻牵引肝脏和肌胃，并扯断肠系膜及气囊，即可将肝脏、脾脏、肌胃与肠管等取出体外，体腔内仍留有心脏、肺脏、卵巢或睾丸、肾脏等，更易于观察。用手术刀或剪刀从肺脏边缘小心切开两侧的肺胸膜，用刀柄轻轻将肺脏与肋骨剥离，即可将肺脏完整取出。

剪断系带，即可将卵巢或睾丸取出。用剪刀轻轻剥离包膜，用手术刀柄轻柔地将镶嵌于腰椎和尾椎骨两侧的肾脏撬出，以便进行进一步检查。将直肠轻轻向后牵拉，暴露出位于直肠背侧和尾椎夹角中的法氏囊，轻轻剥离法氏囊，将其与泄殖腔相连部位切断，即可取出法氏囊。

c. 开颅：用剪刀从大脑和小脑交界处横向剪开颅骨，沿颅骨正中线向前剪开颅顶骨，从大脑和小脑交界处用剪刀向左右两侧轻轻撬开并剪除颅顶骨，逐步暴露整个大脑和小脑。实践证明，这种方法对脑组织的破坏小，能较为完整地取出脑组织。老龄家禽头骨坚硬，应改用骨剪从枕骨大孔开始向两侧沿颅腔边缘剪开。

d. 组织器官的检查：剖检过程中，应注意仔细观察各脏器位置、形状、大小、色泽是否有改变，是否有淤血、出血、坏死等病变。注意观察脏器浆膜面，特别是气囊壁是否有炎性渗出物和粘连等病变。

对实质器官，除观察其外观变化，还应用手触碰或按压，以感知其质地是否有改变，如质脆易碎、实变如橡皮样变、坏死致弹性降低或丧失等；此外，还应用手术刀或剪刀切开观察，切面外翻说明实质器官肿大，同时注意观察脏器是否出现病变，如坏死、增生、实变等。

对中空管脏，如气管、食道、肠管等，应选择适当部位(有显著病变部位)切开，观察管腔内容物的多寡与性质、肠壁是否有病变等。

2) 禽病实验室诊断技术

及时、准确地诊断是有效防治疾病的前提。我国家禽传染病现阶段的特点是种类多、新病不断出现、多病原混合感染日趋严重、非典型病例不断增加等，给疾病的诊断增加了难度。因此，多数传染病的诊断必须借助实验室诊断才能确诊。

(1) 病料的采集、保存及运送

由于疾病种类繁多，病因比较复杂，因此，针对不同的疾病需采集不同的病料进行检测。采集病料时，应选择症状典型、刚刚死亡或濒临死亡的病禽。最好采集 3~5 只及以上病禽的病料，也可以选择处于疾病不同发展阶段的病禽采集病料。不同检测技术对病料的采集及保存的要求不同。

(2) 病原分离培养及鉴定

从临床病料中分离鉴定病原是确诊禽病的最重要的手段，主要包括细菌分离鉴定、病毒分离鉴定及寄生虫检测和鉴定等。

(3) 血清学诊断技术

血清学诊断技术是家禽传染病实验室诊断的重要手段，主要包括血凝及血凝抑制试验、凝集试验、琼脂免疫扩散试验、酶联免疫吸附试验、荧光抗体技术和免疫胶体金技术等。

(4) PCR 诊断技术

PCR 是一种模拟体内 DNA 复制的方式，在体外特异性地将 DNA 某个特殊区域大量扩增出来。与传统的检测方法相比，PCR 诊断技术具有快速、准确和灵敏度高等优点，可以在几小时内对样本中微量的病原核酸进行检测，从而在禽病诊断中获得广泛应用。此外，利用针对不同病原的特异性引物建立的多重 PCR 诊断技术能同时进行不同病原的检测，适合对多种病原混合感染的快速诊断。

任务实施

禽场消毒

【材料用具】

氢氧化钠、来苏儿、高锰酸钾、福尔马林溶液、喷雾消毒器或塑料喷壶、量筒、卷尺或直尺、报纸或包装纸、胶水、天平或台秤、量杯、盆、桶、缸等用具、清扫及洗刷用具、橡胶长靴等。

【实施步骤】

（1）操作人员入场消毒

操作人员进入生产区更换工作服、换鞋，喷洒消毒液、洗手后，方可进入禽舍。禽场每周消毒 1~2 次，如图 6-1~图 6-3 所示。

图 6-1　大门消毒池　　　　图 6-2　鸡舍门前消毒池　　　　图 6-3　场地消毒

（2）空禽舍喷洒消毒

①禽舍排空　将所有家禽全部清转，饲养用具移出舍外浸泡消毒。

②机械清扫　禽舍排空后，清除饮水器、饲槽的残留物。对风扇、通风口、天花板、横梁、吊架、墙壁等进行彻底清扫，最后清除垫料和禽粪。清除的粪便、垃圾集中处理。为了防止尘土飞扬，清扫前可先用清水或消毒液喷洒。

③冲洗　经清扫后，用高压水枪冲洗墙壁、地面，最好使用热水，并在水中加入清洁剂或表面活性剂。对较脏的地方可事先进行人工刮除，洗净时按照从上到下、从里到外的顺序进行，做到不留死角。

④禽舍检修维护　经彻底洗净后，对禽舍、用具进行检修维护。

⑤计算消毒面积　计算消毒液用量，一般以 1 000 mL/m² 计算，根据消毒液的浓度和消毒面积即可计算出消毒液用量，通常使用 2%~4% 的氢氧化钠作消毒剂配制消毒液。

⑥实施消毒　消毒时先由进门处开始，对天花板、墙壁、笼具、地面按顺序均匀喷洒，最后进行门口消毒。消毒物体的表面要全部喷湿而不积水。喷洒完毕后，关闭门窗处理 6~12 h，再打开门窗通风，用清水洗刷笼具、饲槽和水槽等，将消毒药味除去。

（3）空禽舍熏蒸消毒

①密闭禽舍　空禽舍喷洒消毒后，关闭门窗、换气孔等，将与外界相通的地方用报纸糊好，不能漏气。

②测量鸡舍长、宽、高，计算消毒空间的体积；计算消毒剂的用量，根据禽舍空间，按福尔马林溶液 28 mL/m³、高锰酸钾 14 g/m³、水 14 mL/m³ 的标准计算用量。

③实施消毒　将清洗干净的饲养设备等搬进禽舍，将禽舍内的管理用具、工作服等适当打开，开启箱子和柜橱的门。按禽舍空间大小放置一个或数个陶瓷容器（或金属容器），先将称好的高锰酸钾放入器皿中，然后沿容器壁倒入福尔马林溶液（加水稀释），此时，混合液自动沸腾，经几秒钟即见有浅蓝色刺激眼鼻的气体蒸发出来，操作人员迅速离开禽舍，将门关闭。经过 12~24 h 后，将门窗打开通风。

为了提高消毒效果，通常在熏蒸消毒前使用表面活性剂类或酚类等消毒剂先进行 1 次喷洒消毒。

（4）带禽消毒

首先关闭门窗，使用高压喷雾器或背负式手摇喷雾器，将消毒液均匀喷到墙壁、屋顶和地面，一般喷雾量以约 15 mL/m³ 计算。

消毒时宜在傍晚或暗光下进行，且喷雾的动作要缓慢，防止惊吓禽群。消毒后要进行通风换气。带鸡消毒方法如图 6-4、图 6-5 所示。

图 6-4　笼养舍带鸡消毒

图 6-5　平养舍带鸡消毒

（5）消毒质量检查

①地面、墙壁和顶棚消毒效果的检查　用灭菌棉拭子蘸取灭菌生理盐水分别对禽舍地面、墙壁、顶棚进行未经任何处理前和消毒后 2 次采样，采样点为至少 5 块相等面积（3 cm×3 cm）。用高压灭菌过的棉棒蘸取含有中和剂的缓冲液，在采样点内轻轻滚动涂抹，然后将棉棒放在生理盐水管中。振荡后将洗液样品接种在普通琼脂培养基上，置 37℃ 恒温箱培养 18~24 h 后进行菌落计数。

②空气消毒效果检查　将制备好的普通琼脂平板于空气消毒前和消毒后分别放在室内的四角和中央，相当于鸡呼吸道的高度，暴露采样 15 min，然后置于温箱中培养，观察结果。对消毒前后各 5 个平板进行细菌计数，分别求出每个平板菌落的均数，然后计算出杀灭率。

【考核评价】

（1）个人考核（占 50%）

根据表 6-1 所列内容，对学生的实训情况进行考核。

表 6-1　个人考核内容及标准

序号	考核项目	评分标准	分值	考核方法	考核得分	熟练程度
1	人员入场消毒	紫外线照射、喷洒消毒液、洗手	10	单人操作考核		>90 分为熟练掌握；70~90 分为基本掌握；<70 分为没有掌握
		更换工作服、换鞋	10			
2	消毒液的配制	选择适当的消毒药品	10			
		按规范操作进行配制	10			
3	禽舍消毒	清扫彻底、认真	10			
		冲洗和刮除认真、干净	10			
		禽舍空间容积计算准确，福尔马林和高锰酸钾计算用量准确	10			
		禽舍密封符合要求	10			
		整个操作过程安全、正确，态度认真、端正	10			
4	消毒质量检查	检查方法正确，检查结果正确	10			
		合计	100			

（2）团队考核（占 30%）

参照表 1-2 进行考核。

（3）综合评价（占 20%）

参照表 1-3 进行综合评价。

家禽免疫接种

【材料用具】

雏鸡、新城疫弱毒冻干苗、油乳剂灭火苗、鸡痘苗、马立克病 HIV 冻干苗、稀释液（或生理盐水）、连续注射器、玻璃注射器、针头、胶头滴管、刺种针或蘸水笔、消毒盒（煮沸消毒锅）、脱脂奶粉、喷雾器、水桶、雏鸡、育成鸡等。

【实施步骤】

（1）疫苗的保存、运送和用前检查

①疫苗的保存　各种疫苗均应保存在低温、阴暗、干燥的场所。灭活苗及油乳剂灭活苗等应保存在 2~15℃，防止冻结。弱毒活苗应在 0℃以下冻结保存。

②疫苗的运送　要求包装完善，防止碰坏疫苗瓶和散播活的弱毒病原体。运送途中避免日光直射和高温，防止反复冻融，并尽快送到保存地点或预防接种的场所。弱毒疫苗应使用冷藏箱或冷藏车运送，以免其效价降低或丧失。

③疫苗用前检查　各种疫苗在使用前，均需进行外观检查，观察疫苗瓶的完好程度、瓶内真空度、有无变质等现象。检查疫苗瓶签和疫苗使用说明书。登记疫苗名称、规格、

有效期、批号、生产厂家。凡是过期、无真空度的，无瓶签、瓶签残缺不全或字迹模糊不清，瓶塞松动或瓶壁破裂，疫苗变色、有异物、异味、发霉、出现不应有的沉淀，灭活苗油水分离、未按规定方法保存和运输的，均不可使用。经过检查，确实不能使用的疫苗，应立即废弃，不能与可用的疫苗混放在一起。废弃的弱毒疫苗应煮沸消毒或予以深埋。疫苗如图6-6、图6-7所示。

（2）疫苗的稀释方法

按疫苗瓶签或疫苗使用说明书，用灭菌生理盐水或冷开水稀释疫苗（图6-8），疫苗稀释后应立即接种。

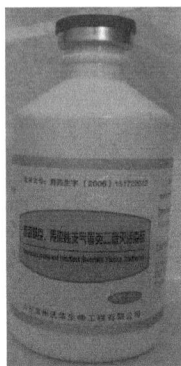

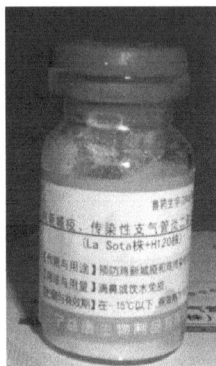

图6-6　灭活疫苗　　　图6-7　冻干疫苗　　　图6-8　稀释疫苗

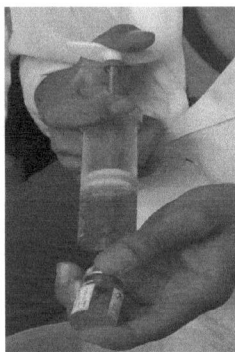

（3）疫苗接种的方法

①点眼、滴鼻法　应先对点眼、滴鼻的滴管进行计量校正，以保证免疫剂量。操作时一只手握鸡，并用食指堵住下侧鼻孔，另一只手用滴管吸取疫苗滴入上侧鼻孔或眼睑内，待雏鸡将疫苗吸入后，方可放回笼内，如图6-9所示。

②皮肤刺种法　展开鸡的翅膀内侧，暴露三角区皮肤，避开血管，用刺种针或蘸水笔尖蘸取疫苗刺入皮下，如图6-10所示。

③注射法　分颈背部皮下注射和肌肉注射。颈背部皮下注射（图6-11）时，用食指和拇指将雏鸡颈背部皮肤捏起，由两指间进针，针头朝向后下方，与颈椎基本平行，插入深度

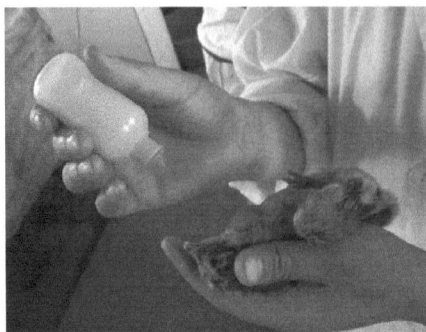

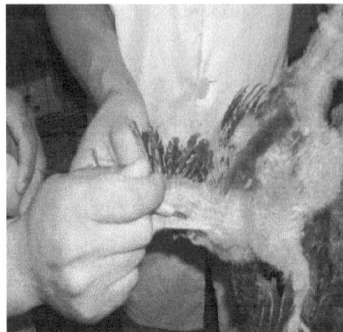

图6-9　点眼、滴鼻　　　　　　图6-10　皮肤刺种

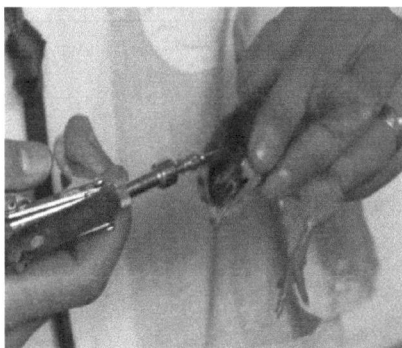

図 6-11　颈背部皮下注射

图 6-12　肌肉注射

雏鸡为 0.5~1 mL，成鸡 1~2 mL。肌肉注射（图 6-12）时，可选择胸肌发达部位或外侧腿肌，胸肌注射时应斜向前入针，防止刺入胸、腹腔引起死亡。

④饮水免疫法　应按鸡只数量和饮水量准确计算需用的疫苗剂量和稀释疫苗的用水量，疫苗用量一般加倍，用水量掌握在 2 h 内能饮完，一般 20~30 日龄雏鸡 15~20 mL，成鸡 30~40 mL；免疫前饮水器要清洗干净，无消毒剂残留，数量要充足，保证 2/3 以上的鸡能同时饮到水；免疫前应停水 2~4 h（视气温情况）；应当用冷的洁净清水稀释疫苗，最好加入 0.15%脱脂奶粉作保护剂；疫苗一经开瓶稀释，应迅速饮喂；免疫前后 24 h 内不得饮用高锰酸钾水或其他含有消毒剂的水。

⑤气雾免疫法　适合于 60 日龄以上的鸡。疫苗用量一般加倍或增加 1/3 的剂量。每 1 000 羽份疫苗加蒸馏水或去离子水 250 mL 进行稀释（最好加入 0.15%脱脂奶粉），喷雾时气雾粒子直径以 30~50 μm 为好，喷雾 5~10 min。气雾免疫时关闭鸡舍门窗和风机，停止舍内外气体交换。喷雾枪距离鸡头上方约 50 cm，使鸡周围形成一个局部雾化区。疫苗喷完后，应停留 20~30 min 方可打开门窗通风换气。一般宜安排在早晨或夜间进行气雾免疫，避免直射阳光而影响疫苗活性，操作人员应注意自身防护。

（4）免疫接种的注意事项

免疫接种前要检查鸡群健康状况，对患病鸡和可疑感染鸡，暂不免疫接种，待康复后再根据实际情况决定补免时间。

接种疫苗后，应加强护理和观察，如发现严重反应甚至死亡，要及时查找原因，了解疫苗情况和使用方法。蛋禽或种禽开产后一般不宜再接种疫苗。注射器、针头、镊子等，经严格的消毒处理后备用。

稀释好的疫苗瓶上应固定一个消毒过的针头，上盖消毒棉球。疫苗应随配随用，并在规定的时间内用完。一般气温 15~25℃，6 h 内用完；25℃以上，4 h 内用完；马立克病疫苗应在 2 h 内用完，过期不可使用。针筒排气溢出的疫苗，应吸附于酒精棉球上，用过的酒精棉球和吸入注射器内未用完的疫苗应集中销毁。稀释后的空疫苗瓶深埋或消毒后废弃。

【考核评价】

（1）个人考核（占 50%）

根据表 6-2 所列内容，对学生的实训情况进行考核。

表 6-2　个人考核内容及标准

序号	考核项目	评分标准	分值	考核方法	考核得分	熟练程度
1	疫苗的保存、运送和用前检查	疫苗的保存、运送方法正确	5	单人操作考核		>90 分为熟练掌握；70~90 分为基本掌握；<70 分为没有掌握
		疫苗的外观质量检验正确	5			
2	接种用具的准备	注射器、针头、镊子等按要求严格消毒	5			
		操作人员须准备工作服及胶鞋	5			
		根据实训要求准备相应的稀释液或生理盐水，并正确稀释疫苗	10			
3	免疫接种操作	皮下注射法：接种部位、针头选择、接种部位消毒、进针方法正确	10			
		肌肉注射法：接种部位、针头选择、接种部位消毒、进针方法正确	10			
		饮水免疫法：疫苗剂量的计算、稀释疫苗及操作过程正确	10			
		皮肤刺种法：刺种部位、刺种针选择及操作方法正确	10			
		点眼、滴鼻法：疫苗选择、点眼与滴鼻工具的计量校正正确、操作方法正确	10			
		气雾免疫法：免疫时间正确、稀释疫苗正确、操作方法正确	10			
4	现场清理	针筒排气溢出的疫苗、未用完的疫苗及稀释后的空疫苗瓶的处理	5			
		免疫接种用过的所有用具的消毒处理	5			
	合计		100			

（2）团队考核（占 30%）

参照表 1-2 进行考核。

（3）综合评价（占 20%）

参照表 1-3 进行综合评价。

任务 6-2　家禽常见传染病防控

任务描述

掌握禽流感、新城疫、传染性支气管炎、传染性喉气管炎、禽痘、传染性法氏囊病、马立克病、鸭瘟、鸭病毒性肝炎和小鹅瘟等病的病原、流行病学特点、临床症状、病理变化及防控措施；学会科学、合理地制订禽场免疫接种程序，降低这些病毒病对养禽业的危害，提高家禽养殖户的经济效益。

知识准备

1. 家禽常见病毒性传染病防控

1）禽流感

禽流感全称禽流行性感冒（avian influenza, AI）是由 A 型流感病毒（avian influenza virus, AIV）引起禽以及人和多种动物共患的高度接触性传染病，世界动物卫生组织将其列为 A 类疫病，我国将其列为一类动物疫病。其主要特征为病禽从呼吸系统到严重的全身败血性症状，又称真性鸡瘟、欧洲鸡瘟。

（1）病原

禽流感的病原为禽流感病毒，属于正黏病毒科流感病毒属的 A 型流感病毒。病毒粒子直径 80~120 nm，平均为 100 nm，呈球形、杆状或长丝状。核衣壳呈螺旋状对称，外有囊膜，其上有两种纤突，一种是血凝素（HA），另一种是神经氨酸酶（NA）。A 型流感病毒的 HA 和 NA 容易变异，已知 HA 有 16 个亚型（H1~H16），NA 有 10 个亚型（N1~N10），它们之间的不同组成使 A 型流感病毒有许多亚型，各亚型之间无交叉免疫力。

根据 A 型流感各亚型毒株对禽类致病力的不同，将禽流感病毒分为高致病性病毒株、低致病性病毒株和不致病病毒株。历史上的高致病性禽流感病毒主要是由 H5 和 H7 亚型引起的。

禽流感病毒具有血凝性，在 4~20℃ 可凝集人、猴、豚鼠、犬、貂、大鼠、蛙、鸡和禽类的红细胞，这是病毒的 HA 蛋白与红细胞表面的糖蛋白受体相结合的结果，但这种凝集可由病毒的 NA 蛋白对红细胞受体的破坏而解除。

病毒不耐热，60℃ 20 min 可灭活，对低温和干燥的抵抗力强，不耐酸和乙醚，对紫外线、甲醛很敏感，一般消毒剂均可杀灭。

（2）流行病学

禽流感在家禽中以鸡和火鸡的易感性最高，其次是珍珠鸡、野鸡和孔雀，鸭、鹅、鸽、鹌鹑也能感染。自然界的鸟类带毒最为常见，水禽带毒最为普遍，从鸭（包括野鸭）分离到的流感病毒比其他任何禽类都多，国内外发生禽流感流行病学调查时发现，候鸟迁徙带毒引发禽流感最为常见。

禽流感病毒主要通过水平传播，即通过易感禽与病禽的直接接触或病毒污染物的间接接触，如被污染的饮水、飞沫、饲料、设备、物资、笼具、衣物和运输车辆等，从国内外发生高致病性禽流感看，粪-口传播是主要的传播途径，车辆污染粪便带毒可造成大面积传播。在自然传播中，通过呼吸道、消化道、眼结膜及损伤皮肤等途径都有可能感染。目前，尚不能完全排除垂直传播的可能性，所以污染鸡群的蛋不能用作种蛋。

本病一年四季均能发生，但冬春季多发，夏秋季零星发生。

（3）临床症状

急性型多见于高致病性禽流感引起的病例，潜伏期几小时到数天，发病急剧，发病率和死亡例均高，传播范围一般较小，常突然暴发，无明显症状而迅速死亡。死亡率可达90%~100%。目前，急性型为世界上常见的一种病型。病禽表现为突然发病，体温升高，可达42℃以上。精神沉郁，采食量急剧下降，食欲废绝，肿头，眼睑周围浮肿，肉冠和肉垂肿胀、出血甚至坏死，鸡冠发紫。眼分泌物增多，眼结膜潮红、水肿，羽毛蓬松无光泽，体温升高；下痢，粪便黄绿色并带多量的黏液或血液；病禽呼吸困难、咳嗽、打喷嚏、张口呼吸；产蛋率急剧下降或几乎完全停止，蛋壳变薄、褪色、无壳蛋、畸形蛋增多，受精率和受精蛋的孵化率明显下降；鸡脚鳞片下呈紫红色或紫黑色，小腿肿胀；有的鸡有神经症状。在发病后的 5 ~ 7 d 死亡率几乎达到 100%。

亚急性型或低毒力型的病例潜伏期稍长，发病较缓和，发病率和死亡率较低，持续时间长。两种病型主要侵害产蛋鸡，一旦发病，疫情难以控制，疫区难以根除。病鸡采食量减少，饮水量增加；从鼻腔流出分泌物，鼻窦肿胀，眼结膜发炎，流出分泌物；头部肿胀，鸡冠、肉髯淤血，变厚，触之有热痛，腿部鳞片出血；呼吸道症状明显，但程度不一；产蛋量下降 20%~30%。

慢性型病势缓和，病程长，一般症状不明显，仅表现轻微的呼吸道症状，产蛋量下降10%左右。

（4）病理变化

感染病毒株毒力的强弱、病程长短和鸡的品种不同而变化不一。

高致病性毒株引起的病变主要是肌肉、组织器官黏膜和浆膜以及脂肪的广泛出血。冠状脂肪、心外膜有出血点，心肌坏死，坏死的白色心肌纤维与正常的粉红色心肌纤维红白相间；腹部脂肪有出血点；胰腺有黄白色坏死斑点或周边出血；腺胃乳头出血，腺胃与肌胃交界处、腺胃与食道交界处、肌胃角质膜下、十二指肠黏膜出血；喉气管黏膜充血、出血；肺脏出血、淤血、水肿；盲肠扁桃体肿大及出血。

低致病性毒株引起的病例往往看不到明显的病变，表现为轻微的窦炎，窦中可见卡他性、纤维素性、黏液脓性或干酪性炎症；喉气管充血、出血，气管下段和支气管内有黄白色纤维素栓子堵塞；气囊炎，表现气囊壁增厚，并有纤维素性或干酪样渗出物附着；有时可见纤维素性心包炎，纤维素性腹膜炎或卵黄性腹膜炎；肠黏膜充血或轻度出血，胰腺有斑状灰黄色坏死点；产蛋鸡常见卵巢退化、出血和卵泡畸形、萎缩和破裂；输卵管黏膜充血水肿，内有白色黏稠纤维素渗出物，似蛋清样。

（5）诊断

①初步诊断　根据发病特点、典型症状和剖检特征可做出初步诊断，但确诊必须进行实验室检查。

②实验室诊断　一般应在感染初期或发病急性期从死禽或活禽采取病料。采取气管和支气管、心、肝、脾、胰、脑，以及直肠、泄殖腔和喉气管棉拭子等作为分离病毒的病料。将病料的离心上清液，接种于9~11日龄SPF鸡胚尿囊腔进行病毒分离培养。用已知抗血清做琼脂扩散试验和酶联免疫吸附试验，鉴定 A 型禽流感病毒的型特异性抗原，血凝和血凝抑制试验用于禽流感病毒的血凝素亚型的鉴定。

③鉴别诊断　应与鸡新城疫鉴别。

（6）防控措施

①做好常规的卫生防疫和免疫接种工作　加强平时的兽医卫生管理工作，建立严格的消毒制度；引进禽类和产品时，要从无禽流感的养殖场引进；加强禽流感的监测，做好集市、屠宰场等检疫；对种禽场定期进行血清学监测；在受威胁地区的禽施用疫苗预防接

种。目前，禽流感疫苗主要有基因工程疫苗和灭活疫苗。由于禽流感病毒的高度变异性，所以一般都限制弱毒疫苗的使用，以免弱毒在使用中变异而使毒力返强，形成新的高致病力毒株。现阶段广泛使用的是禽流感 H5 和 H9 油乳剂灭活疫苗，一般能获得较好的免疫效果。

②发病时的处理措施　一旦发现高致病性禽流感（H5）可疑病例，应立即向当地兽医部门报告，同时对发病鸡群（场）进行封锁和隔离；一旦确诊，立即在有关兽医部门指导下，划定疫点、疫区和受威胁区。严禁疫点内的禽类以及相关产品、人员、车辆以及其他物品运出，因特殊原因需要进出的必须经过严格的消毒；同时扑杀疫点内的一切禽类，扑杀的禽类以及相关产品，包括种苗、种蛋、菜蛋、动物粪便、饲料、垫料等，必须经深埋或焚烧等方法进行无害化处理；对疫点内的禽舍、养禽工具、运输工具、场地及周围环境实施严格的消毒和无害化处理。禁止疫区内的家禽及其产品的贸易和流动，设立临时消毒关卡对进出运输工具等进行严格消毒，对疫区内易感禽群进行监控，同时加强对受威胁区内禽类的监察。在对疫点内的禽类及相关产品进行无害化处理后，还要对疫点反复进行彻底消毒，彻底消毒后 21 d，如受威胁区内的禽类未发现有新的病例出现，即可解除封锁令。

（7）公共卫生

高致病性禽流感病毒 H5N1 亚型有感染人的报道，人感染后有体温升高、咽喉疼痛、肌肉酸痛、咳嗽和肺炎等症状。此外，自首次发现禽流感病毒至今已 200 余年，其间不时有人感染 H7、H5 和 H9 亚型禽流感的事件发生。最早有记载的是 1980 年美国一名患者感染了 H7N7 亚型禽流感病毒，2020 年该病又出现在了澳大利亚。1997 年和 1999 年我国相继报道了在香港地区出现了人感染 H5N1 和 H9N2 亚型禽流感的病例，这些均证实了禽流感病毒可以直接由禽传播给人类并且造成感染。21 世纪初，各国零星报道了新亚型 H5N6、H5N8、H7N2、H7N3、H7N9 和 H10N8 的出现，疫病时刻威胁着人民生命安全并不断挑战我国公共卫生安全体系的底线，其中 H5N1 亚型和 H7N9 亚型禽流感造成的感染病例最多，影响范围最广。据不完全统计，全球感染 H5N1 亚型禽流感的人数已超过 1000 例，但这历经了近 25 年。而 H7N9 亚型禽流感从发生至今共出现了 5 次暴发，人数迅速突破千人。第 1 波流行发生在 2013 年的 3 月，造成 135 人感染，死亡率约 34%。第 2 波流行发生在 2013 年 12 月至 2014 年 5 月，共有 320 人感染，致死率高达 43%。第 3 波流行发生在 2014 年 11 月至 2015 年 6 月，共有 226 人感染，致死率达 47%，第 4 波流行发生在 2015 年 12 月至 2016 年 8 月，共 117 人感染，致死率达 41%。第 5 波流行发生在 2016 年 12 月至 2017 年 6 月，共有 766 人感染，致死率达 38%。第 5 次暴发的病例数和死亡数几乎是前几次的总和，成为暴发最为迅速、传播最广泛、感染人数最多的一次。幸运的是，我国及时推出了用于预防 H5 和 H7 亚型 AI 的禽流感二价（H5+H7）灭活疫苗控制了疫情态势，这为禽流感的防控提供了宝贵的经验。

2）新城疫

新城疫（Newcastle disease，ND）又称亚洲鸡瘟、伪鸡瘟等，是由新城疫病毒引起的一种急性、高度接触性传染病，主要侵害鸡和火鸡，其他禽类和野禽也能感染，也能感染人。其典型特征为呼吸困难，下痢、神经紊乱、腺胃乳头出血和小肠中后段局灶性出血和坏死。虽然已经广泛接种疫苗预防，但该病目前仍是最主要和最危险的禽病之一，被我国列为二类动物疫病。

（1）病原

新城疫病毒（Newcastle disease virus，NDV）属 RNA 病毒中的单股负链病毒目副黏病毒科副黏病毒亚科腮腺炎病毒属的禽副黏病毒。它只有 1 个血清型，但不同毒株的毒力差异很大，根据对鸡的致病性，可将病毒株分为 3 型：速发型（强毒力型）、中发型（中等毒力型）和缓发型（低毒力型）。

病毒不耐热，在 60℃ 30 min 即被杀死。pH 3～10 时不被破坏，对低温有很强的抵抗力，在 -10℃ 可存活一年以上。病毒对消毒药的抵抗力较弱，常用的消毒药如 2% 氢氧化钠、5% 漂白粉、70% 乙醇 20 min 即可将其杀死。

（2）流行病学

本病的主要传染源是病鸡和带毒鸡，其次是其他鸟类（如鹦鹉、鸽、麻雀等）。

鸡、火鸡、珍珠鸡和野鸡对本病都有易感性，其中以鸡最易感，其次是野鸡。鸽、鹌鹑及观赏鸟有发病流行的报道。野禽和笼养鸟（鹦鹉）多为隐性感染。水禽类对该病毒有抵抗力，但可带病毒并传播该病。

本病的传播途径主要是呼吸道，其次是消化道，但不能经卵发生垂直传播。非易感的野禽、外寄生虫、人畜均可机械地传播病原。

人类感染新城疫病毒后，偶尔发生眼结膜炎、发热、头痛等不适症状。

新城疫不分鸡的品种、年龄，一年四季均可发生，在易感鸡群中迅速传播，呈毁灭性流行，在非免疫鸡群发病率和病死率可高达 90% 以上。

非典型新城疫多发生于免疫鸡群，以 30～40 日龄的雏鸡和产蛋高峰期的鸡发病较多，雏鸡或成鸡的发病率与病死率均不高。

（3）临床症状

①最急性型　多见于新城疫的暴发初期，鸡群无明显异常而突然出现急性死亡病例。

②急性型　最为常见，在突然死亡病例出现后几天，鸡群内病鸡明显增加。病鸡眼半闭或全闭，呈昏睡状，头颈蜷缩、尾翼下垂，废食，病初期体温升高（可达 43～44℃），饮水增加；但随着病情加重而废饮，冠和肉髯紫蓝色或紫黑色，嗉囊内充满硬结未消化的饲料或充满酸臭的液体，口角常有分泌物流出。呼吸困难，有啰音，张口伸颈，年龄越小越明显，同时发出怪叫声。下痢，粪便呈黄绿色，混有多量黏液，泄殖腔充血、出血。产蛋鸡产蛋量下降，蛋壳褪色或变成白色，软壳蛋、畸形蛋增多，种蛋受精率和孵化率明显下降。病鸡出现神经症状，以雏鸡多见，表现全身抽搐、扭颈，呈间歇性，有的瘫腿和翅麻痹。病程 2～5 d，1 月龄以内的鸡病程短，症状不明显，病死率高。

③亚急性型或慢性型　在经过急性期后仍存活的鸡，陆续出现神经症状，盲目前冲、后退、转圈，啄食不准确，头颈后仰望天或扭曲在背上方等，其中一部分鸡因采食不到饲料而逐渐衰竭死亡，但也有少数神经症状的鸡能存活并基本正常生长和增重。此型多见于流行后期的成年鸡，病死率较低。

非典型新城疫多见于免疫鸡群，特别是二免前后的鸡发病最多，但发病率和死亡率低于典型新城疫，仅表现为呼吸道症状和神经症状。

（4）病理变化

①典型新城疫　本病的主要病理变化是全身黏膜和浆膜出血，以消化道最为严重。典

型病变是腺胃乳头明显出血；小肠黏膜有紫红色的枣核状出血和坏死，病灶表面有黄色和灰绿色纤维素性假膜覆盖，假膜脱落后即成溃疡；喉、气管黏膜充血，出血，肺有时可见淤血、水肿；盲肠扁桃体常见肿大、出血和坏死；直肠黏膜常呈条纹状出血；脑膜充血或出血；肝和脾无明显变化。产蛋鸡卵泡和输卵管显著充血，卵泡膜极易破裂以致卵黄流入腹腔引起卵黄性腹膜炎。肝、脾、肾无明显的病变。

②非典型新城疫　大多可见到喉气管黏膜不同程度的充血、出血；输卵管充血、水肿；直肠黏膜、泄殖腔、盲肠、扁桃体多见出血，且回肠黏膜表面常有枣核样肿大突起。

（5）诊断

根据发病流行的特点、典型的症状（神经症状）和剖检变化可初步诊断为新城疫，但确诊要进行病毒分离培养，用已知抗血清做血凝和血凝抑制试验鉴定。

（6）防控措施

新城疫是危害严重的禽病，必须严格按国家有关法令和规定，对疫情进行严格处理，必须认真执行预防传染病的总体卫生防疫措施，以便减少暴发的危险，尤其是在每年的冬季，养鸡场均应采取严格的防范措施。

①做好鸡场的卫生管理　卫生管理主要是控制病原体侵入鸡群，鸡场要严格执行卫生防疫制度和措施；防止带毒鸡（包括鸟类）和污染物品进入鸡群；饲料来源要安全；不从疫区引进种蛋和雏鸡；新购进的鸡须接种新城疫疫苗，并隔离饲养 2 周以上，确实证明无病时，才能与健康鸡合群。

②严格执行消毒措施　鸡场应有完善的消毒设施，鸡场进出口应设消毒池。所有人员进入饲养区必须消毒，更换工作服和鞋帽。进入场区的车辆和用具也要消毒。鸡场可实行全进全出制度，进鸡前及全群鸡出栏后进行彻底消毒，平时鸡舍周围环境也应定期进行消毒和带毒鸡消毒。

③加强饲养管理　供给全价饲料，减少各种应激，做好其他疾病的预防。

④免疫接种　新城疫的预防除在做好鸡场的卫生管理和严格执行消毒措施基础上，科学有效的免疫接种是预防本病的关键。根据鸡场规模、饲养水平及新城疫在本地区的流行特点，制订合理的免疫程序。有条件的鸡场应进行鸡群免疫状态与抗体效价的检测，做到万无一失。

新城疫疫苗有活疫苗和灭活苗两类。活疫苗有Ⅰ系、Ⅱ系（B1 株）、Ⅳ系（LaSota 株）及克隆-30（Clone-30）等。Ⅰ系是一种中等毒力的活苗，用于经过弱毒力的疫苗免疫后的鸡或 2 月龄以上的鸡，多采用肌肉注射和刺种的方法接种。幼龄鸡使用后会引起较重的接种反应，甚至发病和排毒，国外有的国家禁止使用，所以最好不用。Ⅱ系、Ⅳ系、克隆-30 均为弱毒力的活疫苗，成鸡、雏鸡均可使用，多采用点眼、滴鼻、饮水和气雾等方法接种。克隆-30 是Ⅳ系经克隆化而制成的，毒力比Ⅳ系低，接种后的反应小，免疫原性高，适用于 1 日龄以上雏鸡的新城疫基础免疫。

灭活苗是采用 LaSota 株灭活后加入油佐剂制成的，经肌肉或皮下注射接种，成本较高，必须逐只注射。优点是安全可靠，容易保存，尤其是产生的保护性抗体水平很高，维持较长时间。灭活苗和活疫苗同时分别接种，活疫苗能促进对灭活苗的免疫反应。

⑤建立免疫监测制度　定期对鸡群抽样采血，用血凝抑制试验测定免疫鸡群 HI 抗体

效价。根据 HI 抗体水平确定首免和再次免疫时间是最科学的方法。一般认为，HI 抗体滴度在 1∶16 以上可保护鸡群免于发病死亡，低于 1∶8 要马上接种。但是规模化鸡场，应确保 HI 抗体滴度大于 1∶64。应注意的是有的地区出现产蛋期的鸡在高抗体（8log2 以上）发生新城疫引起产蛋下降，因而抗体监测也不是绝对安全的，特别是病毒在抗原性上的变异已引起研究者的关注，在高抗体发病的地区，用当地流行株制成灭活苗进行接种已被人们所接受。

⑥发病后的控制措施　按规定，怀疑为新城疫时，应及时报告当地兽医部门，确诊后立即由当地政府部门划定疫区，进行扑杀、封锁、隔离和消毒等严格的防疫措施。

首先，采取隔离封锁饲养，禁止人员、工具向健康鸡舍流动，用氢氧化钠进行病鸡舍路面及周围的消毒，立即对病鸡进行无害化处理，防止继续散毒。

其次，及时应用新城疫疫苗进行紧急接种，1 月龄以内的雏鸡用Ⅳ系疫苗，按常规剂量 2~4 倍滴鼻、点眼，同时注射油乳剂苗 1 羽份，对 2 月龄以上鸡用 2 倍量Ⅰ系疫苗肌肉注射，接种顺序为假定健康群→可疑群→病鸡群。每只鸡用一支针头，出现症状按病鸡处理，一般 5 d 左右即可使疫情平息。对于早期病鸡和可疑病鸡，用新城疫高免血清或卵黄抗体进行注射也能控制本病发展，待病情稳定后再用疫苗接种。在最后一只病鸡死亡或扑杀后 2 周，全场经大消毒后，方可解除封锁。

3）传染性支气管炎

传染性支气管炎（infectious bronchitis，IB）是鸡的一种急性、高度接触传染的病毒性呼吸道和泌尿生殖道疾病。其特征是咳嗽、喷嚏、气管啰音和呼吸道黏膜呈浆液性卡他性炎症，传播极其迅速。

（1）病原

传染性支气管炎的病原是传染性支气管炎病毒（infectious bronchitis virus，IBV），属于冠状病毒科冠状病毒属。IBV 多数呈圆形或椭圆形，直径约 120 nm，病毒粒子有囊膜，表面有长约 20 nm 的杆状纤突。

大多数病毒株在 56℃15 min 失去活力，在低温下能长期保存，冻干保存最少存活 24 年，病毒不能抵抗一般的消毒剂，如 1% 来苏儿、0.01% 高锰酸钾等能在 3 min 内将其杀死。

（2）流行病学

病鸡和带毒鸡是主要传染源，各种龄期的鸡均易感，但以雏鸡和产蛋鸡发病较多，尤其 40 日龄以内的雏鸡发病最为严重，死亡率也高。

传染性支气管炎属于高度接触性传染病，在鸡群中传播速度快（2 d 内可波及全场），潜伏期短（36 h），病鸡带毒时间长（康复后 49 d 仍可排毒）。发病率高，但死亡率根据病的类型和鸡的年龄差别大，呼吸型的 1 周龄内雏鸡死亡率可达 90% 以上，而成鸡只表现产蛋率下降很少死亡。

本病的主要传播方式是病鸡从呼吸道排毒，经空气中的飞沫和尘埃传给易感鸡。此外，本病也可从泄殖腔排毒，通过饲料、饮水等媒介，经消化道传染。

本病一年四季流行，但以冬春寒冷季节最为严重。过热、拥挤、温度过低、通风不良、饲料中的营养成分配比失当、缺乏维生素和矿物质及其他不良应激因素都会促进本病的发生。

（3）临床症状

①呼吸型　幼雏主要表现为鼻腔、喉头、气管、支气管内有浆液性、卡他性和干酪样（后期）分泌物。病鸡表现为伸颈、张口呼吸、咳嗽，有"咕噜"音，精神萎靡，食欲废绝、羽毛松乱、翅下垂、昏睡、怕冷，常拥挤在一起。产蛋鸡感染后产蛋量下降25%～50%，同时产软壳蛋、畸形蛋或沙壳蛋，蛋白稀薄如水样。

②肾型　主要发生于2～4周龄的肉鸡。最初表现短期（1～4 d）的轻微呼吸道症状，包括啰音、喷嚏、咳嗽等，但只有在夜间才较明显，因此常被忽视。中期病鸡表面康复，呼吸道症状消失，鸡群没有可见的异常表现。后期是受感染鸡群突然发病。病鸡挤堆、厌食、脱水、饮水增加，排白色稀便，粪便中几乎全是尿酸盐。病鸡因脱水而体重减轻、胸肌发绀，重者鸡冠、面部及全身皮肤颜色发暗。发病10～12 d达到死亡高峰，21 d后死亡停止，死亡率约30%。6周龄以上的鸡死亡率降低。

（4）病理变化

①呼吸型　主要病变见于气管、支气管、鼻腔、肺等呼吸器官。表现为气管环出血，管腔中有黄色或黑黄色栓塞物。幼雏鼻腔、鼻窦黏膜充血，鼻腔中有黏稠分泌物，肺脏水肿或出血。产蛋鸡则多表现为卵泡充血、出血、变形、破裂，甚至发生卵黄性腹膜炎。

患鸡输卵管发育受阻，变细、变短或成囊状。产蛋鸡的卵泡变形，甚至破裂。若在雏鸡阶段感染过传染性支气管炎，则成年后鸡的输卵管发育不全，管腔狭小或出现节段状。

②肾型　主要病变为肾脏苍白、肿大、小叶突出。肾小管和输尿管扩张，沉积大量尿酸盐，使整个肾脏外观呈斑驳的白色网线状，俗称"花斑肾"。白色尿酸盐不但弥散分布于肾表面，而且会沉积在其他组织器官表面，即出现内脏型"痛风"。有时还可见法氏囊黏膜充血、出血，囊腔内积有黄色胶冻状物；肠黏膜呈卡他性炎变化，全身皮肤和肌肉发绀，肌肉失水。

（5）诊断

根据典型症状和剖检变化可做出初步诊断，进一步确诊则有赖于病毒分离与鉴定及其他实验室诊断方法。

（6）防控措施

①加强饲养管理　降低饲养密度，避免鸡群拥挤，注意温度、相对湿度的变化，避免过冷、过热。加强通风，防止有害气体刺激呼吸道。合理配比饲料，防止维生素尤其是维生素A的缺乏，以增强机体的抵抗力。

②适时接种疫苗　在免疫方面，目前国内外普遍采用Massachusetts血清型的H120和H52弱毒疫苗来控制传染性支气管炎，这与该型毒株流行最广泛有关。H120弱毒疫苗的毒力较弱，主要用于免疫4周龄以内的雏鸡；H52弱毒疫苗毒力较强，只能用于1月龄以上的鸡。首免可在7～10日龄用传染性支气管炎H120弱毒疫苗点眼或滴鼻；二免可于30日龄用传染性支气管炎H52弱毒疫苗点眼或滴鼻；对蛋鸡和种鸡群还应于开产前接种1次传染性支气管炎油乳剂灭活疫苗。对于饲养周期长的鸡群最好每隔60～90 d用H52弱毒疫苗喷雾或饮水免疫。

③治疗　本病目前尚无特异性治疗方法，改善饲养管理条件，降低鸡群密度，饲料或

饮水中添加抗菌药物，控制大肠杆菌、支原体等病原的继发感染或混合感染具有一定的作用。对肾型传染性气管炎，发病后应降低饲料中蛋白的含量，并注意补充 K^+ 和 Na^+，具有一定的治疗作用。

4）传染性喉气管炎

传染性喉气管炎（infectious laryngotracheitis，ILT）是由传染性喉气管炎病毒引起鸡的一种急性接触性呼吸道传染病。其特征是呼吸困难、气喘、咳嗽，并咳出血样的分泌物，喉部气管黏膜肿胀、出血和糜烂、坏死及大面积出血。本病对养鸡业危害较大，传播快，已遍及世界许多养鸡国家和地区。

（1）病原

传染性喉气管炎病毒（ILTV）属于疱疹病毒科 α 型疱疹病毒亚科的禽疱疹病毒 1 型。该病毒虽只有一个血清型，但不同毒株的致病力不同，给本病的控制带来一定困难。病鸡的气管组织及其渗出物中含病毒最多，用病料接种 9~12 日龄鸡胚绒尿膜，经 4~5 d 后可引起鸡胚死亡，在绒尿膜上可形成斑块状病灶。

本病毒对外界环境的抵抗力较弱，加热 55℃ 存活 10~15 min，37℃ 存活 22~24 h，生理盐水中的病毒在室温下 90 min 可灭活，煮沸立即死亡。兽医上常用的消毒药（如 3% 来苏儿、1% 氢氧化钠溶液、3% 过氧乙酸等）在较短时间内可将其杀死，甲醛等消毒药也有效果。

（2）流行病学

本病主要侵害鸡，各种年龄的鸡均可感染，但以育成鸡和成年鸡多发，症状也最为典型。病鸡和康复后带毒鸡是主要传染源，康复鸡可带毒 2 年。病鸡通过呼吸道排出病毒，健康鸡经上呼吸道及眼结膜感染。病毒感染后可长期存在于喉头、气管黏膜上皮细胞中，并成为新流行的传染源。目前，还没有 ILTV 能垂直传播的证据。

本病在易感鸡群中传播速度较快，短期内可波及全群。感染率高达 90%~100%。该病的死亡率一般急性型可达 5%~10%，慢性或温和型死亡率一般低于 5%。产蛋鸡群感染后，其产蛋下降可达 35% 或更高。本病一年四季均可发生，尤以秋后冬初季节多见，饲养管理不好可诱发本病。

（3）临床症状

本病潜伏期的长短与 ILTV 毒株的毒力有关，自然感染的潜伏期为 6~12 d，人工气管内接种时为 2~4 d。突然发病和迅速传播是本病发生的特点。

发病初期，常有数只鸡突然死亡。病初有鼻液，呈半透明状，伴有结膜炎。其后表现为特征的呼吸道症状，即呼吸时发生湿性啰音、咳嗽、有喘鸣音。严重病例，张口呼吸、高度呼吸困难，头颈部突然上伸，并咳出带血的分泌物。若分泌物不能咳出而堵住气管时，可引起窒息死亡。病鸡体温升高至 43℃ 左右，精神高度沉郁，食欲减退或废绝，鸡冠发紫，有时还排出绿色粪便，最后衰竭死亡。产蛋鸡的产蛋量迅速减少（可达 35%），康复后 1~2 个月才能恢复。

有些毒力较弱的毒株流行较缓和，症状较轻，有结膜炎、眶下窦炎。病程较长，长的可达 1 个月。死亡率一般较低，大部分病鸡可以耐过。

（4）病理变化

主要病变在喉部和气管。轻者喉头和器官呈卡他性炎症，黏膜充血肿胀，有黏液，进而黏膜发生出血、变性和坏死，气管中含有带血黏液或血凝块，气管管腔变窄，环状出血，病程稍长者，有黄白色纤维素性假膜或黄色干酪样物，并在该处形成栓塞，易于剥离。重者炎症可扩散到支气管、肺、气囊或眶下窦。内脏器官无特征性病变。

（5）诊断

根据流行病学、症状和病理变化，可做出初步诊断。在症状、病变不典型时，与传染性支气管炎、鸡支原体感染、禽流感等病不易区别，进一步确诊则需要病毒分离与鉴定及其他实验室诊断方法。

（6）防控措施

由于本病大多由带毒鸡所传染，因此易感鸡不能与康复鸡或接种疫苗的鸡养在一起。平时要注意环境卫生、消毒，鸡舍内氨气过浓时，易诱发本病，要改善鸡舍通风条件，降低鸡舍内有害气体的含量，执行全进全出的饲养制度，严防病鸡和带毒鸡的引入。常发生本病的鸡场，应用鸡传染性喉气管炎弱毒疫苗进行预防接种，这是预防本病的有效方法。首免在 28 日龄左右，二免在 70 日龄左右。免疫接种方法可采用点眼法。接种后 3~4 d 可发生轻度眼结膜反应，个别鸡只出现眼肿，甚至眼盲现象，可用每毫升含 1 000~2 000 IU 的庆大霉素或其他抗生素滴眼。为防止鸡发生眼结膜炎，稀释疫苗时每羽份加入青霉素、链霉素各 500 IU。疫苗的免疫期可达 0.5~1 年。

目前，发病鸡群尚无特异的治疗方法，但本病多是由于继发葡萄球菌感染而使病情加重，所以采用抗生素治疗可获得良好效果。对发病鸡群，病初期可用弱毒疫苗点眼，接种后 5~7 d 即可控制病情。耐过的康复鸡在一定时间内可带毒和排毒，因此需严格控制康复鸡与易感鸡群的接触，最好将病愈鸡只做淘汰处理。

5）鸡痘

鸡痘是由鸡痘病毒引起禽类的接触性传染病。主要特征是在无毛或少毛的皮肤上有痘疹，或在口腔、咽喉部黏膜上形成白色结节，故又称禽白喉。

（1）病原

鸡痘病毒属痘病毒科禽痘病毒属，是一种单分子线状双股 DNA 病毒，各种禽类痘病毒与哺乳动物痘病毒之间不能交叉感染和交叉免疫，且各种禽痘病毒之间在抗原性上极近似，均具有血细胞凝集性。

痘病毒存在于鸡患部、皮屑、粪便及咳出的飞沫中，对外界环境的抵抗力很强，特别是对干燥的耐受力更强，在干燥的痂皮中能存活 6~8 周，但对热、直射阳光、酸、碱较敏感。一般消毒药 1%氢氧化钠、1%乙酸 5~10 min 可将其杀死。

（2）流行病学

鸡对本病最易感，以雏鸡和青年鸡最为严重，雏鸡死淘率高。成年鸡感染可引起产蛋率下降。

本病的传染源主要是病鸡。传染媒介是吸血昆虫，主要是蚊子和体表寄生虫。传播途径主要是通过皮肤、黏膜的伤口接触传染或经蚊虫叮咬传染。

本病一年四季均可发生，以秋季和蚊子活跃的季节最易流行。夏秋季发生皮肤型的较多，冬季发生白喉型的较多。肉用仔鸡夏季也常发生本病。鸡舍通风不良、阴暗、潮湿、维生素缺乏、体表寄生虫等可使病情加重；如继发和并发其他疾病，可使病死率增高；特别是继发葡萄球菌感染时可造成大批死亡。

（3）临床症状

鸡痘的潜伏期4~50 d，根据病鸡的症状和病变，可以分为皮肤型、黏膜型和混合型3种病型，偶有败血症。

①皮肤型　病鸡精神不振，产蛋率下降，在身体无毛或毛稀少的部分，特别是在鸡冠、肉髯、眼睑和喙角，也可出现于泄殖腔的周围、翅膀内侧发生灰色或黄灰色的疱疹，进而增大，呈干硬结节。一般无全身症状，但有的幼雏和中雏病情较严重，出现不食、体重减轻等症状，个别可发生死亡。蛋鸡可发生产蛋减少或不产蛋。

②黏膜型　又称白喉型，幼雏和中雏发生较多，病死率可达50%左右。病鸡主要在口腔、咽喉和眼等黏膜表面，气管黏膜出现淡黄色斑点状丘疹。随病情发展相互融合成白喉样伪膜，伪膜伸入喉部可引起呼吸困难，最后窒息而死。

③混合型　在皮肤上和口腔黏膜上均有痘疹结节或假膜、结痂等病变。病情较严重，死亡率高。

（4）病理变化

与临床相似，口腔黏膜病可延至气管、食道和肠，肠黏膜可出现小点状出血，肝、脾、肾肿大，心肌有时呈实质变性。

（5）诊断

根据流行病学、临床症状和病理变化，特别是在少毛或无毛处或黏膜上发生特殊的丘疹、假膜、结痂可做出诊断。但黏膜型鸡痘需与传染性喉气管炎进行鉴别，一般情况下，黏膜型鸡痘发病的同时多在鸡群中可发现皮肤型鸡痘。要确诊，通过琼脂扩散试验、血凝试验、免疫荧光法、ELISA及病毒中和试验等实验室诊断。

（6）防控措施

要做好卫生防疫工作，新引进的鸡要隔离，观察20 d以上，检验无病时方可合群。应注意消灭鸡舍内蚊子、体外寄生虫等。预防本病的最好方法是免疫接种，用鸡痘鹌鹑化弱毒苗或鸡痘鹌鹑化弱毒细胞苗采用鸡痘刺种针（或无菌钢笔尖）蘸取稀释的疫苗，于鸡翅内侧无血管处皮下刺种。鸡群于接种后7~10 d应检查是否种上，种上的鸡在接种后3~4 d刺种部位出现红肿，随后产生结节并结痂，2~3周痂块脱落。免疫期雏鸡2个月，成鸡5个月。

发病时立即隔离、彻底消毒。死禽深埋或焚烧，病重者淘汰，轻者抓紧治疗，康复鸡在2个月后方可合群。

目前，本病无特效治疗药物，主要采取对症治疗。在刚出现病鸡时，可紧急刺种疫苗。皮肤上的痘痂，一般不做治疗，必要时可用清洁镊子小心剥离，伤口涂碘酒、红汞或紫药水。对白喉型鸡痘，应用镊子剥掉口腔黏膜的假膜，用1%高锰酸钾冲洗后，再用碘甘油或氯霉素、鱼肝油涂擦。病鸡眼部如果发生肿胀，眼球尚未发生损坏，可将眼部蓄积的干酪样物排出，然后用2%硼酸溶液或1%高锰酸钾冲洗干净，再滴入5%蛋白银溶液。剥下的痂膜、痘痂或干酪样物都应烧掉，严禁乱丢，以防散毒。

6) 传染性法氏囊病

传染性法氏囊病(infectious bursal disease，IBD)是由传染性法氏囊炎病毒引起的鸡的一种急性高度接触性免疫抑制性传染病。主要症状为腹泻、寒战、极度虚弱、法氏囊、腿肌和胸肌、腺胃和肌胃交界处出血。

(1)病原

传染性法氏囊炎病毒(IBDV)属双 RNA 病毒科禽双 RNA 病毒属。病毒无凝集红细胞特性。

目前，已知 IBDV 有 2 个血清型，即血清Ⅰ型(鸡源性毒株)和血清Ⅱ型(火鸡源性毒株)，两者在血清学上的相关性低于 10%，相互间的交叉保护力极差。

病毒在外界环境中极为稳定，特别耐热，60℃ 90 min 或 70℃ 30 min 才能将其灭活。耐干燥，在鸡舍中可存活 122 d。耐阳光及紫外线照射。来苏儿和新洁尔灭都不能将其杀灭，但对甲醛、过氧化氢、氯胺、复合碘胺类消毒药敏感。

(2)流行病学

本病一年四季均可发生，但以冬春季节较为严重。易感动物只有鸡，各品种的鸡都感染发病。主要发生于 2~15 周龄的鸡，3~6 周龄的鸡最易感，肉仔鸡比蛋鸡易感。成年鸡对本病有抵抗力。1~2 周龄的雏鸡发病较少。

病鸡和隐性感染鸡是本病的主要传染源，可通过直接接触传播，也可通过被污染的饲料、饮水、垫草、用具等间接接触传播。小粉虫、鼠类、人、车辆等可能成为传播媒介。

本病常突然发生，迅速传播全群，并向邻近鸡舍传播，常造成地方性流行。鸡群通常在感染后第 3 天开始死亡，于 5~7 d 达到最高峰，以后逐渐减少。商品肉鸡由于高密度饲养，病情最为严重。遇超强毒株感染，首次暴发时发病率高达 100%，死亡率高达 80% 或更高。一般的发病率为 70%~90%，死亡率为 20%~40%。本病发生后，由于出现免疫抑制，诱发多种疫病混合感染，导致疫苗免疫失败。

(3)临床症状

本病潜伏期为 2~3 d，易感鸡群感染后发病突然，病程一般为 1 周左右，病鸡精神不振，羽毛松乱，少食或废食，饮水增加，低头发抖，排米汤样乳白色稀便，肛门周围的羽毛常被粪便污染，个别鸡有啄自己肛门的现象，严重者瘫卧在地，虚脱而死。近年来，还发现由本病毒的变异株感染引起的亚临床型传染性法氏囊炎，其临床症状表现轻微，死亡率低，几乎见不到法氏囊的肉眼病变；但可产生严重的免疫抑制，常造成抗病能力下降和疫苗免疫失败，危害性较大。

(4)病理变化

病死鸡大腿内外侧和胸部肌肉常见条索状或斑块状出血。腺胃和肌胃交界处常见出血点或出血斑。特征病变为法氏囊肿大、水肿、出血，比正常的肿大 2~3 倍，浆膜下有淡黄色胶冻样渗出液，严重者在法氏囊内有干酪样渗出物。肾脏明显肿大、颜色苍白，肾小管和输尿管中有尿酸盐沉积，使肾脏呈现花斑状。病程稍长的法氏囊萎缩。

(5)诊断

根据鸡传染性法氏囊病的流行病学、主要症状、特征性的剖检病变可做出初步诊断。确诊需做病毒的分离鉴定或血清学检查。

（6）防控措施

①预防措施

a. 加强环境卫生和消毒工作：采用全进全出饲养制度，进前出后彻底清扫，用福尔马林熏蒸消毒，严格控制人员、车辆进出和消毒。定期用 0.2%过氧乙酸带鸡喷雾消毒。要特别注意不要从有本病的地区、鸡场引进鸡苗、种蛋。必须引进的要隔离消毒观察 20 d 以上，确认健康者方可合群。

b. 免疫接种：用传染性法氏囊病油乳剂灭火苗对 18~20 周龄种鸡进行第 1 次免疫，于 40~42 周龄时第 2 次免疫，母源抗体能保护雏鸡至 2~3 周龄，以提高种鸡的母源抗体水平，保护子代雏鸡避免早期感染。对雏鸡进行免疫接种，有弱毒疫苗和灭活疫苗。现常用的弱毒疫苗有 Cu-IM、D78、TAD、B87、BJ836；这些中等毒力的弱毒疫苗接种后对法氏囊有较轻微的损伤，但保护率高，在污染场使用这类疫苗效果较好。灭活疫苗是用鸡胚成纤维细胞毒或鸡胚的油佐剂灭活苗，一般用于弱毒疫苗免疫后的加强免疫。确定雏鸡的首次免疫日龄十分重要，因此，要做好鸡群的免疫监测工作，根据所测定的母源抗体或鸡群的抗体水平制订合理的免疫程序。

②治疗措施　一旦发现本病，立即隔离封锁，对污染环境要彻底清除后反复消毒。用 0.2%过氧乙酸喷雾消毒每天 1 次，连续 7~14 d。冬天适当提高鸡舍温度（1~3℃）。饮水中加 0.5%白糖、0.1%食盐、复合维生素 B、维生素 C、电解多维等，同时降低病鸡饲料中的蛋白质含量（降至 15%为宜）。病雏鸡早期用高免血清或卵黄抗体治疗可获得较好疗效。雏鸡 0.5~1.0 mL/羽，成鸡 1.0~2.0 mL/羽，皮下或肌肉注射，必要时次日再注射一次。同时用采集本地区或本场垂危病鸡和死鸡的法氏囊，制成灭活油乳苗，对其余鸡颈部皮下注射 0.3 mL，进行普遍防疫。

7）马立克病

马立克病（Marek's disease，MD）是由疱疹病毒引起的一种淋巴组织增生性疾病。以外周神经麻痹，虹膜褪色变形，皮肤、性腺、内脏等组织发生淋巴细胞增生、浸润，形成肿瘤为特征。

（1）病原

病原体是马立克病病毒（MDV），属疱疹病毒。MDV 在鸡体内有两种形式存在：一种是无囊膜的裸体病毒，主要存在于内脏组织肿瘤细胞内，是严格的细胞结合病毒，与细胞共存亡；对外界的抵抗力很低，当感染细胞破裂死亡时，病毒粒子的毒力显著下降或失去感染力；另一种是有囊膜的完全病毒，主要存在于羽毛囊上皮细胞内，是非细胞结合性病毒，脱离细胞可存活，对外界有很强的抵抗能力，并能随脱落的皮屑和羽毛远距离传播。

MDV 对常用消毒药比较敏感，2%氢氧化钠、3%来苏儿等常用消毒剂均可在 10 min 内使其灭活。对温热较敏感，37℃ 18 h、56℃ 30 min、60℃ 10 min 可使其灭活。

（2）流行病学

传染源主要是病鸡和带毒鸡。感染鸡的羽毛囊上皮细胞中增殖的病毒具有很强的传染性。随羽毛、皮屑脱落而散布到周围环境中，通过污染的饲料和饮水，鸡舍被污染的灰尘长期保持传染性。经消化道感染。

本病易感动物是鸡，还可感染火鸡、山鸡、鹌鹑、鹧鸪、鸵鸟、鸭等。任何年龄的鸡均可感染，日龄越小易感性越高，刚出壳 1 日龄雏鸡易感性最高。年龄大的鸡感染后大多不发病，但作为带毒者可持续性地排毒。

（3）临床症状

自然感染的潜伏期因毒株的毒力、数量、鸡的年龄、品种等多种因素不同，长短不同，潜伏期短的 3~4 周，长的几个月。临床症状可分为神经型（古典型）、内脏型（急性型）、眼型、皮肤型、混合型 5 种类型。

①神经型　又称古典型。主要侵害外周神经。由于侵害的神经不同，表现的症状也不同。常见坐骨神经受到侵害，表现一侧不全麻痹，另一侧完全麻痹，病鸡一腿向前，一腿向后，呈特征性"劈叉"姿势；臂神经麻痹时，病鸡翅膀下垂、低头触地；颈神经麻痹时，头颈歪斜；植物性神经受侵害时，病鸡失声呼吸困难、嗉囊扩张、拉稀、消瘦，最后衰弱死亡或被淘汰。

②内脏型　多见于 2~3 月龄鸡。常呈急性暴发，病鸡精神沉郁、呆立或蹲坐、下腹部胀大、不食、突然死亡。

③眼型　因虹膜受害，虹膜呈同心环状或斑点状，一侧或两侧虹膜由正常的橘红色褪色变成灰白色，俗称"灰眼""鱼眼"或"珍珠眼"，虹膜变形，边缘不整，瞳孔缩小，严重者如针尖大小，对光反射迟钝或消失。

④皮肤型　颈部、腿部或背部毛囊肿大形成结节或瘤状物。

⑤混合型　同时出现上述两种或几种类型的症状。

（4）病理变化

①神经型　病变主要发生在坐骨神经、腰间神经等部位。有病变的神经显著肿大，比正常粗 2~3 倍，外观呈灰白色或黄白色。病变多发生在一侧。

②内脏型　肝、肾、脾明显肿大，其上散布或多或少、大小不等的乳白色肿瘤结节，肿瘤切面呈油脂状。腺胃肿大、壁厚，黏膜乳头多融合成大的结节。卵巢肿大，肉样，失去皱褶，原始卵泡少或消失，大者如核桃，似肉团。

③眼型　虹膜或睫状肌有大量淋巴细胞增生、浸润。

④皮肤型　毛囊肿大、淋巴细胞性增生形成坚硬结节或瘤状物。

（5）诊断

病鸡常有典型的肢体麻痹症状，出现外周神经受侵害、法氏囊萎缩、内脏肿瘤等病变。根据以上特征，一般可做现场诊断。本病的内脏肿瘤与鸡淋巴性白血病在眼观变化上很相似，需要做鉴别诊断。确诊需要做病毒分离鉴定与血清学检查。

（6）防控措施

目前，本病没有有效的治疗方法，应采取综合性的防控措施。

①加强饲养管理和卫生管理　抓好孵化场的严格卫生消毒，种蛋入孵前和雏鸡出壳后均应用福尔马林熏蒸；孵化器、孵化室的严密消毒。抓好科学的饲养管理，预防其他并发病。育雏舍应远离其他鸡舍，入雏前应彻底清扫和消毒。已感染的鸡场，要严格淘汰病、死鸡，鸡舍 3~5 d 消毒 1 次，可选用过氧乙酸或百毒杀等有效消毒药。空舍需消毒后空 2 周以上方可进新雏，并要采取全进全出制。发病后没有治疗价值的病鸡，应尽早淘汰。因为本病的发生有明显的年龄性，发病越早死淘越高，发病年龄晚的鸡群损失就少。

②疫苗接种　是防治本病的关键。在进行疫苗接种的同时，鸡群要封闭饲养，尤其是育雏期间应做好封闭隔离，可减少本病的发病率。雏鸡在出壳24 h内接种马立克病疫苗，免疫途径为皮下注射。有条件的鸡场可进行胚胎免疫，即在18日胚龄时进行鸡胚接种。接种后的2周内必须加强卫生和消毒管理，杜绝疫苗发生作用前感染野毒。

8）鸭瘟

鸭瘟（duck plague，DP）是由鸭瘟病毒引起的鸭和鹅的一种急性、热性、败血性传染病。主要特征为体温升高，两腿麻痹，流泪和眼睑水肿，部分病鸭头颈肿大。食道和泄殖腔黏膜有坏死性假膜和溃疡，肝脏坏死灶和出血点。本病传播迅速，发病率和病死率都很高，是严重威胁养鸭业发展的重要传染病之一。

（1）病原

鸭瘟病毒（DPV）又称鸭疱疹病毒1型，属疱疹病毒科疱疹病毒甲亚科。病毒粒子呈球形，双股DNA，直径为120~180 nm，有囊膜。

鸭瘟病毒对外界的抵抗力不强，80℃ 5 min即可死亡；夏季在直接阳光照射下，9 h毒力消失；在秋季（25~28℃）直射阳光下，9 h毒力仍存活。病毒在4~20℃污染禽舍内存活5 d。但对低温抵抗力较强，在-7~-5℃经3个月毒力不减弱；-20~-10℃经1年对鸭仍有致病力。病毒对乙醚和氯仿敏感。常用的消毒剂对鸭瘟病毒均具有杀灭作用。

（2）流行病学

鸭瘟的传染源主要是病鸭和病鹅，潜伏期带毒鸭及痊愈后的带毒鸭（至少带毒3个月）也可成为传染源。被病鸭和带毒鸭排泄物污染的饲料、饮水、用具和运输工具等，都是造成鸭瘟传播的重要因素。某些野生水禽感染病毒后，可成为传播本病的自然疫源和媒介。

鸭瘟的传播途径主要是消化道，也可以通过交配、眼结膜和呼吸道而传染，吸血昆虫也可能成为本病的传播媒介。人工感染时，经滴鼻、点眼、泄殖腔接种、皮肤刺种、肌肉和皮下注射均可使易感鸭发病。

本病一年四季都可发生，但一般以春夏之际和秋季流行最为严重。因为此时是鸭群大量上市，饲养量多，各地鸭群接触频繁，如检疫不严，容易造成鸭瘟的发生和流行。

（3）临床症状

潜伏期一般为3~4 d。发病初期出现一般症状，之后两腿麻痹无力，行走困难，全身麻痹时伏卧不起，流泪和眼睑水肿，均是鸭瘟的一个特征症状。病鸭下痢，粪便稀薄，呈绿色或灰白色，肛门周围的羽毛被玷污或结块。大多数病鸭流泪和眼睑水肿，眼分泌物初为浆液性，继而黏稠或脓样，上下眼睑常粘连。部分病鸭头部肿大或下颌水肿，故俗称"大头瘟"或"肿头瘟"。

（4）病理变化

呈败血症病变，体表皮肤有许多散在的出血点，眼睑常粘连一起。其特征性病变食道黏膜有纵行排列的灰黄色假膜覆盖或小出血斑点，假膜易剥离，剥离后食道黏膜留有溃疡；肠黏膜充血、出血，以十二指肠、盲肠和直肠最为严重；泄殖腔黏膜表面覆盖一层灰褐色或黄绿色假膜，不易剥离，黏膜上有出血斑点和水肿；肝脏不肿大，肝表面有大小不等的出血点和灰黄色或灰白色坏死点，少数坏死点中间有小出血点或其周围有环形出血带，这种病变具有诊断意义；气管出血，肺脏淤血、水肿、出血。鹅感染鸭瘟病毒后的病变与鸭相似。

（5）诊断

根据流行病学特点、特征症状和病变可做出初步诊断。确诊需做病毒分离鉴定、中和试验、血清学试验。

（6）防控措施

目前，还没有治疗鸭瘟的有效药物，因此要做好预防工作。

①预防措施　加强检疫工作。引进种鸭或鸭苗时必须严格检疫，鸭运回后隔离饲养，至少观察 2 周。不从疫区引进鸭；加强卫生消毒制度。对鸭舍、运动场和饲养用具等经常消毒；定期接种鸭瘟疫苗。目前，使用的疫苗有鸭瘟鸭胚化弱毒苗和鸭瘟鸡胚化弱毒苗。雏鸭 20 日龄首免，4~5 月后加强免疫 1 次即可。3 月龄以上的鸭免疫 1 次，免疫期可达一年。

②发病后的措施　发生鸭瘟时，立即采取隔离和消毒措施，并对可疑感染和受威胁的鸭群进行紧急疫苗接种，可迅速控制疫情，获得很好的效果。

9）鸭病毒性肝炎

鸭病毒性肝炎（duck virus hepatitis，DVH）是由鸭肝炎病毒（DHV）引起雏鸭的一种急性、高度致死性传染病。其特征是发病急、传播快、死亡率高，共济失调、角弓反张，肝脏肿大和出血。本病常给养鸭场造成巨大的经济损失，是严重危害养鸭业的主要传染病之一。

（1）病原

鸭肝炎病毒属小 RNA 病毒科肠病毒属，无囊膜。本病毒有 3 个血清型，即血清Ⅰ、Ⅱ、Ⅲ型。我国及世界多数国家流行的鸭肝炎病毒血清型为Ⅰ型。

病毒对氯仿、乙醚、胰蛋白酶和 pH 3.0 均有抵抗力。对外界环境抵抗力比较强，56℃加热 60 min 仍可存活，但 62℃ 30 min 即被灭活。37℃可存活 21 d 以上。在 4℃条件下可存活 2 年以上，在-20℃则可长达 9 年。病毒可在污染的孵化器内至少存活 10 周，在阴凉处的湿粪中可存活 37 d 以上。对消毒药也有较强的抵抗力，在 2%漂白粉溶液中 3 h 才能杀死。增加消毒温度可提高消毒效果。

（2）流行病学

传染源是病鸭、带毒鸭和带毒野生水禽。传播途径主要是通过直接接触传播，经呼吸道也可感染。本病一年四季均可发生，主要发生于 1~3 周龄雏鸭，特别是 5~10 日龄雏鸭最多见，成年鸭可呈隐性经过。在自然条件下，不感染鸡、火鸡和鹅。

（3）临床症状

本病发病急，传播迅速、病程短。潜伏期 1~4 d。雏鸭发病初期表现精神委顿、缩颈、行动呆滞或跟不上群，常蹲下，眼半闭，厌食；发病 0.5~1 d 即出现神经症状，表现运动失调，翅膀下垂，呼吸困难，全身性抽搐，病鸭多侧卧，死前角弓反张，头向后背部扭曲，俗称"背脖病"，两脚痉挛性地反复踢蹬，有时在地上旋转。出现抽搐后，十几分钟即死亡。喙端和爪尖淤血呈暗紫色，少数病鸭死前排黄白色和绿色稀粪。雏鸭发病率100%，病死率因日龄而异。成年鸭感染可发生暂时性产蛋下降，但不出现神经症状。

（4）病理变化

主要病变在肝脏和胆囊，肝脏肿大，质地松软，极易撕裂，被膜下有大小不等的出血点或出血斑，胆囊肿胀呈长卵圆形，充满胆汁，胆汁呈褐色，淡茶色或淡绿色。脾脏也有不同程度的肿大，呈斑点状，被膜下有细小的出血点。肾脏肿大充血。心肌质软，呈熟肉样。脑充血、水肿、软化。

（5）诊断

根据本病的流行病学特征，临床症状、病理变化可初步诊断。一个更敏感可靠的方法是接种 1~7 日龄的易感雏鸭，复制出该病的典型症状和病变，而接种同一日龄的具有母源抗体的雏鸭，则应有 80%~100% 受到保护。确诊需要进行实验室诊断。

（6）防控措施

①预防措施　严格的防疫和消毒制度是预防本病的积极措施，对 4 周龄以下的雏鸭进行隔离饲养、定期消毒，可以防止 DHV 感染。疫苗接种是预防本病的关键，尤其是对种母鸭的免疫更为重要。在本病流行严重的地区和鸭场，种鸭开产前 1 个月，先用弱毒苗免疫，1 周后再用鸭肝炎油佐剂灭活苗加强免疫，可使雏鸭获得更高滴度的母源抗体。

②发病后的措施　目前，尚无有效药物治疗本病，最有效办法是发病或受威胁的雏鸭群，皮下注射高免血清或高免卵黄液 1~2 mL，可起到降低死亡率、制止流行和预防发病的作用。

10）小鹅瘟

小鹅瘟（gosling plague，GP）又称鹅细小病毒感染、雏鹅病毒性肠炎，是由小鹅瘟病毒引起的主要侵害雏鹅和雏番鸭的一种急性或亚急性败血性传染病。主要特征是侵害 4~20 日龄的雏鸭，传播快、发病率高、死亡率高。急性型表现全身败血症，渗出性肠炎，小肠黏膜表层大片脱落，与凝固的纤维素性渗出物一起形成栓子，堵塞于肠腔。

（1）病原

小鹅瘟病毒（GPV）属于细小病毒科细小病毒属，完整病毒粒子呈球形或六角形，直径 20~22 nm，无囊膜，二十面体对称，病毒基因组为单股线状 DNA。与哺乳动物细小病毒不同，本病毒无血凝活性，与其他细小病毒也无抗原关系。国内外分离到的毒株抗原性基本相同，均为同一个血清型。小鹅瘟病毒在感染细胞的核内复制，患病雏鹅的肝、脾、脑、血液、肠道都含有病毒。

本病毒对环境的抵抗力强，65℃ 加热 30 min、56℃ 3 h 其毒力无明显变化；能抵抗对乙醚、氯仿、乙醚和 pH 3.0 的环境等。

（2）流行病学

带毒的种鹅和发病的雏鹅是传染源。发病的雏鹅通过粪便大量排毒，污染了饲料、饮水，经消化道感染同舍内的其他易感雏鹅，从而引起本病在雏鹅群内的流行。

鹅和番鸭的幼雏最易感。不同品种的雏鹅易感性相似。主要发生于 20 日龄以内的小鹅，1 周龄以内的雏鹅死亡率可达 100%，10 日龄以上者死亡率一般不超过 60%，雏鹅的易感性随着日龄的增长而减弱。20 日龄以上的发病率低，而 1 月龄以上的则极少发病。

（3）临床症状

潜伏期为 3~5 d，根据病程分为最急性型、急性型和亚急性型。

①最急性型　多发生在 1 周龄内的雏鹅，往往不显现任何症状而突然死亡。发病率可达 100%，死亡率高达 95% 以上。常见雏鹅精神沉郁后数小时内即表现极度衰弱，倒地后两腿乱划，迅速死亡，死亡的雏鹅喙及爪尖发绀。

②急性型 多见于1~2周龄内的雏鹅，表现为症状为精神委顿，食欲减退或废绝，但渴欲增加，有时虽能随群采食，但将啄得的草随即甩去；不愿走动，严重下痢，排灰白色或青绿色稀便，粪便中带有纤维素碎片或未消化的饲料；呼吸困难，鼻流浆性分泌物，喙端色泽变暗；临死前出现两腿麻痹或抽搐，头多触地。病程1~2 d。

③亚急性型 发生于15日龄以上的雏鹅。以精神委顿、不愿走动、减食或不食、拉稀和消瘦为主要症状。病程3~7 d，少数能自愈，但生长不良。

成年鹅感染GPV后往往不表现明显的临床症状，但可带毒排毒，成为最重要的传染源。

（4）病理变化

最急性型病例除肠道有急性卡他性炎症外，其他器官的病变一般不明显；15日龄左右的急性病例表现全身性败血变化，全身脱水，皮下组织显著充血。心脏有明显急性心力衰竭变化，心脏变圆，心房扩张，心壁松弛，心肌晦暗无光泽，颜色苍白。肝脏肿大。本病的特征性变化是小肠中、下段极度膨大，质地坚实，状如香肠，剖开肠管，可见肠腔中充塞着淡灰色或淡黄色纤维素性栓子；亚急性型病例主要表现为肠道内形成纤维素性栓子。

（5）诊断

本病具有特征的流行病学表现，如果孵出不久的雏鹅群大批发病及死亡，结合症状和特有的病变，即可做出初步诊断。确诊需要进行实验室病毒分离鉴定和血清学诊断。

（6）防控措施

目前，本病尚无有效的治疗药物。可用抗小鹅瘟血清或卵黄抗体，能获得一定的预防效果。

①预防措施 本病主要通过孵化传播，要做好孵化室的清洁卫生，彻底清洗和消毒一切孵化用具，种蛋用福尔马林熏蒸消毒。已被污染的孵化室孵出的雏鹅，在出壳后用小鹅瘟高免血清预防注射，每只雏鹅注射0.5~1 mL，有一定的预防效果。刚出壳的雏鹅要注意不要与新进的种蛋和大鹅接触，以防感染。严禁从疫区购进种蛋及种苗；新购进的雏鹅应隔离饲养20 d以上，确认无小鹅瘟发生时，才能与其他雏鹅合群。

②发病后的措施 若及早注射小鹅瘟高免血清能控制80%~90%已被感染的雏鹅发病。由于病程太短，对于症状严重的病雏，小鹅瘟高免血清的治疗效果并不太理想。对于发病初期的病雏鹅，抗血清的治愈率40%~50%。病死雏鹅应焚烧深埋，对发病鹅舍进行消毒，严禁病鹅出售或外调。

2. 家禽常见细菌性传染病防控

1）禽沙门菌病

禽沙门菌病（avian Salmonellosis）是由肠杆菌科沙门菌属中的一种或多种沙门菌引起的禽类疾病的总称。沙门菌有2 000多个血清型，它们广泛存在于人和多种动物的肠道内。在自然界中，家禽是最主要的贮存宿主。禽沙门菌病根据细菌抗原结构的不同可分为三类：鸡白痢、禽伤寒和禽副伤寒。其中，禽副伤寒沙门菌则能广泛感染多种动物和人。目前，受其污染的家禽及其产品已成为人类沙门菌感染和食物中毒的主要来源之一。因此，禽副伤寒沙门菌具有重要的公共卫生意义。

（1）鸡白痢

本病是由鸡白痢沙门菌引起的禽类传染病。主要侵害鸡和火鸡。雏鸡以急性败血症和排白色糊糊状粪便为特征，发病率和死亡率较高。

①病原 鸡白痢沙门菌又称雏沙门菌，属于肠杆菌科沙门菌属 D 血清群中的成员。无荚膜，不形成芽孢，无鞭毛，是少数不能运动的沙门菌之一。为两端钝圆的小杆菌，大小为 $(1.0~2.5)$ μm×$(0.3~0.5)$ μm，革兰染色阴性。

②流行病学 病鸡和带菌鸡是本病的主要传染源。本病既可通过消化道、眼结膜水平传播，也可垂直传播，经蛋垂直传播（包括蛋壳污染和内部带菌）是本病最重要的传播方式。

本病最常发生于鸡，其次是火鸡，其他禽类仅偶有发生。在哺乳动物中，乳兔有高度易感性。各种品种、日龄和性别的鸡对本病均有易感性，但以 2~3 周龄雏鸡的发病率和死亡率最高，常呈流行性发生。随着日龄的增加，鸡的抵抗力也随之增强，3 周龄后的鸡发病率和死亡率显著下降。成年鸡感染后常呈局限性、慢性或隐性感染。饲养管理不当，环境卫生恶劣，鸡群过于密集，育雏温度偏低或波动过大，环境潮湿等都容易诱发本病。

③临床症状

a. 雏鸡：蛋内感染者大多在孵化过程中死亡，或孵出病弱雏，但多在出壳后 7 d 内死亡。出壳后感染的雏鸡，在 5~7 日龄开始发病死亡，7~10 日龄发病逐渐增多，通常在第 2~3 周龄时达死亡高峰。病雏鸡怕冷寒战，常成堆拥挤在一起，翅下垂，精神不振，不食，闭眼嗜睡。突出的表现是下痢，排白色、糊状稀粪，肛门周围的绒毛常被粪便所污染，干后结成石灰样硬块，封住肛门，造成排便困难，因此，排便时发出尖叫声。肺有较重病变时，表现呼吸困难及气喘症状。有的出现跛行，可见关节肿大。病程一般为 4~10 d，死亡率 40%~70% 或更多。3 周龄以上发病者较少死亡，但耐过鸡大多生长很慢，成为带菌鸡。

b. 中鸡：多发于 40~80 日龄的鸡群。地面平养的鸡较网上和育雏笼养的鸡多发一些。最明显的是腹泻，排出颜色不一的粪便，病程比雏鸡白痢长一些，本病在鸡群中可持续 20~30 d，不断地有鸡只零星死亡。

c. 成年鸡：感染后一般不表现症状或呈慢性经过，无任何症状或仅出现轻微的症状。病鸡表现精神不振，冠和眼结膜苍白，食欲下降，部分鸡排白色稀便。产蛋率、受精率和孵化率下降。有的因卵巢或输卵管受到侵害而导致卵黄性腹膜炎，出现垂腹现象。

④病理变化

a. 雏鸡：急性死亡的雏鸡常无明显可见的肉眼变化，有时可见肝脏肿大、充血，并有条纹状出血。病程稍长的死亡雏鸡可见心肌、肺脏、肝脏、肌胃等出现大小不等的灰白色结节；肝脏肿大、点状出血并有坏死灶，胆囊充盈；有时可见心包积液；脾脏肿大；盲肠内有干酪样物充斥，形成"盲肠芯"；卵黄吸收不良，内容物呈带黄色的奶油状或干酪样。肝脏是眼观变化出现频率最高的部位，依次是肺脏、心脏、肌胃和盲肠。

b. 中鸡：突出的变化是肝脏明显肿大，是正常的 2~3 倍，淤血呈暗红色，或略呈土黄色，质脆易破，表面散在或密布灰白、灰黄色坏死点，有时为红色的出血点。有的肝被膜破裂，破裂处有血凝块，腹腔内有血凝块或血水。心肌上有数量不等的坏死灶。

c. 成年鸡：主要变化是发生在生殖系统。最常见的病变为卵泡变形、变色和变质。卵泡内容物变成油脂样或干酪样。病变的卵泡常可从卵巢上脱落下来掉入腹腔中，造成卵黄性腹膜炎，并可引起肠管与其他内脏器官粘连。常有心包炎。公鸡的病变仅限于睾丸和输精管，睾丸极度萎缩，输精管扩张，充满黏稠的渗出物。急性死亡的成年鸡病变与鸡伤寒相似，可见肝脏明显肿大，呈黄绿色，胆囊充盈；心包积液；心肌偶见灰白色的小结节；肺淤血、水肿；脾脏、肾脏肿大及点状坏死；胰腺有时出现细小坏死灶。

⑤诊断　鸡白痢的初步诊断主要依据本病在不同年龄鸡群中发生的特点以及病死鸡的剖检变化。成年鸡及青年鸡常为隐性带菌者，无可见症状，必须对全群进行血清学试验，才能查出感染鸡。目前，我国大多数鸡场采用全血平板凝集试验对群体进行检疫。

⑥防控措施　目前，此病尚无有效疫苗。预防鸡白痢病的关键在于清除种鸡群中的带菌鸡，同时结合卫生消毒和药物防治，才能有效地防治本病。

a. 定期严格检疫，净化种鸡场：鸡白痢主要是通过种蛋垂直传播的，因此，淘汰种鸡群中的带菌鸡是控制本病的最重要措施。一般的做法是挑选和引进健康雏种鸡，到40~70日龄用全血平板凝集试验进行第1次检疫，及时剔除阳性鸡和可疑鸡。以后每隔1个月检疫1次，直到全群无阳性鸡，再隔2周做最后1次检疫，若无阳性鸡，则为阴性鸡群。必要时，可以在产蛋后期进行1次抽检。检出的阳性鸡应坚决淘汰。

b. 加强饲养管理、卫生和消毒工作：采用全进全出的生产模式；每次进雏前都要对鸡舍、用具等进行彻底消毒并至少空置1周；育雏室要做好保温及通风工作；消除发病诱因，保持饲料和饮水的清洁卫生。

c. 做好种蛋、孵化器、孵化室、出雏器的消毒工作：孵化用的种蛋必须来自鸡白痢阴性的鸡场，要求种蛋每天收集4次（即2 h内收集1次），收集的种蛋先用0.1%新洁尔灭消毒，然后，放入种蛋消毒柜熏蒸消毒（40%福尔马林溶液30 mL/m³，高锰酸钾15 g/m³，30 min）然后送入蛋库中保存。种蛋放入孵化器后，进行第2次熏蒸，排气后按孵化规程进行孵化。出雏60%~70%时，用福尔马林溶液（14 mL/m³）和高锰酸钾（7 g/m³）在出雏器对雏鸡熏蒸15 min。鸡舍及一切用具要经常清洗消毒，鸡粪要经常清扫，集中堆积发酵。

d. 药物和微生态制剂预防：对本病易发年龄及1周龄内的雏鸡使用敏感的药物进行预防可获得很好的效果。使用"促菌生"或其他活菌剂来预防雏鸡白痢，也取得了较好的效果。应注意的是，由于"促菌生"制剂等是活菌制剂，因此应避免与抗微生物制剂同时应用。

e. 药物防治：氟喹诺酮类药物、氨苄西林、多西环素、氟苯尼考、庆大霉素、阿米卡星、链霉素、磺胺类药物等对本病具有很好的治疗效果。

（2）禽伤寒

禽伤寒是由鸡伤寒沙门菌引起鸡、鸭和火鸡的一种急性或慢性败血性传染病。特征是黄绿色下痢及肝脏肿大，呈青铜色（尤其是生长期和产蛋期的母鸡）。

①病原　鸡伤寒沙门菌又称鸡沙门菌，它和鸡白痢沙门菌均为肠杆菌科沙门菌属D血清群的成员，在形态上比鸡白痢沙门菌粗短，（1.0~2.0）μm×1.0 μm，常单独存在，无鞭毛，不能运动，不形成芽孢和荚膜，两端染色略深。

本菌抵抗力不强，60℃10 min内或直射阳光下很快被杀死。一般常用的消毒剂均可在短时间内将其杀死。病原体离开机体后也不能存活很长时间。

②流行病学　本病主要发生于成年鸡和3周龄以上的青年鸡。3周龄以下鸡偶见发病。

本病多呈散发，有时也会表现地方流行。鸡和火鸡对本病最易感。雉、珍珠鸡、鹌鹑、孔雀、麻雀、斑鸠也有自然感染的报道。鸽子、鸭和鹅则有抵抗力。

病鸡和带菌鸡是主要的传染源，其粪便中含有大量病原菌，可通过污染的垫料、饲料、饮水、用具、车辆等进行水平传播，老鼠也可机械性地传播本病。其传播途径主要是消化道，也可通过眼结膜。经蛋垂直传播是本病的另一种重要的传播途径，它可造成本病在鸡场连续不断地传播。

③临床症状 本病的潜伏期为 4~5 d，病程 5 d 左右。病初精神不振，呆立，头和翅膀下垂，冠与肉髯苍白并逐渐萎缩，食欲废绝，排淡黄绿色稀粪，玷污肛门周围的羽毛。有的病例出现腹膜炎而导致腹痛，呈现企鹅站立姿势。

④病理变化 死于禽伤寒的雏鸡病变与鸡白痢相似，特别是肺脏和心肌中常见到灰白色结节病灶。成年鸡最急性型病例无眼观变化，急性型病例最特征的变化是肝、脾、肾充血肿大。亚急性和慢性病例，其特征病变是肿大的肝脏有时呈现淡绿色、棕色或古铜色。肝和心肌上面散布着一种灰白色的小坏死点。胆囊扩张，充满胆汁。有心包炎病变。卵泡发生出血、变形和变色。母禽常因卵泡破裂而引起腹膜炎。肠道有轻重不等的卡他性肠炎，小肠的炎症较重。

⑤诊断 根据发病年龄、典型症状及病理变化可初步诊断。但确诊必须进行细菌的分离培养和鉴定以及血清学试验，方法同鸡白痢。

⑥防控措施 可参考鸡白痢来进行。其关键措施有加强饲养管理，做好环境卫生，减少病原菌的侵入；定期检疫，净化种鸡场，从根本上切断本病的传播途径；使用敏感的药物进行预防和治疗。

（3）禽副伤寒

禽副伤寒（fowl paratyphoid）是由鼠伤寒沙门菌引起的禽类传染病。主要危害鸡和火鸡，常引起幼禽严重的死亡，母禽感染后会引起产蛋率、受精率和孵化率下降，往往引起严重的经济损失。由于除家禽外，许多温血动物包括人类也能感染，所以，广义上又将该病称为副伤寒，并被认为是影响最广泛的人畜共患病之一。

①病原 禽副伤寒的沙门菌约有 90 多个血清型，其中最常见的为鼠伤寒沙门菌、肠炎沙门菌、鸭沙门菌、乙型副伤寒沙门菌、猪霍乱沙门菌、德尔俾沙门菌、海德堡沙门菌、婴儿沙门菌等，其中以鼠伤寒沙门菌最为常见。革兰阴性杆菌，有鞭毛、能运动，不形成荚膜和芽孢，但在自然条件下，也可遇到无鞭毛或有鞭毛而不能运动的变种。

②流行病学 禽副伤寒最常见于鸡、火鸡、鸭、鹅、鸽子等，常在 2 周内感染发病，而以 6~10 日龄雏禽死亡最多，1 月龄以上的家禽有较强的抵抗力，一般不引起死亡，也往往不表现临床症状。在其他禽类及哺乳动物也常见本病。

本病的传染源主要是病禽、带菌禽及其他带菌动物。它们通过粪便向外排出病原菌，通过污染的饲料、饮水经消化道水平传播；也可通过污染的种蛋（蛋壳污染和蛋内感染）垂直传播；野鸟、猫、鼠、蝇、蟑螂、人类也都可成为本病的机械性传播者。本病能引起人的感染和食物中毒。

③临床症状 禽副伤寒在幼禽多呈急性或亚急性经过，与鸡白痢相似，而在成年禽一般为隐性感染，呈慢性经过。幼禽感染后症状表现为嗜睡、呆立、羽毛松乱、食欲减少、

水样下痢、怕冷、拥挤在一起，病程1~4 d。成年禽一般为慢性带菌者，常不出现症状。

④病理变化　最急性死亡的雏鸡无可见病变。急性病例可见肝脏淤血肿大，胆囊扩张，充满胆汁。病程长的病鸡死后可见消瘦、失水。卵黄凝固，肝和脾脏淤血，有出血条纹或针尖状灰白色坏死点。肾脏淤血，常有心包炎，心包液增多，呈黄色，含有纤维性渗出物。小肠有出血性炎症，以十二指肠最严重，盲肠扩张，肠壁中有时有淡黄色的干酪样物质堵塞。

⑤诊断　根据流行病学、临床症状和病理变化可以做出初步诊断，确诊需做病原的分离与鉴定。但应注意与鸡白痢、大肠杆菌病、鸭病毒性肝炎、鸭瘟等进行鉴别诊断。

⑥防控措施　由于禽副伤寒沙门菌血清型众多，因此很难用疫苗来预防本病，再加上本病有很多传染源和传播途径，目前尚无理想的血清学检测方法等，所以其防控要比鸡白痢和禽伤寒困难得多。因此，只有加强综合防控。

a. 综合防控措施：平时应严格做好饲养管理、卫生消毒、检疫和隔离工作。感染过沙门菌的种鸡群不能作种用。所有更新种鸡群和种蛋均应来自无副伤寒鸡群；种鸡要有足够洁净的产蛋箱，种蛋的收集频率要高，收后熏蒸消毒；孵化室、孵化器、出雏器等要严格消毒；注意饲料的卫生，最好使用颗粒饲料。

b. 治疗：药物治疗可以降低急性禽副伤寒引起的死亡，并有助于控制本病，但不能完全消灭本病。氟喹诺酮类药物、氨苄西林、磺胺类药物、多西环素、氟苯尼考、庆大霉素、阿米卡星、链霉素等对本病具有很好的治疗效果。最好通过药敏试验选择敏感的药物。

⑦公共卫生　人感染沙门菌病和食物中毒来源禽肉和禽蛋。所以，防止家禽及其产品污染沙门菌已被列为世界卫生组织的主要任务之一，各国食品卫生标准中也都规定食品中不得检出沙门菌。为此，必须做好饲养、屠宰、加工、包装、贮藏、消费等各个环节的卫生消毒及检疫工作。

2）禽大肠杆菌病

禽大肠杆菌病(avian colibacillosis)是由某些致病性血清型或条件致病性大肠杆菌引起的禽类肠道传染病，其主要特征为急性败血型、输卵管炎型、腹膜炎型、全眼球炎、鸡胚和幼雏早期死亡、大肠杆菌性肉芽肿、脐炎、关节炎型、肿头型、脑炎型等。

（1）病原

大肠杆菌属于肠杆菌科埃希氏菌属，为革兰阴性、中等大小的杆菌。在普通培养基上即可生长。在营养琼脂平板上37℃培养24 h后，形成表面光滑、边缘整齐、直径1~3 mm、透明或不透明、隆起的菌落。在肉汤中生长良好，呈均匀混浊生长。在麦康凯琼脂平板上形成红色菌落，可与肠杆菌科的其他细菌做初步诊断。在伊红美蓝琼脂培养基上形成黑色带金属光泽的菌落。

根据大肠杆菌的O抗原、K抗原、H抗原等表面抗原的不同，可将本菌分为很多血清型。目前，已知的O抗原有173个、K抗原103个、H抗原60个，这3种抗原均用阿拉伯数字表示。已知有些血清型是对动物有致病性的，而有些血清型是非致病性的，并且不同动物及不同地区流行的主要血清型不完全一样。世界上许多国家和地区的有关血清型的调查结果表明，与禽病相关的大肠杆菌血清型有70余个，我国已发现50余种，其中最常见的血清型为O1、O2、O35及O78。

本菌对外界环境的抵抗力属中等，在温暖、潮湿的环境中存活期不超过 1 个月，在寒冷而干燥的环境中能生存较久。一般的消毒药能将其杀死，甲醛和氢氧化钠效力较强。

（2）流行病学

各种禽类对本病都有易感性，过去以鸡、火鸡和鸭最为常见，但近年来鹅群感染率也大为提高，其他如鸽、鹌鹑、鹧鸪等也有发生。各种年龄的家禽都能感染，但幼禽更易感，发病较早的为 4 日龄、7 日龄和 9～10 日龄，通常 1 月龄前后的幼雏发病较多。肉鸡比其他品种鸡易感。

本病有 5 种传播途径：蛋壳穿入、经蛋传播、经呼吸道感染、经消化道感染、交配感染。一年四季均可发生，但以冬春寒冷季节多发。通风不良、卫生条件差、饲养密度过大、疫苗接种、营养不良、维生素 A 缺乏、消毒不彻底以及禽群存在其他疾病等都可诱发本病。本病常易成为其他疾病的并发病或继发病。如果鸡群中存在鸡败血支原体感染，并发或继发大肠杆菌病最为常见。

（3）临床症状

①急性败血型　比较多见，病鸡常不显症状而突然死亡；部分病鸡表现精神沉郁，羽毛松乱，食欲减退或废绝，排黄白色、灰白色或黄绿色稀粪，粪便腥臭，肛门周围常被粪便污染。该型病禽的发病率和病死率都较高。

②卵黄性腹膜炎型　多见于产蛋中后期。病鸡的输卵管常因感染大肠杆菌而发生炎症，表现为腹部膨胀、下垂。

③生殖器官感染型　体温升高，鸡冠萎缩或发紫，羽毛蓬松；食欲减少并很快废绝，喜饮少量清水；腹泻，粪便稀软呈淡黄色或黄白色，混有黏液或血液，常污染肛门周围的羽毛；产蛋率低，产蛋高峰上不去或产蛋高峰持续时间短，腹部明显增大、下垂，触之敏感并有波动，鸡群死淘率增加。

④关节滑膜炎型　多发于雏鸡和育成鸡。一般呈慢性经过，病鸡消瘦、生长发育受阻，趾关节和跗关节肿大，跛行或卧地不起。

⑤肉芽肿型　该型较少见，但病死率较高。

⑥雏鸡脐炎型　俗称"大肚脐"。病鸡多在 1 周内死亡，精神沉郁、虚弱，常堆积在一起，少食或不食；腹部大，脐孔及其周围皮肤发红、水肿或呈蓝黑色，有刺激性臭味；剧烈腹泻，粪便呈灰白色，混有血液。

⑦眼球炎型　精神萎靡，闭眼缩头，采食减少，饮水量增加，排绿白色粪便；眼球炎多为一侧性，少数为两侧性；眼睑肿胀，眼结膜内有炎性干酪样物，眼房积水，角膜混浊，流泪怕光，严重时眼球萎缩、凹陷、失明等，终因衰竭而死亡。

⑧脑炎型　大肠杆菌突破鸡的血脑屏障进入脑部，引起病禽昏睡、神经症状和下痢，食欲减退或废绝，多以死亡告终。

⑨肿头综合征　多发于 30～100 日龄的鸡，初期多从一侧或两侧眼眶周围肿胀，继而发展至整个面部，并波及下颌及皮下组织和肉髯，也有从肉髯开始肿胀。

（4）病理变化

①急性败血型　是目前危害最严重的一个病型，各种家禽都能感染，但多见于 5 周龄以内的幼禽，发病率和死亡率也较高。病禽表现羽毛松乱，食欲减退或废绝，排黄白色稀

粪，肛门周围羽毛污染。病死鸡消瘦，脱水，鸡冠、肉髯发紫。剖检时，最特征的病变是纤维素性气囊炎、纤维素性心包炎、纤维素性肝周炎，有时可见纤维素性腹膜炎。

②卵黄性腹膜炎型 多见于成年母鸡和鹅。常通过交配或人工授精时感染。由于卵巢、卵泡和输卵管感染发炎，进一步发展成为广泛的卵黄性腹膜炎，所以大多数病禽往往突然死亡。剖检可见腹腔中充满淡黄色腥臭的液体和破损的卵黄。腹腔脏器的表面覆盖一层淡黄色、凝固的纤维素渗出物；卵巢中的卵泡变形，呈灰色、褐色或酱油色等不正常颜色，有的卵泡皱缩；滞留在腹腔中的卵泡，如果时间较长则凝固成块，切面呈层状；破裂的卵泡则卵黄凝结成大小不等的碎块；输卵管黏膜发炎，管腔内有黄白色的纤维素渗出物。

③生殖器官感染型 多见于产蛋期母鸡。患病鸡产畸形蛋和内含大肠杆菌的带菌蛋，严重者减蛋或停止产蛋。其剖检特征是输卵管扩张变薄，内积异形蛋样渗出物，表面不光滑，切面呈轮层状，输卵管黏膜充血、增厚。本型可能由于大肠杆菌从泄殖腔侵入引起，也可能是腹气囊感染大肠杆菌而引起。

④关节滑膜炎型 多见于幼、中雏鹅及肉仔鸡，一般呈慢性经过，跛行。跗关节和趾关节肿大，关节腔内有纤维蛋白渗出或有混浊的关节液，滑膜肿胀、增厚。

⑤肉芽肿型 是一种慢性大肠杆菌病。部分鸡只感染本菌后，常在十二指肠、盲肠、肠系膜、肝脏、心脏等处形成大小不一的肉芽肿。

⑥雏鸡脐炎型 多见于出生后1周内的雏鸡，死亡率高，表现为脐孔周围红肿，腹部膨大，脐孔闭合不全，卵黄吸收不良。

⑦眼球炎型 单侧或双侧眼肿胀，眼内有纤维素渗出物，眼结膜潮红、肿胀，严重者失明。病鸡减食或废食，经7~10 d衰竭死亡。

⑧脑炎型 头部皮下出血、水肿，脑膜充血、出血，实质水肿，脑膜易剥离，脑壳软化。

⑨肿头综合征 主要发生于3~5周龄的肉鸡，以头部肿胀为特征。剖检可见头部、眼部、下颌及颈部皮下黄色胶样渗出。

⑩鸭的大肠杆菌病 主要表现为败血症和生殖道感染等，鹅则主要为生殖器官感染和卵黄性腹膜炎等，其他禽类多表现败血症。

（5）诊断

根据本病的流行特点、临床症状及剖检变化可做出初步诊断，但确诊需进行细菌的分离与鉴定。根据病型采取不同病料，如果是急性败血型，则取肝、脾、血液；若是局限性病灶，直接取病变组织。采取病料应尽可能在病禽濒死期或死亡不久。

（6）防控措施

禽大肠杆菌病病因错综复杂，必须采取综合防控措施才能加以控制。

①预防 对各个饲养环节应严格执行卫生消毒措施，减少环境中大肠杆菌的污染，减少应激因素，提高机体抵抗力，避免密集饲养，改善保温、通风换气条件，可以保护呼吸道器官黏膜不受有害气体的影响。防止粪便污染种蛋，实行种蛋、孵化器及出雏器严格消毒等卫生措施，降低雏鸡的发病率。做好新城疫、传染性支气管炎、传染性法氏囊病等的免疫以及支原体病的净化。加强免疫接种，目前已研制出针对主要致病血清型 O2：K1 和 O78：K80 等的多价大肠杆菌灭活苗，但鉴于大肠杆菌血清型较多，不同血清型抗原性不同，菌株之间缺乏完全保护，不可能对所有养禽场流行的致病血清型具有很好的免疫作

用，因此这种疫苗具有一定局限性。当前较为实用的方法是从常发病的鸡场分离致病性大肠杆菌，选择几个有代表性的菌株制成自家（或称优势菌株）多价灭活苗，对于减少本病的发生具有很好的预防效果。

②药物防治　应选择敏感药物在发病日龄前1~2 d进行预防性投药，发病后做紧急治疗。要注意交替用药，给药时间要早，疗程要足。常用于治疗本病的药物有阿米卡星（丁胺卡那霉素）、氟苯尼考、氟喹诺酮类药物（如环丙沙星）、头孢噻呋、多西环素、磺胺类药物、乙酰甲喹等，治疗时还应注意对症治疗，如补充维生素和电解质等。

3）巴氏杆菌病

禽巴氏杆菌病又称禽霍乱（fowl cholera，FC）、禽出血性败血症，是由某些血清型的多杀性巴氏杆菌引起的主要侵害鸡、鸭、鹅、火鸡等禽类的一种接触性传染病。其主要特征急性病例表现为败血症，全身黏膜有小出血点，发病快，传染快，发病率和死亡率都很高。慢性病例的特征是冠髯水肿，关节炎，死亡率较低。

（1）病原

禽霍乱的病原为多杀性巴氏杆菌禽源株。菌体为两端钝圆，中央微凸的短杆菌，大小为（0.6~2.5）μm×（0.2~0.4）μm，革兰染色呈阴性，多单个或成对存在。无鞭毛，不形成芽孢，新分离强毒株有荚膜，革兰阴性。病料组织或血液涂片用碱性美蓝、吉姆萨或瑞氏染色，镜检，可见菌体两端着色深，中央部分着色浅，很像并列的两个球菌，所以又称两极杆菌。

多杀性巴氏杆菌的抗原结构比较复杂，分型方法有多种。可用特异的荚膜（K）抗原和菌体（O）抗原做荚膜血清型和菌体血清型鉴定。根据K抗原红细胞被动凝集试验，可将多杀性巴氏杆菌分为A、B、D、E、F 5个型。利用O抗原做凝集试验，将本菌分为12个血清型，用阿拉伯数字表示。我国学者对禽源多杀性巴氏杆菌的分型研究表明：引起我国鸡霍乱的多杀性巴氏杆菌大部分均为A型，常见的血清型有5：A、8：A、9：A，其中5：A最多。目前，引起鸭霍乱的O抗原血清型有1、2、3、7、10等。不同血清型之间无交叉免疫作用。

本菌对各种理化因素的抵抗力不强，直射阳光和干燥条件下很快死亡，对热敏感，56℃ 15 min、60℃ 10 min可被杀死。常用消毒药均可短时间内将其杀死，3%苯酚（碳酸）、5%石灰乳、1%漂白粉作用1 min即可杀死本菌。病原菌在死禽体内可存活1~3个月，在冬季寒冷季节可存活2~4个月。

（2）流行病学

本病主要是通过呼吸道、消化道传播，也可通过损伤的皮肤、黏膜传播。病禽、带菌禽是主要的传染源。病禽通过尸体、粪便、分泌物向外排菌，带菌鸡可间歇性地向外排菌，污染场地环境。被病原菌污染的饲料、饮水、禽舍、器具、车辆等是主要的传播媒介，尤其在饲养密度大、通风不良以及尘土飞扬的情况下，通过呼吸道感染的可能性更大。吸血昆虫、苍蝇、鼠、猫也可成为传播媒介。

各种家禽和野禽对本病都有易感性，家禽中以鸡、火鸡、鸭最易感，鹅次之。在鸡中本病主要发生于4个月以上的鸡，高产体况好的鸡更易发生，2个月以下的雏鸡很少发生。不同家禽之间可以相互传染。本病的发生无明显的季节性，南方一年四季均有发生，北方则多在高温、潮湿、多雨的夏秋季流行。多数情况下常为散发，或呈地方性流行。

（3）临床症状

①最急性型 常见于流行初期，特别是成年高产蛋鸡最常见。该病型最大特点是生前看不到任何症状，突然倒地，拍翅、抽搐、挣扎，迅速死亡，病程短者数分钟，长者也不过数小时。

②急性型 此型最为常见。鸡群突然发病，病死率很高。病鸡体温高达43～44℃，精神沉郁，食欲减少或不食，口渴，羽毛松乱，缩颈闭目，离群呆立。呼吸急促，口、鼻流出带泡沫的黏液，鸡冠及肉髯发绀，甚至呈黑紫色。后期常有剧烈下痢，粪便灰黄色或绿色甚至混有血液，鸡群产蛋量迅速下降。最后，衰竭、昏迷而死亡。病程短的约0.5d，长的1～3d。

③慢性型 多见于流行后期，多由急性病例转为慢性，或由毒力较弱的菌株引起。病鸡表现食欲不振，精神沉郁，常见鸡冠和肉髯水肿、苍白，肉髯苍白、水肿、变硬。关节炎，关节肿大，跛行。有的慢性病鸡长期拉稀，病程可延长到几个周甚至几个月。

鸭霍乱常以病程短促的急性型为主。症状与鸡基本相似，一般表现精神不振，不愿下水，即使下水，行动缓慢，常落于鸭群后面；或离群独卧，眼半闭，少食或不食，停止鸣叫，两脚发生瘫痪，不能行走；口鼻流出黏液，呼吸困难，张口呼吸，并常摇头，俗称"摇头瘟"。一般于发病后1～3d死亡。

成年鹅的症状与鸭相似，仔鹅发病和死亡较成年鹅严重，常以急性经过为主。精神委顿，食欲废绝，拉稀，喉头有黏稠的分泌物。喙和蹼发紫，翻开眼结膜有出血斑点，病程1～2d。

（4）病理变化

①最急性型 死亡的病鸡无特殊病变，有时只能看见心外膜有少许出血点。

②急性型 主要病变是出血和坏死。皮下组织、腹部脂肪常见小出血点；心包内积有淡黄色液体，并可能混有纤维素样絮状物，心冠脂肪和心外膜有针尖大小的出血点；肺有出血、水肿、淤血，并可见有实变区；肠黏膜充血、出血，尤其以十二指肠最为严重，黏膜红肿、呈暗红色，弥漫性出血，肠内容物含有血液而呈红色；肝脏的病变最为特征，表现肿大、质脆，呈棕黄色或棕红色，表面及肝实质有许多针头或小米粒大小的灰白色或黄白色的坏死点，有时也可见小出血点，此病变具有诊断意义。

③慢性型 其特征为局限性感染，病变常局限于某些器官。当以呼吸道症状为主时，可见鼻腔、鼻窦、气管、支气管呈卡他性炎症，分泌物增多，有的肺质地变硬；病变局限于肉髯的病例，可见肉髯肿胀，内有干酪样渗出物；病变局限于关节的病例，可见关节肿大、变形，有炎性渗出物和干酪样坏死。公鸡的肉髯肿大，内有干酪样的渗出物；产蛋鸡还可见卵巢明显出血，卵黄破裂，腹腔脏器表面附着干酪样的卵黄物质，有时卵泡变形，似半煮熟样。

（5）诊断

根据病鸡剖检特征、临床症状可以初步诊断，确诊须由实验室诊断。取病鸡血涂片，肝、脾涂片经美蓝、瑞氏或吉姆萨染色，如见到大量两极浓染的短小杆菌，有助于诊断。进一步的诊断须经细菌的分离培养及生化反应。

（6）防控措施

①预防　加强鸡群的饲养管理，平时严格执行鸡场兽医卫生防疫措施，以栋舍为单位采取全进全出的饲养制度，预防本病的发生是完全有可能的。一般从未发生本病的鸡场不进行疫苗接种。当前，禽霍乱疫苗的免疫效果不够理想，生产实践中，预防本病最理想的菌苗是禽霍乱自家灭活苗。

②治疗　鸡群发病应立即采取治疗措施，有条件的地方应通过药敏试验选择有效药物全群给药。阿米卡星、氟苯尼考、氟喹诺酮类药物（如环丙沙星）、头孢噻呋、多西环素、磺胺类药物、喹乙醇均有较好的疗效。在治疗过程中，剂量要足，疗程合理，当鸡只死亡明显减少后，再继续投药2~3 d以巩固疗效防止复发。

禽场发生本病后，及早全群使用敏感的药物可以很快控制本病，但停药后，又可再次发生，也就是说，单纯使用药物很难达到根治本病的目的。据报道使用禽霍乱自家水剂灭活苗紧急注射，同时配合药物治疗3~5 d，可以根治本病。

4）鸡葡萄球菌病

鸡葡萄球菌病（avian staphylococcosis）是由金黄色葡萄球菌引起的鸡的急性败血性或慢性传染病。其主要特征为急性败血症、关节炎、雏鸡脐炎等。

（1）病原

本病的病原为金黄色葡萄球菌，属微球菌科葡萄球菌属。典型的菌体为圆形或卵圆形，直径0.7~1 μm。在固体培养基上生长的细菌常呈葡萄串状排列，而在脓汁或液体培养基中生长的细菌则单在、成对或呈短链状排列。致病性菌株菌体稍小，且菌体的排列和大小比较整齐。本菌易被碱性染料着色，革兰染色呈阳性，老龄菌可呈革兰阴性。无鞭毛，无荚膜，不形成芽孢。分为20个血清群，本病主要是C群所引起。

本菌对外界理化因素的抵抗力较强，在尘埃、干燥的脓汁或血液中能存活几个月，加热80℃ 30 min才能杀死。对龙胆紫、青霉素、红霉素、庆大霉素、林可霉素、氟喹诺酮类等药物敏感，但由于广泛或滥用抗生素，耐药菌株不断增多，因此，在临床用药前最好经过药敏试验，选择最敏感的药物。

（2）流行病学

葡萄球菌在自然环境中分布极为广泛，空气、尘埃、污水以及土壤中都有存在，也是鸡体表及上呼吸道的常在菌。

家禽的葡萄球菌病常发生于鸡和火鸡，鸭和鹅也可感染发病。损伤的皮肤、黏膜是葡萄球菌主要的入侵门户。也可通过直接接触和空气传播，这种情况多见于饲养管理上的失误，如鸡群过大、拥挤，通风不良、有害气体浓度过高（氨气过浓），饲料单一、维生素和矿物质缺乏、种蛋及孵化器消毒不严等。

（3）临床症状

雏鸡感染后多为急性败血症，种鸡为急性或慢性，而成年鸡多为慢性经过。雏鸡和中雏死亡率较高，是集约化养鸡场的重要传染病之一。

鸡葡萄球菌病的临床表现与病原菌的种类和毒力、鸡只日龄、感染部位及机体状态有关，主要表现为急性败血症、脐炎型和关节炎型三大类型。

①急性败血型　本病最常见的一种病型，常发生于40~60日龄的中雏。病鸡精神沉

郁，不愿运动，常呆立或蹲伏一处，双翅下垂，缩颈，眼半闭呈瞌睡状，羽毛松乱，无光泽，食欲减退或废绝，饮水量减少。部分病鸡有腹泻，排出灰白色或黄绿色稀便。较为特征的症状是胸、腹部皮肤呈紫色或紫褐色，皮下浮肿，积聚数量不等的血样渗出液，有时可延伸及大腿内侧，触时有明显的波动感，局部羽毛脱落，或用手一摸即可脱掉，有的可自行破溃，流出茶色或紫红色液体，与附近羽毛粘连，局部污秽。有的病鸡在翅膀背侧及腹侧、翅尖、背部、腿部等处的皮肤出现大小不等的出血、皮下浸润，溶血糜烂，后期则表现为炎性坏死，局部形成暗紫色干燥的结痂，无毛。病雏多在2~5 d死亡，严重的1~2 d死亡。死亡率为10%~50%，差异主要与环境条件等因素有关。

②脐炎型　俗称"大肚脐"。多发生在刚出壳不久的幼雏，多因脐孔闭合不全面感染葡萄球菌。病雏眼半闭、无神，腹部膨胀，脐孔发炎肿胀，腹部皮下水肿，有波动感，穿刺有黄褐色液体流出。发生脐炎的病鸡一般在出壳后2~5 d死亡。

③关节炎型　多见于育成鸡和成年鸡。感染发病的关节主要是胫、跗关节、趾关节和跖关节。发病的关节肿胀，呈紫红色，破溃后形成黑色的痂皮，有的出现趾瘤。病鸡跛行，不愿走动，不喜欢站立，多伏卧，有食欲，但因采食困难，而逐渐消瘦或衰竭而死，病程10 d以上。

④眼炎型　可出现于败血型的后期，也可单独出现。眼型表现为头部肿大，眼睑肿胀，闭眼，有脓性分泌物，眼结膜化脓，时间长的眼球下陷，失明，多因饥饿、踩踏，衰竭而亡。

⑤肺炎型　多发生于中雏，主要表现为呼吸困难和全身症状，病死率一般在10%以上。该种病型较为少见，常与败血型混合发生。

（4）病理变化

①急性败血型　皮肤水肿、皮肤糜烂和干燥结痂，病死鸡内脏器官多无肉眼可见的病变。若自呼吸道感染发病而死的病鸡可见一侧或两侧肺呈黑紫色，质地变软如稀泥样。发生关节炎的病鸡可见一般关节炎和腱鞘炎的变化，新生雏鸡的脐炎可见腹部增大，脐孔周围皮肤浮肿、发红，皮下有较多红黄色渗出液，多呈胶冻样。

②关节炎型　可见关节和滑膜炎症，表现关节肿胀，滑膜增厚，关节腔内有浆液性或纤维素性渗出物。病程较长的病例，渗出物变为干酪样物，关节周围结缔组织增生及关节变形。

③脐炎型　脐部肿大，呈紫红色或紫黑色，有暗红色或黄红色液体，时间稍久，则为脓样干涸坏死物。卵黄吸收不良，呈黄红或黑灰色，并混有絮状物。

④眼炎型　病例病变与生前相似。肺炎型病例，肺淤血、水肿、实变，甚至可见到黑紫色坏疽病变。

（5）诊断

根据流行病学、临床症状和病理剖检变化进行综合分析，在现场可做出初步诊断。实验室的细菌学检查是确诊该病的主要方法。

（6）防控措施

①预防　由于葡萄球菌在环境中分布广泛，该病也是一种条件性疾病。所以，要防止和减少外伤的发生，定期用适当的消毒剂进行带鸡消毒，可减少鸡舍环境中的细菌数量，

降低感染机会。加强饲养管理和药物预防；适时做好鸡痘的预防接种，防止继发感染；常发地区，可用国内研制葡萄球菌多价氢氧化铝灭活苗给 20 日龄雏鸡注射来控制本病的发生和蔓延。

②治疗　一旦鸡群发病，要立即全群给药治疗。金黄色葡萄球菌易产生耐药性，应通过药敏试验，选择敏感药物进行治疗。一般可选用以下药物进行治疗：庆大霉素、硫酸卡那霉素、盐酸环丙沙星等西药，此外，还可选用清热泻火、凉血解毒的加味三黄汤等中药治疗本病。

5）传染性鼻炎

传染性鼻炎（infectious coryza，IC）是由副鸡嗜血杆菌引起的鸡的一种急性上呼吸道传染病。主要症状为鼻腔和窦的发炎，流鼻液、打喷嚏、颜面部肿胀，并伴发结膜炎。

（1）病原

病原为副鸡嗜血杆菌，属巴氏杆菌科嗜血杆菌属，呈多形性。幼龄时为一种革兰阴性的小球杆菌，大小为（1~3）μm×（0.4~0.8）μm，两极染色，不形成芽孢，无鞭毛，不能运动。新分离的菌株可形成荚膜。多单在，有时呈对或呈短链排列。本菌对营养条件需求较高，兼性厌氧菌。

副鸡嗜血杆菌的抵抗力很弱，固体培养基上的细菌在 4℃ 时能存活 2 周，在自然界中数小时即死亡。在 45℃ 存活不超过 6 min。卵黄囊内菌体-20℃应每月继代 1 次，在冻干条件下可以保存 10 年，对一般消毒剂敏感。

（2）流行病学

病鸡及隐性带菌鸡是主要的传染源，而慢性病鸡及隐性带菌鸡是鸡群中发生本病的重要原因。其传播途径可通过飞沫及尘埃经呼吸道传染，也可通过污染的饲料和饮水经消化道感染；此外，饲养用具（食槽、水槽等）和管理人员的衣物也可传播本病，麻雀也能成为传播媒介。通常认为本病不能垂直传播。

本病主要发生于鸡，各种年龄的鸡均可感染，以 8~9 周龄以上的育成鸡和产蛋鸡最易感，尤以产蛋鸡发病最多。本病的发生具有来势凶猛、传播迅速的特点。密集型饲养的鸡群一旦发病，3~5 d 很快波及全群，发病率一般可达 70%，有时甚至 100%。传染性鼻炎主要发生于冬春两季。其发生与各种诱因有密切关系，如鸡群饲养密度过大、拥挤，不同日龄的鸡混群饲养，通风不良，鸡舍内氨气浓度过高，鸡舍寒冷潮湿，维生素 A 缺乏，寄生虫侵袭、气候突变等都能促使鸡群发病。鸡群接种鸡痘疫苗引起的全身反应，也经常成为传染性鼻炎发生的诱因。

（3）临床症状

传染性鼻炎的特征性症状是鼻腔和窦内炎症。发病初期，表现为发热、采食和饮水减少，初期鼻腔流出稀薄水样的汁液，继而转为黏稠脓性的鼻液，病鸡时常甩头，打喷嚏。到中后期，眼睑和面部出现一侧或两侧水肿，眼结膜潮红、肿胀，有的眼睑被分泌物粘连，严重的整个头部肿大，眼球陷于肿胀的眼眶内。产蛋鸡在发病后 1 周左右产蛋减少，可由 70% 降至 20%~30%，一般下降为 25% 左右，但蛋的品质变化不大。育成鸡还表现发育停滞或增重减缓，开产期延迟，弱残鸡增多，淘汰率升高。公鸡肉髯常见肿胀。当炎症蔓延到下呼吸道时，病鸡出现呼吸困难，呼吸时发生啰音。一般情况下单纯的传染性鼻炎很少造成鸡只死亡，多数病鸡可以恢复而成为带菌鸡。若饲养管理不善，营养缺乏及感染其他疾病时，则病程延长，病情加重，病死率也增高。

（4）病理变化

主要病变为鼻腔和窦黏膜呈急性卡他性炎症，黏膜充血肿胀，表面覆有大量黏液，窦内有纤维素性渗出物，后期变为干酪样物。常见卡他性结膜炎，结膜充血、肿胀，面部及肉髯水肿。

（5）诊断

根据流行病学特点、症状和病理变化可做出初步诊断。但临床上本病与慢性呼吸道病、慢性禽霍乱、禽痘以及维生素A缺乏症等症状相似，故仅从临床上来诊断有一定的困难。同时，传染性鼻炎常有并发感染，在诊断时必须考虑并发感染的可能性。如病鸡的病死率高，病程又较长，则更需考虑是否有混合感染，并进一步做鉴别诊断。要进一步确诊须进行病原的分离鉴定、血清学试验、动物接种试验。

（6）防控措施

①预防　做好综合防控措施，消除发病诱因。不能从有本病的或疾病情况不明的种鸡场购进鸡只；新购进的鸡只要进行隔离观察；鸡场与外界、鸡舍与鸡舍之间要保持相当的距离；康复带菌鸡是主要的传染源，应该与健康鸡隔离饲养或淘汰。保持鸡舍合理的饲养密度和良好的通风条件，不同日龄的鸡只不能混养，饲料营养成分要全面。严格消毒环境卫生，尽量避免可能发生的机械性传播。用传染性鼻炎多价油乳剂灭活苗免疫接种，免疫期一般3~4个月，健康鸡群在3~5周龄接种1次，开产前再接种1次，每只鸡0.5 mL，可有效地预防本病。

②治疗　一旦发病，可做紧急接种传染性鼻炎灭火苗，并配合药物治疗，同时对饮水和鸡舍带鸡消毒，可以较快地控制本病。本菌对多种抗生素及化学药物敏感，临床上常选用氟苯尼考、多西环素、环丙沙星、磺胺类药物等。由于传染性鼻炎易与支原体混合感染，因此，选用磺胺类药物配合使用红霉素、泰乐菌素和壮观霉素等，可以获得较好的治疗效果。

6）鸭传染性浆膜炎

鸭传染性浆膜炎（infectious serositis of duck）又称鸭疫里氏杆菌病，曾用名鸭疫巴氏杆菌病，是鸭、鹅、火鸡和多种禽类的一种急性或慢性传染病。主要特征为共济失调、角弓反张等神经症状。本病常引起小鸭大批死亡和生长发育迟缓，造成很大的经济损失，是危害养鸭业的主要传染病之一。

（1）病原

鸭疫里氏杆菌（Riemerella anatipestifer, RA）属巴氏杆菌科，曾称鸭疫巴氏杆菌（Pasteurella anatipestifer），1993年Segers等根据其DNA-核糖体RNA杂交分析、蛋白质和脂肪酸的组成和表型特征，建议将其分另设一个里氏杆菌属（Riemerella），得到了科学界的认同。本菌为革兰阴性小杆菌，无芽孢，不能运动，有荚膜。瑞氏染色呈两极浓染。

本菌血清型较为复杂，根据RA表面多糖抗原的不同，采用凝集试验和琼脂扩散试验进行血清学分型。到目前为止，国际上已确认有21个血清型（1~21），各血清型之间无交叉反应（5型例外，它能与2型和9型有微弱交叉反应）。目前，我国至少存在13个血清型，即 1、2、3、4、5、6、7、8、10、11、13、14、15 型。

本菌的抵抗力不强。在室温下，大多数鸭疫里氏杆菌菌株在固体培养基上存活不超过 3~4 d。4℃条件下，肉汤培养物可存活 2~3 周。55℃作用 12~16 h 细菌全部失活。欲长期保存菌种，需冻干保存。

（2）流行病学

引进的带菌鸭为主要传染源。主要经呼吸道或通过皮肤伤口（特别是脚部皮肤）感染而传染。1~8 周龄的鸭均易自然感染，但以 2~4 周龄的雏鸭最易感。1 周龄以下或 8 周龄以上的鸭极少发病。除鸭外，雏鹅也可感染发病。本病的感染率有时可达 90% 以上，死亡率为 5%~75%。传播迅速，无明显发病季节。发生与饲料环境、缺乏维生素或微量元素和蛋白质等诱因有关。本病常继发于鸭传染性鼻炎和鸭大肠杆菌病。

（3）临床症状

最急性病例看不到明显症状就突然死亡。急性病例的多见于 2~4 周龄的雏鸭，主要临床表现为嗜睡，缩颈或嘴抵地面，脚软弱，不愿走动或共济失调，不食或少食，眼、鼻有浆液或黏液性分泌物，眼周围羽毛被沾湿形成"眼圈"；粪便稀薄，呈绿色或黄色。濒死时出现神经症状，如痉挛、摇头或点头，背脖和两腿伸直呈角弓反张状，不久抽搐死亡。病程一般为 1~3 d，幸存者生长缓慢。

亚急性或慢性病例，多发生于 4~7 周龄较大的鸭，病程可在 1 周以上。主要表现为精神沉郁，不食或少食。腿软，卧地不起。羽毛粗乱，进行性消瘦，或呼吸困难。少数病例出现脑膜炎的症状，表现斜颈、转圈或倒退，但仍能采食并存活。

（4）病理变化

最明显的肉眼病变是浆膜表面有纤维素性渗出物，主要在心包膜、肝表面和气囊。病程较急的病例，是心囊液数量增多，心外膜表面覆盖一薄层纤维素性渗出物。病程较慢的，则心囊充填淡黄色纤维素，使心包膜与心外膜粘连。肝脏表面覆盖一层极易剥离的灰白色或灰黄色纤维素膜。肝土黄色或棕红色，质较脆，多肿大。胆囊肿大。多数病例气囊上有纤维素膜。脾多肿大，表面也常有纤维素膜。

（5）诊断

根据流行病学特点、临床症状和剖检变化可做出初步诊断，但应注意和鸭大肠杆菌病相区别，因为它们的眼观病变很相似。确诊必须进行实验室检查。

（6）防控措施

消除发病的诱因。避免鸭只饲养密度过大，注意通风和防寒，使用柔软干燥的垫料，并勤换垫料。实行全进全出的饲养管理制度，出栏后应彻底消毒，并空舍 2~4 周。

经常发生本病的鸭场，可在本病易感日龄使用敏感药物进行预防。

适时接种疫苗。我国已研制出油佐剂灭活菌苗和氢氧化铝灭活菌苗，在 7~10 日龄一次注射即可。由于本菌血清型较多且易发生变异，所以，制苗时最好针对流行菌株的血清型制成自家灭活菌苗。

药物防治是控制发病与死亡的一项重要措施，常以氟苯尼考作为首选药物，也可使用喹诺酮类、氨苄西林、丁胺卡那、头孢噻呋、利福平等。本菌极易产生耐药性，应通过药敏试验选择敏感药物进行治疗，同时各种抗菌药物应交替使用，以免耐药菌株的出现。

3. 家禽其他传染病防控

1）鸡毒支原体感染

鸡毒支原体(mycoplasma gallisepticum，MG)感染又称鸡败血支原体感染，由于其病程长又称慢性呼吸道病(chronic respiratory disease，CRD)。主要特征为咳嗽、流鼻液，呼吸啰音和张口呼吸。本病是危害肉仔鸡生产的主要疾病。

（1）病原

鸡毒支原体又称鸡败血支原体，菌体呈球杆状为主的多形性，吉姆萨染色着色良好，呈淡紫色，革兰染色呈弱阴性。

鸡毒支原体在人工培养时对营养要求高，需要在培养基中加入血清、胰酶水解物和酵母浸出液等才能生长。在固体培养基上发育慢，经3~5 d可见到直径为0.25~0.60 mm的小菌落，中心隆起呈"荷包蛋状"，菌落能吸附鸡的红细胞，借以与非致病菌株相区别。

鸡毒支原体能凝集鸡的红细胞，感染后鸡的血清中具有血凝抑制抗体。因此，可用血凝和血凝抑制试验诊断本病(方法同新城疫)。

本病对外界环境的抵抗力不强，在水中立刻死亡，在20℃鸡粪内可生存1~3 d。阳光直射迅速死亡，在低温条件下可长期存活。一般常用的消毒剂均能迅速将其杀死。对支原净、泰乐菌素、红霉素、螺旋霉素和链霉素等敏感，但对青霉素和磺胺类药物有抵抗力。

（2）流行病学

病鸡和隐性带菌鸡是本病的传染源，产蛋期种鸡带菌率可达50%~70%，经卵垂直传播是本病重要的传播方式。病原体可通过病鸡咳嗽、喷嚏的飞沫、尘埃经呼吸道传染，也可经被污染的饮水、饲料、用具等由消化道感染。

本病在鸡群中传播较为缓慢，但在新发病的鸡群中传播较快。单独感染支原体的鸡群，在正常饲养管理条件下，常不表现症状，呈隐性经过，当遇到气候突变及寒冷、饲养密度大、卫生与通风不良、呼吸道接种疫苗或发生呼吸道病等诱发因素则发病。

本病各种年龄的鸡和火鸡都可感染，尤以4~8周龄的雏鸡和火鸡最易感，成年鸡多为隐性感染。一年四季均可发生，以寒冷季节多发。

（3）临床症状

潜伏期10~21 d，但病程可长达30 d以上，幼鸡感染症状较典型，最常见的症状是呼吸道症状，表现咳嗽、喷嚏、气管啰音。病初流浆液性或黏液性鼻液，使鼻孔堵塞妨碍呼吸，频频摇头。当炎症蔓延到下呼吸道时，喘气和咳嗽更为显著，并有呼吸道啰音。后期，如鼻腔和眶下窦中蓄积渗出物，则引起眼部突出形成"金鱼眼"样。鸡精神和食欲差，生长发育迟缓，最后衰竭而死。

成年鸡的症状与幼鸡相似，但症状轻，一般很少发生死亡。病鸡表现为食欲不振，体重减轻。产蛋鸡感染只表现产蛋量下降，孵化率降低，孵出的雏鸡增重受阻。公鸡常有明显的呼吸道症状，而且在冬季比较严重。此病常与大肠杆菌合并感染，出现发热、下痢等症状，并使死亡率升高。

（4）病理变化

主要表现鼻道、气管、支气管和气囊的卡他性炎症，含有浑浊的黏稠渗出物。气囊的变化具有特征性。气囊壁变厚和浑浊，气囊壁上出现干酪样渗出物，开始如珠状，严重时成堆成块。常可见到一侧或两侧眼睛肿大、眼球部分或全部封闭，眼结膜囊内有米黄色干酪样渗出物，眼球萎缩。如有大肠杆菌混合感染时，可见纤维素性心包炎和肝周炎。

（5）诊断

根据流行特点、临床症状和剖检变化可做出诊断，如需确诊须进行病原分离鉴定和血清学试验。病原的分离鉴定需要一定条件才能进行，血清学试验最常用的是血清平板凝集试验。方法是取待检鸡血清 1 滴于白瓷板上，滴加鸡支原体染色抗原 1 滴，混合，轻轻转动平板，在 2 min 内如出现明显的凝集颗粒即为阳性反应。该方法简便快速，主要用于对鸡群感染情况做出判断，不适宜作为个体诊断用。

本病在临诊床上应注意与传染性鼻炎、传染性支气管炎等相区别。

（6）防控措施

由于鸡慢性呼吸道病在鸡场中普遍存在，而且传播方式多样，所以在预防方面必须采取综合的控制措施。

①预防　建立无病鸡群，引进种鸡或种蛋必须从确实无支原体病的鸡场购买，平时定期用平板凝集试验对鸡群进行检疫，淘汰病鸡和带菌鸡。严格执行消毒制度，饲料全价，采用全进全出的饲养方式，避免或减少一切不良应激因素；对种蛋要进行严格的消毒，因为垂直传播也是该病的主要传播方式。预防接种，国内研制的鸡慢性呼吸道病灭活油苗对于幼鸡和成年鸡均可使用。7~15 日龄雏鸡颈部皮下注射 0.2 mL，成年鸡颈部皮下注射 0.5 mL，免疫期为 5 个月。药物预防，可在 1~3 日龄用泰乐菌素按每千克水 500 mg 饮水，种鸡在产蛋前用支原净（泰妙菌素）按每千克水 125 mg 饮水，用药 2 d，可以有效控制由于垂直传播所带的出壳即感染，提高雏鸡的成活率。

②治疗　本病在早期治疗效果明显，及时确诊后根据药物敏感试验参考用药，可以参考使用的药物有泰乐菌素、泰妙菌素（支原净）、替米考星、红霉素、恩诺沙星或氧氟沙星、北里霉素、环丙沙星等。

2）禽曲霉菌病

禽曲霉菌病主要是由烟曲霉菌和黄曲霉菌等曲霉菌引起的多种禽类的一种真菌性呼吸道传染病，该病特征为患禽气喘、咳嗽、肺、气囊、胸腹腔浆膜表面形成曲霉菌性结节或霉斑。幼禽多发且呈急性群发，发病率和死亡率都很高，成年禽多为散发。

（1）病原

主要病原为半知菌纲曲霉菌属中的烟曲霉，其次为黄曲霉。另外，黑曲霉、构巢曲霉、土曲霉等，属于曲霉菌属。曲霉菌能形成许多分化孢子，排列成串珠状，呈圆球形。孢子柄膨大形成烧瓶形的顶囊，囊上呈放射状排列。

本菌为需氧菌，在室温和 37℃ 均能生长，在马铃薯培养基和其他糖类培养基上均可生长。曲霉菌能产生毒素，可使动物出现痉挛、麻痹、致死和组织坏死等。

曲霉菌的孢子对外界环境的抵抗力很强，在干热 120℃、煮沸 5 min 才能杀死。对化学药品也有较强的抵抗力。在一般消毒药物中，如 2.5% 甲醛、3% 苯酚等需 1~3 h 才能灭活。

（2）流行病学

曲霉菌的孢子广泛分布于自然界，如土壤、饲料、谷物、养禽环境、动物体表等都可存在。霉菌孢子还可借助于空气流动散播到较远的地方，在适宜的环境条件下，可大量生长繁殖，污染环境，引起传染。

本病可引起多种禽类发病，鸡、鸭、鹅、鸽、火鸡及多种鸟类均有易感性。幼禽易感性最高，尤其是 1~20 日龄雏鸡最易感，常呈急性暴发和群发，成年禽多为散发。孵化室卫生不良、种蛋消毒不严、育雏阶段饲养管理及卫生条件不良是引起本病暴发的主要原因。另外，温度、湿度较高(如梅雨季节)，育雏室通风不良、阴暗潮湿、雏禽密度大等因素常是引起本病发生的主要诱因。

本病的主要传播媒介是被曲霉菌污染的垫料和发霉的饲料。主要的传播途径是霉菌孢子吸入经呼吸道而被感染；接触污染的垫料和吞食发霉变质的饲料也可经消化道感染；另外，孵化环境受到严重污染时，霉菌孢子容易透过蛋壳侵入而引起胚胎感染。

(3)临床症状

自然感染的潜伏期 2~7 d，人工感染 24 h。根据发病的病程可将本病分为急性型和慢性型。

①急性型　多见于幼禽，病禽精神沉郁，食欲显著减少或不食，饮欲增加，呼吸急迫，伸颈张口，喘气频率加快，冠和肉髯因缺氧而发绀，咳嗽、流泪、流涕，常有下痢；病原侵害眼时，结膜充血、眼肿、眼睑因分泌物封闭，出现一侧或两侧眼睛发生灰白浑浊，也可能引起一侧眼肿胀，结膜囊有干酪样物，严重者失明；病原侵害脑组织，引起共济失调、角弓反张、麻痹等神经症状。一般在发病后 2~3 d 急性死亡。

②慢性型　多见于育成禽和成禽，症状较为温和，主要表现为生长缓慢，发育不良，渐进性消瘦，呼吸困难，且常有腹泻；产蛋禽则产蛋减少，甚至停产。零星死亡，病程 2 周以上。

(4)病理变化

典型病变主要在肺和气囊上，可见肺脏表面和实质有灰黄色至灰白色粟粒样或珍珠状霉菌性结节，有时气囊壁上可见大小不等的干酪样结节或斑块，质地较硬，切开后可见有层次的结构，中心为干酪样坏死组织，内含大量菌丝体，外层为类似肉芽组织的炎性反应层，含有巨细胞。随着病程的发展，气囊壁明显增厚，干酪样斑块增多、增大，有的融合在一起。后期病例可见在干酪样斑块上以及气囊壁上形成灰绿色霉菌斑。严重病例的腹腔、浆膜、肝脏或其他脏器浆膜表面有结节或圆形灰绿色霉菌斑块。

(5)诊断

根据发病特点、临床特征、剖检病理变化等可做出初步诊断，确诊必须进行微生物学检查。

①制片显微镜检　取病禽肺或气囊上的霉菌结节病灶，放在载玻片上，加生理盐水 1 滴，用接种环混匀加盖玻片后显微镜检，可见曲霉菌菌丝或分化孢子。

②病料接种培养　取病料接种沙博氏培养基，经 28℃ 培养 24~48 h 可见曲霉菌孢子。

(6)防控措施

①加强饲养管理，改善卫生条件　防止饲料和垫料发霉，使用清洁、干燥的垫料和无霉菌污染的饲料，避免禽类接触发霉堆放物，改善禽舍通风和控制湿度，减少空气中霉菌孢子

的含量。为了防止种蛋被污染，应及时收蛋，保持蛋库、蛋箱、孵化器及孵化厅干净卫生。

②药物治疗　发生本病后，可选用药物进行治疗，如制霉菌素、硫酸铜、恩诺沙星或环丙沙星、克霉唑等。

3）禽衣原体病

禽衣原体病又称鹦鹉热、鸟疫，是由鹦鹉热衣原体引起的禽类的一种急性或慢性接触性传染病。病禽以结膜炎、鼻炎和下痢等症状为主要特征。鹦鹉热衣原体不仅会感染家禽和鸟类，也会危害人类的健康，给公共卫生带来严重危害。

（1）病原

鹦鹉热衣原体是一种专性细胞寄生菌，菌体小，呈球状，有细胞壁，含 RNA 和 DNA，革兰染色阴性，吉姆萨染色着色良好。衣原体可以在鸡胚、细胞培养物和常用的哺乳动物细胞内形成胞浆内包涵体，成熟的包涵体经吉姆萨染色呈深紫色，内含 100~500 个原体和正在分裂增殖的始体。包涵体的膜破裂后，大量的原体释放于胞浆内，并继续感染新的细胞。

衣原体不能合成自身的高能化合物，必须依靠宿主细胞提供这些化合物，故它不能在无生命的人工培养基中生长繁殖。鸡胚、小鼠和某些传代细胞可用于衣原体的分离培养。

衣原体对高温的抵抗力不强，而在低温下则可存活较长时间。例如，55℃经 5 min，37℃经 48 h 即可被灭活，在禽类的干燥粪便和垫草中，可存活数月。衣原体对能影响脂类成分或细胞壁完整的化学因子非常敏感，常用消毒药如新洁尔灭、甲醛等可将其灭活；对酸、碱类消毒剂如煤酚类化合物和石灰具有抵抗力；70%乙醇、3%过氧化氢等几分钟便可破坏其感染性。四环素、金霉素和红霉素对衣原体具有强烈的抑制作用，青霉素抑制能力较差。衣原体对杆菌肽、庆大霉素和新霉素不敏感。

（2）流行病学

各种家禽（包括火鸡、鸭、鸽、鸡等）、鸟类、多种野禽和人均易感，且可相互传染。病禽和带菌禽是本病的主要传染源。病禽体内的衣原体，可随粪便、泪液和鼻汁中排出，在粪便中可存活数月。本病主要通过呼吸道和消化道传播。病禽的排泄物中含有大量病原体，干燥后可随风飞扬，禽类吸入含有病原体的尘土通过呼吸道感染。另外，排泄物中的病原体可污染饲料、饮水等，通过消化道感染。吸血昆虫也可传播该病。该病一年四季均可发生，以秋冬和春季发病最多。饲养管理不善、饲养密度过大、营养不良、阴雨连绵、气温突变、禽舍潮湿、通风不良等应激因素，都可促使本病的发生和加剧。

（3）临床症状

鸡尤其是成年鸡对鹦鹉热衣原体有较强的抵抗力，大多数自然感染的鸡症状不明显或呈隐性感染。幼龄鸡常急性感染，发病严重，全身震颤，步态不稳，食欲下降并排出黄绿色或红色胶状粪便，眼及鼻孔周围有浆液性或脓性分泌物。随着病程发展，有的病鸡角膜浑浊、失明、呼吸困难，少数出现脚麻痹等，发病率40%，死亡率5%。

鸭群发病率一般在10%~80%，死亡率可达30%。幼鸭感染本病后，症状严重，致死率高，表现为颤抖、共济失调，食欲减退并排出绿色水样粪便，眼、鼻有浆液性或脓性分泌物，腹泻，关节肿大，跛行。

火鸡感染衣原体后表现为精神沉郁、厌食，体温升高，病禽排出黄绿色胶冻状粪便，严重感染的母火鸡产蛋率迅速下降，死亡率4%~30%。

（4）病理变化

剖检气囊和体腔浆膜有纤维素性到化脓性炎症。气囊膜增厚，表面覆盖泡沫状白色纤维素性渗出物，腹腔内有大量泡沫样黏性物。胸肌萎缩。常伴有纤维素性心包炎、心外膜增厚、充血，表面有纤维素性渗出物覆盖。肝肿大，颜色变淡，表面覆盖有纤维素。脾肿大，有些肝和脾有灰色或黄色坏死灶。肾偶见有出血点，部分蛋鸡出现卵黄变性、卵泡破裂引起卵黄性腹膜炎。

（5）诊断

本病缺乏特征性临床症状和病理变化，实验室检查是诊断本病的主要方法。

①病原学诊断 取病禽的肝、脾表面，气囊、心包和心外膜等压片染色镜检，吉姆萨染色镜检，衣原体原生小体呈红色或紫红色，网状体呈蓝绿色。革兰染色阴性。

②鸡胚接种 将病料经卵黄囊接种于6~7日龄鸡胚，收集接种后3~10 d死亡的鸡胚卵黄囊。观察鸡胚病变，制备切片，染色镜检。

③血清学试验 采取发病初期和康复后的双份血清，通过间接补体结合反应、间接血凝反应或酶标抗体法来检查抗体。

④鉴别诊断 怀疑为衣原体病时必须与巴氏杆菌病区别开来，特别是火鸡的巴氏杆菌病，其症状和病理变化与衣原体病相似。火鸡的衣原体病还易与大肠杆菌病、支原体病、禽流感等相混淆，在诊断上应注意鉴别，以免误诊。

（6）防控措施

①预防 该病尚无有效疫苗，预防应加强饲养管理，改善养禽场卫生条件，严格执行消毒制度。注意禽舍、饲喂用具的清洁卫生，鸡舍和设备在使用之前应进行彻底清洁和消毒。对粪便、垫草和脱落的羽毛要堆积发酵。引进禽群，应先进行检疫，以防将病原体带入禽场。严禁野鸟和野生动物进入禽舍。发现病禽应立即淘汰，并销毁被污染的饲料，禽舍用0.3%过氧乙酸、5%漂白粉等进行消毒。清扫时应避免尘土飞扬，以防工作人员感染。

②治疗 可选用四环素、土霉素、金霉素等抗菌药物，对该病都有较好的治疗效果。

4）禽念珠菌病

禽念珠菌病又称霉菌性口炎、白色念珠菌病，是由白色念珠菌引起的一种真菌性传染病，本病也可感染哺乳动物和人类，其主要特征是在禽的上消化道（口腔、咽部、食道、嗉囊）黏膜发生白色伪膜和溃疡。1858年最早报道火鸡发生本病，目前呈世界性分布。

（1）病原

本病病原是一种类酵母状的真菌——白色念珠菌，革兰染色阳性。在自然界广泛存在，在健康的畜禽及人的口腔、上呼吸道和肠道等处寄居。病鸡的粪便中含有大量病菌，在病鸡的嗉囊、腺胃、肌胃、胆囊以及肠内，都能分离出病菌。该菌对外界环境及消毒药有很强的抵抗力。

该菌为兼性厌氧，在沙氏培养基经37℃培养24~48 h，可形成圆形、光滑、中央隆起、白色奶油状菌落。明胶穿刺试验可看到沿穿刺线出现短绒毛状或树枝状旁枝，不液化明胶。若接种于含有玉米浸汁的伊红美蓝琼脂膜上，能迅速发酵，菌落呈红色。

（2）流行病学

本病可发生多种禽类，如鸡、火鸡、鸽、鸭、鹅等均可感染，且以幼龄禽多发，成年禽有时也有发生。4周龄以下的家禽感染后迅速大批死亡，3月龄以上的家禽多数康复。鸽以青年鸽易发且病情严重。15日龄至2个月龄的幼鸽最易感，刚离开母鸽的童鸽感染后病情最严重。成年鸽不明显，成为隐性带菌鸽。多发生在夏秋炎热多雨季节。

病禽和带菌禽是主要传染源，病菌通过分泌物、排泄物污染饲料、饮水经消化道感染。雏鸽感染主要是带菌亲鸽的鸽乳而传染。白色念珠菌是一种内源性的条件性真菌，该病原与机体长期共生，当条件骤然改变如营养缺乏、长期应用广谱抗生素或皮质类固醇、饲养管理卫生条件不好以及其他疾病造成家禽机体抵抗力降低，都会破坏禽群体内的微生态环境，从而诱发本病。

（3）临床症状

病禽主要表现为精神沉郁、生长不良、羽毛粗乱、食量减少或停食；消化障碍，嗉囊扩张下垂，挤压时有痛感，并有酸臭气体自口中排出。有时病鸡下痢，粪便呈灰白色。一般1周左右死亡。

雏鸽感染后口腔与咽部黏膜充血、潮红、分泌物增多且黏稠。青年鸽发病初期可见口腔、咽部有白色斑点，继而逐渐扩大，变成黄白色干酪样伪膜。口气微臭或带酒糟味。个别鸽引起软嗉症，嗉囊胀满，软而收缩无力。食欲废绝，排墨绿色稀粪，多在病后2~3 d或1周左右死亡。

幼鸭主要表现为呼吸困难，气喘，叫声嘶哑。发病率和死亡率都很高。

（4）病理变化

病理变化主要集中在上消化道，可见喙结痂，口腔、咽和食道有干酪样伪膜和溃疡。嗉囊黏膜明显增厚，被覆一层灰白色斑块状伪膜，易刮落。伪膜下可见坏死和溃疡。少数病禽引起胃黏膜肿胀、出血和溃疡，颈胸部皮下形成肉芽肿。肺有坏死灶及干酪样物。腺胃与肌胃交界处出血，肌胃角质层有出血斑。心肌肥大，肝肿大呈紫褐色，有出血斑。肠黏膜呈炎性出血，肠壁变薄，肠系膜有黑红色或黄褐色的干酪样渗出物附着。

（5）诊断

根据流行病学、临床症状与病理变化可做出初步诊断。确诊需刮取口腔、食道黏膜渗出物涂片，显微镜检查酵母状的菌体和菌丝，或将采集病料接种沙氏培养基，经37℃培养24~48 h后，可见白色奶油状凸出、圆形隆起、边缘整齐、有一定的黏性。将该菌皮下接种小鼠或兔，可使其肾和心肌形成芽肿。

（6）防控措施

①加强饲养管理、改善卫生条件　防止饲料和垫料发霉，减少应激，舍内要干燥、通风，2~3 d带禽消毒1次，每周禽场环境消毒1次。料槽、饮水器等用具每周清洗消毒。严禁饲喂发霉变质饲料。发现病禽立即隔离，及时更换垫草，环境、用具立即消毒。

②药物治疗　发生本病后可使用硫酸铜溶液、制霉菌素进行治疗，可取得一定疗效。1:2 000~1:3 000硫酸铜溶液饮水，连用3~5 d；制霉菌素按每千克饲料加入100万~150万 IU（预防量减半），连用1~2周。适量补给复合维生素B，对大群防治有一定效果。

任务实施

新城疫病毒鉴定（RT-PCR）

【材料用具】

PCR 扩增仪、台式高速冷冻离心机(相对离心力 12 000×g)、Ⅱ级生物安全柜、微量可调移液器及其配套的无核酸酶处理的离心管与吸头、电泳仪、电泳槽、紫外凝胶成像仪、RNA 提取试剂 Trizol(或商品化 RNA 提取试剂盒、或其他等效 RNA 提取试剂和方法)、三氯甲烷(氯仿)、异丙醇(分析纯)、75%乙醇(用新开启的无水乙醇和 DEPC 处理水按 3∶1 配制而成，-20℃预冷)、RT-PCR 相关试剂(可选择商品化试剂盒)、阳性对照(灭活的新城疫强毒感染鸡胚尿囊液)、阴性对照(SPF 鸡胚尿囊液)等。

【实施步骤】

（1）样品准备

取处理后的拭子样品、组织样品或尿囊液 3 000 r/min 离心 5 min，取 200 μL 离心后的上清液提取 RNA。

（2）病毒 RNA 提取

提取 RNA 时应避免 RNA 酶污染，应保证无细菌及核酸污染，实验材料和容器应经过消毒处理并一次性使用。用 Trizol 提取 RNA 的操作步骤如下。

①在无 RNA 酶的 1.5 mL 离心管中加入 200 μL 检测样品，然后加入 1 mL Trizol，振荡 20 s，室温静置 10 min。

②加入 200 μL 三氯甲烷，颠倒混匀，室温静置 10 min，12 000 r/min 离心 15 min。

③管内液体分为三层，取 500 μL 上清液于离心管中，加入 500 μL 预冷(-20℃)的异丙醇，颠倒混匀，静置 10 min。12 000 r/min 离心 15 min 沉淀 RNA，弃去所有液体(离心管在吸水纸上控干)。

④加入 700 μL 预冷(-20℃)的 75%乙醇洗涤，颠倒混匀 2~3 次。12 000 r/min 离心 10 min。

⑤水浴调至 60℃。离心管在室温下干燥至没有水滴。加入 40 μL DEPC 处理水，60℃水浴中作用 10 min，充分溶解 RNA，-70℃保存或立即使用。

（3）配制 RT-PCR 反应体系

①引物　针对新城疫病毒 F 基因设计，上游引物 P1 的序列为 5′-ATGGGCYC-CAGAYCTTCTAC-3′，下游引物 P2 的序列为 5′-CTGCCACTGCTAGTTGTGATAATCC-3′，Y 为兼并碱基(Y：C/T)。

②RT-PCR 反应体系配制　见表 6-3 所列。体系配好后盖紧 PCR 反应管盖，并做好标记。

（4）RT-PCR 反应

按 RT-PCR 反应体系配制的加样顺序全部加完后，充分混匀，瞬时离心，使液体都沉到 PCR 管底。同时，设立阳性对照和阴性对照。按照下列程序进行扩增：42℃反转录

表 6-3　RT-PCR 反应体系配制　　　　　　　　　　　　　　　μL

组分	体积
无 RNA 酶灭菌超纯水	14.6
10×反应缓冲液	2.5
dNTPs	2
RNase 抑制剂(40 U/μL)	0.5
AMV 反转录酶(5 U/μL)	0.7
Taq 酶(5 U/L)	0.7
上游引物 P1(20 μmol/L)	0.5
下游引物 P2(20 μmol/L)	0.5
模板 RNA	3
合计	25

30 min；95℃预变性 3 min；94℃变性 30 s，55℃退火 30 s，72℃延伸 45 s，共进行 35 次循环；最后，72℃延伸 7 min。最终的 RT-PCR 产物置 4℃保存。

(5)扩增产物电泳检测

①1.5%琼脂糖凝胶板的制备　称取 1.5 g 琼脂糖，加入 100 mL 1×TAE 缓冲液中。加热熔化后加 5 μL(10 mg/mL)溴乙啶，混匀后倒入放置在水平台面上的凝胶盘中，胶板厚 5 mm 左右。依据样品数量选用适宜的梳子。待凝胶冷却凝固后拔出梳子(胶中形成加样孔)，放入电泳槽中，加 1×TAE 缓冲液淹没胶面。

②加样　取 5 μL PCR 产物与 0.5 μL 10×加样缓冲液混匀后加入琼脂糖凝胶板的一个加样孔中。每次电泳同时设标准 DNA Marker、阴性对照、阳性对照。

③电泳　接通电源，120 V 恒压电泳 30~40 min。

(6)观察与记录

电泳结束后，取出凝胶板置紫外凝胶成像仪(或紫外线透射仪)上观察并记录结果。

(7)结果判定

①试验成立条件　阳性对照出现 535 bp 左右的扩增条带，同时阴性对照无扩增条带。

②检测样品出现 535 bp 左右的目的片段(与阳性对照大小相符)，判为新城疫病毒核酸阳性；检测样品未出现目的片段，判为新城疫病毒核酸阴性。

(8)NDV 强毒感染的确定

对扩增的目的片段进行序列测定，根据序列测定结果，对毒株 F 基因编码的氨基酸序列进行分析。如果毒株 F2 蛋白的 C 端有多个碱性氨基酸残基，F1 蛋白的 N 端即 117 位为苯丙氨酸，可确定为新城疫病毒强毒感染。多个碱性氨基酸是指毒株 F2 蛋白的 C 端在 113~116 位残基至少有 3 个精氨酸或赖氨酸。

【考核评价】

(1)个人考核(占 50%)

根据表 6-4 所列内容，对学生的实训情况进行考核。

表 6-4　个人考核内容及标准

序号	考核项目	评分标准	分值	考核方法	考核得分	熟练程度
1	样品准备	拭子样品、组织样品或尿囊液准备	5	单人操作考核		>90 分为熟练掌握；70~90 分为基本掌握；<70 分为没有掌握
		离心设备的准备	5			
2	病毒 RNA 提取	加入三氯甲烷后，颠倒混匀	5			
		预冷(−20℃)的 75%乙醇洗涤后，颠倒混匀 2~3 次	5			
		水浴调至 60℃，充分溶解 RNA	10			
3	配制 RT-PCR 反应体系	RT-PCR 反应体系配制合理	10			
4	RT-PCR 反应	RT-PCR 反应体系配制的加样顺序准确完成	10			
5	扩增产物电泳检测	扩增产物电泳检测方法正确	10			
6	观察与记录	在紫外凝胶成像仪(或紫外线透射仪)上观察并记录结果	10			
7	结果判定	新城疫病毒核酸阳性、阴性判定	10			
8	NDV 强毒感染的确定	能对毒株 F 基因编码的氨基酸序列进行分析	10			
9	现场清理	病毒 RNA 提取后、电泳后琼脂糖凝胶处理	5			
		新城疫病毒鉴定技术(RT-PCR)实验所有用具的消毒处理	5			
	合计		100			

（2）团队考核（占 30%）

参照表 1-2 进行考核。

（3）综合评价（占 20%）

参照表 1-3 进行综合评价。

鸡白痢的检疫

【材料用具】

鸡白痢鸡伤寒多价染色平板凝集抗原、标准阳性血清、标准阴性血清、疑似鸡白痢病的成年母鸡和被检鸡、微量移液器、20 号或 22 号注射针头、75%乙醇、酒精灯、酒精棉球、剪刀、镊子、橡胶乳头滴管、接种环（金属环直径约 4.5 mm）等。

【实施步骤】

（1）观察主要病理变化

疑似鸡白痢病的成年母鸡最常见的病变为卵泡变形、色泽变暗，质地变硬，有时发生腹膜炎和心包炎，如图 6-13、图 6-14 所示。

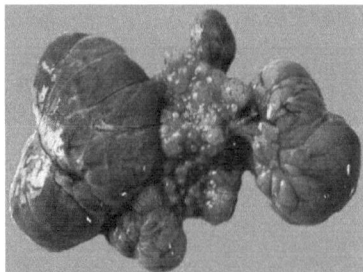

图 6-13 卵泡萎缩、变形，呈灰绿色
或土黄色

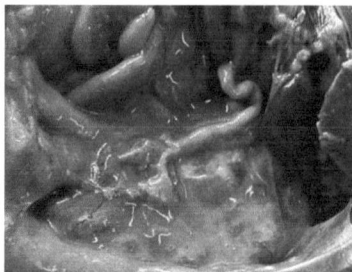

图 6-14 腹腔内有卵黄液，脾脏
肿胀有坏死点

（2）鸡白痢的检疫（全血平板凝集反应）

取一清洁带凹槽的玻璃板编号。将鸡白痢全血平板凝集抗原充分振荡后，用滴管吸取 1 滴（约 0.5 mL）置于玻板凹槽内，随即以针头刺破被检鸡冠或翅下静脉，用接种环取血液 1 满环，立即与凹槽内的抗原混匀，扩散至整个凹槽，置室温（20℃左右）下或在酒精灯上微加温，2 min 内判定结果，如图 6-15 所示。

结果判定：如出现明显的颗粒或块状凝集为阳性反应（+），如不出现凝集或呈均匀一致的微细颗粒或边缘由于干涸形成细絮状物为阴性反应（-），如不易判定为疑似反应（±），如图 6-16 所示。

图 6-15 种鸡群鸡白痢检疫

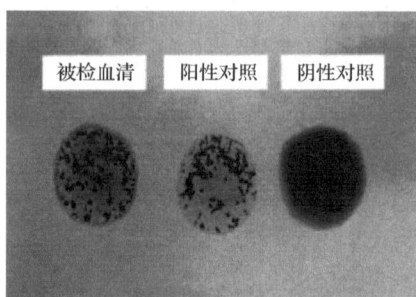

图 6-16 平板凝集反应结果

【考核评价】

（1）个人考核（占 50%）

根据表 6-5 所列内容，对学生的实训情况进行考核。

表 6-5 个人考核内容及标准

序号	考核项目	评分标准	分值	考核方法	考核得分	熟练程度
1	外观检查	患鸡病理变化的观察描述	10	单人操作考核		>90 分为熟练掌握；70~90 分为基本掌握；<70 分为没有掌握
2	操作	玻璃板方格编号，加入抗原	10			
		检疫开始前做阳性和阴性血清对照	20			
		用采血针刺破翅下静脉取血	20			
		将血液与抗原混匀并扩散开来	10			
		在酒精灯上微加热	5			
3	结果判定	正确判定结果	15			
4	器具处理	用过的器具消毒处理	10			
	合计		100			

（2）团队考核（占 30%）

参照表 1-2 进行考核。

（3）综合评价（占 20%）

参照表 1-3 进行综合评价。

鸡大肠杆菌病的诊断

【材料用具】

病料、普通营养琼脂、麦康凯琼脂、伊红美蓝琼脂、营养肉汤培养基、细菌微量生化反应管、肠杆菌科细菌生化编码鉴定管、三糖铁琼脂、糖发酵培养基、蛋白胨水、葡萄糖蛋白胨水、明胶培养基、普通半固体培养基、柠檬酸盐斜面培养基、革兰染色液、香柏油、3~5 日龄健康雏鸡、小鼠、大肠杆菌病死鸡、显微镜、微量移液器、酒精灯、接种环、超净工作台、恒温培养箱、无菌的平皿和试管、剪刀、镊子、接种环、酒精灯、酒精棉球、恒温培养箱、无菌注射器、玻片等。

【实施步骤】

（1）病鸡的观察

鸡急性败血型大肠杆菌病主要病变是纤维素性心包炎和肝周炎。纤维性心包炎表现为心包腔中积有淡黄色液体并有灰白色纤维素性渗出物，心包与心肌相粘连，心包膜浑浊、增厚，上有大量灰白色绒毛状或片状的纤维素性附着物。纤维素性肝周炎表现为肝脏肿大，表面有纤维素性渗出物，有时整个肝脏表面覆盖一层灰白色纤维素性薄膜，如图6-17、图 6-18 所示。

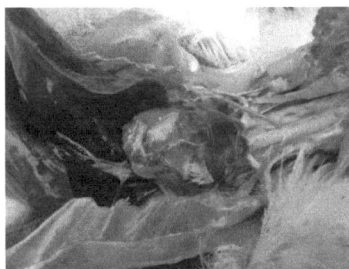

图 6-17 纤维素性心包炎　　　图 6-18 纤维素性心包炎、肝周炎

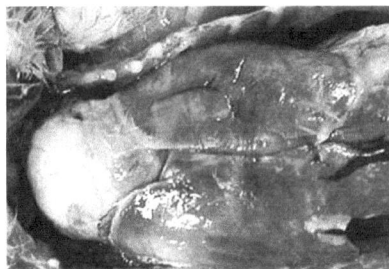

（2）病料采集

无菌从新鲜尸体中采样至灭菌平皿或试管（最好死后立即采取，以不超过 6 h 为宜）。如疑为急性大肠杆菌败血症，应用灭菌注射器自心脏无菌采血 1 mL 用于细菌分离培养和肉汤增殖。同时，用烧过的外科刀片烧烙肝被膜后，再用灭菌棉拭子或接种环刺入肝实质取肝样做分离培养；如出现脓性纤维素性渗出物，应用灭菌棉拭子从心包腔、气囊以及关节腔中取样做细菌分离。如果发病超过 1 周，或投服敏感药物后，往往不容易分离到大肠杆菌，如图6-19 所示。

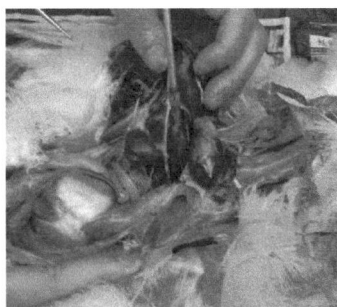

图 6-19 采集病料

（3）检验步骤

①分离培养　无菌操作采取病料，直接接种于普通肉汤、营养琼脂、麦康凯琼脂、伊红美蓝琼脂平板培养基，置37℃温箱培养24 h。如果是大肠杆菌，在麦康凯琼脂培养基上应长出直径1~2 mm，中央凹陷的粉红色圆形菌落。在营养琼脂平板上应形成中等大小、灰白色、圆形菌落。在伊红美蓝琼脂平板上形成呈深紫色、隆凸、表面湿润、带有蓝绿色金属光泽菌落。在普通肉汤中应生长良好，浑浊，如图6-20、图6-21所示。

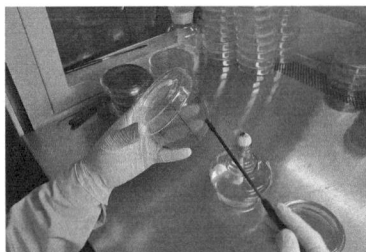

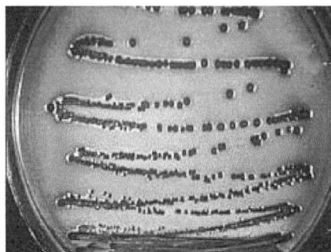

图6-20　分离培养　　　　图6-21　在麦康凯培养基上生长的结果

②染色镜检　将病料触片瑞氏染色或将分离到的细菌涂片，用革兰染色液染色后镜检。应见到粗短、两端钝圆的小杆菌，革兰染色阴性，多单个散在，个别成双排列，无芽孢。

③生化试验　从麦康凯琼脂平板中挑取菌落接种于三糖铁琼脂上，置37℃温箱中培养24 h，如底部产酸、产气，斜面上产酸则可疑为大肠杆菌，必要时可利用生化试验继续鉴定。其生化特性为分解乳糖和葡萄糖，产酸产气，不分解蔗糖，不产生硫化氢，靛基质试验、MR试验及VP试验均为阴性，利用枸橼酸盐试验阴性，不液化明胶，动力试验不定。

④动物致病性试验　将分离菌株的24 h营养肉汤纯培养物，每只0.2 mL分别皮下或腹腔接种到3~5日龄健康雏鸡或小鼠，均在接种后24~72 h死亡。同时设对照组，每只皮下或腹腔接种等量的灭菌生理盐水。取死亡小鼠或雏鸡的组织抹片、染色、镜检及划线接种，应分离到与接种菌完全一致的病原菌。

通过上述几个步骤，即可确定所分离到的是否为大肠杆菌以及是否属于致病性菌株。

【考核评价】

（1）个人考核（占50%）

根据表6-6所列内容，对学生的实训情况进行考核。

表6-6　个人考核内容及标准

序号	考核项目	评分标准	分值	考核方法	考核得分	熟练程度
1	外观检查	大肠杆菌病的病理剖检特征描述	15	单人（团体）操作考核		>90分为熟练掌握；70~90分为基本掌握；<70分为没有掌握
2	操作	正确采集病料	10			
		正确接种培养基，分离培养，描述生长性状	25			
		正确进行病料涂片，染色镜检	20			
		正确进行生化试验	15			
		正确进行动物接种试验	15			
	合计		100			

（2）团队考核（占 30%）

参照表 1-2 进行考核。

（3）综合评价（占 20%）

参照表 1-3 进行综合评价。

任务 6-3　家禽常见寄生虫病防控

任务描述

掌握鸡球虫病、鸡住白细胞原虫病、鸡组织滴虫病、禽吸虫病、禽绦虫病、禽线虫病等寄生虫病的病原、流行病学特点、临床症状、病理变化及防控措施；学会科学、合理地制订禽场药物预防程序，降低寄生虫病对养禽业的危害，提高家禽养殖户的经济效益。

知识准备

1. 家禽常见体内寄生虫病防控

1）鸡球虫病

鸡球虫病（avian coccidiosis）是鸡常见且危害十分严重的寄生虫病，它造成的经济损失是惊人的。雏鸡的发病率和致死率均较高。病愈的雏鸡生长受阻，增重缓慢；成年鸡多为带虫者，但增重和产蛋能力降低。

（1）病原

病原为原虫中的艾美耳科艾美耳属的球虫。不同种的球虫，在鸡肠道内寄生部位不一样，其致病力也不相同。柔嫩艾美耳球虫（$E.$ $tenella$）寄生于盲肠，致病力最强；毒害艾美耳球虫（$E.$ $necatrix$）寄生于小肠中 1/3 段，致病力强；巨型艾美耳球虫（$E.$ $maxima$）寄生于小肠，以中段为主，有一定的致病作用；堆型艾美耳球虫（$E.$ $acervulina$）寄生于十二指肠及小肠前段，有一定的致病作用，严重感染时引起肠壁增厚和肠道出血等病变；和缓艾美耳球虫（$E.$ $mitis$）、哈氏艾美耳球虫（$E.$ $hagani$）寄生在小肠前段，致病力较低，可能引起肠黏膜的卡他性炎症；早熟艾美耳球虫（$E.$ $praecox$）寄生在小肠前 1/3 段，致病力低，一般无肉眼可见的病变。布氏艾美耳球虫（$E.$ $brunetti$）寄生于小肠后段，盲肠根部，有一定的致病力，能引起肠道点状出血和卡他性炎症；变位艾美耳球虫（$E.$ $mivati$）寄生于小肠、直肠和盲肠。有一定的致病力，轻度感染时肠道的浆膜和黏膜上出现单个的、包含卵囊的斑块，严重感染时可出现散在的或集中的斑点。

（2）流行特点

各个品种的鸡均有易感性，15~50 日龄的鸡发病率和致死率都较高，成年鸡对球虫有一定的抵抗力。病鸡是主要传染源，凡被带虫鸡污染过的饲料、饮水、土壤和用具等，都有卵囊存在。鸡感染球虫的途径主要是吃了感染性卵囊。

饲养管理条件不良，鸡舍潮湿、拥挤，卫生条件恶劣时，最易发病。在潮湿多雨、气温较高的梅雨季节易暴发球虫病。

球虫虫卵的抵抗力较强，在外界环境中一般的消毒剂不易破坏，在土壤中可保持生活力达 4~9 个月，在有树荫的地方可达 15~18 个月。卵囊对高温和干燥的抵抗力较弱。当相对湿度为 21%~33% 时，柔嫩艾美耳球虫的卵囊在 18~40℃，经 1~5 d 就死亡。

鸡球虫的感染过程：粪便排出的卵囊，在适宜的温度和湿度条件下，经 1~2 d 发育成感染性卵囊。这种卵囊被鸡吃了以后，子孢子游离出来，钻入肠上皮细胞内发育成裂殖子、配子、合子。合子周围形成一层被膜，排出体外。鸡球虫在肠上皮细胞内不断进行有性和无性繁殖，使上皮细胞受到严重破坏，引起发病。

（3）临床症状

病鸡精神沉郁，羽毛蓬松，头蜷缩，食欲减退，嗉囊内充满液体，鸡冠和可视黏膜贫血、苍白，逐渐消瘦，病鸡常排红色胡萝卜样粪便，若感染柔嫩艾美耳球虫，开始时粪便为咖啡色，以后变为血粪，如不及时采取措施，致死率可达 50% 以上。若多种球虫混合感染，粪便中带血液，并含有大量脱落的肠黏膜。

（4）病理变化

病鸡消瘦，鸡冠与黏膜苍白，内脏变化主要发生在肠管，病变部位和程度与球虫的种别有关。

柔嫩艾美耳球虫主要侵害盲肠，表现为盲肠两侧明显肿胀，较正常的肿大 3~5 倍，肠腔中充满凝固的或新鲜的暗红色血液，盲肠上皮变厚，有严重的糜烂。

毒害艾美耳球虫损害小肠中段，使肠壁扩张、增厚，有严重的坏死。在裂殖体繁殖的部位，有明显的淡白色斑点，黏膜上有许多小出血点。肠管中有凝固的血液或有胡萝卜色胶冻状的内容物。

巨型艾美耳球虫损害小肠中段，可使肠管扩张，肠壁增厚；内容物黏稠，呈淡灰色、淡褐色或淡红色。

堆型艾美耳球虫多在上皮表层发育，并且同一发育阶段的虫体常聚集在一起，在被损害的肠段出现大量淡白色斑点。

哈氏艾美耳球虫损害小肠前段，肠壁上出现大头针头大小的出血点，黏膜有严重的出血。

若多种球虫混合感染，则肠管粗大，肠黏膜上有大量的出血点，肠管中有大量的带有脱落的肠上皮细胞的紫黑色血液。

（5）诊断

用饱和盐水漂浮法或粪便涂片查到球虫卵囊，或死后取肠黏膜触片或刮取肠黏膜涂片查到裂殖体、裂殖子或配子体，均可确诊为球虫感染，但由于鸡的带虫现象极为普遍，因此，是不是由球虫引起的发病和死亡，应根据临床症状、流行病学资料、病理剖检情况和病原检查结果进行综合判断。

（6）防控措施

①加强饲养管理　保持鸡舍干燥、通风和鸡场卫生，定期清除粪便，堆放；发酵以杀灭卵囊。保持饲料、饮水清洁，笼具、料槽、水槽定期消毒。每千克饲料中添加 0.25~

0.5 mg 硒可增强鸡对球虫的抵抗力。补充足够的维生素 K 和给予 3~7 倍推荐量的维生素 A 可加速鸡患球虫病后的康复。

②免疫预防　目前，已有数种球虫疫苗，主要分为活毒虫苗和早熟弱毒虫苗。球虫疫苗预防已在生产中取得较好的效果。

③药物防治　迄今为止，国内外对鸡球虫病的防治主要是依靠药物。使用的药物有化学合成的和抗生素两大类，我国养鸡生产上使用的抗球虫药品种，包括进口的和国产的，共有十余种。

a. 氯苯胍：预防按 30~33 mg/kg 混饲，连用 1~2 个月；治疗按 60~66 mg/kg 混饲 3~7 d，后改预防量予以控制。

b. 氯羟吡啶(可球粉，可爱丹)：混饲预防量为 125~150 mg/kg，治疗量加倍。育雏期连续给药。蛋鸡产蛋期禁用。

c. 氨丙啉：可混饲或饮水给药。混饲预防量为 100~125 mg/kg，连用 2~4 周；治疗量为 250 mg/kg，连用 1~2 周，然后减半，连用 2~4 周。应用本药期间，应控制每千克饲料中维生素 B_1 的含量以不超过 10 mg 为宜，以免降低药效。用加强氨丙啉预防，按 66.5~133 mg/kg 混饲，治疗浓度加倍。强效氨丙啉和特强效氨丙啉的用法同加强氨丙啉，但产蛋鸡限用。

d. 莫能霉素：预防按 80~125 mg/kg 混饲连用。与盐霉素合用有累加作用。

e. 盐霉素(球虫粉，优素精)：预防按 60~70 mg/kg 混饲连用。

f. 马杜拉霉素(抗球王、杜球、加福)：预防按 5~6 mg/kg 混饲连用。

g. 常山酮(速丹)：预防按 3 mg/kg 混饲连用至蛋鸡上笼，治疗用 6 mg/kg 混饲连用 1 周，后改用预防量。

h. 尼卡巴嗪：混饲预防量为 100~125 mg/kg，育雏期可连续给药。

i. 杀球灵：主要作为预防用药，按 1 mg/kg 混饲连用。

j. 百球清：主要作为治疗用药，按 25~30 mg/kg 饮水，连用 2 d。

各种抗球虫药物连续使用一定时间后，都会产生不同程度的耐药性，为了合理使用抗球虫药物，临床上常采用穿梭用药、轮换用药和联合用药等措施，以减缓耐药性的产生，提高防治效果。

2)鸡住白细胞原虫病

鸡住白细胞原虫病是一种血液原虫病，是由住白细胞虫科住白细胞虫属的原虫寄生于鸡的血细胞和一些内脏器官中引起的一种血孢子虫病。

(1)病原

在我国，寄生于鸡体的住白细胞虫主要有卡氏住白细胞虫(*L. caulleryi*)和沙氏住白细胞虫(*L. sabrazesi*)。卡氏住白细胞虫的传播媒介是库蠓；沙氏住白细胞虫的传播媒介是蚋。

(2)流行特点

住白细胞虫病的发生及流行与库蠓和蚋的活动有直接关系。当气温在 20℃ 以上时，库蠓和蚋繁殖快，活力强，本病发生和流行也就日趋严重。南方地区气温高，故本病终年发生。多发生于 5~10 月，6~8 月为发病高峰期。本病在 3~6 周龄雏鸡中发生最多，病情最严重，死亡率可高达 50%~80%；育成鸡也会严重发病，但死亡率不高，一般在 10%~

30%；成年鸡的死亡率通常为 5%~10%。据观察外来品种的鸡，如'AA'肉鸡、来航蛋鸡等对本病较本地黄鸡更为易感，发病和死亡较严重。

（3）临床症状

病鸡食欲不振，精神沉郁，流涎、下痢，粪便呈青绿色。病鸡贫血严重，鸡冠和肉垂苍白，有的可在鸡冠上出现圆形出血点，所以本病又称"白冠病"。严重者因咯血、出血、呼吸困难而突然死亡，死前口流鲜血。

（4）病理变化

全身性出血包括：全身皮下出血；肌肉出血，常见胸肌和腿肌有出血点或出血斑；内脏器官广泛出血，其中又以肺、肾和肝最为常见。胸肌、腿肌、心肌以及肝、脾等实质器官常有针尖大至粟粒大的白色小结节，这些小结节与周围组织有明显的分界，它们是裂殖体的聚集点。肝脾肿大。肠黏膜上有时有溃疡。

（5）诊断

可根据临床症状、剖检病变及发病季节做出初步诊断。病原学诊断是使用血片检查法，以消毒的注射针头，从鸡的翅下小静脉或鸡冠采血一滴，涂成薄片，或是制作脏器的触片，再用瑞氏或吉姆萨染色法染色，在显微镜下发现虫体便可确诊。或从肌肉小白点的组织压片中发现配子体或裂殖体即可确诊。也可采用琼脂凝胶扩散试验来进行血清学检查。

（6）防控措施

①消灭吸血昆虫　蠓的幼虫和蛹主要孳生于水沟、池沼、水井和稻田等处，不易杀灭。但成虫多于晚间飞入鸡舍吸血，因而可用 0.1%除虫菊酯喷洒，杀灭蠓的成虫，或安装细孔的纱门、纱窗防止库蠓进入。

②药物预防　在本病即将发生或流行初期，进行药物预防。例如，复方泰灭净（SMM+TMP）按 30~50 mg/L 混料，磺胺喹恶啉（SQ）按 50 mg/L 混料或饮水，可爱丹按 125 mg/L 混料。

③治疗方法　复方磺胺-5-甲氧嘧啶，按 0.03%拌料，连用 5~7 d。磺胺-6-甲氧嘧啶，按 0.1%拌料，连用 4~5 d。复方泰灭净，治疗量首次以 100 mg/L 饮水治疗或 0.5%混入饲料投药 3 d，维持量以 0.05%混料投喂 14 d。

3）鸡组织滴虫病

鸡组织滴虫病又称"盲肠肝炎""黑头病"，是由火鸡组织滴虫寄生于禽类的盲肠和肝脏引起的一种急性原虫病，以肝脏出现特征性坏死灶为特征。

（1）病原

组织滴虫是一种很小的原虫。根据其寄生部位可分为：组织型原虫，寄生在细胞里，虫体呈圆形或卵圆形，没有鞭毛，大小为 6~20 μm；肠腔型原虫，寄生在盲肠腔的内容物中，虫体呈阿米巴状，直径为 5~30 μm，具有一根鞭毛，在显微镜下可以看到鞭毛的运动。

（2）流行特点

组织滴虫病主要感染火鸡、鹧鸪、鸽和松鸡，鸡、孔雀、珍珠鸡等也可感染，但很少出现症状。不同品种、年龄，易感性不同，4~6 周龄鸡和 3~12 周龄火鸡最易感。

本病主要经过虫卵污染的饲料和饮水而感染。饲养密度过大、卫生条件差、饲料营养不全、维生素 A 缺乏均可诱发本病。

寄生于盲肠的火鸡组织滴虫被鸡异刺线虫吞食，进入异刺线虫卵内，得到虫卵的保护，能在虫卵及其幼虫中存活很长时间。当鸡感染异刺线虫时，同时感染组织滴虫。

（3）临床症状

潜伏期 7~12 d，最短 5 d，常发生于第 11 天。病鸡呆立，翅下垂，步态蹒跚，眼半闭，头下垂。畏寒，下痢，严重者排出血便，食欲减退，羽毛松乱。疾病末期，有些病禽因血液循环障碍，鸡冠、肉髯发绀，呈暗黑色，因而有"黑头病"之称。病程 1~3 周，病愈鸡体内仍有组织滴虫，带虫者可长达数周或数月向外排虫。成年鸡很少出现症状。

（4）病理变化

病变主要在盲肠和肝脏，引起盲肠炎和肝炎。剖检见一侧或两侧盲肠肿胀，肠壁肥厚，内腔充满浆液性或出血性渗出物，渗出物常发生干酪化，形成干酪状盲肠肠芯，间或盲肠穿孔，引起腹膜炎。肝脏肿大，紫黑色，表面出现黄绿色圆形下陷的坏死灶，直径可达 1 cm，单独存在或融合成片状，具有诊断意义。

（5）诊断

根据流行病学和病理变化，发现本病的典型病变，可做出初步诊断。刮取盲肠黏膜或肝脏组织检查，发现虫体即可确诊。当并发有球虫病、沙门菌病、曲霉病或上消化道毛滴虫病时，需进行鉴别诊断，找出病原。

（6）防控措施

做好环境卫生，定期驱除鸡体内寄生虫，尤其是要减少或杀灭鸡异刺线虫虫卵，加强饲养管理，成年禽和幼禽单独饲养，减少本病发生的诱因，可有效防止本病发生。

4）禽吸虫病

寄生于家禽的吸虫种类很多，对家禽危害比较严重的吸虫病有前殖吸虫病和棘口吸虫病。

（1）前殖吸虫病

前殖吸虫病又称蛋蛭病，是由于前殖吸虫寄生于鸡的直肠、输卵管、法氏囊、泄殖腔而引起的一种寄生虫病，以输卵管炎、产蛋机能紊乱为特征。常引起输卵管炎，使卵的形成和产卵功能发生紊乱，患禽生无壳蛋和软壳蛋，有时因继发腹膜炎而死亡。本病在我国分布较广，以华东、华南地区多见，常呈地方性流行，春夏两季多发，各种年龄的家禽均能感染。

①病原　我国迄今报道有 19 种，常见有以下 6 种：卵圆前殖吸虫（*P. ovatus*）、透明前殖吸虫（*P. pellucidus*）、楔形前殖吸虫（*P. cuneatus*）、鸭前殖吸虫（*P. anatinus*）、鲁氏前殖吸虫（*P. rudolnhi*）、日本前殖吸虫（*P. japonicus*）。前殖吸虫的发育需要 2 个中间宿主，第一中间宿主为淡水螺，第二中间宿主为各种蜻蜓的成虫及其稚虫。成虫在寄生部位产卵，卵随粪便及泄殖腔的排泄物排出体外。虫卵被淡水螺吞食，在其肠内孵出毛蚴，或虫卵遇水孵出毛蚴，进入螺肝发育为胞蚴和尾蚴，尾蚴离开螺体游于水中，遇到蜻蜓稚虫时，经其肛孔进入体内，钻入腹肌，发育为囊蚴。蜻蜓以稚虫越冬或变为成虫时，囊蚴在其体内均保有活力。家禽因啄食含有囊蚴的蜻蜓稚虫或成虫而感染。囊蚴被家禽消化液

溶解，童虫脱囊而出，经肠道进入泄殖腔，转入输卵管或腔上囊，经1~2周发育为成虫。

②临床症状　前殖吸虫主要在鸡有症状，在鸭一般症状不甚明显。初期病鸡无明显症状，食欲和活动正常，但开始产薄壳蛋，易破，产蛋率下降。继而食欲减退，消瘦，羽毛蓬乱，腹部膨大，下垂，腹部肿胀压痛。有时产畸形蛋或流出石灰样液体。病鸡喜蹲窝，但不产蛋。步态不稳，呈鹅式步伐。后期体温高达43℃，渴欲增加，全身无力，腹部压痛，泄殖腔突出，肛门潮红，腹部及肛周羽毛脱落，严重者于此时死亡。

③病理变化　输卵管炎，黏膜充血、出血，极度增厚，黏液增多，有的发生输卵管破裂，引起卵黄性腹膜炎，这时在腹腔内有大量黄色浑浊的渗出液或混有脓液、卵黄块。

④诊断　病初可用水洗沉淀法检查粪便虫卵，结合临床症状和剖检变化确诊，输卵管和泄殖腔内可见虫体。

⑤防控措施

a. 防止感染：防止家禽吃到蜻蜓或其幼虫。鸡粪要勤清理，进行发酵处理，杀死虫卵后才能作肥料，而且要防止鸡粪落入水中。

b. 普查、隔离、治疗：阿苯达唑按每千克体重20 mg混入饲料一次内服；吡喹酮按每千克体重10~20 mg混入饲料一次内服。

（2）棘口吸虫病

①病原　棘口吸虫呈长叶状，体表有小刺，呈淡红色，长几毫米至十几毫米，宽1~2 mm。

②生活史　成虫寄生在家禽的肠道内，虫卵随禽粪排出，在30℃左右的适宜温度下，在水中7~10 d孵化成为毛蚴。毛蚴在水中游动，钻入中间宿主淡水螺（第一中间宿主）体内，产生许多尾蚴，经过一段时期发育又钻入某些螺、鱼类和蛙（第二中间宿主）的体内变为囊蚴。囊蚴离开螺丝在水中游动，家禽吞食含有囊蚴的第二中间宿主而受感染，童虫附着在肠内发育为成虫并产卵。

③临床症状与病理变化　少量寄生时危害并不严重，雏鸡感染时可引起食欲不振，表现为消化机能紊乱、下痢、贫血、消瘦，最后由于极度衰弱和全身中毒而死亡。剖检肠道有出血性炎症。

④诊断　尸体剖检发现虫体或生前粪便直接涂片，查找虫卵即可做出诊断。

⑤防控措施　在流行区的鸭、鹅应定期驱虫，粪便堆积发酵以杀灭虫卵，用化学药物或结合土壤改良消灭中间宿主，勿以蝌蚪、小鱼、贝类、浮萍等喂鸭、鹅。

治疗方案参照前殖吸虫病。

（3）背孔吸虫病

背孔吸虫病是由背孔科背孔属的吸虫寄生于鸭、鹅、鸡等禽类盲肠和直肠内引起的。虫体种类很多，常见的为细背孔吸虫，在我国各地普遍存在。

①病原　细背孔吸虫呈淡红色，体细长，两端钝圆，大小为（2~5）mm×（0.65~1.4）mm。只有口吸盘。腹面有3行呈椭圆形或长椭圆形的腹腺。2个分叶状睾丸，左右排列于虫体后部。卵巢分叶，位于两睾丸之间。生殖孔开口于肠分叉后方。虫卵大小为（15~21）μm×12 μm，两端各有1条卵丝，长约0.26 mm。

②生活史　成虫在宿主肠腔内产卵，卵随粪便排到外界，在适宜的条件下，经3~4 d孵出毛蚴。遇到中间宿主圆扁螺后毛蚴钻入其体内，发育为胞蚴、雷蚴和尾蚴。成熟尾蚴

在同一螺体内或离开螺体，附着于水生植物上形成囊蚴。禽类因啄食含囊蚴的螺丝或水生植物而遭感染，童虫附着在盲肠或直肠壁上，约经3周发育为成虫。

③临床症状及病理变化　由于虫体的机械性刺激和毒素作用，导致肠黏膜损伤、发炎，患禽精神沉郁，贫血，消瘦，下痢，生长发育受阻，严重者可引起死亡。

④诊断　根据症状，结合粪便检查发现虫卵及剖检死禽发现虫体可确诊。

⑤防控措施　可参考前殖吸虫病。

5）禽绦虫病

（1）赖利绦虫病

鸡赖利绦虫属戴文科赖利属，常见的种类有3种：四角赖利绦虫、棘沟赖利绦虫和有轮赖利绦虫，寄生于家鸡和火鸡等禽类的小肠中。鸡大量感染后，常表现贫血，消瘦，下痢，产蛋减少甚至停止，可引起雏鸡大批死亡。

①病原和生活史　四角赖利绦虫寄生于鸡、火鸡、野鸡的小肠，虫长10~25 cm，宽1~4 mm。头节细小，顶突上有1~3列小钩，数目为90~130个。吸盘呈卵圆形，上有8~12列小钩。生殖孔位于节片一侧。睾丸数18~32个，分散于节片中部，雄茎囊呈梨状，长75~100 μm。卵巢位于节片后部，卵黄腺位于卵巢之后。孕节中子宫崩解为50~100个卵袋，每个卵袋中含6~12个虫卵，虫卵直径为25~50 μm。

棘沟赖利绦虫寄生于鸡、火鸡、鸽的小肠，大小和形状颇似四角赖利绦虫，但其顶突上有2列小钩，数目为200~240个。吸盘呈圆形，上有8~10列小钩。生殖孔位于节片一侧。睾丸20~30个，位于节片两纵排泄管之间的中央部。卵巢在体节中央，呈分叶状，卵巢之后为卵黄腺。孕节内子宫形成90~150个卵袋，每个卵袋含6~12个虫卵，虫卵直径为25~40 μm。

有轮赖利绦虫寄生于鸡、火鸡、野鸡的小肠，虫体较小，一般不超过4 cm，偶尔可达15 cm。头节大，顶突宽大肥厚，形如轮状，突出于前端，上有2列共400~500个小钩，吸盘无小钩。生殖孔左右不规则的交互开口。睾丸15~30个，孕节内子宫崩解成许多卵袋，每个卵袋仅有1个虫卵。

3种绦虫的生活史都需中间宿主，四角赖利绦虫和棘沟赖利绦虫的中间宿主是蚂蚁类和家蝇，有轮赖利绦虫的中间宿主为金龟子、步行虫和家蝇等昆虫。虫卵被中间宿主吞下后，经2周左右发育为具有感染性的似囊尾蚴，禽类因啄食了含有似囊尾蚴的中间宿主而感染，经2~3周发育为成虫。

②流行病学　赖利绦虫呈全球性分布，我国各地均有报道。各种年龄的鸡均可感染，但以17日龄以后的雏鸡最易感染，导致26~40日龄的雏鸡发生大批死亡。使用曾饲养过患鸡的运动场，是传播本病的主要来源。据观察，有轮赖利绦虫的孕卵节片随粪排到外界后，节片也可能在粪便表面移行，因此容易被中间宿主所吞食。

③致病作用和临床症状　致病作用主要是虫体以其前端的头节深入肠黏膜下层，使肠壁上形成结节，并以其吸盘和小钩破坏肠黏膜，引起显著的肠炎。严重感染时，除夺取宿主大量的营养物质外，还因大量虫体聚集在肠内，引起肠堵塞，甚至造成肠破裂而引起腹膜炎。虫体的代谢产物可引起中毒，出现痉挛等神经症状。

轻度感染时可能没有临床症状的表现。严重感染时呈现消化障碍，粪便稀薄或混有淡黄色血样黏液，有时发生便秘。食欲减退，渴感增加，精神浓郁，不喜活动，两翅下垂，羽毛逆立，黏膜初现苍白，继呈黄疸而后变蓝色。呼吸迫促，蛋鸡产卵量减少或停产，雏鸡发育受阻或停止。当患鸡十分消瘦时，常致死亡。

④病理变化 尸体消瘦，黏膜贫血和黄疸。肠黏膜肥厚，有时有出血点。肠腔内有多量黏液，常发恶臭。感染棘沟赖利绦虫的病鸡，在十二指肠壁上有结节，结节的中央有米粒大火山口状的凹陷，凹陷内有虫体或黄褐色凝乳样栓塞物，此类凹陷以后可变成大的溃疡。肠内有虫体。

⑤诊断 根据鸡群的临床表现，粪检查获虫卵或孕节，剖检病鸡发现虫体即可确诊。

⑥防控措施

预防：雏鸡应放入清洁的禽舍和运动场上饲养，新购入鸡应驱虫后再合群。鸡舍内外应定期杀灭昆虫、并翻耕运动场等。鸡粪应及时清除并做无害化处理，防止病原扩散。鸡群应定期预防性驱虫，发现病鸡立即隔离治疗。

治疗：常用驱虫药物有阿苯达唑按每千克体重 15~20 mg，一次口服；吡喹酮按每千克体重 10~15 mg，一次口服；氯硝柳胺按每千克体重 50~60 mg，一次口服。

（2）剑带绦虫病

剑带绦虫属膜壳科剑带属，常见的为矛形剑带绦虫，寄生于鹅和鸭等水禽的小肠中，对雏鹅的危害特别严重，有时引起大批的死亡。

①病原和生活史 虫体呈乳白色，前窄后宽，形似矛头，长达 13 cm。头节小，有 4 个吸盘，顶突上有 8 个小钩。颈短。链体的节片 20~40 个，节片由前往后逐节加宽，最后的节片可宽达 5~18 mm。成节内有一套雌雄生殖器官，睾丸 3 个，椭圆形，稍偏于生殖孔一侧，而卵巢和卵黄腺位于相反的一侧，生殖孔开口于体节一侧上缘。

本虫以多种剑水蚤为中间宿主，孕节或虫卵随终末宿主粪便排至体外，在水中被剑水蚤吞食，在 18~32℃ 的条件下经 7~13 d 发育为成熟的似囊尾蚴。在水温 9~12℃ 时，需经 6 周发育为似囊尾蚴。当水禽吞食此类剑水蚤后，似囊尾蚴经 19 d 发育为成虫。

②流行病学 本虫呈世界性分布，我国江苏、福建、江西、湖南、四川、吉林及黑龙江等省均有报道，往往呈地方性流行。各种年龄的鹅均可感染，但雏鹅最易感，严重感染者可发病死亡，成年鹅往往为带虫者。雁形目的鸟类也可感染，是家鹅感染的重要来源。

中间宿主剑水蚤在福建有 7 种，其中主要为绿剑水蚤（*C. viridis*）、锯缘剑水蚤（*C. serralatus*）英勇剑水蚤（*C. strenuns*）和刘氏剑水蚤（*C. leuckarti*）4 种。它们常大量集中于死水、浅水塘、沼泽及江河支流等覆有植物的近岸水域中，生活期间为 1 年，似囊尾蚴可在剑水蚤体内过冬并生活到春季。因此，雏鹅多在早春以后放牧于水塘内而获得感染。

③致病作用和临床症状 致病作用同赖利绦虫。成年鹅感染后症状一般较轻，常为带虫者。幼鹅感染后可出现明显症状，腹泻、食欲不振、消瘦、贫血、生长发育受阻等。夜间病鹅伸颈、张口、如钟摆样摇头，然后后仰，做划水动作。有时由于其他不良因素（如气候、温度）而使大批幼鹅突然死亡。剖检时，可见小肠发生卡他性炎症和黏膜出血，其他浆膜组织和心外膜上有大小不一的出血点。

④诊断 粪便中检出孕节或虫卵，或尸体剖检查见虫体和病变，并结合临床症状做出确诊。

⑤防控措施

预防：在流行区，水池应轮换使用，必要时可停用 1 年后再用。对成年鹅进行定期驱虫，一般在春秋两季进行。早春幼鹅在放牧开始后第 18 天，全群驱虫一次。幼鹅和成年鹅分开饲养和放牧。

防治：常用药物有吡喹酮按每千克体重 10~15 mg，一次口服；阿苯达唑按每千克体重 20~50 mg，一次口服；氯硝柳胺按每千克体重 50~60 mg，一次口服；氢溴酸槟榔碱按每千克体重 1.0~1.5 mg，溶于水内服，投药前禁食 16~20 h。

6）禽线虫病

（1）鸡蛔虫病

鸡蛔虫病的病原是禽蛔科的鸡蛔虫寄生于鸡小肠内而引起的鸡常见的一种线虫病。除鸡外，还见于火鸡、珍珠鸡、孔雀及野禽。本病经常影响雏鸡的生长发育，甚至引起大批死亡，造成严重损失。

①病原和生活史　鸡蛔虫是寄生在鸡体内最大的一种线虫，虫体呈淡黄色或乳白色，表皮有横纹。头端有 3 片唇围绕，唇片的游离缘布有小齿。雄虫长 26~70 mm，尾端有尾翼和 10 对尾乳突（肛前乳突 3 对，肛侧乳突 1 对，肛后乳突 6 对），有 1 个圆形或椭圆形的肛前吸盘，吸盘边缘有较厚的角质隆起。有 1 对近于等长的交合刺，长 0.65~1.95 mm。雌虫长 65~110 mm，阴门开口于虫体中部。虫卵呈椭圆形，大小为（70~90）μm×（47~51）μm，卵壳光滑较厚，深灰色，新鲜的虫卵内含 1 个卵细胞。

鸡蛔虫的发育不需要中间宿主参与。受精的雌虫在鸡小肠内产卵，卵随粪便排到体外，在外界有氧及适宜温度和湿度条件下，经 17~18 d，卵内形成幼虫并蜕化而成感染性虫卵，鸡吞食了被感染性虫卵污染的饲料和饮水而感染。

卵内的幼虫在腺胃和肌胃内破卵壳而出，进入十二指肠内停留 9 d，在此期间进行第 2 次蜕化为第三期幼虫；而后钻进黏膜深处，进行第 3 次蜕化为第四期幼虫，再经 17~18 d 后重返肠腔，进行第 4 次蜕化变为第五期幼虫，以后继续发育长大为成虫。幼虫在鸡体内不经移行，而直接在小肠内发育为成虫。从鸡食入虫卵到发育为成虫，需 35~50 d。成虫在鸡体内的寿命为 9~14 个月。

②流行病学　本病主要危害 3~4 月龄以内的雏鸡，超过 5 个月龄的鸡抵抗力增强，1 岁以上的鸡多为带虫者。虫卵在外界环境中有较强的抵抗力。感染性虫卵在潮湿、凉爽的地方可以生存几个月，仍保持活力。但在阳光直射、沸水处理和粪便堆沤等情况下，可使其迅速死亡。

蚯蚓可以作为鸡蛔虫的贮藏宿主，鸡吞食了含有蛔虫卵的蚯蚓时，也可感染。

饲养条件与易感性有很大关系。饲料中含动物性蛋白质多，营养价值完全时，可使鸡有较强的抵抗力；如动物性蛋白质不足，或饲料配合过于单纯，饲料利用率不高时，可使鸡的抵抗力降低；含有丰富的维生素 A 和 B 族维生素的饲料，可使鸡具有较强的抵抗力，特别是维生素 A 与鸡蛔虫病关系尤为密切。因此，注意饲料中维生素的含量对预防本病的发生具有重要意义。

不同品种的鸡对鸡蛔虫的抵抗力不同，肉用鸡较蛋鸡对鸡蛔虫的抵抗力强；本地鸡较外来鸡抵抗力强。

③致病作用和临床症状 成虫和幼虫对鸡都有危害作用。幼虫侵入肠黏膜时，破坏黏膜及肠绒毛，造成出血和发炎，并易招致病原菌继发感染，此时，在肠壁上常见颗粒状化脓或结节形成。结节粟粒大，带微红色，结节内幼虫长约 1 mm。严重感染时，成虫大量积聚于肠道，引起肠的阻塞，可引起肠管的破裂和腹膜炎。鸡蛔虫的代谢产物也是有害的，常使雏鸡发育迟缓，成年鸡产卵力下降。

雏鸡常表现为生长发育不良，精神萎靡，行动迟缓，常呆立不动，翅膀下垂，羽毛蓬乱，鸡冠苍白，黏膜贫血。食欲减退，便秘和下痢交替，有时粪便中含有带血黏液，以后逐渐衰弱而死亡。成年鸡多为带虫者，不表现明显的症状。感染严重的，表现为下痢、贫血和产蛋量下降等。

④诊断 由于本病缺乏特异症状，故必须进行粪便检查和尸体剖检才能确诊。粪便检查时要注意与鸡异刺线虫卵的区别，鸡蛔虫卵的大小为 $(70\sim90)\,\mu m \times (47\sim51)\,\mu m$，而鸡异刺线虫卵为 $(50\sim70)\,\mu m \times (30\sim40)\,\mu m$。对死亡鸡或在患病鸡群中找一只或几只作代表进行剖检，可以发现病变和大量虫体。

⑤防控措施

预防：雏鸡与成年鸡分群喂养，以保护雏鸡免受感染。在蛔虫病流行的鸡场，每年应定期驱虫 $2\sim3$ 次。雏鸡第 1 次在 2 月龄左右，第 2 次在冬季。成年鸡第 1 次在 $10\sim11$ 月，第 2 次在春季产蛋前 1 个月进行。平时应加强饲养管理，注意鸡舍和运动场的卫生，经常清扫，粪便进行发酵处理，以杀灭虫卵。鸡舍内垫草应勤更换。运动场应定期铲去表土，换垫新土。场地保持干燥。鸡舍、饲槽、用具等经常清洗和消毒（用开水或热碱水）。在每千克饲料中加入 25 g 硫化二苯胺，长期服用，可防止鸡蛔虫病的发生。

治疗：枸橼酸哌嗪按每千克体重 $200\sim300$ mg，拌入饲料喂服或配成 1% 水溶液让其自饮；左旋咪唑按每千克体重 20 mg，一次口服或混饲料中喂给；阿苯达唑按每千克体重 5 mg，混饲料中喂给。

（2）异刺线虫病

异刺线虫病又称盲肠虫病，是由尖尾目异刺科异刺属的异刺线虫，寄生于鸡、火鸡、鸭、鹅等禽和鸟类的盲肠内引起的一种线虫病。本病在鸡群中普遍存在。

①病原和生活史 异刺线虫细小，呈白色，头端略向背面弯曲，有侧翼，向后延伸的距离较长。食道末端有一膨大的食道球。雄虫长 $7\sim13$ mm，尾直，末端尖细；两根交合刺不等长；有一个圆形泄殖腔前吸盘。雌虫长 $10\sim15$ mm，尾细长，阴门位于虫体中部稍后方。虫卵呈灰褐色，椭圆形，大小为 $(65\sim80)\,\mu m \times (35\sim46)\,\mu m$，卵壳厚，内含 1 个胚细胞，卵的一端较明亮，可区别于鸡蛔虫卵。

成熟雌虫在盲肠内产卵，卵随粪便排于外界，在适宜的温度和湿度条件下，约经 2 周发育成含幼虫的感染性虫卵，家禽吞食了被感染性虫卵污染的饲料和饮水或带有感染性虫卵的蚯蚓而感染，幼虫在小肠内脱掉卵壳并移行到盲肠而发育为成虫。从感染性虫卵被吃到在盲肠内发育为成虫需 $24\sim30$ d。

②致病作用和临床症状 严重感染时，可以引起盲肠炎和下痢。此外，异刺线虫还是鸡盲肠肝炎（火鸡组织滴虫病）病原体的传播者，当一只鸡体内同时有异刺线虫和火鸡组织滴虫寄生时，组织滴虫可进入异刺线虫卵内，并随虫卵排到体外，当鸡吞食了这种虫卵

时，便可同时感染这两种寄生虫。

患禽消化机能障碍，食欲不振或废绝，下痢，贫血。雏禽发育停滞，消瘦甚至死亡。成禽产蛋量下降或停止。

③病理变化　尸体消瘦，盲肠肿大，肠壁发炎和增厚，有时出现溃疡灶。盲肠内可查见虫体，尤以盲肠尖部虫体最多。

④诊断　检查粪便发现虫卵，或剖检在盲肠内查到虫体均可确诊，但应注意与蛔虫卵相区别。

⑤防控措施

预防：做好环境卫生；及时清除粪便，堆积发酵，杀灭虫卵；做好鸡群的定期预防性驱虫，每年2~3次；发现病鸡，及时用药治疗。

治疗：驱虫可用阿苯达唑每千克体重 10~20 mg，一次内服；左旋咪唑每千克体重 20~30 mg，一次内服。

2. 家禽常见体外寄生虫病防控

1）禽虱病

禽羽虱属于节肢动物门昆虫纲食毛目，是鸡、鸭、鹅的常见外寄生虫。它们寄生于禽的体表或附于羽毛、绒毛上，严重影响禽群健康和生产性能，常造成很大的经济损失。

（1）病原

虱个体较小，一般体长 1~5 mm，呈淡黄色或淡灰色，由头、胸、腹三部分组成。有咀嚼式口器，头部一般比胸部宽，上有一对触角，由3~5节组成。有3对足，无翅。虱的种类很多，常见的寄生于鸡的有鸡大体虱、鸡头虱、鸡羽干虱等。寄生于水禽的有细鸭虱、细鹅虱、鸭巨毛虱和鹅巨毛虱等。

（2）生活史

虱的一生均在禽体上度过，属于永久性寄生虫，其发育为不完全变态，所产虫卵常簇结成块，黏附于羽毛上，经5~8 d孵化为稚虫，外形与成虫相似，在2~3周内经3~5次蜕皮变为成虫。虱的寿命只有几个月，一旦离开宿主，它们只能存活数天。

（3）临床症状

禽虱以家禽的羽毛和皮屑为食，有时也吞食皮肤损伤部位的血液。寄生量多时，禽体奇痒，因啄痒造成羽毛断折、脱落，影响休息。病鸡瘦弱，生长发育受阻，产蛋量下降，皮肤上有损伤，有时皮下可见有出血块。

（4）诊断

在禽皮肤和羽毛上查见虱或虱卵确诊。

（5）防控措施

主要是用药物杀灭禽体上的虱，同时对禽舍、笼具及饲槽、饮水槽等用具和环境进行彻底杀虫和消毒。杀灭禽体上的虱，可根据季节、药物制剂及禽群受侵袭程度等不同情况，采用不同的用药方法。

①烟雾法　20%杀灭菊酯(敌虫菊酯、速灭杀丁、氧戊菊酯、戊酸氰醚酯)乳油，按 0.02 mL/m³ 用带有烟雾发生装置的喷雾机喷雾。烟雾后鸡舍需密闭2~3 h。

②喷雾或药浴法　20%杀灭菊酯乳油按 3 000~4 000 倍用水稀释，或2.5%敌杀死乳油

(溴氰菊酯)按 400~500 倍用水稀释，或 10%二氯苯醚菊酯乳油按 4 000~5 000 倍用水稀释，直接向禽体上喷洒或药浴，均有良好效果。一般间隔 7~10 d 再用药 1 次，效果更好。

③沙浴法　沙中加入 10%硫黄粉，充分混匀后，铺成 10~20 cm 的厚度，让禽自行沙浴。

④阿维菌素　按每千克体重 0.2 mg，混饲或皮下注射，均有良好效果。

2)禽螨虫病

(1)鸡膝螨病

鸡膝螨病是由疥螨科膝螨属的突变膝螨和鸡膝螨寄生于鸡引起的。

①病原　突变膝螨雄虫大小为(0.195~0.2)mm×(0.12~0.13)mm，卵圆形，足较长，足端各有一个吸盘。雌虫大小为(0.4~0.44)mm×(0.33~0.38)mm，近圆形，足极短，足端均无吸盘。雌虫和雄虫的肛门均位于体末端。鸡膝螨比突变膝螨更小，直径仅 0.3 mm。

②生活史与临床症状　全部在鸡体上生活，属永久性寄生虫。突变膝螨寄生于鸡腿无毛处及脚趾部皮的坑道内进行发育和繁殖，引起患部炎症、发痒、起鳞片，继而皮肤增厚、粗糙，甚至干裂，渗出物干燥后形成灰白色痂皮，如同涂石灰样，故称"石灰脚"，严重病鸡腿痛，行走困难，食欲减退，生长缓慢，产蛋减少。鸡膝螨寄生于鸡的羽毛根部，刺激皮肤引起炎症，皮肤发红、发痒，病鸡自啄羽毛，羽毛变脆易脱落，造成"脱羽症"，多发于翅膀和尾部大羽，严重者，羽毛几乎全部脱光。

③防控措施　治疗鸡突变膝螨病，应先将病鸡腿浸入温肥皂水中使痂皮泡软，除去痂皮，涂上 20%硫黄软膏或 2%苯酚软膏，或将病鸡腿浸在机油、柴油或煤油中，间隔数天再用 1 次。也可将 20%杀灭菊酯乳油用水稀释 1 000~2 500 倍，或 2.5%敌杀死乳油用水稀释 250~500 倍，浸浴患腿或患部涂擦均可，间隔数天再用药 1 次。鸡膝螨病，可用上述杀灭菊酯或敌杀死水悬液喷洒患鸡体或药浴。

(2)鸡刺皮螨

鸡刺皮螨属于节肢动物门蛛形纲蜱螨目刺皮螨科，是一种常见的外寄生虫，寄生于鸡、鸽等宿主体表，刺吸血液为食，也可侵袭人吸血，危害颇大。

①病原　虫体呈淡红色或棕灰色，长椭圆形，后部稍宽，体表布满短绒毛。体长 0.6~0.75 mm，吸饱血后体长可达 1.5 mm。刺吸式口器，一对螯肢呈细长针状，以此穿刺皮肤吸血。腹面有 4 对足，均较长。

②生活史　属不完全变态。虫体白天隐匿在鸡巢内、墙壁缝隙或灰尘等隐蔽处，主要在夜间侵袭鸡体吸血。雌虫吸饱血后离开宿主到隐蔽处产卵，虫卵经 2~3 d 孵化出 3 对足的幼虫，其不吸血，经 2~3 d 蜕化为第一期若虫；第一期若虫吸血后，经 3~4 d 蜕化为第二期若虫，第二期若虫再经 0.5~4 d 蜕化为成虫。

③临床症状　轻度感染时无明显症状，侵袭严重时，患鸡不安，日渐消瘦，贫血，生长缓慢，产蛋减少，并可使雏鸡成批死亡。人受侵袭时，虫体在皮肤上爬动和穿刺皮肤吸血引起轻微痒痛，继而受侵部位皮肤剧痒，出现针尖大到指头肚大的红色丘疹，丘疹中央有一小孔。

④诊断　在宿主体表或窝巢等处发现虫体即可确诊，但虫体较小且爬动很快，若不注意则不易发现。

⑤防控措施　主要是用药物杀灭禽体和环境中的虫体，用药方法同"虱"。人受侵袭

时，应彻底更换衣物和被褥等，并用杀虫药液浸泡 1~3 h 后洗净；房舍地面和墙壁、床板等用杀虫药液喷洒。

任务实施

鸡球虫病的诊断

【材料用具】

感染球虫的患鸡、常见的球虫卵囊、食盐、生物显微镜（具备 10 倍目镜和低倍、高倍物镜及油镜）、目镜测微尺和物镜测微尺、盖玻片、载玻片、玻璃棒、接种环、漏斗、试管、铜筛、牙签、洗瓶、平皿、烧杯、剪刀及手术刀、离心管等。

【实施步骤】

（1）病鸡的观察

病鸡消瘦，鸡冠与黏膜苍白，嗉囊内充满大量液体，粪便呈红色或黑褐色。柔嫩艾美耳球虫主要侵害盲肠，盲肠肿大，肠腔中充满暗红色血液，盲肠上皮变厚、糜烂。巨型艾美耳球虫损害小肠中段，使肠壁扩张、增厚、坏死。肠管中有胡萝卜色胶冻状的内容物，如图 6-22~图 6-24 所示。

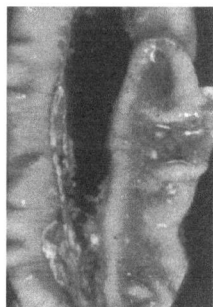

图 6-22 盲肠肿大、糜烂　　图 6-23 精神委顿　　图 6-24 小肠气球样变

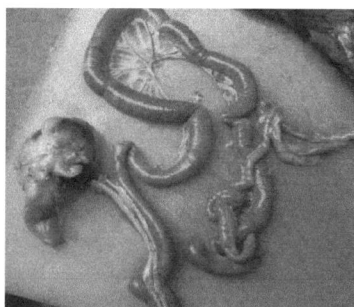

（2）直接涂片法

在载玻片上滴加 1~2 滴 50%甘油生理盐水，用牙签取少许粪便加入其中，并混匀，然后除去粪渣，涂抹成一层均匀的粪液，以通过粪便液膜能模糊地辨认其下的字迹为合适。加上盖玻片，先用低倍镜检查，发现卵囊后再用高倍镜检查。

（3）饱和盐水漂浮法

先制备饱和盐水，其方法是在大烧杯内将水煮沸加入食盐，直到食盐不再溶解为止（每升水中加入约 400 g 食盐），用 4 层纱布或脱脂棉过滤后，冷却装瓶备用，若溶液中出现食盐结晶沉淀时，即证明为饱和盐水溶液，用时取上清液。

再取新鲜鸡粪便或病死鸡肠内容物约 5 g，放入 50 mL 烧杯内，再加入 40 mL 饱和盐水，搅拌均匀，用铜筛或两层纱布过滤到另一个 50 mL 烧杯中，加饱和盐水至烧杯，静置 30~40 min，用接种环蘸取表面液膜，涂抹于载玻片上，如此多次蘸取不同部位的液膜后加盖玻片镜检。

也可以取 2 g 粪便置于烧杯中，加入 10~20 倍饱和盐水进行搅拌混合，然后将粪液倒入青霉素瓶或试管至凸出瓶口为止。静置 30 min 后，用清洁盖玻片轻轻接触液面，将蘸取液面的盖玻片放入载玻片上镜检。

（4）球虫的鉴定

鸡球虫卵囊一般呈卵圆形、椭圆形或近似圆形；有的略带淡绿色或黄褐色，或淡灰白色。中央有一个深色的圆形部分，周围是透明区，整个卵囊外面有一个双层的壳膜。巨型艾美尔球虫如图 6-25 所示，柔嫩艾美尔球虫如图 6-26 所示。

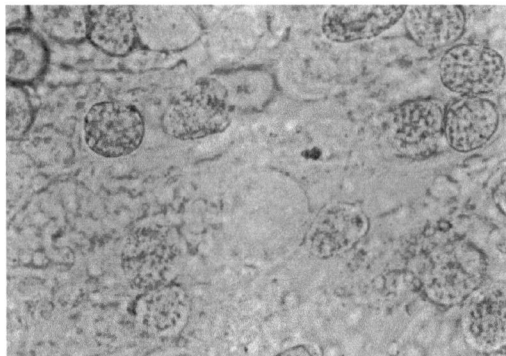

图 6-25　巨型艾美尔球虫

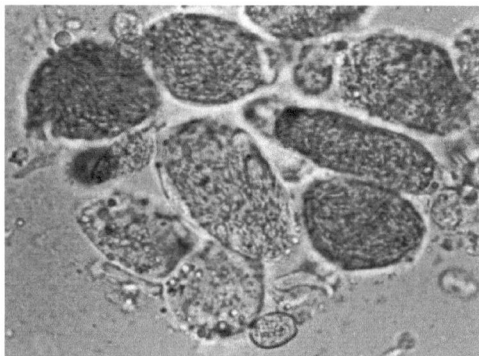

图 6-26　柔嫩艾美尔球虫

【考核评价】

（1）个人考核（占 50%）

根据表 6-7 所列内容，对学生的实训情况进行考核。

表 6-7　个人考核内容及标准

序号	考核项目	评分标准	分值	考核方法	考核得分	熟练程度
1	外观检查	鸡球虫病的症状和病变描述	10	单人（团体）操作考核		>90 分为熟练掌握；70~90 分为基本掌握；<70 分为没有掌握
2	操作	取甘油生理盐水和鸡粪混匀	10			
		涂抹均匀，加盖玻片	10			
		镜检是否有球虫卵囊	10			
		正确制备饱和盐水	10			
		取新鲜鸡粪和盐水混匀，过滤	20			
		蘸取混悬液于载玻片上，加盖玻片后镜检	20			
3	结果判定	镜检结果描述	10			
	合计		100			

（2）团队考核（占 30%）

参照表 1-2 进行考核。

（3）综合评价（占 20%）

参照表 1-3 进行综合评价。

任务 6-4　家禽常见普通病防控

任务描述

了解家禽营养代谢病、中毒病、其他普通病的类型；熟悉并掌握各种常见营养代谢病禽、中毒病、普通病的发病原因、临床症状、病理变化，使学生具备家禽常见普通病的预防、诊断和发病后处理技术，充分理解科学的卫生防疫制度和饲养管理是养禽场获得最大经济效益的重要保证。

知识准备

1. 家禽营养代谢病防控

1）维生素 A 缺乏症

维生素 A 缺乏症是由于动物缺乏维生素 A 引起的以分泌上皮角质化和角膜、结膜、气管、食管黏膜角质化、夜盲症、干眼病、生长停滞等为特征的营养缺乏疾病。

（1）病因

①供给不足或需要量增加　鸡体不能合成维生素 A，必须从饲料中采食维生素 A 或类胡萝卜素。不同生理阶段的鸡，对维生素 A 的需要量不同，应分别供给质量较好的成品料，否则就会引起严重的缺乏症。

②维生素 A 性质不稳定，非常容易失活。在饲料加工工艺条件不当时，损失很大。饲料存放时间过长、饲料发霉、烈日暴晒等皆可造成维生素 A 和类胡萝卜素损坏，脂肪酸败变质也能加速其氧化分解过程。

③饲料中蛋白质和脂肪不足　不能合成足够的视黄醛结合蛋白质去运送维生素 A，脂肪不足会影响维生素 A 类物质在肠中的溶解和吸收。

④胃肠道吸收障碍　发生腹泻或肝胆疾病影响饲料维生素 A 的吸收、利用及贮藏。

（2）临床症状

雏鸡和初开产的鸡常易发生维生素 A 缺乏症。雏鸡一般发生在 1~7 周龄，若 1 周龄的鸡发病，则与母鸡缺乏维生素 A 有关。其症状特点为厌食，生长停滞，消瘦，嗜睡，衰弱，羽毛松乱，运动失调，瘫痪，不能站立。黄色鸡种胫喙色素消褪，冠和肉垂苍白。病程超过 1 周仍存活的鸡，眼睑发炎或粘连，鼻孔和眼睛流出黏性分泌物，眼睑不久即肿胀，蓄积有干酪样的渗出物，角膜浑浊不透明，严重者角膜软化或穿孔失明。口腔黏膜有白色小结节或覆盖一层白色的豆腐渣样的薄膜，但剥离后黏膜完整无出血溃疡现象。食道黏膜上皮增生和角质化。

成年鸡通常在 2~5 个月出现症状，一般呈慢性经过。轻度缺乏维生素 A，鸡的生长、产蛋、种蛋孵化率及抗病力受到一定影响，往往不易被察觉，使养鸡生产在不知不觉中受到损失。患鸡食欲不振、消瘦、精神沉郁、鼻孔和眼睛常有水样液体排出，眼睑常黏合在一起，严重时可见眼内乳白干酪样物质（眼屎），角膜发生软化和穿孔，最后失明。鼻孔流出大量黏稠鼻液，病鸡呈现呼吸困难。鸡群呼吸道和消化道黏膜抵抗力降低，易诱发传染病。继发或并发家禽痛风或骨骼发育障碍所致的运动无力、两腿瘫痪，偶有神经症状，运动缺乏灵活性。鸡冠白有皱褶，爪、喙色淡。母鸡产蛋量和孵化率降低，公鸡繁殖力下降，精液品质退化，受精率低。

（3）病理变化

剖检可见口腔、咽、食管黏膜上皮角质化脱落，黏膜有小脓包样病变，破溃后形成小的溃疡。支气管黏膜可能覆盖一层很薄的伪膜。结膜囊或鼻窦肿胀，内有黏性的或干酪样的渗出物。严重时肾脏呈灰白色，有尿酸盐沉积。小脑肿胀，脑膜水肿，有微小出血点。

（4）诊断

临床症状和病理变化通常使人怀疑本病。显微镜下发现上呼吸道和上消化道的分泌腺和腺上皮组织的鳞状变形可帮助诊断。研究饲料配方和配制工序也会发现维生素A缺乏的可能性。

（5）防控措施

饲料中补充富含维生素A或维生素A元的饲料，如鱼肝油、胡萝卜、三叶草、玉米、青绿饲料。大群治疗时，将鱼肝油混入料中，每千克饲料放0.5 mL。或补给鸡维生素A添加剂，治疗剂量可按正常需要量的3~4倍混料，连喂约2周后再恢复正常。或每千克饲料5 000 IU维生素A，疗程1个月。眼部病变，用3%硼酸溶液洗涤，1次/d。

由于维生素A是一种脂溶性物质，很易被氧化而失效，所以对饲料注意保管，防止酸败发酵和氧化，以免维生素A被破坏。

2）维生素B族缺乏症

维生素B族是一群水溶性维生素，现已确定的有十几种，其中最重要的有维生素B_1（硫胺素）、维生素B_2（核黄素）、维生素B_3（泛酸）、维生素B_7（生物素、维生素H）、烟酸（烟酰胺、维生素PP）、维生素B_{11}（叶酸）、维生素B_{12}（氰钴胺）以及维生素B_6（吡哆醇）。

（1）维生素B_1缺乏症

维生素B_1是鸡体碳水化合物代谢必需的物质，其缺乏会导致碳水化合物代谢障碍和神经系统病变，是以多发性神经炎为典型症状的营养缺乏性疾病。

①病因　饲料中硫胺素含量不足通常发生于配方失误、饲料碱化、蒸煮等加工处理；饲料发霉或贮存时间太长等造成维生素B_1分解损失；饲料中含有蕨类植物、抗球虫病、抗生素等对维生素B_1有拮抗作用的物质，如氨丙啉、硝胺、磺胺类药物；鱼粉品质差，硫胺素酶活性太高。大量鱼、虾和软体动物内脏所含硫胺素酶也可破坏硫胺素。

②临床症状　雏鸡发病突然，多在2周龄以前发生。特征为外周神经麻痹或初为多发性神经炎，进而出现麻痹或痉挛症状。开始是趾的屈肌麻痹，以后向上蔓延到腿、翅、颈的伸肌发生痉挛，这时病鸡瘫痪，坐在屈曲的腿上，头向背后极度弯曲，呈现"观星"姿势。有的病鸡呈现进行性瘫痪，不能行动，倒地不起，抽搐死亡。其他症状为病鸡发育不良，食欲减退，体重减轻，羽毛松乱，缺乏光泽，腿无力，步态不稳，严重贫血和下痢。

成年鸡除了神经症状外，还出现鸡冠发紫，种蛋孵化中常有死胚或逾期不出壳。

③病理变化　无特征性病变，胃肠道有炎症，十二指肠溃疡，睾丸和卵巢明显萎缩。小鸡皮肤水肿，肾上腺肥大，母鸡比公鸡更明显。

④诊断　根据病史和临床症状可做出初步诊断。为进一步证实诊断可进行饲料分析，测定饲料中的维生素 B_1 的含量(一般不做)。

⑤防控措施　防止饲料发霉，不能饲喂变质劣质鱼粉；适当多喂各种谷物、麸皮和青绿饲料；控制嘧啶环和噻唑药物的使用，必须使用时疗程不宜过长；注意营养配合，在饲料中添加维生素 B_1，满足家禽需要，鸡的需要量为每千克饲料 $1 \sim 2$ mg，火鸡和鹌鹑为 2 mg；小群饲养时可个别强饲或注射硫胺素，每只鸡内服量为 2.5 mg/kg。肌肉注射量为 $0.1 \sim 0.2$ mg/kg。

(2)维生素 B_2 缺乏症

维生素 B_2 是动物体内十多种酶的辅基，与动物生长和组织修复有密切关系，家禽因体内合成维生素 B_2 很少，必须由饲料供应。维生素 B_2 缺乏症的典型症状为卷爪麻痹症。

①病因　饲料补充维生素 B_2 不足，常用的禾谷类饲料中核黄素特别缺乏，又易被紫外线、碱及重金属破坏。药物的拮抗作用，如氯丙嗪等能影响维生素 B_2 的利用。动物处于低温等应激状态，需要量增加；胃肠道疾病会影响维生素 B_2 转化吸收；饲喂高脂肪、低蛋白饲料时维生素 B_2 需要量增加。种鸡需要量比非种鸡需要量多。

②临床症状　特征性症状是趾爪向内卷曲，呈"握拳状"，两肢瘫痪，以飞节着地，翅展开以维持身体的平衡，运动困难，被迫以踝部行走，腿部肌肉萎缩或松弛，皮肤干燥粗糙。有结膜炎和角膜炎。病后期，腿伸开卧地，不能走动。病鸡生长缓慢，消瘦，羽毛粗乱，没有光泽，绒毛稀少，贫血，严重时下痢。种鸡产蛋率和孵化率明显降低，蛋白稀薄。在孵化后 $12 \sim 14$ d 胚胎大量死亡。胚胎皮肤表面有结节状绒毛。

③病理变化　胃肠道的黏膜萎缩，肠壁变薄，肠道内有大量泡沫状内容物。有些病例可见胸腺充血和萎缩，肝脏肿大和脂肪肝，羽毛脱落不全、卷曲。重症病鸡坐骨神经和臂神经显著肿大而柔软，比正常粗大 $4 \sim 5$ 倍，坐骨神经变化尤为明显。

④防控措施　饲料中添加蚕蛹粉、干燥肝脏粉、酵母、谷类和青绿饲料等富含维生素 B_2 的原料。雏鸡一开食就应喂标准配合饲料，或在每千克饲料中添加维生素 B_2 $2 \sim 3$ mg，可以预防本病。一般缺乏症可不治自愈，对确定维生素 B_2 缺乏造成的坐骨神经炎，在饲料中加 $10 \sim 20$ mg/kg 的维生素 B_2，个体内服维生素 B_2 $0.1 \sim 0.2$ mg/只，育成鸡 $5 \sim 6$ mg/只，出雏率降低的母鸡内服 10 mg/只，连用 7 d 可获得良好疗效。

(3)维生素 B_3 缺乏症

①临床症状　雏鸡的特征症状是皮肤、羽毛生长受阻和粗糙。病鸡消瘦，口角、眼睑以及肛门周围有局限性小痂块。眼睑常被黏性渗出物粘着，头部、趾间或脚底外层皮肤发炎，发生小裂口、结痂、出血或水肿，裂口加深后行走困难。有些病鸡腿部皮肤增厚、粗糙、角质化，甚至脱落。羽毛蓬乱，头部羽毛脱落。骨粗短，甚至发生脱腱症。

种鸡产蛋率和孵化率降低，胚胎死亡率增高，大多死于孵化后 $2 \sim 3$ d。孵出的雏鸡体轻而弱，在 24 h 内死亡率可达 50% 左右。

②病理变化　本病无特征性肉眼可见的病理变化。

③防控措施　饲喂酵母、麸皮、米糠等含维生素 B_3 较高的饲料可防治本病发生。病情尚未严重时，每千克饲料中加入 8 mg 泛酸钙即可康复。

（4）维生素 B_7 缺乏症

①临床症状　症状与缺乏维生素 B_3 症状相似，轻者难以区别，只是结痂时间和次序有别。雏鸡首先在脚上结痂，而维生素 B_3 缺乏的雏鸡则是现在口角出现。雏鸡逐渐衰弱，发育缓慢，脚、喙和眼周皮肤发炎，有时还会出现骨粗短症；种鸡产蛋率和孵化率降低，种蛋孵化率降低尤为明显，死胚较多，新孵出的雏鸡也产生骨粗短症和畸形等症状。

②病理变化　本病无特征性肉眼可见的病理变化。

③防控措施　饲喂富含维生素 B_7 的豆饼、米糠、鱼粉、酵母等可预防本病。维生素 B_7 缺乏时，成鸡口服或肌肉注射每只 $0.01 \sim 0.05$ mg，或每千克饲料添加 $40 \sim 100$ mg 饲喂。

（5）烟酸缺乏症

①临床症状　雏鸡变现为舌呈暗黑色，口腔和上部食道发炎，呈深红色。食欲减退，下痢。跗关节肿大，骨粗短，腿弯曲，脚和爪呈痉挛状。生长迟缓或停滞。成鸡羽毛生长不良，蓬乱无光泽，甚至脱毛。皮肤发炎，可见足和皮肤有鳞状皮炎。

②防控措施　饲料中配合富含烟酸的麸皮、米糠、豆饼等可预防本病。在每千克饲料中加烟酸 10 mg，病情可很快恢复。但对骨粗短症或跗关节肿大的严重病例疗效甚微或根本无效。

（6）维生素 B_{11} 缺乏症

①症状　雏鸡贫血，血红蛋白下降，羽毛色素消失，出现白羽，羽毛生长缓慢，无光泽，出现骨粗短症。种鸡缺乏叶酸则产蛋率和孵化率下降，胚胎畸形，出现胫骨弯曲，下颌缺损，趾爪出血。

②防控措施　饲喂富含维生素 B_{11} 的豆饼、酵母、麸皮等可预防本病。病雏可肌肉注射维生素 $B_{11}50 \sim 100$ μg/只，育成鸡肌肉注射 $100 \sim 200$ μg/只，1 周内可恢复。在 100 g 饲料中加入 500 μg 叶酸可获得同样效果。

（7）维生素 B_{12} 缺乏症

①临床症状　雏鸡无特征性症状。常出现贫血，食欲不振，发育迟缓，羽毛生长不良，发生脚软症，死亡率增加等。种鸡则产蛋量下降，孵化率降低，胚胎出血和水肿，孵化后期（17 胚龄）死亡率增加。

②防控措施　饲喂鱼粉、肉粉、肝粉和酵母粉可预防本病。当鸡缺乏维生素 B_{12} 时，除喂给富含维生素 B_{12} 的饲料（动物性饲料），还可喂适量氯化钴，鸡可利用无机钴合成维生素 B_{12}。

（8）维生素 B_6 缺乏症

①临床症状　雏鸡主要表现为神经症状：异常兴奋，盲目乱跑，拍翅膀，头下垂。以后出现全身痉挛，倒向一侧，摆头踢腿或急速划动双腿，直至完全衰竭而死亡。此外，病雏食欲不振，发育不良，贫血。种鸡则表现为食欲不振，消瘦，产蛋率和孵化率下降，卵巢、睾丸、冠和肉髯萎缩，最后死亡。

②防控措施　饲喂酵母、麸皮、肝粉等富含维生素 B_6 的饲料可防止本病发生。维生素 B_6 缺乏时，每千克饲料加入 $10 \sim 20$ mg 维生素 B_6 或每只成鸡注射 $5 \sim 10$ mg。

3）维生素 D 缺乏症

维生素 D 缺乏症是鸡的钙、磷吸收和代谢障碍，骨骼、蛋壳形成等受阻，以雏鸡佝偻病和缺钙症状为特征的营养缺乏症。

（1）病因

维生素 D 缺乏症的发生主要有 2 个原因：体内合成量不足和饲料供给缺乏。维生素 D 合成需要紫外线，所以适当的日晒可以防止缺乏症的发生。机体消化吸收功能障碍，患有肾肝疾病的鸡只也会发生。购买商品料的养殖户应该向供货商质询，或者通过化验来确定病因，采取相应措施。

（2）临床症状与病理变化

维生素 D 的缺乏症主要表现为骨骼损害。

雏鸡佝偻病，1 月龄左右雏鸡容易发生，发生时间与雏鸡饲料及种蛋情况有关。最初症状为腿弱，步态不稳，喙和爪软而容易弯曲，以后跗关节着地，常蹲坐，平衡失调。骨骼柔软或肿大，肋骨和肋软骨的结合处可摸到圆形结节（念珠状肿）。胸骨侧弯，胸骨正中内陷，使胸腔变小。脊椎在荐部和尾部向下弯曲。长骨质脆易骨折。生长发育不良，羽毛松乱，无光泽，有时下痢。

产蛋母鸡缺乏 2~3 个月开始表现缺钙症状。早期表现为薄壳蛋和软壳蛋数量增加，以后产蛋量下降，最后停产。种蛋孵化率下降，胚胎多在 10~16 日龄死亡。喙、爪、龙骨变软，龙骨弯曲，慢性病例则见到明显的骨骼变形，胸廓下陷。胸骨和椎骨结合处内陷，所有肋骨沿胸廓呈向内弧形弯曲的特征。后期关节肿大，母鸡呈现身体坐在腿上"企鹅形"蹲着的特殊姿势，也能观察到缺钙症状的周期性发作。长骨质脆，易骨折，剖检可见骨骼钙化不良。

（3）防控措施

①保证饲料中含有足够量的维生素 D_3，每千克饲料中，雏鸡、育成鸡需 200 IU，产蛋鸡、种鸡需 500 IU。

②防止饲料中维生素 D_3 氧化，应添加合成抗氧化剂。

③防止饲料发霉，破坏维生素 D_3，可添加防霉剂。

④已经发生缺乏症的鸡可补充维生素 D_3，饲料中使用维生素 D_3 粉或饮水中使用速溶多维，饲料中剂量可为 1 500 IU/kg。

⑤雏鸡缺乏维生素 D 时，每只可喂服 2~3 滴鱼肝油，3 次/d。患佝偻病的雏鸡，每只每次喂给 10 000~20 000 IU 的维生素 D_3 油或胶囊疗效较好。多晒太阳，保证足够的日照时间对治疗也有帮助。

4）维生素 E-硒缺乏症

禽维生素 E-硒缺乏症是由于家禽缺乏维生素 E 或硒，或同时缺乏上述两种营养物质和其他一些相关营养物质（如含硫氨基酸）而导致的一种较常见的营养性疾病。主要特征是发生脑软化症、渗出性素质和肌营养不良症（白肌病）等。

（1）病因

饲料中维生素 E 含量不足，或饲料（包括原料）储存时间过长，受日光过度照射，维生素 E 被大量破坏；饲料中不饱和脂肪酸含量高，并与维生素 E 结合，降低了饲料中维生素 E 的活性；家禽肝胆功能障碍、消化道疾病等造成维生素 E 吸收不良，均可导致维生素 E 缺乏症。硒的缺乏常因饲料原料产地为低硒地区及饲料在加工过程中添加硒不足而致。

维生素 E 是一种强的抗氧化剂，与硒及含硫氨基酸共同作用，具有维持细胞生物膜完整性，参与机体生物氧化过程，维持组织细胞正常呼吸等功能。如果缺乏维生素 E，或同时缺乏硒和含硫氨基酸时，其抗氧化作用的过程受阻，就出现组织出血、溶血、渗出、变性、软化等一系列病理过程，从而发生脑软化、渗出性素质、肌营养不良等病症。本病尤其多见于 1 月龄内的幼禽。

（2）临床症状与病理变化

本病据病理变化的特点可分为三类：脑软化症、渗出性素质和肌营养不良症（白肌病）。

①脑软化症 患禽发生共济失调，转圈，抽搐或发生"观星状"等神经症状；小脑出血，大脑（尤其是后部）软化、透明化、水肿，脑实质凹陷缺损。

②渗出性素质 在下颌部、翅膀下部、胸腹部的皮下发生出血、溶血性水肿，水肿部皮肤暗蓝色，皮下具有广泛性的蓝色胶冻浸润。

③肌营养不良症 病禽衰弱，运动无力，软脚，横纹肌（心肌、胸肌、腿肌等）肌纤维变性，出现与肌纤维束走向相同的白色或灰白色条纹。

（3）诊断

根据病鸡出现脑软化、渗出性素质和肌营养不良等典型病理变化可做出诊断。应注意，维生素 E 缺乏主要是发生脑软化为主，硒缺乏主要是发生渗出性素质，肌营养不良与维生素 E、硒缺乏及含硫氨基酸缺乏均有较密切关系。

（4）防控措施

饲料中应保证添加足够的维生素 E、硒和含硫氨基酸，避免饲料贮存时间过长。在幼禽生长期，必要时适量添加维生素 E、硒和含硫氨基酸。发生本病时，使用市售的"维生素 E、硒制剂"，按说明书用量，连续拌料喂饲病禽 5~7 d，同时在饲料中增加适量的含硫氨基酸。使用新鲜植物油，按 0.5% 的比例拌料喂饲及适当投喂青饲料，也是有益的。对重病例可用 0.1% 亚硒酸钠注射液经肌肉注射，0.1 mL/kg，每 2 d 用 1 次，连用 2~3 d，或用维生素 E 注射液经肌肉注射，3 mL/kg，1 次/d，连用 2~3 d。

5）痛风

痛风是笼养鸡蛋白质代谢障碍，在体内产生大量尿酸或尿酸盐，沉积在关节、软骨、内脏和其他间质组织所引起的疾病。

（1）病因

饲料中蛋白质尤其是核蛋白含量过高，此时体蛋白质的代谢产物尿酸大量增加，尿酸的急剧增加超出了正常鸡的排泄能力，引起尿酸在体内沉积，从而出现一系列临床症状和病理变化。饲料中缺乏充足的维生素 A 和维生素 D 以及无机盐的含量配合不当，肾脏机能障碍等也与痛风发生有关。

（2）临床症状

本病多发生于生长期鸡和成鸡。因尿酸盐在体内沉积的部位不同而分为内脏型痛风和关节炎型痛风，有时二者兼有。内脏型痛风较常见。本病一般呈慢性经过，急性死亡较少。病鸡表现为全身性营养障碍，精神萎靡，食欲不振，贫血、羽毛松乱，逐渐消瘦衰竭，母鸡产蛋量下降甚至完全停产。有的病鸡鸡冠苍白、脱毛、皮肤瘙痒，气喘或神经症状。排黏液性白色稀粪，其中含有多量尿酸盐。

关节型痛风较少见，病鸡腿、脚趾和翅关节肿大，疼痛，运动迟缓，跛行，不能站立。

（3）病理变化

①内脏型痛风　肾脏肿大，色泽变淡，表面有尿酸盐沉积形成的白色斑点。输尿管扩张变粗，管腔中充满石灰样沉淀物。严重的病鸡在心、肝、脾、肺、胸膜和肠系膜撒布许多石灰样的白色絮状物（尿酸盐结晶），严重时可形成一层白色薄膜。将这些沉淀物刮下镜检，可见许多针状的尿酸盐结晶。

②关节炎型痛风　关节表面和关节周围组织中有稠厚的白色黏性液体，几乎完全由滑液和尿酸结晶组成。骨关节面发生溃疡，关节囊坏死。

（4）防控措施

本病治疗的有效方法不多，主要以预防为主，适当减少饲料中的蛋白质特别是动物性蛋白质的含量，供给充足的清洁饮水和新鲜的青绿饲料，注意补充维生素 A、维生素 D。由于本病的发生与肾功能障碍关系密切，因而要注意避免影响肾功能的各种因素发生。

6）鸡钙磷缺乏和钙磷失调症

饲料中钙和磷的含量不够，或钙磷的比例不当，或维生素 D 含量不足，都会影响钙和磷的吸收和利用。过量的钙导致钙磷比例失调，骨骼畸变；磷过多可引起骨组织营养不良，所以由于钙磷缺乏和钙磷比例失调引起的雏鸡佝偻病，在产蛋鸡则引起软骨病或产蛋疲劳症，以上症状都可称为鸡钙磷缺乏和钙磷失调症。

（1）佝偻病

佝偻病是由于钙、磷和维生素 D_3 缺乏或不平衡引起的雏鸡营养缺乏症。

①病因　佝偻病可因磷缺乏，但大多数是由于维生素 D_3 的不足引起的。即使饲料中的磷和维生素 D_3 的含量是足够的，如果强迫喂给过多的钙，也会促使发生磷缺乏而引起佝偻病。新孵出的雏鸡钙储备量很低，若得不到足够的钙供应，则很快出现缺钙。

②临床症状　佝偻病常常发生于 6 周龄以下的雏鸡，由于缺乏的营养成分不同，表现不同。病鸡表现腿跛，步态不稳，生长速度变慢，腿部骨骼变软而富于弹性，关节肿大。跗关节尤其明显。病鸡休息时常是蹲坐姿势。病情发展严重时，病鸡可以瘫痪。但磷缺乏时，一般不表现瘫痪症状。

③病理变化　病鸡骨骼软化，似橡皮样，长骨末端增大，骨骺的生长盘变宽和畸形（维生素 D_3 或钙缺乏）或变薄而异常（磷缺乏）。胸骨变形、弯曲。与脊柱连接处的肋骨呈明显球状隆起，肋骨增厚、弯曲，致使胸廓两侧变扁。喙变软，橡皮样，易弯曲，甲状旁腺常明显增大。

④诊断　根据发病日龄、症状和病理变化可以怀疑本病。喙变软和串珠状肋骨，特别是胫骨变软，易折曲，可以确诊本病。分析饲料成分，计算饲料中的钙磷和维生素 D_3 的含量，发现其缺乏或不平衡，证实本病的存在。

⑤防控措施　如果饲料中缺钙，应补充贝壳粉、石粉，缺磷时应补充磷酸氢钙。钙磷比例不平衡要调整。如果饲料中已出现维生素 D_3 缺乏现象，应给以 3 倍于平时剂量的维生素 D_3，2~3 周，然后恢复到正常剂量。

（2）笼养蛋鸡产蛋疲劳症

笼养蛋鸡产蛋疲劳症是笼养母鸡的一种营养代谢疾病。

①病因　本病的病因与笼养鸡所处的特定环境有关，目前尚未取得一致的意见。与本病有关的因素有饲料中钙磷比例不当或维生素 D 的缺乏。由于蛋鸡高产（产蛋率 80% 以上），钙的不足或推迟，引起一种暂时的缺钙，如果饲料中没有足够的钙，或者钙磷比例失调，满足不了蛋壳形成的需要，蛋鸡将利用自身骨骼中的钙，最终发生骨质疏松症和软化。蛋鸡饲养在笼内，长期缺乏运动，神经兴奋性降低，软骨变硬，肌肉强力减弱以至运动机能减弱，可能是本病的部分原因。

②临床症状　发病初期鸡只精神正常，能采食、饮水和产蛋。以后出现产软壳蛋和薄壳蛋，产蛋量明显降低。此时会出现鸡爪弯曲，运动失调，接着是两腿发软，站立困难，此时如能及时发现，及时采取措施，能很快恢复。否则症状逐渐严重，最后瘫痪，侧卧于笼内。此时病鸡的反应迟钝，最后因不能采食和饮水而导致极度消瘦衰竭死亡。

③病理变化　瘫痪或死亡的鸡肛门外翻，淤血，骨骼可见腿骨、翼骨和胸骨变形。在胸骨和椎骨结合部位，肋骨向内弯曲。许多鸡卵巢退化、淤血和脱水。

④防控措施　注意饲料中钙磷的供给、磷钙的比例以及维生素 D 的供给，及时发现病鸡，产软壳蛋的鸡立即挑出单独饲养，减少损失。

2. 家禽中毒病防治

1）黄曲霉毒素中毒

黄曲霉毒素中毒是鸡的一种极为常见的发霉饲料中毒病。黄曲霉在温暖潮湿的条件下，很容易在谷物中生长繁殖并产生毒素。饲喂发霉饲料，常引起黄曲霉毒素中毒。据调查，玉米被黄曲霉菌株污染的高达 30% 以上。黄曲霉菌能产生的毒素现已知有 8 种，其中以 BI 毒素的毒力最强。对畜、禽都有剧烈毒性，主要是损害动物的肝脏并有致癌作用。幼禽发生中毒，可导致大批死亡。

（1）病因

玉米、麸皮、稻米、鱼粉等常用饲料及全价配合饲料发生霉变后继续喂鸡，是中毒的主要原因。

（2）临床症状

幼龄鸡在 2~6 周龄时，发生黄曲霉毒素中毒最为严重。鸡表现精神沉郁，衰弱，食欲减少，生长不良，贫血，拉血色稀粪，翅下垂，腿软无力，走路不稳，腿和脚由于皮下出血而呈紫红色，死时角弓反张，死亡率可达 100%。

（3）病理变化

皮肤发红，皮下水肿，有时皮下、肌肉有出血点。特征性病变是肝脏。急性中毒肝脏肿大，色泽变淡，黄白色，有出血斑点或坏死，胆囊充满胆汁，肾脏苍白和稍肿大，或见出血点。慢性中毒时，肝常硬化，体积缩小，颜色变黄，有白色大头针帽状或结节状病灶，甚至见肝癌结节，心包和腹腔常有积水。胃及肠道充血、出血，甚至有溃疡。

（4）诊断

根据本病流行特点、临床症状、肝脏的特征性变化和饲料的霉变情况，可初步诊断。如需确诊，就必须送饲料样品到有关实验室测定饲料中黄曲霉毒素含量。

（5）防控措施

预防黄曲霉毒素中毒的根本措施是不喂发霉的饲料。平时要加强饲料的保管，注意干燥，特别是多雨季节，防止发霉。对已中毒的鸡，可投给盐类泻剂，排除肠道毒素，并采取对症疗法。同时，要供充足的青绿饲料和维生素 A。黄曲霉毒素不易被破坏，加热煮熟不能使毒素分解。鸡的器官组织内部都含有毒素，不能食用，应该深埋或烧毁。鸡的粪便也含有毒素，应彻底清除，集中处理，以防污染水源和饲料。

2）食盐中毒

食盐中毒是由于饲喂含盐高的鱼粉或饲料中食盐含量高引起的鸡的矿质中毒病。以口渴、粪便含水量增多和大量死亡为特征。

（1）病因

配制混合饲料时，食盐配比错误、称量不准或操作人员不认真而重复添加食盐；大量使用含盐高的咸鱼或咸鱼粉；食盐颗粒过大、咸鱼粉碎不全、或搅拌不均匀；为了控制鸡啄羽、啄肛添加食盐过多。

（2）临床症状

食盐中毒的症状与病程长短取决于食盐摄入量和摄入后的时间。

①一般症状　精神萎靡，食欲不振或废绝，共济失调，两腿无力，行走困难，直到完全瘫痪，驱赶时，靠两翅扑地而行，后期呼吸困难，极度衰弱，抽搐。最后进入昏迷状态，衰竭而死亡。

②典型症状　病鸡极度口渴，狂饮不止，甚至死前还要饮水。嗉囊扩张，充满液体，低头时可见口、鼻流出黏液性分泌物，排粪频繁，下痢，肛门周围羽毛被粪便污染。

（3）病理变化

病变主要在消化道。嗉囊中有大量黏性液体，嗉囊扩张，黏膜易脱落。腺胃黏膜充血或出血。小肠病变最严重，小肠前段充血或出血，甚至全肠管出血。病程较长时，可见到皮下水肿，肺水肿。腹腔和心包积水。心脏有小出血点，有时可见脑膜充血。偶见肝脏有散在出血点。

（4）防控措施

发现食盐中毒后应立即停止饲喂原饲料，改喂无盐而易消化的饲料，直到康复为止。轻度中毒鸡，增加饮水器，供给清洁饮水或 5% 糖水。对行动困难的鸡要帮助其饮水，症状可逐渐好转。严重中毒禽群，要适当控制饮水量，因为过量饮水会促使食盐吸收扩散，加重病情，导致死亡增加。可每隔 1 h 让其自由饮水 10～20 min。调配饲料时，要精确计算用盐量。选购优质鱼粉，要注意鱼粉中含盐量的高低，根据鱼粉中含盐量，调配饲料中的食盐用量。切忌为达到治疗某种疾病的目的而滥用食盐。

3）棉籽饼中毒

棉籽饼中毒是指棉籽饼或棉仁饼中含有一种有毒物质棉酚所引起的中毒。

（1）病因

①用带壳的土榨棉籽饼配制饲料。随着榨油工业逐步向现代化发展，带壳的土榨棉籽饼已经越来越少。

②用去壳的棉仁饼配制饲料，占的比例过大，超过 10% 且长期连续饲喂，致使棉酚在

体内蓄积中毒。

③棉籽(仁)饼发热变质，其游离棉酚的含量相对增高。

④饲料中缺乏蛋白质、钙、铁、维生素 A，均可增加鸡对棉酚中毒的敏感性。

（2）临床症状

病鸡采食量减少，排黑褐色稀粪，并可能混有黏液、血液甚至肠黏膜。严重者，呼吸困难，循环衰竭，伴有贫血和维生素 A 缺乏的症状，出现抽搐。母鸡产蛋减少，受精率及种蛋孵化率明显下降，胚胎早期死亡增加。商品蛋的品质下降，蛋清发红色，蛋黄颜色变淡呈茶青色。

（3）病理变化

最明显的病变为胃肠炎和出血，心外膜出血，肺水肿，胸腔和腹腔积液，肝、肾淤血肿大，母鸡的卵巢和输卵管出现高度萎缩。

（4）诊断

曾有过较长期饲喂未脱毒棉籽(仁)饼的情况，结合鸡群临床症状和剖检变化，即可做出诊断。

（5）防控措施

①限量使用　棉仁饼在蛋鸡饲料中所占比例，以 5%~6% 为宜，最多不超过 8%；在肉用仔鸡饲料中不超过 10%，种鸡不宜使用。

②间歇使用　由于棉酚在体内蓄积作用较强，鸡饲料中最好不要长期配入棉仁饼，每隔 1~2 个月停用 10~15 d。

③去毒处理

a. 铁剂处理：用 0.1%~0.2% 硫酸亚铁溶液浸泡 4 h 后即可直接饲喂。

b. 煮沸法：将棉仁饼打碎加水煮沸 1~2 h，若再加入 10% 的任何谷物粉同煮，可使毒性大幅减弱。

c. 干热法：将棉仁饼置锅里，以 80~85℃ 干热 2 h，或以 100℃ 加热 30 min。

d. 碱处理：用 2% 石灰水或 2.5% 草木灰水浸泡 24 h 再经清水洗净即可用。

④合理搭配饲料　供足钙、铁、蛋白质和维生素 A。尽量供给充足的青饲料，缺乏青饲料时，可添加足量的多维素。

⑤发病后处理　发生中毒后，立即停喂含棉仁饼的饲料，多喂青饲料，经 1~3 周可逐渐恢复正常，对病鸡的胃肠炎采取对症疗法，可饮用口服补液盐。

4）磺胺类药物中毒

磺胺类药物是防治家禽传染病和某些寄生虫病的一类最常用的合成化学药物。用药剂量过大或连续使用超过 7 d，即可造成中毒。磺胺药物的治疗剂量与中毒量接近，用药时间过长，就会造成中毒。据报道，给鸡饲喂含 0.5%SM2 或 SM1 的饲料 8 d，可引起鸡脾出血性梗死和肿胀，饲喂至第 11 天即开始死亡。复方敌菌净在饲料中添加至 0.036%，第 6 天即引起死亡。维生素 K 缺乏可促发本病。复方新诺明混饲用量超过 3 倍以上，即可造成雏鸡严重的肾肿。

（1）病因

超量服用或持续服用磺胺类药物所致。

（2）临床症状

①生长鸡　精神沉郁，食欲减退，羽毛松乱，生长缓慢或停止，虚弱，头部苍白或发绀，黏膜黄染，皮下有出血点，凝血时间延长，排酱油状或灰白色稀粪。

②产蛋鸡　食欲减少，产蛋下降，产薄壳、软壳或蛋壳粗糙。

（3）病理变化

特征变化为皮下、肌肉广泛出血，尤以胸肌、大腿肌更为明显，呈点状或斑状，冠、髯、颜面和眼睑均有出血斑，血液稀薄。骨髓褪色黄染。肠道、肌胃与腺胃有点状或长条状出血。肝、脾、心脏有出血点或坏死点。肾肿大，输尿管增粗，充满尿酸盐。

（4）诊断

根据病史、临床症状及病理变化可做出诊断：有超量或连续长时间应用磺胺类药物的病史；症状以出血或溶血性贫血为特征；全身性广泛性出血。

注意与传染性贫血、传染性法氏囊病及球虫病鉴别，还要与新城疫、传染性支气管炎和产蛋下降综合征等引起产蛋下降的传染病鉴别。

（5）防控措施

平时使用该类药物时间不宜过长，一般连用不超过 5 d。产蛋禽禁止使用磺胺类药物。多选用高效低毒的磺胺类药物，如复方新诺明、磺胺喹噁啉、磺胺氯吡嗪等。

发现中毒时应立即更换饲料，停止饲喂磺胺类药物，供给充足饮水，在饮水中加入 1% 碳酸氢钠和 5% 葡萄糖溶液，连饮 3~4 d；也可在每千克饲料中可加入 5 mg 维生素 K_3，连用 3~4 d，或将饲料中维生素含量提高 1 倍。中毒严重的病鸡可肌肉注射维生素 B_{12} 1~2 μg 或叶酸 50~100 μg。

5）喹乙醇中毒

喹乙醇作为家禽生长促进剂，一般在饲料中加入 25~30 mg/L（25~30 g/t）。预防细菌性传染病，一般在饲料中添加 100 mg/L 喹乙醇，连用 7 d，停药 7~10 d。治疗量一般在饲料中添加 200 mg/L 喹乙醇，连用 3~5 d，停药 7~10 d。据报道，饲料中添加 300 mg/L 喹乙醇，饲喂 6 d，鸡就呈现中毒症状。饲料中添加 1 000 mg/L 喹乙醇饲喂 240 日龄蛋鸡，第 3 天即出现中毒症状。喹乙醇在鸡体内有较强的蓄积作用，小剂量连续应用，也会蓄积中毒。

（1）病因

由于用药量过大，或大剂量连续应用拌料不均所致。

（2）临床症状

病鸡精神沉郁，缩头嗜睡，羽毛松乱，减食或不食，排黄色水样稀粪。鸡喙、冠、颜面及鸡趾变紫黑，卧地不动，很快死亡。轻度中毒时，发病较迟缓，大剂量中毒对，可在数小时内发病。产蛋鸡产蛋急剧下降，甚至绝产。

（3）病理变化

皮肤、肌肉发黑。消化道出血尤以十二指肠、泄殖腔出血严重，腺胃乳头或/和乳头间出血，肌胃角质层下有出血斑、点，腺胃与肌胃交界处有黑色的坏死区。心冠状脂肪和心肌表面有散在出血点，心肌柔软。肝肿大有出血斑，色暗红，质脆，切面糜烂多汁，脾、肾肿大，质脆。成年母鸡卵泡萎缩、变形、出血。输卵管变细。

（4）诊断

根据有大剂量或连续应用喹乙醇的病史、症状特征及剖检变化可做出诊断。

注意与典型新城疫鉴别。新城疫有呼吸道症状、口流黏液、黄绿色稀便、抗体水平高低差距大。

（5）防控措施

鸡对喹乙醇比较敏感，故使用时要严格控制剂量，并有一定的休药期。发现中毒时应立即更换饲料，停止饲喂喹乙醇。百毒解 250 g 兑 25 kg 水，连饮 3~5 d。5% 葡萄糖溶液连饮 3~5 d。电解多维连饮 3~5 d。

6）马杜拉霉素中毒

马杜拉霉素为新型聚酯类广谱高效抗球虫药物，其商品名称较多，如加福、杜球、克球皇、抗球王和球杀死等，均含马杜拉霉素 1%。马杜拉霉素的用量不分预防量和治疗量，只有一个标准用量，就是按纯品计算，混饲浓度应为每千克饲料加入 5 mg，即 1 000 kg 饲料中加入纯品 5 g。抗球王等预混剂一般包装为每袋 100 g，含马杜拉霉素 1 g，应拌料 200 kg。按此用量，并在饲料中充分拌匀，肉用仔鸡和 100 日龄以下的蛋鸡，长期服用无不良反应。

（1）病因

①剂量加大　该药规定用量和中毒量很接近，混饲浓度每千克饲料超过 6 mg 对生长有明显抑制作用。目前，市售的含马杜拉霉素的商品药物较多，一些用户习惯于加倍使用，或将几种含该药的商品药联合使用，或在已经添加马杜拉霉素的浓缩料中随意添加药物，造成用量过大。

②混合不均　马杜拉霉素混料不匀，特别是用纯粉拌料更是危险。

（2）临床症状

发病迅速，采食混药饲料后 10~20 h 即可出现中毒症状。病鸡起初采食减少，饮欲增加。特征性症状主要有腿部麻痹，严重时瘫痪，侧卧地面，两腿向后伸直，触摸关节无异常，排绿色稀粪，体温降低。

（3）病理变化

剖检通常见不到特征性病变。

（4）诊断

根据鸡群用药情况调查结果，结合临床症状（软脚、瘫痪、侧卧地面）等进行诊断。

（5）防控措施

①预防　严格按规定量使用。混饲，每千克饲料肉鸡 5 mg；混饮，每升水肉鸡 2~2.5 mg，切忌超量用药，并在使用时做到计算和称量准确，混饲时须拌匀，以防引起中毒。本品仅用于肉鸡，休药期为 5 d，产蛋鸡禁用。禁与其他抗球虫药并用。

②发病后处理　发现中毒，应立即停用该药或更换饲料，可于 15 L 饮水中加口服补液盐 250 g，速补 14 类水溶性多维素 30 g，连续用至基本康复。对不能站立和行走的病鸡，每只用 5% 葡萄糖生理盐水 5~10 mL，皮下注射，1~2 次/d，可获得一定的效果。

7）一氧化碳中毒

一氧化碳中毒是由于家禽吸入一氧化碳气体所引起的以血液中形成多量碳氧血红蛋白所造成的全身组织缺氧为主要特征的中毒疾病。禽舍往往有烧煤保温的病史，由于暖炕裂缝，或烟囱堵塞、倒烟、门窗紧闭、通风不良等原因，都能导致一氧化碳不能及时排出，引起中毒。

（1）临床症状

一般多易发生亚急性中毒。中毒鸡表现精神沉郁，羽毛松乱，食欲减退，生长发育迟缓，喙呈粉红色；严重中毒者表现烦躁不安，呼吸困难昏迷，嗜睡，运动失调，呆立或昏迷，瘫痪，头向后仰，死前出现痉挛或惊厥。

（2）病理变化

急性中毒时的特征性病变为全身各组织器官和血液呈鲜红色或樱桃红色；肺淤血，切面流出多量粉红色泡沫状液体；心血管淤血，血液凝固不良；肝轻度肿胀，淤血，个别肝实质或边缘呈灰白色斑块或条状坏死；脾和肾淤血、出血；脑软膜充血、出血。慢性中毒时病变不明显。

（3）诊断

①病因调查　在禽舍烧煤加温时，由于暖炕裂缝，或烟囱堵塞、倒烟，门窗紧闭、通风不良等原因，都能导致一氧化碳不能及时排出。只要舍内含有 0.1%~0.2% 一氧化碳时，就会引起中毒；超过 3% 时，可使禽窒息死亡。对长期饲养在低浓度一氧化碳环境中的家禽，可造成生长迟缓，免疫功能下降等慢性中毒，也应注意。病因调查基础上结合临床症状和剖检变化做出初步诊断。

②实验室化验　检验病禽血液内的碳氧血红蛋白更有助于本病的确诊。

氢氧化钠法：取血液 3 滴，加 3 mL 蒸馏水稀释，再加入 10% 氢氧化钠溶液 1 滴，如有碳氧血红蛋白存在，则呈淡红色而不变，而对照的正常血液则变为棕绿色。

糅酸法：取血液 1 份溶于 4 份蒸馏水中，加 3 倍量的 1% 糅酸溶液充分振摇。病鸡血液呈洋红色，而正常鸡血液经数小时后呈灰色，24 h 后最显著。也可取血液用水稀释 3 倍，再用 3% 糅酸溶液稀释 3 倍，剧烈振摇混合，病鸡血液可产生深红色沉淀，正常鸡血液则产生绿褐色沉淀。

碳氧血红蛋白含量测定：取 4 mL 蒸馏水，加入病鸡血液 1 滴，立即混合，呈淡粉红色，同时用正常鸡血液做对照。在两种试管中分别加 2 滴 10% 氢氧化钠溶液，拇指按住管口，迅速混合，立即记下时间。正常鸡的血液立即变成草黄色。而含 10% 以上碳氧血红蛋白的血清，须在一定时间才能变成草黄色，根据此时间的长短可大致判定被检血中碳氧血红蛋白的浓度。

注意在以上的方法中皆不要使用草酸盐抗凝剂的血样。检验时最好使用 2 种以上方法。

（4）防控措施

鸡舍和育雏室采用煤火取暖装置应注意通风条件，以保持通风良好，温度适宜。一旦出现中毒现象，应迅速开窗通风。

3. 其他普通病防控

1）肉鸡腹水综合征

腹水综合征又称高海拔病、水肿病、心脏衰竭综合征等，属快速生长的肉仔鸡易发生的特异性充血性心力衰竭症。最早见于出生后 3 日龄仔鸡，多发于 4~5 周龄。生长快的鸡冬季较夏季多发，其原因是冬季因需提高室温，使通风量减少，室内氨气及尘埃过多，氧气含量减少，造成缺氧，引起腹水症。公鸡比母鸡更易发病，大棚式鸡舍饲养的肉鸡比一般鸡舍饲养的肉鸡发病率高 30%。

（1）病因

引起腹水症的病因很复杂，说法很多，未完全清楚，综合有关文献报道归纳如下。

①遗传因素　生长发育速度快，对氧气和能量的需要量高，同时肉鸡的红细胞体积大，血流不通畅，易导致肺动脉高压及右心衰竭。

②环境　高海拔地区肉仔鸡处于低氧压环境中，心脏在超负荷条件下工作而引起心衰，导致组织缺氧，从而表现出腹水症。低温条件下肉鸡对氧气的需求增多，故诱发腹水症。冬季许多鸡舍由于供热保暖，常出现通风不良，一氧化碳浓度增加而导致缺氧发生腹水症。

③饲料与营养　饲喂高能饲料，或营养缺乏或过剩，如硒、维生素 E 或磷缺乏，饲料或饮水中食盐过量，高油脂饲料等。

④疾病　易发生呼吸道疾病的环境易诱发腹水症；呼吸道病(气囊病)和大肠杆菌病常继发腹水症；呋喃唑酮和莫能霉素等药物使用不当或某些疫苗的副作用都可能引起腹水症；凡能引起肝脏损伤的毒素都能诱发腹水症。

（2）临床症状与病理变化

①病鸡腹部膨胀，两腿叉开。眼部皮肤变薄发亮，触摸有波动感。行为迟钝，呈鸭步状或企鹅状走动。呼吸困难，冠和肉垂呈紫红色；多因心力衰竭而死亡。

②病鸡腹腔内有纤维蛋白凝块，积有大量液体，液体清亮，呈黄褐色或棕红色。

③心包积液，心脏肥大，右心室明显扩张，心肌松弛，心壁变薄。

④肝充血、肿大、淤血或萎缩变硬，边缘钝厚变圆，肝脏表面有一层灰白色或淡黄色胶冻样物质，能形成肝包膜水泡囊肿。

⑤肺充血、水肿。

⑥肾充血、肿大，有尿酸盐沉着。

⑦肠充血、肠管萎缩、内容物稀少。

（3）防控措施

①加强饲养管理，调整饲养密度，保证鸡舍内有良好的通风换气，控制好舍温，经长途运输的雏鸡禁止暴饮。

②控制饲喂，减缓肉鸡的早期生长速度。10~15 日龄起，晚间关灯，1 周后可自由采食。

③每吨饲料中添加维生素 C 500 g、维生素 E 20 000 IU，有较好的预防效果。

④控制大肠杆菌病、慢性呼吸道病和传染性支气管炎等的发生。

⑤避免药物中毒，煤酚类消毒剂、变质鱼粉等都会诱发腹水症。

⑥发现病鸡可口服氢氯噻嗪每只 50 mg，2 次/d，连用 3 d 或肾肿灵 2%饮水配以其他管理措施。饮水或腹腔注射恩诺沙星。

2) 肉鸡猝死综合征

肉鸡猝死综合征(SDS)是肉鸡生产中的一种常见病，死亡率为 0.5%～5%，其中公鸡占总死亡率的 70%～80%。该病主要发生于生长特快、体况良好的幼龄肉鸡。其症状为发病急、死亡快、急性病例从发病到死亡约为 1 min，且伴有共济失调，猛烈振翅和强烈肌肉抽搐，死后两脚朝天，背部着地，颈部扭曲。

(1)病因

①遗传因素　生长速度快、体况良好的鸡及公鸡易发。3 周龄后死亡率降低。

②饲料与营养　饲喂高能量、低蛋白饲料或添加动物性脂肪过多等。

③环境因素　如噪声、强光、长时间光照等。

④其他因素　酸碱平衡失调、心血管和呼吸系统疾病、离子载体类抗球虫药的使用。

(2)防控措施

①实施光照度低的渐增光照程序。

②可在饲料中加入 300 mg/kg 以上的生物素可减少死亡率。

③低血钾的病鸡可用碳酸氢钾饮水治疗，0.62 g/只，混饮，连用 3～5 d 可明显降低死亡率，同时在饲料中加入碳酸氢钾 3.6 mg/t。

④减少离子载体抗球虫药的使用。

⑤减少应激因素。

⑥加强饲养管理、改善通风系统、疏散饲养密度。

3) 中暑

中暑又称热衰竭，是日射病(太阳光的直接照射所致)和热射病(环境温度、湿度过高，体热散发不出去所致)的总称，是炎热酷暑季节的常见病。中暑多发于气温超过 36℃时，通风不良且卫生条件较差的鸡舍易发，中暑的严重程度随舍温的升高而加大。当舍温超过 39℃时，可迅速导致鸡中暑而造成大批死亡。特别是肉种鸡对高温的耐受性较低，中暑后看上去体格健壮、身体较肥胖的鸡往往最先死亡。19:00～21:00 是中暑鸡死亡的高峰时间。

(1)病因

天气炎热时阳光强烈的直接照射。夏季气温过高，鸡舍通风不良，鸡群过分拥挤，饮水供应不足。炎热季节运输家禽也是引起中暑的原因之一。

(2)临床症状

张口呼吸，翅膀张开，部分鸡喉内发出明显的呼噜声。采食量下降，严重时可下降 25%，最严重的鸡会出现拒绝采食现象。饮水量大幅度增加，饮水过多会导致肠道内菌群失调，黏膜脱落，降低饲料消化率和利用率，严重腹泻增加肠道用药，加大养殖成本。精神萎靡、不爱动、部分鸡趴着。鸡冠、肉髯先充血鲜红，后发绀呈蓝紫色，有的苍白，鸡发热，体温极高，最后惊厥死亡，有的趴着死亡。

（3）病理变化

死鸡一般肉体发白，似开水烫过一样。嗉囊多水，粪便过稀。心外膜及腹腔内有稀薄的血液。肺淤血、水肿，颜色变深或黑色。喉头、气管充血。肝易碎，个别的会有腹腔淤血。脑或颅腔内出血。

（4）防控措施

①预防　降低舍内温度和相对湿度。加强饲养管理，供给新鲜清洁的饮水。饲料中补加抗热应激添加剂。每千克饲料加入 200~400 mg 维生素 C，混饲；氯化钾，每千克饲料加入 35 g，混饲，或每升水加入 1.5~2.2 g 混饮；碳酸氢钠，每千克饲料加入 2~5 g，混饲，或每升水加入 1~2 g 混饮（夏季混饮用量不宜超过 0.2%）；口服补液盐及多种维生素，混饮。

②治疗　发现鸡中暑后，应立即将鸡转移到阴凉通风处，用冷水喷雾浸湿鸡体、用碳酸氢钠或 0.9%氯化钠溶液饮喂，并在鸡冠、翅翼部位扎针放血，同时给鸡加喂十滴水 1~2 滴、仁丹 4~5 粒，多数中暑鸡很快即可恢复。

4）啄癖

啄癖又称异食癖，是由于代谢机能紊乱、味觉异常和饲养管理不当等引起的一种非常复杂的多种疾病的综合征。家禽有异食癖的不一定都是营养物质缺乏与代谢紊乱，有的属恶癖，因而，从广义上讲异食癖也包含有恶癖。

（1）病因

未断喙或断喙不当。缺乏某种营养，如饲料中必需氨基酸、食盐、钙不足，或某种微量元素和维生素缺乏，或粗纤维含量很低。鸡舍内通风不好，尤其是夏季高温时，易发生啄肛癖。饲养密度过大，活动场所过小。光照太强，光照度不合理，或阳光直射入鸡舍。不同年龄、不同品种、强弱混群饲养，也会发生啄癖。产蛋箱太少或不合规格，或不及时捡蛋，蛋壳薄或破损，被母鸡啄食后就会发生啄蛋癖。喂料时间不正常，如间隔时间太长，或料水不足，鸡饥渴时也会发生啄癖。喂颗粒饲料的鸡，因采食时间短，其余时间常发生互啄成癖。其他诱因，如输卵管或直肠脱垂、羽毛脱落、外寄生虫的刺激等也会引起啄癖。

（2）临床症状

①啄羽癖　以鸡、鸭多发。雏鸡、育成鸭在长新羽或换羽时易发生，产蛋鸡在盛产期和换羽期也可发生。先由个别鸡自食或互食羽毛，导致背部羽毛稀疏残缺、皮肤裸露、破损，容易传播疾病，影响鸡群的生长发育和产蛋量。鸭毛残缺，新生羽毛根很硬，品质差而不利于屠宰加工利用。

②啄肛癖　多发生在产蛋母鸡和母鸭，尤其是产蛋时期，由于腹部韧带和肛门括约肌松弛，产蛋后不能及时收缩回去而露在外面，造成互相啄肛。有的鸡、鸭于腹泻、脱肛、交配后而发生自啄或其他鸡、鸭啄之，容易引起群起攻之，甚至导致死亡。

③啄蛋癖　多见于鸡产蛋旺盛的春季，其原因是饲料中缺钙和蛋白质不足。

④啄趾癖　大多是雏鸡喜欢互啄脚趾，引起出血跛行症状。

（3）防控措施

①断喙　可在雏鸡出壳当天采用红外线断喙法切去喙尖，或者在雏鸡 7~10 日龄时用

专用断喙器进行断喙。有啄癖的鸡、鸭和被啄伤的病禽，要及时、尽快挑出，隔离饲养与治疗。

②检查饲料配方是否达到了全价营养，找出缺乏的营养成分及时补给，如蛋白质和氨基酸不足，则需添加豆饼、鱼粉、血粉等；若是因缺乏铁和维生素 B_2 引起的啄羽癖，则每只成年鸡每天给硫酸亚铁 1~2 g 和维生素 B_2 5~10 mg，连用 3~5 d；若暂时弄不清楚啄羽病因，可在饲料中加入 1%~2% 石膏粉，或是每只鸡每天给予 0.5~3 g 石膏粉；若是缺盐引起的恶癖，在饲料中添加 1%~2% 食盐，供足饮水，此恶癖很快消失，随之停止增加食盐，只能维持在 0.25%~0.5%，以防发生食盐中毒；若缺硫引起啄肛癖，在饲料中加入 1% 硫酸钠，3 d 后即可见效，啄肛停止以后，改为 0.1% 硫酸钠加入饲料内，进行暂时性预防。总之，只要及时补给所缺的营养成分，皆可收到良好疗效。

③改善饲养管理，消除各种不良因素或应激原的刺激，如疏散密度，防止拥挤；通风、室温适度；调整光照，防止强光长时间照射，产蛋箱避开曝光处；饮水槽和料槽放置要合适；饲喂时间要安排合理，肉鸡和种禽在饲喂时要防止过饱，限饲日也要少量给饲，防止过饥；防止笼具等设备引起外伤。

任务实施

鸡黄曲霉毒素中毒检测

【材料用具】

可疑饲料样品、紫外灯(365 nm 波长)、营养琼脂培养基、沙氏培养基、显微镜、无菌操作工具、病死鸡肝脏、肺脏或气囊结节(如有)等。

【实施步骤】

(1)饲料检验

取大约 2 kg 可疑饲料样品，摊成薄层。

在暗环境中使用 365 nm 紫外灯照射饲料样品，观察是否发出蓝紫光(黄曲霉素 C_1、C_2)或绿光(黄曲霉素 B_1、B_2)。

(2)病原分离鉴定

无菌操作下，取病死鸡肝脏在普通营养琼脂培养基上接种，置于适宜条件下培养 72 h，观察是否有细菌生长。

取病死鸡肺脏或气囊上的结节进行压片镜检，观察菌丝形态。

取霉斑表面覆盖物进行涂片镜检，观察分生孢子形态。

取肺脏、肝脏上的结节，在沙氏培养基上接种，置于 37℃ 下培养，观察菌落生长情况。根据菌落、菌丝及孢子的形态特征，判断是否为黄曲霉菌。

【考核评价】

(1)个人考核(占 50%)

根据表 6-8 所列内容，对学生的实训情况进行考核。

表 6-8　个人考核内容及标准

序号	考核项目	评分标准	分值	考核方法	考核得分	熟练程度
1	饲料检验	正确使用紫外灯照射待检饲料	10	单人操作考核		>90 分为熟练掌握；70~90 分为基本掌握；<70 分为没有掌握
2	病原分离	无菌操作取病死鸡肝脏在普通营养琼脂培养基上接种培养 72 h，观察是否有细菌生长	10			
		取病死鸡肺脏或气囊上的结节进行压片镜检，观察菌丝形态	20			
		取霉斑表面覆盖物进行涂片镜检，观察分生孢子形态	20			
		取肺脏、肝脏上的结节，在沙氏培养基上接种培养，观察菌落生长情况	20			
3	结果判定	正确判定结果紫外灯照射结果；正确描述霉菌菌落生长的情况	20			
合计			100			

（2）团队考核（占 30%）

参照表 1-2 进行考核。

（3）综合评价（占 20%）

参照表 1-3 进行综合评价。

拓展链接

项目 6　拓展链接

自测练习及答案

项目 6　自测练习

项目 6　自测练习答案

项目 7

养禽场经营管理

学习目标

【知识目标】了解养禽场经营方式；掌握禽场经营管理的内容和方法；掌握养禽生产主要的成本构成；掌握禽场生产成本核算与经济效益分析的方法。

【能力目标】认识禽场的经营方向和规模；能合理编制禽群体周转计划、产品生产计划、饲料供应计划等，以确保很好地指导家禽生产；了解禽场生产成本的构成，并能对禽场经济效益组成进行分析，从而能有效地提高禽场的经济效益。

【素质目标】培养可持续发展观和环保意识；培养实事求是的科学精神、精益求精的工匠精神、吃苦耐劳的劳动精神、勇于开拓的创新精神。

思政话题

党的十八大以来，在"绿水青山就是金山银山"理念引领下，我国始终坚持节约资源和保护环境的基本国策，贯彻节约集约、生态优先、绿色低碳的发展理念。在家禽养殖领域，通过创新管理策略、科学经营管理、树立品牌意识，生产优质家禽产品，推动家禽养殖与生态环境和谐共存，助力禽类养殖可持续发展，从而实现经济效益与生态效益的双赢。

任务 7-1 禽场经营与生产管理

任务描述

禽场的经营管理主要是以科学的经营思想及先进的管理手段对企业的经济活动和生产工作进行有效的谋划、决策、组织及管理。管理是根据企业经营的总体目标，对其生产过程及经济活动进行计划、组织、指挥、监督及协调等工作。

禽场的生产管理是指在生产经营活动中，通过实施计划、组织、领导等职能来协调他人的活动，避免造成人员伤害和财产损失的事故，使禽场实现生产目标的活动过程。

知识准备

1. 禽场的经营决策

1) 市场调研与预测

(1) 收集经营信息

信息是资源，可以出效益。因此，有人说"掌握养鸡经营信息的能力可决定鸡场的命运"。经营信息的种类很多，有市场需求信息、货源供应信息、流通渠道信息、商品竞争信息、价格信息、经营管理信息、科技信息、新产品信息等。信息处理要做到及时、准确、完整、适用与经济。

禽场经营者要收集国内外禽产品市场及家禽业有关信息资料，了解消费者的心理及对禽产品的具体意见，及时掌握竞争者同类产品的产销情况、价格与质量变化、服务方法及经营方式等，并分析对本场的影响大小。

(2) 市场需求调查

禽场经营者可以对消费者和客户直接调查市场需求，这样得到的数据可靠。例如，可以通过销售部门直接向客户调查；在大城市、大商场设调查员，定点、定时抽样调查市场价格，形成网络，及时汇总分析；充分利用禽场积累的原有资料和社会有关部门提供的信息资料。

(3) 市场预测

市场预测主要进行市场需求预测，即根据有关资料，对禽产品未来的需求变化规律与发展趋势进行分析、判断和估测。市场预测的目的是为日常经营、上新产品或者建新禽场进行正确决策奠定基础。

市场预测的主要内容：预测产品的需求量及发展趋势；某种产品需求的变化情况；城乡居民对禽产品的消费习惯、结构特点及心理变化；国家有关政策及国际形势对禽产品市场供求关系的影响；国内养禽场的变化情况等。中小型鸡场及养鸡专业户通常采用的市场预测方法有 3 种。

①直观判断法　一种定性预测法。主要靠业务熟悉、富有经验及综合判断能力强的专

家、行家凭直观或经验来进行市场预测。此法简单易行，适用于缺乏历史资料而制约因素又多的新建禽场。缺点是不够准确，误差较大。

②实销趋势分析法　根据过去实际销售增长的趋势(即百分比)，推算下一期销售值的预测方法。计算公式：

$$下期销售预测值=本期销售实际值 \times \frac{本期销售实际值}{上期销售实际值}$$

这种预测法对市场的变化也只能做出粗略的判断。

③人口需求预测法　即根据人口数量及营养需求结构的变化，推算某一时期市场对禽产品的需求量。这种预测方法目前采用较多，在短期内效果尚好。

2) 可行性论证

一般在上新产品或建新禽场时应先进行可行性论证。我国新建农业项目可行性论证的主要内容有以下几点。

①通过市场调研和预测，了解市场对新产品的需求量，目前的产销状况及缺口大小，判断新产品的实际需求，从而确定生产规模、产品规格及建设时限等。

②考察新产品的生产条件、生产设备等有关情况，进而确定设计方案、建场投资及流动资金需要量，落实资金数量与筹集渠道以及生产所用原材料的来源。

③分析本企业上新项目的有利条件及在同类企业中具有的优势。

④进行法规、政策等相关评估。一是分析项目的社会、生态效益是否良好；二是分析国家政策支持与否；三是进行环境保护方面的分析，评估项目产生的"三废"对环境的污染程度，并说明新项目对环境的要求。

⑤通过投资、成本、收入、利润及风险分析，确定新产品的经济效益及偿还贷款和抵御风险的能力。

⑥得出结论。如果新产品销路好，原料可靠，属国家政策支持项目，并符合环保要求，投资落实，项目具有较好的经济、社会及生态效益，还贷及抵御风险能力较强，即可通过可行性论证。

3) 经营策略

①遵循少投入、多产出、低消耗、高效益的经营宗旨；坚持以质量保销售，以销售保效益，以效益保生存，以科技促发展的指导思想。

②强化竞争意识，做好市场预测，重视收集信息，随时掌握市场、产品的发展趋势及同类养殖场的动态。

③千方百计做好销售，力争做到大力促销、薄利多销、扩销促产、多销增盈。

④树立长远观念，重视科技投入，做好防疫保障，稳定产品质量，塑造企业形象，确保良好信誉，增强竞争实力。

⑤根据鸡场特点，抓住经营要点。商品蛋鸡场重在提高产量，降低成本；及时掌握信息，顺应市场变化。肉仔鸡场首先要加快增重速度，提高饲料报酬，其次才是降低成本，不应本末倒置。出场日龄与体重大小应随市场需求变化而灵活调整。种鸡场的经营策略是尽可能地争取多销优质种蛋和苗鸡，即一要多销，二要优质，并要做好售后服务，而售价则应适当灵活。

4）适度规模经营

（1）衡量禽场经营规模大小的指标

①禽类数量　畜牧业生产经营单位无论经营何种禽类，其规模大小首先体现为家禽数量的多少，这是最常用、最直观、最主要的指标。

②投入量　即用生产资料如禽舍、饲料、禽药、机械设备等的投入量来衡量，也就是固定资产、流动资产等的投入量，用价值形态来表示，称为资金投入量。

③产出量　如产蛋量、活重、出栏活重、产肉量、出栏率及相应的产值等指标，可用产出总量或销售总量（或者总产值、销售总额）来衡量规模大小。

④饲养时间　可作为规模的一个间接衡量指标。家禽只数是肉禽规模经营的横向衡量指标，而家禽增重、活重、出栏活重、饲养时间是规模经营的纵向衡量指标。两者从横纵两个方面构成一个完整的缺一不可的综合衡量。

（2）适度规模经营的评价指标

营规模是否最佳，关键在于其规模是否适度，体现为其规模是否使技术和经济指标达到了最佳状态，这需要用一些指标来衡量和评价。

①单位产品成本　在一定条件下，最佳的规模应是此条件下的单位产品成本最低的规模。

②纯收入或利润　在一定条件下，纯收入最大才能说明在此条件下的规模取得了最好的经济效益。

③家禽的生产水平　最佳规模应是使家禽发挥最大的生产能力，使产量增加。

④资金利润率和成本利润率　这两个相对指标越大，说明规模的效益越好。适度规模经营的资金利润率与成本利润率应是在一定条件下最高的。

⑤劳动生产率　适度规模经营的劳动生产率即平均每个职工在单位劳动时间内生产的产品数量应比非适度规模经营的情况下更高。

以上几个指标既有产量方面的指标，又有效益方面的指标，它们相互联系，并反映不同侧面，从而构成评价禽场适度规模经营的指标体系。

（3）影响禽场经营规模的因素

①内部影响因素　主要包括资金状况，生产设备及防疫条件，饲养方式、生产方向及不同的品种，生产单位内部的技术力量和经营管理水平，劳动者的职业和技术素质。

a. 资金状况好坏直接影响养禽场的规模大小。规模经营应有一定的资金保证，尤其是流动资金的保证。

b. 生产设备及防疫条件，禽舍、机械设备等的数量及水平也是影响养禽场规模的重要因素。先进的技术设备及防疫设施等是规模经营的重要保证。

c. 饲养方式、生产方向及不同的品种，养禽场中禽的饲养方式也直接影响规模大小。采用笼养方式就比采用平养方式饲养的禽只数量多，因而规模大。同时，生产方向不同，经营禽的种类不同、品种不同，规模也不同。

d. 生产单位内部的技术力量和经营管理水平，生产单位内部的科研队伍强大，畜牧兽医技术力量雄厚，经营管理水平高，有利于扩大规模。

e. 劳动者的职业和技术素质，在生产第一线直接从事家禽饲养、饲料或产品加工、销售等职工的技术水平和思想素质高，每个劳动者负责家禽多、承担工作量大、质量好，则有利于扩大经营规模。

②外部影响因素 主要包括社会化服务水平，畜牧科学技术发展状况，市场需求、市场竞争及畜牧业生产中的集中程度，信贷条件，饲料资源状况。

a. 社会化服务水平，健全发达的社会化服务，能为经营者提供良好的技术咨询、交通运输、生产资料供应、产品销售等产前、产中、产后的服务，将有利于规模扩大的经营。

b. 畜牧科学技术发展状况。畜牧科学技术先进，有利于大规模生产，并能进行良好的防疫，从而将有利于规模较大的经营；反之，则不利于大规模的经营。另外，当新的畜牧技术出现之后，规模较大的经营，则有利于采取较为先进的技术；规模小的经营，则会妨碍新技术的应用。

c. 市场需求、市场竞争及畜牧业生产的集中程度。市场需求量大，将有利于生产规模扩大。规模大的企业，在市场竞争中往往处于有利地位，因而市场竞争也将促进企业经营规模扩大。畜牧业生产集中的地区，因市场竞争激烈，也会促进经营规模的扩大。

d. 信贷条件好，能够获得充足的资金来源，有利于促进规模的扩大；信贷条件差，则不利于规模扩大。

e. 饲料资源状况，充足、营养丰富的饲料资源是畜牧业生产的基础。饲料资源丰富，能够保证充足的饲料供应，规模可以扩大；饲料资源不足，生产经营规模就会受到影响。

2. 禽场的计划管理

任何一个养禽场必须有详尽的生产计划，用以指导饲养管理的各个环节。养禽业的计划性、周期性、重复生产性较强。应不断修订、完善计划，提高生产效益。在制订生产计划时，应考虑生产工艺流程、经济技术指标、生产条件、创新能力、经济效益、规章制度等因素。

1) 禽场的远景规划

禽场的远景规划又称长远计划，从总体上规划家禽场若干年内的发展方向、生产规模、进展速度和指标变化等，以便对生产与建设进行长期、全面的安排，统筹成为一个整体，避免生产盲目性，并为职工指出奋斗目标。长远计划时间一般为5年，甚至更长的时间，其内容、措施与预期效果分述如下。

①内容与目标 确定经营方针；规划禽场部门结构、发展速度、专业化方向、生产结构、工艺改造进程；技术指标的进度；产品产量；对外联营的规划与目标；科研、新技术与新产品的开展与推广等。

②措施 实现奋斗目标应采取的技术、经济和组织措施，如基本建设计划、资金筹集和投放计划、优化组织和经营体制的改革等。

③预期效果 主产品产量与增长率、劳动生产率、利润、全员收入水平等的增量与增幅。

2) 禽场的年度生产计划

禽场的年度生产计划应由两部分组成，即编制年度生产计划的依据和计划的具体内容。

(1) 编制年度生产计划的依据

任何一个养禽场必须有详尽的生产计划，用以指导禽生产的各环节。养禽生产的计划性、周期性、重复生产性较强。不断修订、完善的计划，可以大幅提高生产效益。制订生产计划常依据下面几个因素。

①生产工艺流程　制订养禽生产计划，必须以生产工艺流程为依据。生产工艺流程因企业生产的产品不同而异。例如，综合性鸡场从孵化开始，育雏、育成、蛋鸡以及种鸡饲养，完全由本场解决。各鸡群的生产流程顺序，蛋鸡场为种鸡(舍)-种蛋(室)-孵化(室)-育雏(舍)-育成(舍)-蛋鸡(舍)。肉鸡场的产品为肉用仔鸡，多为全进全出生产模式。为了完成生产任务，一个综合性鸡场除了涉及鸡群的饲养环节外，还有饲料的贮存、运送，供电、供水、供暖，疾病防治，对病死鸡的处理，粪便、污水的处理，成品贮存与运送，行政管理和为职工提供必备生活条件。一个养鸡场总体流程有两条：一条是饲料(库)-鸡群(舍)-产品(库)；另外一条为饲料(库)-鸡群(舍)-粪污(场)。

不同类型的养鸡场生产周期日数是有差别的。例如，地方鸡种各阶段周转的日数差异与现代鸡种差异很大，地方鸡种生产周期日数长，而现代鸡种生产周期日数短得多。

②经济技术指标　各项经济技术指标是制订计划的重要依据。制订计划时可参照饲养管理手册上提供的指标，并结合本场近年来实际达到的水平，特别是最近12年来正常情况下场内达到的水平，这是制订生产计划的基础。

③生产条件　将当前生产条件与过去的条件对比，主要在房舍设备、家禽品种、饲料和人员等方面比较，看是否改进或倒退，根据过去的经验，酌情确定新计划增减的幅度。

④创新能力　采用新技术、新工艺或开源节流、挖掘潜力等可能增产的措施。

⑤经济效益制度　效益指标常低于计划指标，以保证承包人有产可超，也可以两者相同，提高超产部分的提成，或适当降低计划指标。

(2)计划的具体内容

禽场年度生产计划的具体内容主要包括产品生产计划、禽群体周转计划、财务及利润计划、饲料消耗计划、物资供应计划、劳动工资计划等。

①产品生产计划　决定了一个禽场的主要收入来源，是年度生产计划的主体。种禽场的种蛋生产计划要反映各月的种蛋产量和总产蛋量、全年的种蛋产量和年总产蛋量，以及平均每只种鸡年产蛋量；肉仔禽场的仔禽生产计划要反映各批、各月的出场仔禽只数和体重，以及全年出场的总只数和总体重。

②禽群体周转计划　制订禽群体周转计划首先要确定年初与年末只数、全年平均只数、正常死亡率与淘汰率、适宜的进雏与淘汰时间、禽群合理的年龄组成和利用期限，结合各种禽舍栋数及容禽只数，再按照实现高产与全年均衡生产的目标，进行具体安排计算，确定各月、各舍、各龄禽的存栏只数，并列出相应的死亡、淘汰及补充只数。

禽群体周转计划是各项计划的基础，只有根据各月存栏禽数情况，才能拟订禽舍与设备的利用、调整及维修计划，才能拟订各月的饲料消耗、物资供应、人力安排及防疫计划等。

③财务及利润计划　这是年度生产计划的经济反映，需要周密调查、准确测算。需将利润指标分解下达各科室、班组，逐月完成。

3)禽群周转计划的制订

禽群周转计划是根据禽场的生产方向、鸡群构成和生产任务编制的。禽场应以禽群周转计划作为生产计划的基础，以此来制订引种、孵化、产品销售、饲料供应、财务收支等其他计划。

制订禽群体周转计划必须考虑家禽场合理的结构和足够的更替空间，以便确定全年总的淘汰和补充只数，同时根据生产指标确定每月的死淘数(率)和存栏数(存笼率)等。在实际编制鸡群周转计划时还要考虑鸡群的生产周期，一般蛋鸡的生产周期是育雏期 42 d(0~6 周龄)、育成期 98 d(7~20 周龄)、产蛋期 364 d(21~72 周龄)，而且每批鸡生产结束还要留一定时间的清洗、消毒。各阶段的饲养天数不同，只有各种禽舍的比例恰当才能保证工艺流程正常运行。6.6 万只蛋禽场周转模式见表 7-1 所列。

表 7-1 6.6 万只蛋禽场周转模式

项目	雏禽	育成禽	蛋禽
饲料阶段日龄/d	1~49	50~140	141~532
饲养天数/d	49	91	392
空舍天数/d	19	11	16
每栋周期天数/d	68	102	408
禽舍数	2	3	12
每栋禽位数	6 864（成活率 90%）	6 177（成活率 90%）	5 560
408 d 饲养批数	6	4	1
总笼数	13 728	18 531（成活率高于 90%，笼位可减少）	66 720

(1)雏鸡群的周转计划

专一的雏鸡场，必须安排好本场的生产周期以及本场与孵化场鸡苗生产的周期同步，一旦周转失灵衔接不上，会打乱生产计划，经济上造成损失。雏禽、育成禽周转计划见表 7-2 所列。

表 7-2 雏禽、育成禽周转计划

日期	0~42 日龄				43~132 日龄			
	期初只数	转入数	转出数	平均饲养只数	期初只数	转入数	转出数	平均饲养只数
合计								

①根据成鸡的周转计划确定各月份需要补充的鸡只数。

②根据鸡场生产实际确定育雏、育成期的死淘率指标。

③计算各月份现有鸡只数、死淘鸡只数及转入成鸡群只数，并推算出育雏日期和育雏数。

④统计出全年总饲养只数和全年平均饲养只数。

(2)商品蛋鸡群的周转计划

商品蛋鸡原则上以养一个产蛋年为宜。这样比较合乎鸡的生物学规律和经济规律，遇到意外情况才施行强制换羽，延长产蛋期。商品蛋禽周转计划(133~504 月龄) 见表 7-3 所列。

①根据鸡场的生产规模确定年初、年末各类鸡的饲养只数。

②根据鸡场生产实际确定各月死淘率指标。

③计算各月各类鸡群淘汰数和补充数。

④统计出全年总饲养只数和全年平均饲养只数。1 只母鸡饲养 1 d 就是 1 个饲养只日，总饲养只日除以 365 即为年平均饲养只数。

⑤入舍鸡数　把入舍时(141 日龄)鸡只数乘到年底应饲养日数，各群入舍鸡饲养日累计被 365 除，就可求出每只入舍鸡的产蛋量。按笼位计算、按饲养日平均饲养只数计算或按入舍只数计算是 3 种不同的计算方法，都可以用来评价鸡场生产水平的高低。

表 7-3　商品蛋禽周转计划(133~504 日龄)

日期	初期数	转入数量	死亡数	淘汰数	存活率	总饲养只日数	平均饲养只数
合计							

(3)种鸡群周转计划

①根据生产任务首先确定年初和年末的饲养只数，然后根据鸡场生产工艺流程和生产实际确定鸡群死淘率指标，计算每月鸡群淘汰数和补充数，最后统计出全年总计饲养只数和全年平均饲养只数。

②根据种鸡周转计划，确定需要补充的鸡数和月份，并根据历年育雏成绩和本鸡种育成率指标，确定育雏数和育雏日期，再与祖代鸡场签订订购种雏或种蛋合同。计算出各月初现有只数、死淘只数及转入成年鸡只数，最后统计出全年总计饲养只数和全年平均饲养只数。计算公式：

$$全年总计饲养只数 = \sum (1 月 + 2 月 + \cdots + 12 月饲养只数)$$

$$月饲养只数 = (月初数 + 月末数)/2 \times 本月天数$$

$$全年平均饲养只数 = 全年总计饲养只数/365$$

例如，某父母代种鸡场年初饲养规模为 10 000 只种母鸡和 800 只种公鸡，年终保持这一规模不变，实行全进全出饲养制度，种鸡只养 1 年，在 11 月大群淘汰。其种鸡群周转计划见表 7-4 所列。

4)产品生产计划的制订

产品生产计划的制订主要包括产蛋计划和产肉计划。产蛋计划包括各月及全年每只禽平均产蛋量、产蛋率、蛋重、全场总产蛋量等。产蛋指标须根据饲养的商用品系生产标准，综合本场的具体饲养条件，同时参考上一年的产蛋量，计划应切实可行，经过努力可完成或超额完成；商品肉禽场的产肉计划比较简单，主要根据每月及每年的淘汰禽数和质量来编制。商品肉禽场的产品计划中除每月的出栏数、出栏重外，应订出合格率与一级品率，以同时反映产品的质量水平。

产品生产计划应以主产品为主，如肉禽以进雏禽数的育成率和出栏时的体重进行估算；蛋禽则按每饲养日即每只禽日产蛋量估算出每日、每月、每年产蛋总量，按产蛋量制

表 7-4　种鸡群周转计划

群别		月份												合计	全年总计饲养只日数	全年平均饲养只数
		1	2	3	4	5	6	7	8	9	10	11	12			
成年鸡	种公鸡　月初现有数	800	800	800	800	800	800	800	800	800	800	800	800	—	292000	800
	种公鸡　淘汰率/%											100		100		
	种公鸡　淘汰数											800		800		
	种公鸡　由雏鸡转入											800		800		
	一年种母鸡　月初现有数	10 000	9 800	9 600	9 400	9 200	9 000	8 750	8 500	8 200	7 900	7 400	—	—	2 825 925	7 742
	一年种母鸡　淘汰率(占年初数)/%	2.0	2.0	2.0	2.0	2.0	2.5	2.5	3.0	3.0	5.0	74.0	—	—		
	一年种母鸡　淘汰数	200	200	200	200	200	250	250	300	300	500	7 400	—	—		
	当年种母鸡　月初现有数	—	—	—	—	—	—	—	—	—	—	10 400	10 231	—	623 986	1 710
	当年种母鸡　淘汰率(占转入人数)/%											2.0	2.0	4.0		
	当年种母鸡　淘汰数											209	209	418		
雏鸡	种公雏　转入数(月底)					1 800								1 800		
	种公雏　月初现有数(月底)	—	—	—	—		1 800	1 620	1 404	1 381	1 340			—	214 255	587
	种公雏　死淘率(占转入人数)/%						10.0	12.0	1.3	2.3	30			55.6		
	种公雏　死淘数						180	216	23	41	540			1 000		
	种公雏　转入当年种公鸡数(月底)										800			800		
	种母雏　转入数(月底)					12 000								12 000		
	种母雏　月初现有数(月底)	—	—	—	—		12 000	11 040	10 800	10 680	10 560			—	1 661 160	4 551
	种母雏　死淘率(占转入人数)/%						8.0	2.0	1.0	1.0	1.0			13.0		
	种母雏　死淘数						960	240	120	120	120			1 560		
	种母雏　转入当年种母鸡数(月底)										10 440			10 440		

订出禽蛋产量计划。

①根据种禽的生产性能和禽场的生产实际，确定月均产蛋率和种蛋合格率。

②计算每月每只种母禽产蛋量和每月每只种母禽产合格种蛋数。

③根据禽群周转计划中的月平均饲养母禽数，计算月产蛋量和月产种蛋数。

$$月产蛋量 = 每月每只种母禽产蛋量×月平均饲养母禽数$$

$$月产合格种蛋数 = 每月每只种母禽产合格种蛋数×月平均饲养母禽数$$

根据以上数据就可以计算出每只禽产蛋个数和产蛋率。产蛋计划可根据月平均饲养产蛋母禽数和历年的生产水平，按月规定产蛋率和各月产蛋数。

5）饲料供应计划

饲料是养禽生产的基础。饲料供应计划一般根据每月、每个饲养阶段禽数乘以各自的平均采食量，求出各个月的全价配合饲料需要量，然后根据饲料配方中各种饲料的配合比例，算出每月所需各种饲料的数量。

①根据禽群周转计划，计算月平均饲养禽只数。月平均饲养成禽数为种公禽、一年种母禽和当年种母禽的月平均数之和；月平均饲养雏禽数为母雏、公雏的月平均饲养数之和。

②根据禽场生产记录及生产技术水平，确定各类禽群每只、每月饲料消耗定额。

③计算每月饲料消耗量

$$每月饲料消耗量 = 每只、每月饲料消耗定额×月平均饲养禽只数$$

每个禽场年初都必须制订所需全价配合饲料的数量和各种原料的详细计划，防止饲料不足而影响生产的正常进行。目的在于合理利用饲料，既要喂好禽，又要获得良好的主副产品，节约饲料。

饲料费用一般占养禽生产总成本的 60%~70%，所以在制订饲料供应计划时要特别注意饲料价格，同时又要注意饲料品质，饲料供应计划应按月制订。不同品种、不同饲养阶段禽所需饲料量差异很大，不同饲养阶段所需饲料量，如肉仔禽 4~5 kg、雏禽 1 kg、育成禽 8~9 kg、蛋用型成年母禽 39~42 kg、肉用型成年母禽 40~45 kg。根据上述数据可推算出每月、每周、每日禽场饲料需要量。

如果当地饲料供应充足时，质量稳定，每次购进的饲料以一般不超过 3 d 的量为宜。如果养禽场自制全价配合饲料，还需按照上述禽的饲料需要量和饲料配方中的各种原料所占比例折算出各种原料用量，另外增加 10%~15% 的备用量，并依照市场价格情况和禽场资金实际，做好原料的订购和储存工作。拟定饲料供应计划时，可根据当地饲料资源灵活掌握。但饲料供应计划一旦确定，一般不要轻易变动，以确保全年饲料配方的稳定性，维持正常生产。

此外，编制饲料供应计划时应考虑以下因素。

①禽的品种、日龄　不同品种和不同日龄的禽，饲料需要量各有不同，在确定禽的饲料消耗定额时，一定要严格对照品种标准，结合本场生产实际，绝不能盲目照搬，否则将导致计划失败，造成严重经济损失。

②饲料方案　采用分段饲养，在编制饲料计划时应注明饲料的类别，如育雏料、育成料、产蛋料等。

根据各阶段禽群每月的饲养数、月平均耗料量编制。饲料如为购入的，只注明饲料标号，如幼雏料、中雏料、大雏料、蛋禽 1 号、蛋禽 2 号料即可；如为本厂自配，须列出饲料种类及其数量，见表 7-5 和表 7-6 所列。

表 7-5 雏禽、育成禽饲料计划

雏禽周龄	平均饲养只数	饲料总量/kg	各种料量/kg					
			玉米	豆粕	鱼粉	麸皮	骨粉	石粉
1~6								
7~14								
15~20								
合计								

表 7-6 蛋禽饲料计划

月份	饲养只数	饲料总量/kg	各种料量/kg					
			玉米	豆粕	鱼粉	麸皮	骨粉	石粉
合计								

6）种禽场的孵化计划

种禽场应根据本场的生产任务和外销雏禽数，结合当年饲养品种的生产水平和孵化设备及技术条件等情况，并参照历年孵化成绩，制订全年孵化计划。

①根据禽场孵化生产成绩和孵化设备条件，确定月平均孵化率。

②根据种蛋生产计划（表 7-7），计算每月、每只母禽提供雏禽数和每月总出雏数。

每月、每只母禽提供雏禽数＝平均每只母禽产种蛋数×平均孵化率

每月总出雏数＝每月、每只母禽提供的雏禽数×月平均饲养母禽数

一般要求的孵化技术指标为：全年平均受精率，蛋用种禽种蛋 85%~90%，肉用种禽种蛋 80% 以上；受精蛋孵化率，蛋用种禽种蛋 88% 以上，肉用种禽种蛋 85% 以上；出壳雏禽的健雏率 96% 以上。

③统计全年总计概数 仍以前例，根据鸡群周转计划资料，假设在鸡场全年孵化生产的情况下，编制孵化计划见表 7-8 所列。

在制订孵化计划的同时对入孵工作也要有具体安排，包括入孵的批次、入孵日期、入孵数量、照蛋日期、移盘日期、出雏日期等，以便统筹安排生产和销售工作。此外，虽然鸡的孵化期为 21 d，但种蛋预热及出雏后期的处理工作也要一定的时间，在安排入孵工作时也要予以考虑。

7）家禽生产的阶段计划

家禽生产的阶段计划是指禽场在年度计划内一定阶段的计划。一般按月编制，把每月的重点工作，如进雏、转群等预先安排组织、提前下达，做好突击性工作，同时确保日常工作顺利进行。要求安排尽量全面、措施尽量明确具体。

表 7-7 种蛋生产计划

项目	月份												全年总计 概数
	1	2	3	4	5	6	7	8	9	10	11	12	
平均饲养母鸡数/只	9 900	9 700	9 500	9 300	9 100	8 875	8 625	8 350	8 050	7 650	14 036	10 127	9 434
平均产蛋率/%	50	70	75	80	80	70	65	60	60	60	50	70	65.8
种蛋合格率/%	80	90	90	95	95	95	95	95	90	90	90	90	91.25
平均每只产蛋量/枚	16	20	23	24	25	21	20	19	18	19	15	22	242
平均每只产种蛋数/枚	13	18	21	23	24	20	19	18	16	17	14	20	223
总产蛋量/枚	158 400	194 000	218 500	223 200	227 500	186 375	172 500	158 650	144 900	145 350	210 540	222 794	2 262 709
总产种蛋量/枚	128 700	174 600	199 500	213 900	218 400	177 500	163 875	150 200	128 800	130.050	196 504	202 540	2 084 569

表 7-8 孵化计划

项目	月份												全年总计 概数
	1	2	3	4	5	6	7	8	9	10	11	12	
平均饲养母鸡数/只	9 900	9 700	9 500	9 300	9 100	8 875	8 625	8 350	8 050	7 650	14 036	10 127	9 434
入孵种蛋数/枚	128 700	174 600	199 500	213 900	218 400	177 500	163 875	150 300	128 800	130 500	196 504	202 540	2 084 669
平均孵化率/%	80	80	85	86	86	85	84	82	80	80	78	76	81.4
每只母鸡提供雏鸡数/只	10.4	14.4	17.9	19.9	20.6	17.0	16.0	14.8	12.8	13.6	10.9	15.2	183.5
总出雏数/只	102 960	139 680	170 050	185 070	187 460	150 875	138 000	123 580	103 040	104 040	152 992	153 930	1 711 677

3. 禽场的生产管理

1）健全管理组织

家禽场一般由场长（法人代表）负责全面工作，下设生产与经营 2 名副场长或助理，分别管辖生产部、技术部、供应部及销售部、财务部等部门。各部门应分工明确，各负其责。

2）实施制度管理

（1）生产责任制

禽场实行生产责任制是当前处理好第一线生产工人责、权、利关系的较好形式，常见的是定包奖生产责任制。

①基本内容　定包奖是生产责任制的基本内容，也是责、权、利的具体化。"定"就是给予承包者的生产权力与条件，一般包括定劳力、定禽群、定房舍设备等；"包"就是明确承包者的责任，如包产出与投入，即生产指标和物资消耗；"奖"即承包者的物质利益，包括奖与罚两个方面。其中，"定"是生产责任制的必要条件，"包"是具体内容，"奖"是保障措施，三者缺一不可。这种责任制的优点是能够使生产者的表现好坏同职工的收益多少挂起钩来，有利于调动职工的生产积极性。同时，也可以促进企业提高生产水平，增加经济效益。这对职工、企业和集体皆有好处，因而被普遍推广采用。

这种定包奖生产责任制又称生产承包责任制，具体做法是按照家禽业生产和技术常规，将每个班组或个人所管的禽舍、禽数及所需设备用具等条件固定，再经双方商定承包的生产指标和物耗指标，如能超产、低耗即可获奖；相反，若欠产、超耗就得受罚。

②应注意的问题

a. 承包指标适宜，不应过高或过低。

b. 奖罚尺度适当：第一，应使全场的奖金总额随产值与利润总额而升降，防止出现职工奖金增高而全场利润减少的情况；第二，当一个增收指标要被分解为几项有关的承包指标来计算奖罚时（如与肉鸡总产量有关的指标有出场体重、成活率、料肉比、饲养期等），要注意防止出现几项指标的奖金总额高于增产部分创造的增收总额；第三，对经济效益影响较大的指标应重奖重罚，对经济效益影响较小的指标则轻奖轻罚；第四，奖罚比例要恰当，一般做法是奖一罚一即等额奖罚，初搞承包的场也可多奖少罚，如奖一罚半。

c. 奖罚必须兑现：承包方案确定并签订合同后即生效，企业法人必须信守合同，奖罚兑现，且应及时兑现。值得一提的是信守诺言、一视同仁、奖罚严明乃是有效的治场之道，应予以足够重视。

（2）岗位责任制

建立岗位责任制对非生产第一线人员是一种较好的管理办法。即每个工作岗位拟订几条工作任务及目标要求，据以检查、衡量任职人员的工作好坏。这样各个岗位上的任职人员都能明确自己的岗位职责、任务目标，可以督促自己工作，同时也便于上级检查及相互监督。

（3）开源节流

禽场应把增产节约、增收节支作为一项基本任务常抓不懈，要千方百计调动各方积极性，努力提高职工的劳动素质和技术水平，充分挖掘生产潜力，抓好节水、节电、节能、特别是节约饲料等工作，最大限度地压缩办公费、电话费、劳保福利费、运输费、招待费等非生产性支出，降低消耗，杜绝浪费，充分利用现有房屋及设备，加速资金周转，尽量避免资产闲置，从而发挥其应有的作用。

任务实施

2 万只商品蛋鸡场的鸡群周转计划、产蛋计划和饲料供应计划制订

【材料用具】

计算机、A4 纸、签字笔等。

【实施步骤】

（1）制订鸡群周转计划

①成鸡周转计划

a. 根据鸡场生产规模确定年初、年终各类鸡的饲养只数。

b. 根据鸡场生产工艺流程和生产实际确定鸡群死淘率指标。

c. 计算每月各类鸡群淘汰数和补充数。

d. 统计全年总饲养只数和全年平均饲养只数。

②雏鸡周转计划

a. 根据成鸡的周转计划确定各月需要补充的鸡数。

b. 根据鸡场生产实际确定育雏、育成期的死淘率指标。

c. 计算各月初现有鸡数、死淘鸡数及转入成鸡群数，并推算出育雏日期和育雏数。

d. 统计出全年总饲养只数和全年平均饲养只数。

（2）制订产蛋计划

①按每饲养日即每只鸡日产蛋克数，计算出每只每月产蛋重。

②按饲养日计算每只鸡产蛋数。

③按笼位计算每鸡位产蛋数。

④根据以上数据统计出鸡群产蛋量和产蛋率。

（3）制订饲料供应计划

①根据鸡群周转计划，计算月平均饲养鸡数。

②根据鸡场生产记录及生产技术水平，确定各类鸡群每只每月饲料消耗定额。

③计算每月饲料需要量。

每月饲料需要量＝每只每月饲料消耗定额×月平均饲养鸡数

④统计全年饲料需要总量。

【考核评价】

（1）个人考核（占 50%）

根据表 7-9 所列内容，对学生的实训情况进行考核。

表 7-9　个人考核内容及标准

序号	考核项目	评分标准	分值	考核方法	考核得分	熟练程度
1	制订成鸡周转计划	正确制订成鸡周转计划	25	单人操作考核		>90 分为熟练掌握；70~90 分为基本掌握；<70 分为没有掌握
2	制订雏鸡周转计划	正确制订初级周转计划	25			
3	制订产蛋计划	正确制订产蛋计划	25			
4	制订饲料供应计划	填喂料制作规范	25			
合计			100			

（2）团队考核（占 30%）

参照表 1-2 进行考核。

（3）综合评价（占 20%）

参照表 1-3 进行综合评价。

任务 7-2　禽场生产成本核算与经济效益分析

任务描述

　　饲养管理禽场时，每一个管理者的目标都是提高养禽场的经济效益，而提高利润的主要途径在于降低成本和提高产出利润。要想降低成本，就必须要了解禽场成本的构成要素，并对生产过程中产生的流通环节进行成本预算，做好科学的饲养和管理，并时刻关注市场动态，把握时机，使销售利润最大化。

知识准备

1. 禽场生产成本的构成

禽场生产成本一般分为固定成本和可变成本两大类。

1）固定成本

固定成本与养禽场禽舍、饲养设备、运输工具、动力机械及生活设施等有关，在会计账面上称为固定资金，其特点是使用周期长，以完整的实物形态参加多次生产过程，并可以保持其固有的物质形态，随着养禽生产不断进行，其价值逐渐转到禽产品当中，并以折旧费用方式支付。固定成本除上述设备折旧费用外，还包括土地税、利息、工资、管理费用等。组成固定成本的各种费用必须按时支付，即使养禽场不生产，都得按时支付。一般由下列项目构成。

①雇工工资　指直接从事养禽生产的职工的工资、津贴、奖金、福利等。

②固定资产折旧费　指禽舍和专用机械设备的折旧费。房屋等建筑物一般按 10~15 年折旧，禽场专用设备一般按 5~8 年折旧。

③固定资产修理费　指为保持禽舍和专用设备的完好所发生的一切维修费用,一般占年折旧费的 5%~10%。

④期间费用　包括企业管理费、财务费和销售费。企业管理费、销售费是指禽场为组织管理生产经营、销售活动等发生的各种费用,包括非直接生产人员的工资、办公费、差旅费等,以及各种税金、产品运输费、产品包装费、广告费等。财务费主要是贷款利息、银行及其他金融机构的手续费等。按照我国新的会计制度,期间费用不能计入成本,但是养禽场为了便于各禽群的成本核算,便于横向比较,都会把各种费用列入来计算单位产品的成本。

2)可变成本

可变成本以货币表示,是养禽场在生产和流通过程中使用的资金,在成本管理中称为流动资金。其特点是只参加一次养禽生产过程即被全部消耗,价值全部转移到禽产品当中,而且它随着生产规模、产品产量而变化。属于可变成本的物质资料包括饲料、兽药、疫苗、燃料、水电、临时工工资等。一般由下列项目构成。

①饲料费　指禽场各类禽群在生产过程中实际耗用的自产和外购的各种饲料原料、预混料、饲料添加剂和全价配合饲料等的费用及其运杂费。

②疫病防治费　指用于禽病防治的疫苗、药品、消毒剂、检疫费、专家咨询费等。

③燃料及动力费　指直接用于养禽生产的燃料、动力和水电费等。

④种禽摊销费　指生产每千克蛋或每千克活重所分摊的种禽费用。

$$种禽摊销费(元/kg) = \frac{种蛋原值 - 种禽残值}{禽只产蛋重}$$

⑤低值易耗品费用　指低价的工具、材料、劳保用品等易耗品的费用。

⑥其他直接费用　凡不能列入上述各项而实际已经消耗的直接费用。

2. 禽场生产成本核算

禽场生产成本核算是把禽场生产产品所发生的各项费用,按用途和产品进行汇总、分配,计算出产品的实际总成本和单位产品成本的过程。禽场生产成本核算是禽场成本管理的重要组成部分,通过禽场成本核算可以确定养禽场在本期的实际水平成本,准确反映养禽场生产经营的经济效益,以便为进一步改进管理、降低成本、增加盈利提供可靠的依据。

(1)种蛋生产成本的计算

$$每枚种蛋成本 = \frac{种蛋生产费用 - 副产品价值}{入舍种禽出售种蛋数}$$

式中,种蛋生产费用为每只入舍种禽自入舍至淘汰期间的所有费用之和,其中入舍种禽自身价值以种禽育成费体现;副产品价值包括期内淘汰禽、期末淘汰禽、禽粪等的收入。

(2)种雏生产成本的计算

$$种雏只成本 = \frac{种蛋费 + 孵化生产费 - 副产品价值}{出售种雏数}$$

式中,孵化生产费包括种蛋运输费、孵化生产过程的全部费用和各种摊销费、雌雄鉴别费、疫苗注射费、雏禽发运费、销售费等；副产品价值主要是无精蛋、毛蛋和公雏等的收入。

（3）雏禽（育成禽）生产成本的计算

雏禽（育成禽）生产成本按平均每只每日雏禽（育成禽）的饲养费用计算。

$$雏禽（育成禽）饲养只成本 = \frac{期内全部饲养费 - 副产品价值}{期内饲养只数}$$

$$期内饲养只数 = 期初只数 \times 本期饲养日数 + 期内转入只数 \times$$
$$自转入至期末日数 - 死淘禽只数 \times 死淘日至期末日数$$

式中，期内全部饲养费用是上述所列生产成本核算内容中各项费用之和；副产品价值是指禽粪、淘汰禽等项收入。雏禽（育成禽）饲养只成本直接反映饲养管理的水平。饲养管理水平越高，饲养只成本就越低。

（4）肉用仔鸡生产成本的计算

$$每千克肉用仔鸡成本 = \frac{肉用仔鸡生产费用 - 副产品价值}{出栏肉用仔鸡总量}$$

$$每只肉用仔鸡成本 = \frac{肉用仔鸡生产费用 - 副产品价值}{出栏肉用仔鸡数}$$

式中，肉用仔鸡生产费用包括入舍雏鸡鸡苗费与整个饲养期其他各项费用之和；副产品价值主要是鸡粪收入。

（5）商品蛋生产成本的计算

$$每千克鸡蛋成本 = \frac{蛋鸡生产费用 - 副产品价值}{入舍母禽总产蛋量}$$

式中，蛋鸡生产费用是指每只入舍母鸡自入舍至淘汰期间的所有费用之和；副产品价值包括期内淘汰鸡、期末淘汰鸡、鸡粪等的收入。

3. 禽场效益分析

1）禽场经济效益分析的方法

禽场经济效益分析是对禽场生产经营活动中已取得的经济效益进行事后的评价，一是分析在计划完成过程中，是否以较少的资金占用和生产耗费，取得较多的生产成果；二是分析各项技术组织措施和管理方案的实际成果，以便发现问题，查明原因，提出切实可行的改进措施和实施方案。

禽场常用的经济效益分析方法是对比分析法。对比分析法又称比较分析法，它是把同种性质的两种或两种以上的经济指标进行对比，找出差距，并分析产生差距的原因，进而研究改进的措施。比较时可以利用以下方法。

①采用绝对数、相对数或平均数，将实际指标与计划指标相比较，以检查计划执行情况，评价计划的优劣，分析其原因，为制订下期计划提供依据。

②将实际指标与上期指标相比较，找出发展变化的规律，指导以后的工作。

③将实际指标与条件相同的经济效益最好的禽场相比较，来反映在同等条件下所形成的各种不同经济效果及其原因，找出差距，总结经验教训，以不断改进和提高自身的经营管理水平。

采用对比分析法时，必须注意进行比较的指标要有可比性，比较时各类经济指标在计算方法、计算标准、计算时间上必须保持一致。

2）禽场经济效益分析的内容

禽场生产经营活动的每个环节都影响着禽场的经济效益，其中产品产量（值）、禽群工作质量、成本、利润、饲料消耗和劳动生产率的影响尤为重要。下面就上述因素进行经济效益分析。

（1）产品产量（值）分析

①计划完成情况分析　用产品的实际产量（值）与计划产量（值）相比较，分析计划完成情况，对禽场的生产经营总状况做概括评价，分析超额或未完成计划的情况及原因。

②产品产量（值）增长动态分析　通过对比历年历期产量（值）增长动态，查明是否发挥自身优势，是否合理利用资源，进而找出增产增收的有效途径。

（2）禽群工作质量分析

禽群工作质量是评价养禽场生产技术、饲养管理水平、职工劳动质量的重要依据。禽群工作质量分析主要依据家禽的生活力、产蛋力、繁殖力和饲料报酬等指标的计算、比较来进行分析。

（3）成本分析

进行成本分析，可弄清各个成本项目的增减及其变化情况，找出引起变化的原因，寻求降低成本的具体途径。分析时应对成本数据认真检查核实，严格划清各种成本费用界限，统一计算口径，以确保成本资料的准确性和可比性。

①成本项目增减及变化分析　根据实际生产报表资料，与本年度计划指标或先进的禽场进行比较，检查总成本、单位产品成本的升降，分析构成成本的项目增减情况和各项目的变化情况，找出差距，查明原因。例如，成本项目增加了，要分析该项目增加的原因，有没有增加的必要；某项目成本数量变大了，要分析费用支出增加的原因是管理的因素还是市场等因素。

②成本结构分析　分析各生产成本构成项目占总成本的比例，并找出各阶段的成本结构。成本构成中饲料是一大项支出，而该项支出最直接地用于生产产品，它占生产成本比例的高低直接影响着禽场的经济效益。对相同条件的禽场，饲料支出占生产总成本的比例越高，禽场的经济效益就越好。不同条件的禽场，其饲料支出占生产总成本的比例对经济效益的影响不具有可比性。例如，家庭养鸡各项投资少，其主要开支就是饲料费用，所以饲料费用占生产总成本的比例就高；而种鸡场由于引种费用高，设备、人工、技术投入等比例大，饲料费用占生产总成本的比例就低一些。

（4）利润分析

利润是经济效益的直接体现，任何一个企业只有获得利润，才能生存和发展。禽场利润分析包括以下指标。

①利润总额

利润总额=销售收入-生产成本-销售费用-税金+营业外收支净额

其中，营业外收支是指与养禽场生产经营无直接关系的收入或支出。如果营业外收入大于营业外支出，则营业外收支净额为正数，可以增加养禽场利润；如果营业外收入小于营业外支出，则营业外收支净额为负数，养禽场的利润就会减少。

②利润率　由于各个养禽场生产规模、经营方向不同，利润额在不同养禽场之间不具有可比性，只有反映利润水平的利润率，才具有可比性。利润率一般有下列表示方法。

$$产值利润率＝年利润总额/年总产值×100\%$$

$$成本利润率＝年利润总额/年总成本额×100\%$$

$$资金利润率＝年利润总额/（年流动资金额＋年固定资金平均值）×100\%$$

养禽场盈利的最终指标应以资金利润率作为主要指标，因为资金利润率不仅能反映养禽场的投资状况，而且能反映资金的周转情况。资金在周转中才能获得利润，资金周转越快，周转次数越多，养禽场的获利就越大。

（5）饲料消耗分析

从养禽场经济效益的角度上分析饲料消耗，应从饲料消耗定额、饲料利用率和饲料日粮 3 个方面进行。首先根据生产报表统计各类禽群在一定时期内的实际耗料量，然后同各自的消耗定额对比，分析饲料在加工、运输、贮存、保管、饲喂等环节上造成的浪费情况及原因。此外，还要分析在不同饲养阶段饲料的转化率，即饲料报酬。生产单位产品耗用的饲料越少，说明饲料报酬越高，经济效益就越好。

对饲料除了从饲料的营养成分、饲料转化率上分析外，还应从经济上进行分析，即从饲料报酬和饲料成本上进行分析，以寻找成本低、报酬高、增重快、产蛋多的饲料配方和饲喂方法，最终达到以同等的饲料消耗取得最佳经济效益的目的。

（6）劳动生产率分析

劳动生产率反映着劳动者的劳动成果与劳动消耗量之间的对比关系。常用以下形式表示。

①全员劳动生产率　养禽场每一位成员在一定时期内生产的平均产值。

②生产人员劳动生产率　指每一位生产人员在一定时期内生产的平均产值。

③每工作日（或小时）产量　用于直接生产的每个工作日（或小时）所生产的某种产品的平均产量。

以上指标表明，分析劳动生产率，既要分析生产人员和非生产人员的比例，又要分析生产单位产品的有效时间。

3）提高禽场经济效益的措施

（1）提高禽场产品产量

提高禽场产品产量，良种是前提，饲养是基础，管理是关键，防疫是重点。养禽场要做好以下几方面的工作。

①饲养优良品种　品种是影响养禽生产的第一因素。不同家禽品种生产方向、生产潜力不同。在确定品种时必须根据本场的实际情况，选择适合本场的饲养条件、技术水平和饲料条件的品种。

②提供优质饲料　按家禽品种、生长或生产各阶段对营养物质的需求，供给全价优质的饲料，以保证家禽的生产潜力充分发挥。同时，也要根据环境条件、禽群状况变化，及时调整饲料。

③科学饲养管理　一是创设适宜的环境条件，如科学、细致、规律地为各类禽群提供

适宜的温度、空气、光照和卫生条件，减少噪声、尘埃及各种不良气体的刺激。对能引起禽群健康生产的各种应激因素，都应力求避免和减轻至最低限度。二是采取合理的饲养方式，根据本场的具体条件为不同生产用途的家禽选择适宜的饲养方式，便于管理，利于卫生防疫。三是采用先进的饲养技术，抓好各类禽群不同阶段的饲养管理，以适应快速发展的养禽业。

④适时更新禽群　母禽第1个产蛋年产量最高，以后每年递减15%~20%。禽场可根据禽源、料蛋比、蛋价等情况决定适宜的淘汰时机，淘汰时机可根据产蛋率盈亏临界点确定。同时，加快禽群周转，加快资产周转速度，提高资产利用率。

⑤加强卫生防疫　养禽场必须制订科学的免疫程序，严格执行防疫制度，降低家禽死淘率，提高禽群的健康水平。

（2）科学决策

在市场广泛调查的基础上，分析各种经济信息，结合养禽场内部条件如资金、技术、劳动力等，做出经营方向、生产规模、饲养方式、生产安排等方面的决策，以充分挖掘内部潜力，合理使用资金和劳力，提高劳动生产率，最终实现经济效益的提高。正确的经营决策可收到较高的经济效益，错误的经营决策可能导致重大经济损失甚至破产。例如，生产规模决策，规模大虽然能形成高的规模效益，但规模过大，就可能超出自己的管理能力，超出自己的资金、设备等承受能力，顾此失彼，得不偿失；规模过小，则不利于现代设备和技术的利用，也难以获得较大的收益。

（3）降低生产成本

增加产出、降低投入是企业经营管理永恒的主题。禽场要获取最佳经济效益，就必须在保证增产的前提下，尽可能减少消耗，节约费用，降低单位产品的成本。其主要途径有以下几种。

①减少燃料动力费　合理使用设备，减少空转时间，节约能源，降低消耗。

②降低饲料成本　从养禽场的生产成本构成来看，饲料费用占生产总成本70%左右，因此通过降低饲料费用来减少成本的潜力最大。

a. 降低饲料价格，在保证饲料全价性和满足家禽的营养需要的前提下，配合饲料要考虑原料的价格，尽可能选用廉价的饲料代用品，尽可能寻找廉价饲料资源，如选用无鱼粉饲料，开发利用蚕蛹、蝇蛆、羽毛粉等饲料资源。

b. 科学配合饲料，提高饲料转化率。

c. 合理饲喂，喂料时间、喂料次数、喂料量和喂料方式等要科学合理。

d. 减少饲料浪费，根据家禽的不同生长阶段设计使用合理的料具，及时断喙，减少贮藏损耗，防鼠害，防霉变，禁止变质或掺假饲料进库。

③降低更新禽培育费　通过加强饲养管理及卫生防疫措施，尽可能降低死亡率，提高育成率就等于降低了每只禽的培育费。提高雌雄鉴别准确率，尽遭淘汰公雏，肉仔禽实行公母分养制度，适当进行限制饲喂，减少饲料消耗及费用。

④正确使用药物　对禽群投药要及时、准确。在疫病防治中，能进行药敏试验的要尽量开展，能不用药的尽量不用，对无饲养价值的家禽要及时淘汰，不再用药治疗。

⑤提高设备利用率 充分合理利用各类禽舍、各种机器和设备，减少单位产品的折旧费和其他固定支出。制订合理的生产工艺流程，减少不必要的空舍时间，提高禽舍、禽位的利用率。合理使用机械设备，尽可能满负荷运转，减少空转时间，同时加强设备维护和保养，提高设备完好率。

⑥提高全员劳动生产率 全员劳动生产率反映的是劳动消耗与产值间的比例。全员劳动生产率提高，不仅能使养禽场产值增加，也能使单位产品的成本降低。尽量减少非生产人员数量。对生产人员实行经济责任制，将生产人员的经济利益与饲养数量、产量、质量、物资消耗等具体指标挂钩，严格奖惩，调动员工的劳动积极性和主动性。加强职工的业务培训，不断提高工作熟练程度，及时采用新技术、新设备等。

⑦合理利用鸡粪 鸡粪量约为鸡精饲料消耗量的 75%，鸡粪含丰富的营养物质，可替代部分精饲料，用于喂猪、养鱼，也可干燥处理后用作牛、羊饲料，增加经济收入。

4）做好市场营销

市场经济是买方市场，禽场要获得较高的经济效益就必须研究市场、分析市场、做好市场营销。

(1)树立品牌意识，扩大销售市场

养禽业的产品都是鲜、活商品，经营者必须牢固树立品牌意识，生产优质的产品，树立良好的商品形象，创造自己的品牌，提高产品市场占有率。

(2)实行产、供、加、销一体化经营

随着养禽业的迅猛发展，单位产品利润越来越低，实行产、供、加、销一体化经营可以减少各环节的层层盘剥。但一体化经营对技术、设备、管理、资金等方面的要求很高，可以通过企业联手或共建养禽合作社等形式，以形成群体规模。

(3)以信息为导向，迅速抢占市场

在商品经济日益发展的今天，市场需求瞬息万变，企业必须及时准确地捕捉信息，迅速采取措施，适应市场变化，以需定产，有需必供。同时，根据不同地区的市场需求差别，找准销售市场。

(4)签订经济合同

在双方互惠互利的前提下，签订经济合同，正常履行合同，一方面，可以保证生产的有序进行；另一方面，又能保证销售计划的实施，特别是对一些特殊商品(如种雏)，签订经济合同显得尤为重要，因为离开特定时间，其价值将会消失，甚至成为企业的负担。

任务实施

禽场成本核算与经济效益分析

【材料用具】

禽场生产记录表(包括种苗购买、饲料消耗、药品使用、人工工时等)、销售记录表(包括销售数量、销售价格、销售收入等)、财务报表(包括成本、费用、收入、利润等)、相关政策文件、市场价格信息、计算器、电脑及财务软件、数据分析工具(如 Excel)等。

【实施步骤】

(1)生产成本核算

①数据收集与整理　收集禽场生产过程中的各项成本数据,包括种苗成本、饲料成本、药品及疫苗成本、直接人工成本、制造费用等。整理数据,确保数据的准确性和完整性。

②成本核算

直接材料成本:根据种苗购买记录、饲料消耗记录、药品使用记录等,计算每种材料的总成本,并分摊到每只家禽上。

直接人工成本:根据人工工时记录,计算养殖工人的总工资,并分摊到每只家禽上。

制造费用:将养殖场地及设备的折旧费用、水电费、燃料费、维修保养费、低值易耗品摊销等费用进行归集,并分摊到每只家禽上。

总成本计算:将直接材料成本、直接人工成本和制造费用相加,得到每只家禽的总成本。

③成本核算报告　编写成本核算报告,详细列出各项成本及其占比,分析成本构成和变化趋势。

(2)经济效益分析

①销售收入计算　根据销售记录表,计算销售数量和销售收入。

②利润计算　用销售收入减去总成本,得到利润。计算利润率(利润/销售收入),评估盈利能力。

③经济效益分析

成本效益分析:分析各项成本对利润的影响,找出成本控制的关键点。

敏感性分析:分析市场价格、成本变动等因素对利润的影响,评估风险承受能力。

盈利能力分析:通过比较不同时间段或不同批次的盈利能力,找出提高经济效益的途径。

④经济效益分析报告　编写经济效益分析报告,详细列出销售收入、成本、利润及其占比,分析经济效益状况,并提出改进建议。

(3)策略制订与实施

①成本控制策略　根据成本核算和经济效益分析结果,提出成本控制策略,如优化饲料配方、提高饲料利用率、降低药品消耗、合理安排人工工时等。

②经济效益提升策略　提出经济效益提升策略,如扩大养殖规模、提高产品质量、开发新产品、拓展销售渠道等。

③策略实施计划　制订策略实施计划,明确实施步骤、时间节点、责任人和预期效果。

④策略评估与调整　对策略实施效果进行评估,根据评估结果及时调整策略,确保实现预期目标。

【考核评价】

(1)个人考核(占50%)

根据表7-10所列内容,对学生的实训情况进行考核。

表 7-10　个人考核内容及标准

序号	考核项目	评分标准	分值	考核方法	考核得分	熟练程度
1	生产成本核算	数据收集与整理，成本核算准备	10	单人操作考核		>90 分为熟练掌握；70～90 分为基本掌握；<70 分为没有掌握
		生产成本核算，编写成本核算报告	40			
2	经济效益分析	经济效益分析，编写经济效益分析报告	40			
		制订策略与实施计划	10			
合计			100			

（2）团队考核（占 30%）

参照表 1-2 进行考核。

（3）综合评价（占 20%）

参照表 1-3 进行综合评价。

拓展链接

项目 7　拓展链接

自测练习及答案

项目 7　自测练习

项目 7　自测练习答案

参考文献

蔡长霞，2013. 养禽与禽病防治[M]. 北京：中国轻工业出版社.

戴仲求，2017. 肉鹅标准化养殖操作手册[M]. 长沙：湖南科学技术出版社.

黄炎坤，2017. 优质肉鸡标准化安全生产关键技术[M]. 郑州：中原农民出版社.

李和国，2017. 畜禽生产技术[M]. 北京：中国农业出版社.

李淑青，曹顶国，2016. 肉鸡标准化养殖主推技术[M]. 北京：中国农业科学技术出版社.

李雪梅，文平，2016. 养禽与禽病防治[M]. 北京：中国轻工业出版社.

林建坤，郭欣怡，2016. 养禽与禽病防治[M]. 2版. 北京：中国农业出版社.

孙凡花，2021. 畜牧场经营与管理[M]. 北京：中国农业大学出版社.

王申锋，闫民朝，2013. 养禽与禽病防治[M]. 北京：中国农业大学出版社.

王小芬，石浪涛，2018. 养禽与禽病防治[M]. 北京：中国农业大学出版社.

徐彬，2016. 肉鸡标准化安全生产关键技术[M]. 郑州：中原农民出版社.

徐建义，2014. 禽病防治[M]. 北京：中国农业出版社.

袁旭红，2018. 肉鸭高效健康养殖技术问答[M]. 北京：化学工业出版社.

张玲，2019. 养禽与禽病防治[M]. 北京：中国农业出版社.

张玲，李小芬，李芙蓉，2016. 蛋鸡标准化养殖主推技术[M]. 北京：中国科学技术出版社.

张世忠，陈仕龙，2022. 蛋鸡标准化饲养实用技术[M]. 福州：福建科学技术出版社.

赵聘，黄炎坤，徐英，2021. 家禽生产[M]. 北京：中国农业大学出版社.

周大薇，2013. 养禽与禽病防治实训教程[M]. 成都：西南交通大学出版社.

周大薇，2014. 养禽与禽病防治[M]. 成都：西南交通大学出版社.

SAIF Y W，2012. 禽病学[M]. 12版. 苏敬良，高福，索勋，译. 北京：中国农业出版社.